快学好用 系列

电脑综合办公应用手册

创锐文化　编著

中国铁道出版社
CHINA RAILWAY PUBLISHING HOUSE

内 容 简 介

　　本书以电脑综合办公应用为主线，详细地介绍了 Office 2007 中三个重要软件的操作和应用方法以及电脑综合办公的相关内容。在讲解不同组件的操作功能时，不仅针对其基本的功能特性进行了介绍，还从用户的角度考虑，介绍了不同功能在实际学习、工作中的使用方法，从而帮助用户更快地掌握相关知识点的使用方法与技巧，达到快速学习、使用并活用的目的。

　　本书共 12 章，详细地介绍了三款不同的 Office 办公组件，并在学习完成基础知识点后分别配有一个综合实例，帮助用户熟悉并灵活运用所学的知识处理不同实例中可能遇到的问题。

　　本书以快学、快用、活学、活用为宗旨，并考虑到初学者的使用，从基础入门到技术提高，详细地介绍不同软件的操作与用法。全书以一问一答的形式对在操作软件时可能遇到的问题进行分析解决，所有的问题都是有针对性地提出，然后给出最好的解决方法与操作途径，使用户在快速学习知识点的过程中掌握更多的操作技巧与知识，学会活学活用所学的知识。

图书在版编目（CIP）数据

电脑综合办公应用手册 / 创锐文化编著. —北京：中国
铁道出版社，2009.1
　（快学好用系列）
　ISBN 978-7-113-09444-7

　Ⅰ.电⋯　Ⅱ.创⋯　Ⅲ.办公室－自动化－应用软件－手
册　Ⅳ.TP317.1-62

　中国版本图书馆 CIP 数据核字（2009）第 012758 号

书　　名：电脑综合办公应用手册
作　　者：创锐文化　编著

策划编辑：严晓舟　郑 双
责任编辑：苏 茜　　　　　　　　　　　编辑部电话：（010）63583215
编辑助理：杜 鹃
封面设计：付 巍　　　　　　　　　　　封面制作：李 路
责任印制：李 佳

出版发行：中国铁道出版社（北京市宣武区右安门西街 8 号　邮政编码：100054）
印　　刷：化学工业出版社印刷厂
版　　次：2009 年 4 月第 1 版　　　2009 年 4 月第 1 次印刷
开　　本：787mm×1092mm　1/16　印张：28.5　字数：660 千
印　　数：4 000 册
书　　号：ISBN 978-7-113-09444-7/TP・3073
定　　价：49.00 元（附赠光盘）

前　言

Microsoft Office 2007 是 Microsoft Office 历史上的一次重大转变，所有程序都重新改写，全新的界面和新的特性让用户操作起来更加方便。Word、Excel、PowerPoint 是 Microsoft Office 组件中最常用的办公软件，在用户的日常办公中，Word 常用于文字处理和简单数据处理；Excel 是专业的电子表格处理软件，它集数据的采集、编辑、图表化、管理和分析处理等功能于一体，是进行日常数据处理必不可少的办公软件；PowerPoint 主要用于演示文稿的制作，例如编写电子教案、撰写论文与答辩、进行产品介绍、进行技术交流、个人或公司介绍、学术讨论等。

主要内容

本书分为共 12 章，详细地介绍了 3 款不同的 Office 办公组件以及综合办公的相关知识。

第一部分（第 1 章～第 3 章）为 Word 2007 部分，介绍 Word 2007 的功能与应用，讲解了 Word 应用程序的各项功能与操作设置方法，介绍了学习不同类型文档的编辑与制作方法。

第二部分（第 4 章～第 7 章）为 Excel 2007 部分，主要介绍如何使用 Excel 电子表格来分析与处理各类数据信息，从而对数据进行统计与分析比较，表达数据信息之间的相互关系。

第三部分（第 8 章～第 9 章）为 PowerPoint 2007 部分，介绍了如何使用演示文稿来制作效果丰富的幻灯片内容，并使用添加动画、插入音频等功能使制作的演示文稿更加生动。

第四部分（第 10 章～第 12 章），为电脑综合办公部分，主要介绍了使用网络进行自动化办公、办公硬件设备的使用以及电脑系统安全与维护等内容。

本书概括了大量的知识点及技巧知识，帮助读者在学习的过程中循序渐进，达到融会贯通的学习效果，是广大电脑入门与办公工作者不可多得的一本好书。

本书特色

本书由浅入深。全面地介绍了 Office 2007 中不同组件的各项操作与设置功能，读者通过本书快速地学习并掌握 Office 2007 中不同组件提供的各类操作与设置功能。

在每章知识的介绍中，为了让读者系统、快速地掌握各类应用程序的使用方法，在每章最后准备一个小实例，以实践操作为案例进行讲解，条理清楚、步骤简明、形象直观地综合了本章的知识重点，使读者既能从整体上了解软件功能，又能通过具体实践加深、理解所学的知识，达到快速学习、灵活使用的作用，并在此基础上针对不同知识点在操作中常见的技术问题进行提问并解答，达到活学活用的效果。

本书最大的特色是在讲解软件的过程中，采用"一问一答"的形式来细化每一个知识点，讲述 Office 2007 不同组件在使用过程中遇到的常见问题及其解答，其中的讲解不乏技巧性，内容全面，方便实用。

本书内容全面，讲解透彻，融入了作者实际工作中的应用心得。本书具有很强的实用性，在知识点的讲解中贯穿各类小实例，帮助用户更快地学习并掌握相关知识。更多的参考资料可到 WWW.100tt.net 搜索下载。

适用读者

本书适合各个级别的 Office 办公软件的学习者，尤其是从 Office 早期版本过渡到 Office 2007 的读者。对于从事行政工作的读者，本书实例紧贴实际应用并且操作简单，也可以用来提高软件实际操作能力。

希望本书能对广大读者提高学习和工作效率有所帮助。由于时间仓促和作者水平所限，书中难免存在疏漏和不足之处，欢迎读者朋友不吝赐教。

作　者
2008 年 11 月

Contents

目 录

Chapter 3

Chapter 4

Chapter 5

Chapter 6

Chapter 7

Chapter 8

Chapter 9

Chapter 12

Word 2007 的文字处理

Word 2007 是 Microsoft 公司开发的迄今最新文字处理软件，是 Office 2007 办公软件家庭的一员，是专业化的文字处理工具，它不仅提供了强大的文字处理、表格制作、图形绘制和版式制作等功能，还可以绘制出各类精美的文档、表格及图形。本章将介绍 Word 2007 的基础操作以及在 Word 2007 中格式化文档、使用图片美化文档、打印文档的操作方法。

1.1　Word 2007 的基础操作

文档的基础操作是 Word 2007 的基本操作之一，本节将介绍 Word 2007 的相关基础操作，主要内容包括使用 Office 帮助功能、新建 Word 文档、输入文本、移动文本、复制文本以及保存文档等。

1.1.1　初识 Word 2007

Word 2007 的用户界面使用户可以轻松地在 Word 工作区域中进行工作。以前的版本，命令和功能常常在菜单和工具栏中，现在用户可以在包含命令和功能逻辑组的面向任务的选项卡上更轻松地找到它们。新的用户界面利用包含可用选项的下拉库替代以前的许多对话框，并提供描述性的工具提示或示例预览来帮助用户选择正确的选项，如图 1-1 所示。

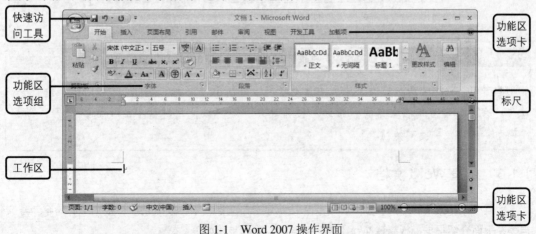

图 1-1　Word 2007 操作界面

1.1.2 使用 Office 帮助功能

用户在日常工作中对 Word 2007 进行操作时，难免会遇到一些困难，例如需要创建图表、插入函数等，此时可以使用 Word 2007 的帮助功能，将帮助用户快速解决日常工作中遇到的问题。下面介绍使用 Office 帮助功能的方法，操作步骤如下：

Step 01 启动 Word 2007，在 Word 窗口中单击右上角的"Microsoft Office Word 帮助"按钮，如图 1-2 所示。

Step 02 弹出"Word 帮助"窗口，在其中显示了很多可以获得帮助的选项，即单击相应的选项即可，也可以输入关键字进行搜索。例如，在左上角的"键入要搜索的字词"文本框中输入"保存"，然后单击"搜索"按钮，此时在下方的列表中可以看到显示了关于保存的一些选项，如图 1-3 所示。

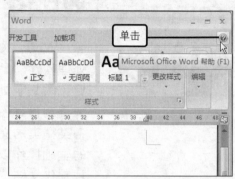

图 1-2 单击"Word 帮助"按钮

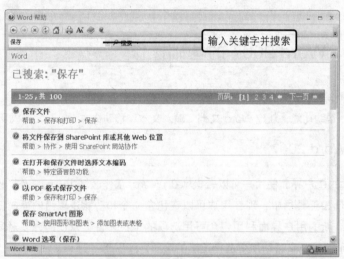

图 1-3 "Word 帮助"窗口

问题 1-1： 除了"帮助"按钮之外还有其他快捷方式打开"Word 帮助"窗口吗？

Office 2007 软件为用户提供了强大的帮助功能，方便用户对不了解的问题或者困难进行查询。除了单击窗口右上角的"帮助"按钮之外，还可以使用键盘中的快捷键打开"Word 帮助"窗口，快捷键为【F1】。

1.1.3 新建 Word 文档

新建 Word 文档的方法有多种，主要包括新建空白文档、根据模板创建、根据现有内容新建文档等，下面介绍根据模板新建 Word 文档的方法，操作步骤如下：

Word 2007 的文字处理

1

1
Word 2007 的文字处理

2
表格与图表的应用

3
文档的高级功能与处理

4
Excel 2007 的基础操作

5
美化 Excel 2007 工作表

Step 01 启动 Word 2007，在 Word 2007 窗口中单击左上角的 Office 按钮 ，在展开的"文件"菜单中选择"新建"命令，如图 1-4 所示。

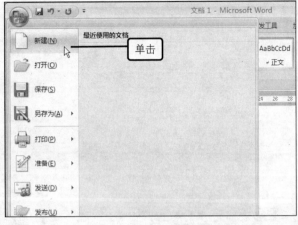

图 1-4 "新建"命令

Step 02 弹出"新建文档"对话框，在"模板"列表框中选择"已安装的模板"选项，在右侧的库中选择所需要的模板，例如，选择"平衡报告"选项，最后单击"创建"按钮，如图 1-5 所示。

图 1-5 选择模板类型

问题 1-2： 如何根据现有内容新建文档？

根据现有内容新建文档就是根据计算机中已存在的文档的内容进行创建，在"新建文档"对话框的"模板"列表框中选择"根据现有内容新建…"选项，接着在弹出的"根据现有内容新建"对话框中选择所需要的内容文件名称，最后单击"新建"按钮即可。

Step 03 经过前面的操作之后，此时可以看到系统自动新建了一个 Word 文档，并套用了所选择的模板样式，效果如图 1-6 所示。

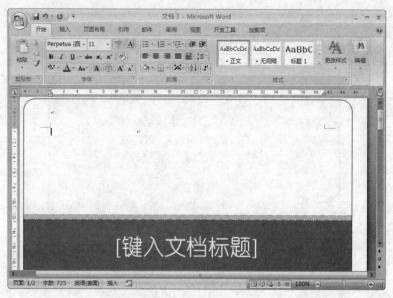

图 1-6 使用模板创建文档的效果

1.1.4 输入、移动和复制文本

在制作文档的过程中，经常需要对文本进行相关的操作，例如选定文本并对其进行移动和复制等相关操作。下面将介绍移动和复制文本的方法，操作步骤如下：

最终文件：实例文件\第 1 章\最终文件\从百草园到三味书屋.docx

Step 01 启动 Word 2007，并在新建的空白文档中输入所需要的文本内容，效果如图 1-7 所示。

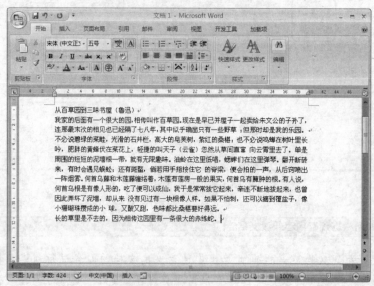

图 1-7 输入文本

Word 2007 的文字处理

1

1
Word 2007 的文字处理

2
表格与图表的应用

3
文档的高级功能与处理

4
Excel 2007 的基础操作

5
美化 Excel 2007 工作表

Step 02 将光标定于第 3 段文本的前端并按住鼠标左键不放向下拖动，拖动至该段的末尾位置处释放鼠标即可选中本段文本。再将指针移至所选择文本的任意位置，当指针变成白色向左箭头形状时，如图 1-8 所示，按住鼠标左键不放向拖动即可，拖至目标位置后再释放鼠标即可完成文本的移动，例如在此拖动到第 2 段文本前端位置处。

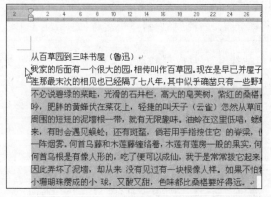

图 1-8　选择移动的文本

问题 1-3：　移动文本除了拖动还有其他快捷方式吗？

在文档中移动文本时采用拖动的方法是最直接的，如果移动的文本过多或位置较远，可以采用剪切再粘贴文本的方法，效果是一样的。选中需要移动的文本之后按键盘中的快捷键【Ctrl+X】，然后将光标定于目标位置后再按快捷键【Ctrl+V】即可。

Step 03 经过上一步的操作之后，此时可以看到所需要的段落文本已经移动到了目标位置，效果如图 1-9 所示。

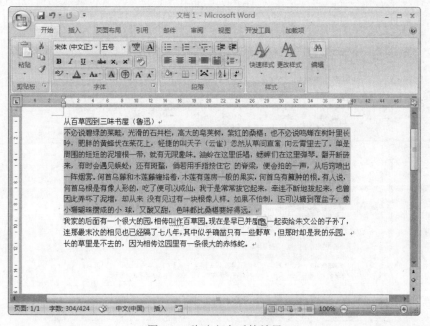

图 1-9　移动文本后的效果

问题1-4：　在文档中如何使用撤销以及想要恢复撤销的步骤怎么办？

如果需要撤销在文档中的上一步操作，则单击"撤销"按钮或者按键盘中的快捷键
【Ctrl+Z】即可。如果想要恢复上一步撤销的操作，则可以单击"恢复"按钮或者按键盘
中的快捷键【Ctrl+Y】进行恢复即可。"恢复"按钮一般在"快速访问"工具栏中，如果
工具栏中没有，可以将"恢复"按钮添加到"快速访问"工具栏中。

Step 04 如果需要撤销上一步的操作，即撤销移动文本的操作，可在"快速访问"工具栏中单击
"撤销移动"按钮，如图1-10所示。

Step 05 选择文档中的第2段文本，并在"开始"选项卡的"剪贴板"组中单击"复制"按钮，
如图1-11所示。

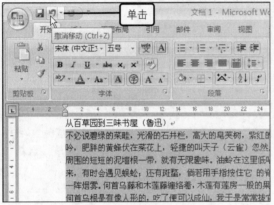

图1-10　选择"撤销移动"文本命令

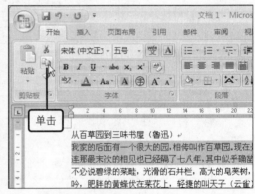

图1-11　选择"复制"文本命令

Step 06 将光标定于文档的末尾的空白段落位置处，然后按键盘中的快捷键【Ctrl+V】或者在"开
始"选项卡的"剪贴板"组中单击"粘贴"按钮，此时所复制的文本已经粘贴到了指定的
位置处，效果如图1-12所示。

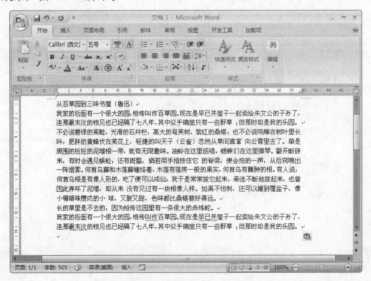

图1-12　粘贴文本后的效果

Word 2007 的文字处理

1

Word 2007 的文字处理

2

表格与图表的应用

3

文档的高级功能与处理

4

Excel 2007 的基础操作

5

美化 Excel 2007 工作表

问题 1-5：　在文档中粘贴文本之后出现的"粘贴选项"有什么作用？

在文档中粘贴文本之后，将会在粘贴文本的末尾出现"粘贴选项"按钮，将指针指向该按钮并单击鼠标，此时会出现一个粘贴选项的下拉列表，在展开的下拉列表中用户可以选择粘贴的格式，例如保留源格式、匹配目标格式、仅保留文本。

1.1.5　打开和保存文档

在对文档进行操作的过程中，经常还需要打开其他的文档，并在其中进行相应的操作，在操作完毕之后还应该将文档保存起来，以便下一次使用。下面将介绍打开和保存文档的方法，操作步骤如下：

原始文件：实例文件\第 1 章\原始文件\从百草园到三味书屋.docx
最终文件：实例文件\第 1 章\最终文件\打开和保存文档.docx

Step 01　启动 Word 2007，并在打开的文档窗口中单击 Office 按钮，在展开的"文件"菜单中选择"打开"命令，如图 1-13 所示。

图 1-13　"打开"命令

Step 02　弹出"打开"对话框，在该对话框中单击"查找范围"列表框右侧的下三角按钮，在展开的下拉列表框中选择文档所在的路径，如图 1-14 所示。

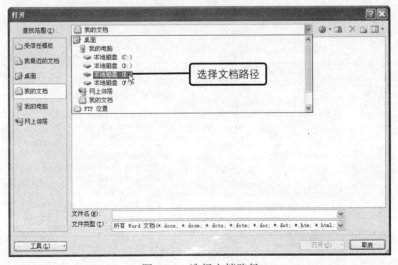

图 1-14　选择文档路径

问题 1-6: 如何快速打开"打开"对话框?

如果需要快速打开"打开"对话框,除了单击"文件"菜单下的"打开"命令以外,还可以按键盘中的快捷键【Ctrl+O】。打开文件的方法有多种,还可以直接打开文件所在的文件夹,再双击需要打开的文件图标即可。

Step 03 打开文档所在的文件夹,并在其中选择需要打开的文件名称,单击"打开"按钮,如图1-15 所示。

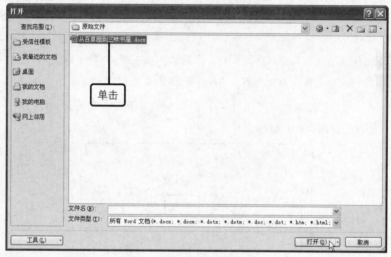

图1-15 选择需要打开的文件

Step 04 此时,系统自动打开所选择的文档,用户可以在其中进行任意的操作,如果需要将其保存在其他位置或者保存为其他名称,则再次单击 Office 按钮,然后在展开的"文件"菜单中选择"另存为"命令,如图1-16 所示。

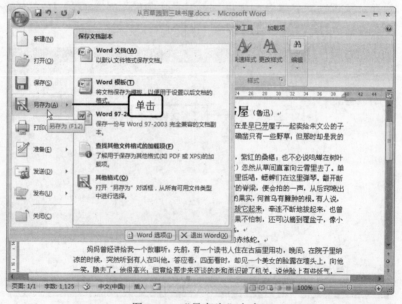

图1-16 "另存为"命令

问题 1-7:	如何快速打开"另存为"对话框？

同一文档可以以不同的文件名称保存在同一位置，也可以以同一文件名称保存在不同的位置，还可以将文档另存为其他的类型。如果需要快速打开"另存为"对话框，除了单击"文件"菜单下的"另存为"命令以外，还可以按键盘中的快捷键【F12】。

Step 05 弹出"另存为"对话框，在"保存位置"下拉列表框中选择需要保存的路径，并打开需要保存的文件夹，然后在"文件名"下拉列表框中设置需要保存的文件名称即可，例如在此输入"打开和保存文档"文本，最后单击"保存"按钮，如图 1-17 所示。

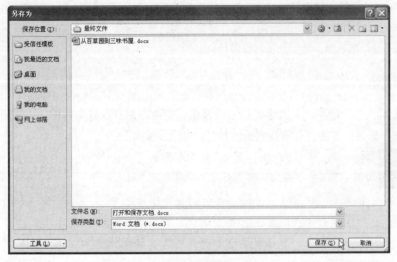

图 1-17　设置文档保存路径和文件名

Step 06 经过前面的操作之后，此时可以看到该文档的文件名称已经发生改变，即在标题栏中显示了所设置的"打开和保存文档"文件名，效果如图 1-18 所示。

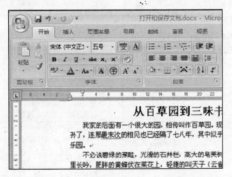

图 1-18　文档另存为后的效果

问题 1-8:	如何将文档另存为其他类型？

如果需要在原始位置以原文件名称进行保存，则直接单击"快速访问"工具栏中的"保存"按钮或者单击"文件"菜单中的"保存"命令。如果需要将文档另存为其他类型，则打开"另存为"对话框，并在其中单击"保存类型"下拉列表框右侧的下三角按钮，然后在展开的下拉列表框中选择所需要保存的类型即可。

1.2 格式化文档

在制作文档的过程中，常常需要将文档中的文本内容设置得更为美观，对文档通常有字符和段落格式的设置。本节将介绍格式化文档的一些操作方法，主要内容包括字符格式化、段落格式化、边框和底纹、项目符号和编号以及在文档中插入公式。

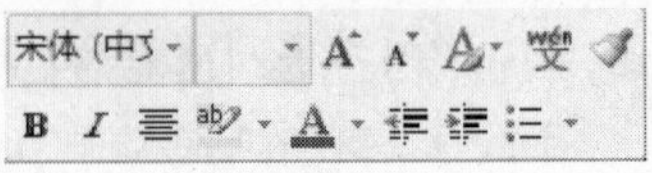

在 Word 2007 中新增了浮动工具栏，可以方便用户对字体或段落格式的设置，用户只需要选中文档中需要设置的文本内容，便会出现图 1-19 所示的浮动工具栏。从左到右依次为设置字体、字号、增大字号、减小字号、快速运用样式、拼音指南、格式刷、加粗、倾斜、居中对齐、突出显示、字体颜色、减小缩进量、增加缩进量、项目符号的按钮。

图 1-19 浮动工具栏

1.2.1 字符格式化

用户可以对文档中的字体进行字符格式的设置，在选定需要设置文本的情况下，可以设置其字体、字号和字形等。下面将具体介绍操作方法，操作步骤如下：

原始文件： 实例文件\第 1 章\原始文件\从百草园到三味书屋.docx
最终文件： 实例文件\第 1 章\最终文件\字符格式化.docx

Step 01 打开实例文件\第 1 章\原始文件\从百草园到三味书屋.docx 文件，并选择文档择的第 1 段正文文本，此时在所选择文本的周围出现了浮动工具栏，则单击工具栏中的"字体"下三角按钮，并在展开的下拉列表框中选择所需要的字体选项，例如选择"华文中宋"选项，如图 1-20 所示。

Step 02 单击浮动工具栏中的"字号"下三角按钮，在展开的下拉列表框中选择所需要的字号，例如选择"四号"选项，如图 1-21 所示。

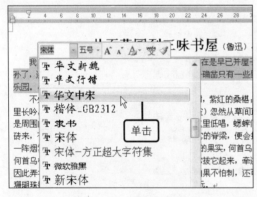

图 1-20 选择文本字体

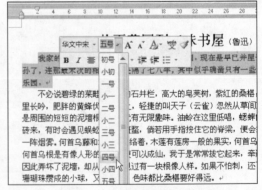

图 1-21 选择文本字号

问题 1-9： 在浮动工具栏中单击"字体"下三角按钮后，鼠标无法使用了怎么办？

使用浮动工具栏设置字符格式时还可以使用键盘中的方向键对选项进行选择，当单击"字体"下三角按钮后，如果此时鼠标无法使用则可以使用键盘中的"向上"和"向下"方向键，即可选择下拉列表框中的上一个或下一个选项。

Step 03 此时可以看所选择的文本已经应用了所选择的字体和字号，单击浮动工具栏中的"字体颜色"下三角按钮，并在展开的下拉列表框中选择"标准色"组中的"浅蓝"选项，如图 1-22 所示。

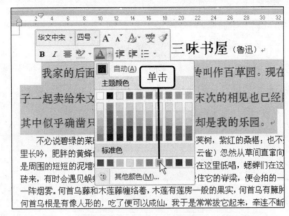

图 1-22　选择文本字体颜色

Step 04 经过前面的操作之后，此时可以看到文档中的第 1 段文本已经应用了相应的格式设置，最后效果如图 1-23 所示。

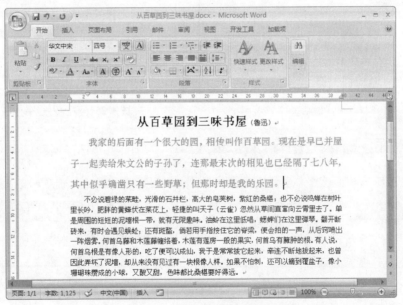

图 1-23　设置字符格式后的效果

问题 1-10：	选中文本之后，浮动工具栏没有出现怎么办？

在选中文本之后，如果没有显示浮动工具栏，则需要启用选择时显示浮动工具栏功能。单击 Office 按钮，在展开的"文件"菜单中选择"Word 选项"按钮。弹出"Word 选项"对话框，在"常用"选项卡下的"使用 Word 时采用的首选项"选项组中选择"选择时显示浮动工具栏"单选按钮，单击"确定"按钮。

1.2.2 段落格式化

对于文档中的段落文本内容，用户可以设置其段落格式，如段落的间距与缩进、中文版式的设置等内容，具体操作步骤如下：

原始文件： 实例文件＼第 1 章＼原始文件＼留别王维.docx
最终文件： 实例文件＼第 1 章＼最终文件＼段落格式化.docx

Step 01 打开实例文件＼第 1 章＼原始文件＼留别王维.docx 文件，并在文档中选择标题"留别王维"文本，使用浮动工具栏设置其字体为"华文中宋"、字号为"小二"，设置其格式之后的效果如图 1-24 所示。

Step 02 选择文档中的其他内容文本，并使用浮动工具栏设置其字体为"幼圆"、字号为"四号"，设置其格式之后的效果如图 1-25 所示。

图 1-24 设置标题字体格式

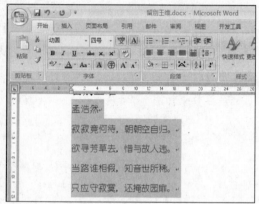

图 1-25 设置内容字体格式

问题 1-11： 只能使用浮动工具栏可以设置字体格式吗？

除了使用浮动工具栏设置文本的字体格式之外，还可以在"开始"选项卡下的"字体"组中以及"字体"对话框中进行设置，具体操作方法将在后面的章节中讲解。

Step 03 选择需要设置段落格式的文本，例如在此选择文档中的所有文本，并将指针移至所选择文本的任意位置处再右击，在弹出的快捷菜单中选择"段落"命令，如图 1-26 所示。

Step 04 弹出"段落"对话框，在"缩进和间距"选项卡的"常规"选项组中，单击"对齐方式"下拉列表框右侧的下三角按钮，并在展开的下拉列表框中选择"居中"选项，如图 1-27 所示。

问题 1-12： 要设置段落的对齐方式只能"段落"对话框中进行操作吗？

除了使用"段落"对话框设置段落格式以外，还可以"开始"选项卡的"段落"组中进行操作。例如，设置段落为对齐，选择段落，在"开始"选项卡的"段落"组中单击"居中"按钮，其他的具体操作方法将在后面的章节进行讲解。

Word 2007 的文字处理

1

1
Word 2007 的文字处理

2
表格与图表的应用

3
文档的高级功能与处理

4
Excel 2007 的基础操作

5
美化 Excel 2007 工作表

图 1-26 "段落"命令

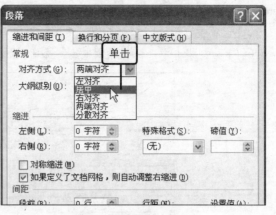

图 1-27 设置段落对齐方式

Step 05 在"间距"选项组中单击"行距"下拉列表框右侧的下三角按钮，并在展开的下拉列表框中选择"1.5 倍行距"选项，如图 1-28 所示。

Step 06 单击"确定"按钮后返回文档中，此时可以看到文档中所选择的段落已经应用了相应的段落格式设置，效果如图 1-29 所示。

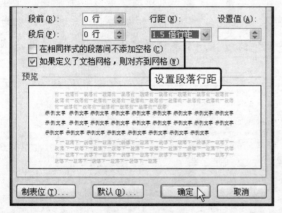

图 1-28 设置行距

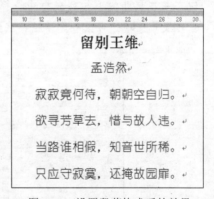

图 1-29 设置段落格式后的效果

> **问题 1-13：** 可以自定义设置文档的行距吗？
>
> 可以。在"段落"对话框"缩进和间距"选项卡的"间距"选项组中，单击"行距"下拉列表框右侧的下三角按钮，并在展开的下拉列表中选择"多倍行距"选项，然后在右侧的"设置值"文本框中设置所需要的行距值即可。

1.2.3　边框和底纹

　　为了突出显示文档中的某个字词或段落，可以为其设置边框和底纹。下面将介绍设置边框和底纹的方法，具体操作步骤如下：

原始文件： 实例文件\第 1 章\原始文件\从百草园到三味书屋.docx
最终文件： 实例文件\第 1 章\最终文件\边框和底纹.docx

Step 01 打开实例文件\第 1 章\原始文件\从百草园到三味书屋.docx 文件，并选择第 1 段正文文本，然后在"开始"选项卡的"字体"组中单击"下框线"右侧的下三角按钮，并在展开的下拉列表框中选择"外侧框线"选项，如图 1-30 所示。

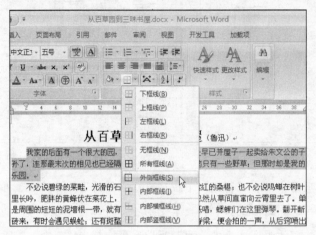

图 1-30　设置段落边框

Step 02 此时所选择的段落已经应用了边框设置，单击"段落"组中的"底纹"右侧的下三角按钮，并在展开的下拉列表框中选择所需要的底纹颜色，将指针指向"标准色"组中的"浅绿"选项，可以看到使用该底纹颜色的效果，如果觉得需要该颜色则单击此选项，如图 1-31 所示。

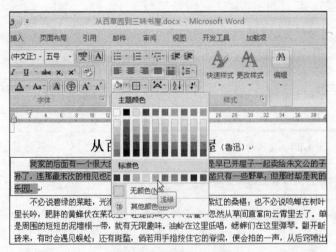

图 1-31　设置段落底纹

问题 1-14:	为什么指针指向所需要的底纹颜色时没有看到效果？

如果指针指向底纹颜色时没有预览到其效果，是因为没有启用实时预览功能。启用实时预览功能则单击 Office 按钮，在展开的菜单中单击"Word 选项"按钮，打开"Word 选项"对话框。在"Word 选项"对话框"常用"选项卡的"使用 Word 时采用的首选项"选项组中选择"启用实时预览"单选按钮，单击"确定"按钮。

Step 03 经过前面两步的操作之后，此时可以看到文档中的第 1 段文本已经应用了所选择的边框和底纹样式，最后效果如图 1-32 所示。

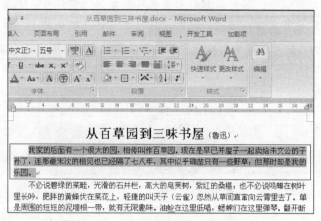

图 1-32 设置边框和底纹后的效果

1.2.4 项目符号和编号

在制作文档的过程中，对于一些条理性较强的文档内容，用户可以为其插入项目符号和编号，使文档的结构和层次更为清晰、明确。下面将介绍快速为文档中的行或段落内容添加项目符号或编号的方法，具体操作步骤如下：

原始文件： 实例文件\第 1 章\原始文件\公司人事管理制度.docx
最终文件： 实例文件\第 1 章\最终文件\项目符号和编号.docx

Step 01 打开实例文件\第 1 章\原始文件\公司人事管理制度.docx 文件，并选择"总则"目录下的段落内容，在"开始"选项卡的"段落"组中单击"项目符号"右侧的下三角按钮，并在展开的库中选择所需要的符号，如图 1-33 所示。

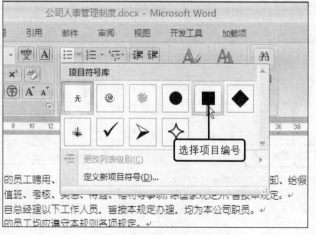

图 1-33 选择项目符号

Step 02 经过上一步的操作之后，此时可以看到所选择的段落已经应用了相应的项目符号设置，设置项目符号后的效果如图 1-34 所示。

问题1-14： 可不可以定义新的项目符号？

可以。如果在"项目符号"展开的列表中没有所需要的项目符号，则可以选择"定义新项目符号"选项，然后在弹出的"定义新项目符号"对话框中单击"符号"或"图片"按钮，再在弹出的相应对话框中选择所需要的符号或图片作为项目符号即可。

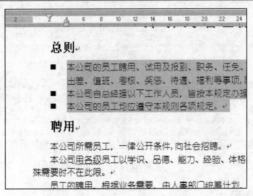

图1-34 设置项目符号后的效果

Step 03 选择文档中的"总则"和"聘用"文本，并在"开始"选项卡的"段落"组中单击"编号"右侧的下三角按钮，然后在展开的下拉列表中选择所需要的编号样式即可，如图1-35所示。

Step 04 经过上一步的操作之后，此时可以看到所选择的文本已经添加了相应的编号，效果如图1-36所示。

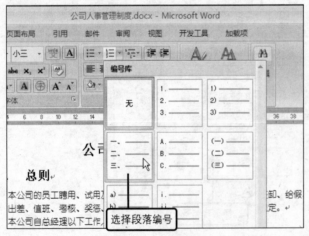

图1-35 选择段落编号

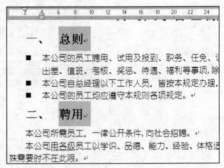

图1-36 设置编号后的效果

Step 05 选择文档中的第10段至12段文本，即"司机"、"保安"和"保姆"文本所在的段落，并在"开始"选项卡的"段落"组中单击"编号"右侧的下三角按钮，然后在展开的下拉列表中选择所需要的编号样式即可，如图1-37所示。

Step 06 此时所选择的段落已经应用了相应的编号设置，再将光标定位在第2段至4段的任意位置处，然后在"开始"选项卡的"剪贴板"组中单击"格式刷"按钮，如图1-38所示。

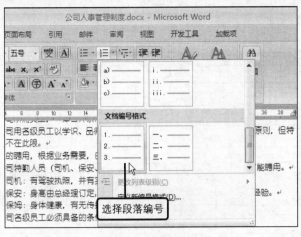

图 1-37　选择段落编号

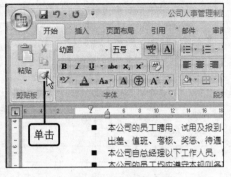

图 1-38　应用格式刷

问题 1-16：	如何使用格式刷工具？

格式刷工具主要用于将应用了格式的文本或段落复制到其他的文本或段落中，如果单击一次"格式刷"按钮，即可使用复制一次格式，复制格式之后自动取消对格式刷的应用。如果双击"格式刷"按钮，即可多次使用该工具，直至再次单击"格式刷"按钮或者按【Esc】键取消应用。

Step 07 经过上一步的操作之后，此时鼠标指针呈刷子形状，则直接在需要应用复制格式的段落的任意位置处单击即可，也可以选择需要应用该格式的多个段落文本，如图 1-39 所示。

Step 08 拖至目标位置后释放鼠标，此时可以看到所选择的段落已经应用了复制的段落格式，再运用同样的方法为文档的最后一段文本应用相同的格式，应用完毕之后的效果如图 1-40 所示。

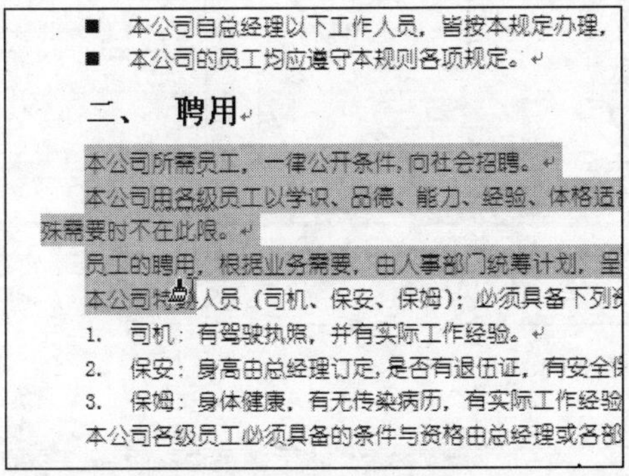

图 1-39　复制格式

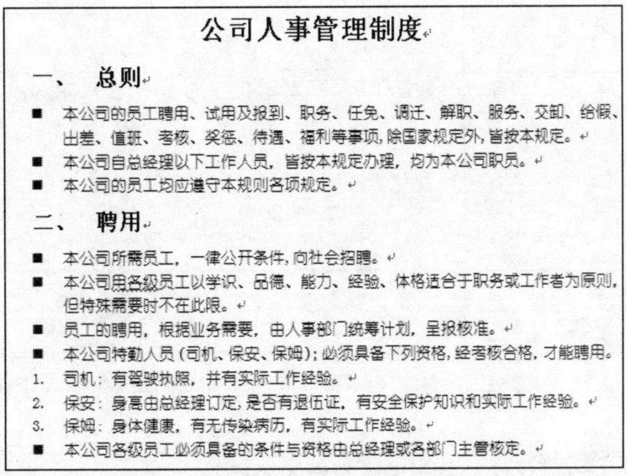

图 1-40　设置完毕后的效果

1.2.5　在文档中插入公式

在 Word 2007 中插入公式变得不再复杂，用户可以选择需要插入的数学公式类型，再根据需要对其进行修改编辑。下面将介绍在文档插入公式的方法，具体操作步骤如下：

1　Word 2007 的文字处理

2　表格与图表的应用

3　文档的高级功能与处理

4　Excel 2007 的基础操作

5　美化 Excel 2007 工作表

最终文件：实例文件\第1章\最终文件\在文档中插入公式.docx

Step 01 新建 Word 文档并在单击"插入"标签切换至"插入"选项卡，在"符号"组中单击"公式"下三角按钮，并在展开的库中选择所需要样式的选项，如图1-41所示。

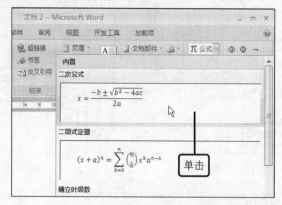

图1-41　插入公式

Step 02 此时在文档中显示了所选择的公式样式，然后选择公式中的"x"，并切换至"公式工具""设计"上下文选项卡，在"结构"组中单击"上下标"按钮，然后在展开的库中选择"上下标"选项，如图1-42所示。

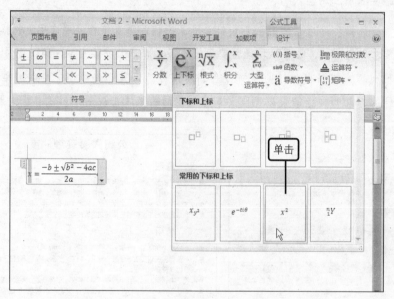

图1-42　插入上下标结构

问题 1-17： 如何编辑复杂的公式？

在文档中插入所相应样式的公式之后，再切换到"公式工具""设计"上下文选项卡，然后选中公式需要插入结构的字符或者将光标定位在需要插入结构的位置处，在"符号"组中选择需要插入的公式结构，如插入分数、上下标、根式、积分、括号、运算符、函数、导数符号等。

Word 2007 的文字处理

1

Word 2007 的文字处理

2

表格与图表的应用

3

文档的高级功能与处理

4

Excel 2007 的基础操作

5

美化 Excel 2007 工作表

Step 03 此时可以看到公式中的"x"已经变成了所选择的结构样式，选择公式分母中的"a"，然后在"公式工具""设计"上下文选项卡中的"结构"组中单击"根式"按钮，并在展开的库中选择"二次平方根"选项，如图1-43所示。

Step 04 此时可以看到公式分母中的"a"已经变成了所选择的二次平方根样式，根号下方显示为虚线框，用户可以直接在其中输入所需要的内容，如图1-44所示。

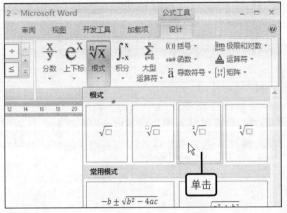

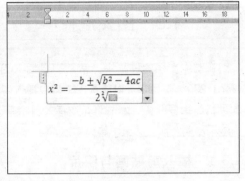

图1-43　插入根式结构　　　　　　　图1-44　插入根式后的效果

问题 1-18： 如何将编辑完毕的公式保存为模板？

在文档中将公式编辑完毕之后，如果希望在以后再次使用相同结构的公式，则可以将其保存为模板。单击公式编辑框右侧的"公式选项"按钮，然后在展开的下拉列表中选择"另存为新公式"选项，在弹出的"新建构建基块"对话框中设置保存的名称、位置等。

Step 05 在根号下方的虚线框中输入"b"并将光标定在其后面，在"公式工具""设计"上下文选项卡中，单击"符号"组中的快捷按钮，在展开的库中选择所需要插入的符号，例如在此选择"减号"选项，如图1-45所示。

图1-45　插入符号

Step 06 此时可以看到已经插入了减号符号，直接在后面输入所需要的内容即可，例如在此输入数字"10"，将公式编辑完毕之后在文档的其他任意位置处单击鼠标确认输入，公式编辑后的效果如图1-46所示。

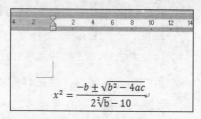

$$x^2 = \frac{-b \pm \sqrt{b^2 - 4ac}}{2\sqrt[3]{b} - 10}$$

图1-46 公式编辑后的效果

1.3 图文混排

在制作文档的过程中，常常需要插入相应的图片文件来具体说明一些相关的内容信息。在Word 2007中用户可以随意在文档中插入所需要的图片或剪贴画图片以及自选图形等对象，并对其进行编辑与设置。本节将介绍插入剪贴画、插入图片、设置图片格式、插入自选图形、设置自选图形格式、插入艺术字等内容。

1.3.1 插入剪贴画与图片

用户可以直接把保存在计算中的图片插入到Word文档中，也可以Office自带的剪贴画图片。下面将介绍插入剪贴画与图片的方法，具体操作步骤如下：

原始文件：实例文件\第1章\原始文件\从百草园到三味书屋.docx、背景.jpg
最终文件：实例文件\第1章\最终文件\插入剪贴画与图片.docx

Step 01 打开实例文件\第1章\原始文件\从百草园到三味书屋.docx文件，并将光标定于文档的末尾空行处，单击"插入"标签切换至"插入"选项卡，在"插图"组中单击"图片"按钮即可，如图1-47所示。

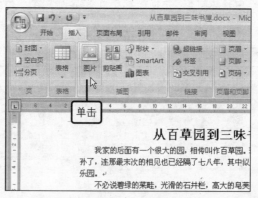

图1-47 打开"插入图片"对话框

Step 02 弹出"插入图片"对话框，在该对话框中单击"查找范围"列表框右侧的下三角按钮，并在展开的下拉列表中选择图片所在的路径，如图1-48所示。

Step 03 打开图片所在的文件夹，并在其中选择所需要插入的图片，单击"插入"按钮，如图1-49所示。

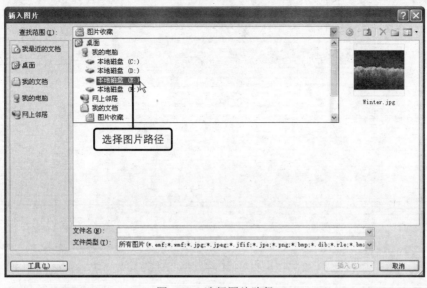

图 1-48　选择图片路径

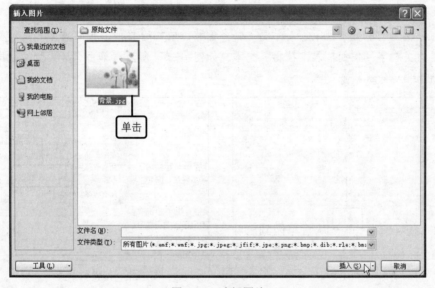

图 1-49　选择图片

Step
04
经过前面的操作之后返回文档中，此时可以看到文档中光标定位的位置处显示了插入的
图片，效果如图 1-50 所示。

问题 1-19：　在文档中可以插入哪些格式的图片呢？

在文档中可以插入的图片的格式有多种，则在"插入图片"对话框中设置"文件类型"
为"所有图片"，那么在对话框中打开文件夹后，将显示该文件夹中所有可以插入到文档
中的图片，图片格式包括 *.emf、 *.wmf、 *.jpg、 *.jpeg、 *.jfif、 *.jpe、 *.png、 *.bmp、
*.dib、 *rle、 *.bmz、 *.gif、 *.gfa、 *.emz、 *.enz、 *wmz、 *.pcz、 *.tif 等。

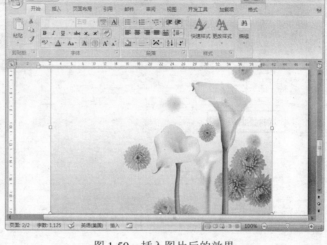

图1-50 插入图片后的效果

Step 05　将光标定位在文档的开始位置处，并在"插入"选项卡中的"插图"组中单击"剪贴画"按钮如图1-51所示。

Step 06　此时在窗口的右侧出现了"剪贴画"任务窗格，在该窗格的"搜索文字"文本框中输入需要的关键字，例如输入"植物"文本，如图1-52所示，单击"搜索"按钮即可搜索与植物相关的剪贴画。

图1-51 "剪贴画"命令

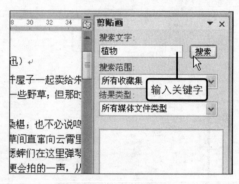

图1-52 搜索剪贴画

| 问题1-20：| 在"剪贴画"任务窗格中可以选择搜索范围和剪贴画的类型吗？ |

可以。在打开的"剪贴画"任务窗格中，单击"搜索范围"下拉列表框右侧的下三角按钮即可选择搜索范围。例如，选择我的收藏集、Office收藏集、Web收藏集等；单击"结果类型"下拉列表框右侧的下三角按钮，可以选择剪贴画的类型，例如剪贴画、照片、影片、声音等。

Step 07　经过一段时间的搜索之后，在"剪贴画"任务窗格中显示了与植物相关的剪贴画，将指针指向剪贴画时即可显示剪贴画相关的信息，单击需要插入的剪贴画即可，如图1-53所示。

Step 08　经过前面的操作之后，此时可以看到在文档中光标定位的位置处显示了所选择的剪贴画，效果如图1-54所示。

Word 2007 的文字处理

1

1
Word 2007 的文字处理

2
表格与图表的应用

3
文档的高级功能与处理

4
Excel 2007 的基础操作

5
美化 Excel 2007 工作表

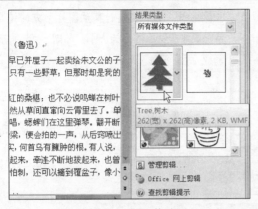

图 1-53　插入剪贴画

图 1-54　插入剪贴画后的效果

1.3.2　设置图片格式

在文档中插入图片之后，Word 会自动打开"图片工具"上下文选项卡，切换到其"格式"选项卡，可以在此对插入的图片进行格式效果的设置，如设置图片的大小、环绕方式、图片样式等，使图片达到更好的视觉效果。下面将介绍设置图片的格式的方法，具体操作步骤如下：

原始文件： 实例文件＼第 1 章＼原始文件＼设置图片格式.docx

最终文件： 实例文件＼第 1 章＼最终文件＼设置图片格式.docx

Step 01 打开实例文件＼第 1 章＼原始文件＼设置图片格式.docx 文件，并选择第 2 页中插入的图片，然后切换至"图片工具""格式"上下文选项卡，并在"排列"组中单击"文字环绕"按钮，在展开的下拉列表中选择"衬于文字下方"选项，如图 1-55 所示。

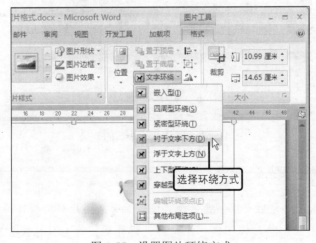

图 1-55　设置图片环绕方式

问题 1-21：	在更改图片的大小时如何使图片的长宽成正比缩放？

如果需要将图片长宽成正比缩放，则将指针移至图片的对角控制点上，当指针变成双向箭头形状时按住鼠标左键不放进行拖动，也可以打开"大小"对话框，并在其中选择"锁定纵横比"复选框，再设置其大小值，其操作方法将在后面的章节中讲解。

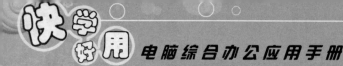

Step 02 此时可以看到所选择的图片已经衬于文字的下方进行显示，然后将指针移至图片下方的控制点上，当指针变成双向箭头形状时按住鼠标左键不放并向下拖动更改图片的大小，如图1—56所示。

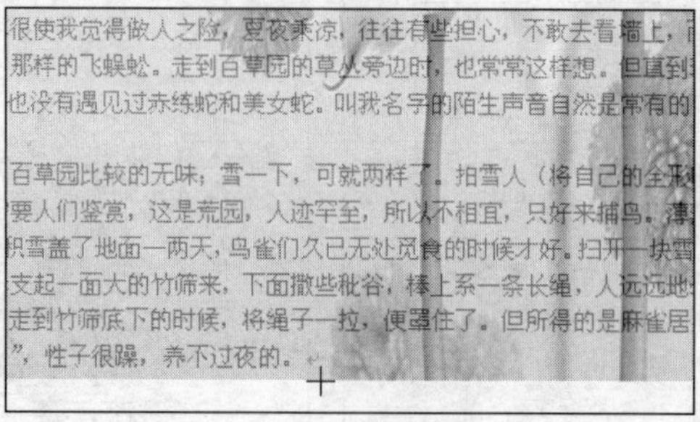

图 1-56 更改图片大小

Step 03 拖至目标位置后释放鼠标左键，此时可以看到衬于文字下方的图片的大小已经发生改变，效果如图1—57所示。

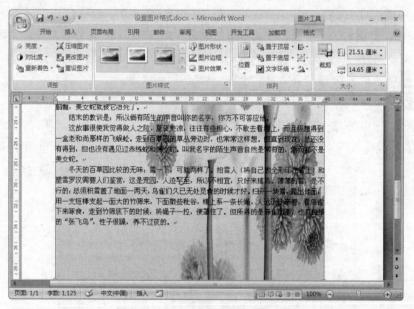

图 1-57 更改图片大小后的效果

问题 1-22：可以更改图片的位置吗？

可以。在文档插入图片之后可以任意更改其位置，选择图片并将指针移至图片的上方，当指针变成十字箭头形状时按住鼠标左键再进行拖动，拖至目标位置后再释放鼠标即可。如果图片的环绕方式为嵌入型、四周型环绕、紧密型环绕、上下型环绕、穿越型环绕，拖动图片改变其位置时将会影响文档中文本的位置。

Step 04 选择插入的剪贴画，然后在"绘图工具""格式"上下文选项卡的"排列"组中单击"文字环绕"按钮，并在展开的下拉列表中选择"嵌入型"选项，如图1—58所示。

Step 05 此时插入的剪贴画已经以嵌入型的方式显示在文档中，然后在"绘图工具""格式"上下文选项卡中单击"大小"按钮，在展开的"高度"和"宽度"文本框中设置剪贴的大小，例如在此"高度"文本框中设置其值为"3 厘米"，如图 1-59 所示。

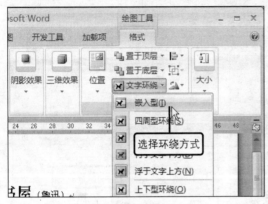
图 1-58　设置剪贴画环绕方式

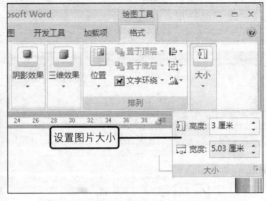
图 1-59　精确设置剪贴画大小

Step 06 输入图片大小的精确值之后按【Enter】键即可，此时可以看到文档中所选择的剪贴画已经应用了设置的图片大小，最后的效果如图 1-60 所示。

图 1-60　设置剪贴画大小后的效果

1.3.3　插入自选图形并设置格式

自选图形是运用现有的图形形状，如矩形、圆等基本形状以及各种线条或箭头符号来进行绘制，制作成需要的图形样式。对于绘制的自选图形，用户可以为其进行大小、位置、颜色、形状样式以及组合等内容的设置。下面将介绍插入自选图形以及设置其格式的方法，操作步骤如下：

最终文件：实例文件\第 1 章\最终文件\插入自选图形并设置格式.docx

Step 01 启动 Word 2007 或者新建 Word 文档，并单击"插入"标签切换至"插入"选项卡，然后在"插图"组中单击"形状"按钮，并在展开的下拉列表中选择所需要的形状图标即可，例如在此选择"基本形状"组中的"圆角矩形"选项，如图 1-61 所示。

Step 02 此时鼠标指针呈十字形状，然后在文档的合适位置处按住鼠标左键不放并进行拖动即可，拖至合适大小后再释放鼠标，如图 1-62 所示。

问题 1-22：　在绘制自选图形的同时，怎么才能绘制出正方形或正圆？

如果需要绘制正方形，则在"形状"下拉列表中选择"矩形"图标，然后在绘制的同时
按住键盘中的【Ctrl】键；如果需要绘制正圆，则在"形状"下拉列表中选择"椭圆"
图标，再运用同样的方法进行绘制即可。

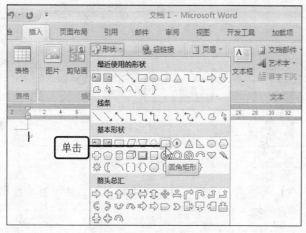

图 1-61　选择圆角矩形形状　　　　　　　图 1-62　绘制形状

Step 03　选择绘制的圆角矩形，并将指针移至图形的边缘非控制点位置处，当指针变成十字箭头
形状时按住鼠标左键不放，再进行拖动时同时按住【Ctrl】键，如图 1-63 所示。

Step 04　拖至目标位置后先释放【Ctrl】键再释放鼠标即可，同样的方法再复制两个相同的矩形在
下方并排，选择复制的三个圆角矩形并切换至"绘图工具""格式"上下文选项卡下，然
后在"排列"组中单击"对齐"按钮，再在展开的下拉列表中选择"顶端对齐"选项，
如图 1-64 所示。

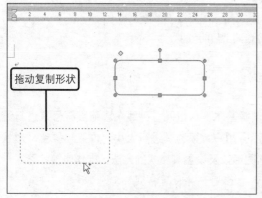
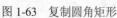
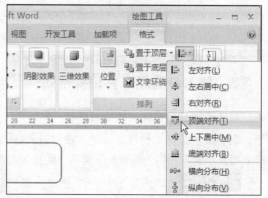

图 1-63　复制圆角矩形　　　　　　　图 1-64　设置图形对齐方式

Step 05　选择文档中间的两个圆角矩形，并在"绘图工具""格式"上下文选项卡中的"排列"组中单
击"对齐"按钮，在展开的下拉列表中选择"右对齐"选项，如图 1-65 所示。

| 问题 1-24: | 在文档中复制图形无效是怎么回事? |

在复制图形的时候必须按住键盘中的【Ctrl】键，并且将图形拖至目标位置后先释放【Ctrl】键再释放鼠标左键，否则复制图形就变成了移动图形。在文档中复制文本、图片等对象，其操作方法一样。

Step 06 此时可以看到文档中的图形已经应用了相应的对齐方式，选择最上方的矩形并右击，然后在弹出的快捷菜单中选择"添加文字"命令，如图 1-66 所示。

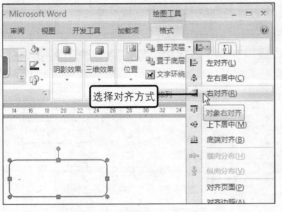

图 1-65　设置图形对齐方式

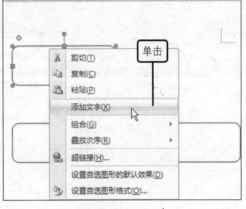

图 1-66　"添加文字"命令

Step 07 此时光标在所选择的图形中闪烁，直接在其中输入所需要的文本内容，例如在此输入"总经理"文本，如图 1-67 所示。

Step 08 同样的方法在下方的 3 个圆角矩形中依次输入"业务部、行政部、技术部"文本，并同时选择文档中的 4 个图形，然后切换至"开始"选项卡，并在"字体"组中单击"字体"下拉列表框右侧的下三角按钮，在展开的下拉列表中选择"华文中宋"选项，如图 1-68 所示。

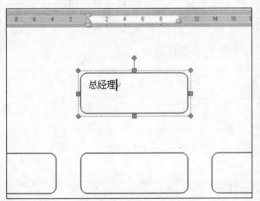

图 1-67　输入文字

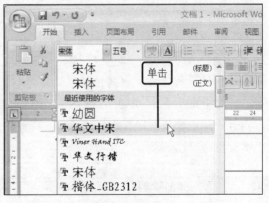

图 1-68　设置文本字体

Step 09 在"开始"选项卡的"字体"组中单击"字号"下拉列表框右侧的下三角按钮，并在展开的下拉列表中选择所需要的字号，例如在此选择"二号"选项，设置自选图形中的文本为二号字体，如图 1-69 所示。

问题 1-25: 如何使用"字体"对话框设置文本字体格式？

选择需要设置字体格式的文本或者其他图形对象并右击，然后在弹出的快捷菜单中选择"字体"命令，在弹出的"字体"对话框中切换到"字体"选项卡，即可设置所选择文本的字体、字形或字号等格式。

Step 10 选择文档中的到第 1 个圆角矩形，并在"开始"选项卡中的"段落"组中单击"居中"按钮。然后切换到"文本框工具""格式"上下文选项卡，在"大小"组中可以精确设置图形的大小，例如在此设置自选图形的高度为"2 厘米"、宽度为"4 厘米"，如图 1-70 所示。

图 1-69　设置文本字号

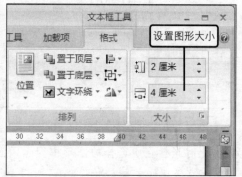

图 1-70　设置形状大小

问题 1-26: 只能在"文本框工具""格式"上下文选项的"大小"组中设置图形大小吗？

除了在"文本框工具""格式"上下文选项卡的"大小"组中设置图形之外，在选择需要设置大小的图形并右击，然后在弹出的快捷菜单中选择"设置自选图形格式"命令，在弹出的"设置自选图形格式"对话框的"大小"选项卡下进行设置。

Step 11 运用同样的方法，将其他形状设置为相同的大小。然后选择文档择所有的图形，并在"文本框工具""格式"上下文选项卡中单击"文本框样式"组中的快翻按钮，并在展开的库中选择所需要的样式即可，例如在此选择"中心渐变-强调文字颜色 6"选项，如图 1-71 所示。

问题 1-27: 为图形设置的形状样式之后，可不可以进行更改？

可以。为图形设置了形状样式之后，如果对设置的样式不满意可以再次单击"文本框样式"组中的快翻按钮，再在展开的库中选择所需要的样式即可。在文档中绘制图形之后，将会出现"绘图工具"选项卡，当在图形中添加文本之后，系统默认将添加了文字的图形视为文本框，则"绘图工具"选项卡变成了"文本框工具"选项卡。

Word 2007 的文字处理

1

Word 2007 的文字处理

2

表格与图表的应用

3

文档的高级功能与处理

4

Excel 2007 的基础操作

5

美化 Excel 2007 工作表

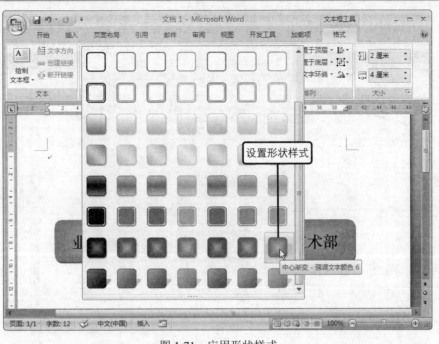

图 1-71　应用形状样式

Step 12 此时所选择的图形已经应用了相应的样式设置，切换到"插入"选项卡并在"插图"组中单击"形状"按钮，然后在展开的下拉列表中选择"线条"组中的"直线"图标，如图 1-72 所示。

Step 13 此时鼠标指针呈十字形状，则在文档的合适位置处按住鼠标左键不放并进行拖动即可，在这里选择在两行自选图形的中间绘制一条水平方向直线的直线，拖至目标位置后释放鼠标即可，如图 1-73 所示。

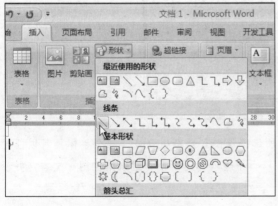

图 1-72　选择直线图标

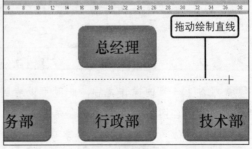

图 1-73　绘制直线

问题 1-28：　绘制直线时无法完全控制鼠标，使绘制的直线不是水平方向怎么办？

在绘制直线的时候如果无法完全控制鼠标，使绘制的直线不是水平方向，则可以在拖动鼠标进行绘制的同时按住键盘中的【Ctrl】键即可。

Step 14 运用同样的方法绘制 3 条垂直方向的直线即可，使各图形连接起来，绘制完毕之后的效果如图 1-74 所示。

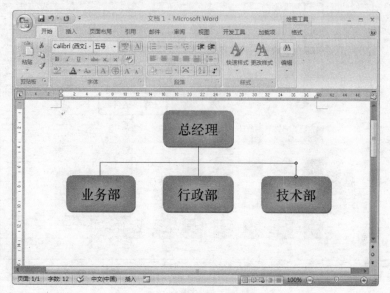

图 1-74 绘制完毕后的效果

Step 15 按住【Ctrl】键同时选中文档中的所有圆角矩形以及直线，在"绘图工具""格式"上下文选项卡中的"排列"组中单击"组合"按钮，并在展开的下拉列表中选择"组合"选项，如图 1-75 所示。

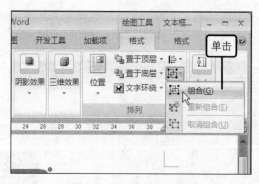

图 1-75 "组合"命令

Step 16 经过上一步的操作之后，此时可以看到所选择的图形已经组合成为一个整体，可以任意拖动组合图形的位置，然后在文档的第 1 行中输入标题"公司组织结构图"文本，并设置其字体为"华文中宋"、字号为"一号"、对齐方式为"居中"，如图 1-76 所示。

问题 1-29：	只能在"绘图工具""格式"上下文选项卡下的"排列"组中设置图形组合吗？

除了在"排列"组中设置图形组合以外，还可以使用快捷菜单中的命令。则选中图形后右击，并在弹出的快捷菜单中选择"组合"命令，在其展开的级联菜单中选择"组合"命令。

图 1-76　组合形状后的效果

1.3.4　插入艺术字

艺术字是一种自带格式的特殊文字，在文档中插入艺术字与插入图片的操作方法类似，对于插入的艺术字，用户同样可以通过艺术字工具"格式"选项卡来设置其格式。下面将介绍插入艺术字的方法，具体操作步骤如下：

原始文件：实例文件\第 1 章\原始文件\从百草园到三味书屋.docx
最终文件：实例文件\第 1 章\最终文件\插入艺术字.docx

Step 01 打开实例文件\第 1 章\原始文件\从百草园到三味书屋.docx 文件，删除其中的标题文件并将光标定在标题行中，然后切换到"插入"选项卡，在"文本"组中单击"艺术字"下三角按钮，并在展开的艺术字库中选择一种所需要的样式即可，如图 1-77 所示。

图 1-77　选择艺术字样式

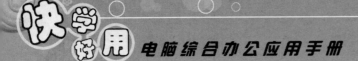
Step 02　弹出"编辑艺术字文字"对话框，首先删除列表框中的提示文字，并在其中输入所需要的文字，例如在此输入"从百草园到三味书屋"文本，然后单击"字体"下拉列表框右侧的下三角按钮，并在展开的下拉列表框中选择"隶书"选项，如图1-78所示。

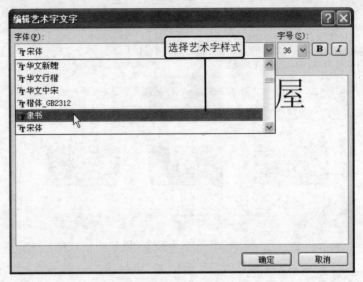

图1-78　设置艺术字字体

问题1-30：　插入的艺术字如何设置格式？

在文档中插入艺术字之后，切换到"艺术字工具""格式"上下文选项卡即可设置其格式，例如设置艺术字样式、阴影效果、三维效果、环绕方式、大小等。

Step 03　在"编辑艺术字文字"对话框中再单击"字号"下拉列表框右侧的下三角按钮，并在展开的下拉列表框中选择所需要的字号，例如在此选择"40"选项，设置艺术字字号为40，设置完毕之后单击"确定"按钮即可，如图1-79所示。

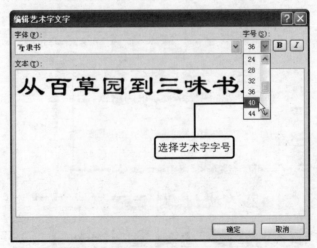

图1-79　设置艺术字字号

Step 04 经过前面的操作之后，此时返回到文档中可以看到在标题位置处显示了插入的艺术字，效果，如图 1-80 所示。

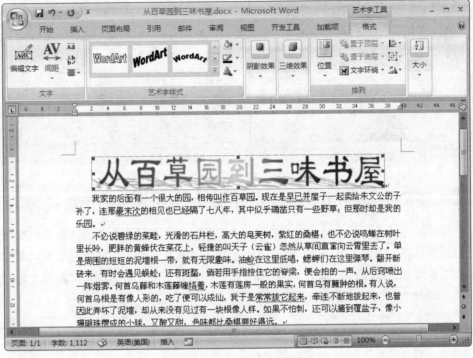

图 1-80　插入艺术字后的效果

1.4　打印文档

对于制作好的文档，用户都可以将其打印出来并使用，在打开文档之前，一般还需要对文档的页面进行设置以及预览文档的打印效果，打印效果满意之后再将其打印出来。本节将介绍页面设置文档、打印预览文档以及打印文档等内容。

1.4.1　页面设置文档

将文档制作完毕之后，还需要对文档的页面进行设置，才能使打印出来的文件美观大方。下面将介绍页面设置文档的方法，具体操作步骤如下：

原始文件：实例文件\第 1 章\原始文件\打印文档.docx
最终文件：实例文件\第 1 章\最终文件\页面设置文档.docx

Step 01 打开实例文件\第 1 章\原始文件\打印文档.docx 文件，并单击"页面布局"标签切换到"页面布局"选项卡，单击"页面设置"组中的对话框启动器按钮，如图 1-81 所示。

Step 02 弹出"页面设置"对话框，首先在"页边距"选项卡中的"页边距"选项组中，分别设置上、下、左、右的页边距即可，在设置上、下边距为"3 厘米"，在"纸张方向"选项组中可以选择纸的方向，在此保持默认"纵向"选项，如图 1-82 所示。

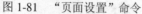

图 1-81 "页面设置"命令

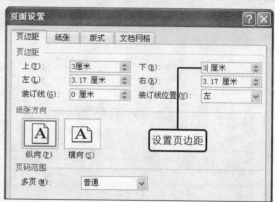

图 1-82 设置页边距

问题1-31： 除了使用"页面设置"对话框以外，还可以在其他地方设置页面吗？

可以。在"页面设置"选项卡中的"页面设置"组中可以直接设置文档的页面，包括文字方向、页边距、纸张方向、纸张大小等。例如需要设置页边距，则在"页面设置"组中单击"页边距"按钮，在展开的下拉列表中可以选择所需要的选项，如果没有适合的选项可以单击"自定义边距"，在"页面设置"对话框中进行设置即可。

Step 03 单击"纸张"标签切换到"纸张"选项卡，然后在"纸张大小"选项组中可以设置纸张的大小，在保持默认的 A4 纸张，用户也可以单击"纸张大小"下拉列表框右侧的下三角按钮，并在展开的下拉列表框中选择所需要的纸张大小，如图 1-83 所示。

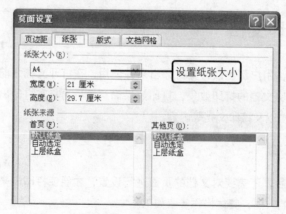

图 1-83 设置纸张大小

Step 04 设置完毕之后单击"确定"按钮，此时返回到文档中可以看到文档的页面已经应用了相应的设置，效果如图 1-84 所示。

问题1-32： 如果在"纸张大小"展开的下拉列表中没有所需要的纸张选项怎么办？

如果在"纸张大小"展开的下拉列表中没有所需要的纸张选项，则可以单击该下拉列表中的"自定义大小"选项，然后在"高度"和"高度"文本框中分别设置纸张大小即可。

Word 2007 的文字处理

1

1 Word 2007 的文字处理

2 表格与图表的应用

3 文档的高级功能与处理

4 Excel 2007 的基础操作

5 美化 Excel 2007 工作表

图 1-84 设置文档页面后的效果

1.4.2 打印预览文档

打印预览文档是打印文档前非常重要的一个环节，因为打印预览到的效果就是文档打印出来的效果。在打印文档中进行预览，如果不满意的话，还可以对文档进行相应的设置，从而使打印出来的文档更加美观。下面将介绍打印预览文档的方法，操作步骤如下：

原始文件：实例文件\第 1 章\原始文件\打印文档.docx

Step
01
打开实例文件\第 1 章\原始文件\打印文档.docx 文件，并单击窗口左上角的 Office 按钮，然后在展开的"文件"菜单中指向"打印"命令，再在展开的级联菜单中选择"打印预览"命令即可，如图 1-85 所示。

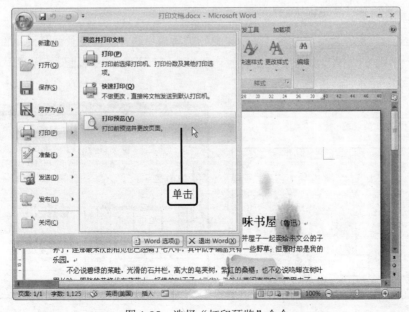

图 1-85 选择"打印预览"命令

Step 02 经过上一步的操作之后，此时已经切换到了打印预览视图中，并出现了"打印预览"选项卡，可以看到该文档的打印效果，如图1-86所示。

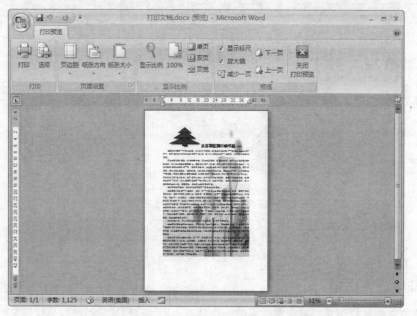

图1-86 文档的打印预览效果

问题1-33： 除了执行文件菜单的命令切换到打印预览视图以外还有快捷方式吗？

如果需要快速切换到打印预览视图中，除了执行文件菜单中的命令以外，还可以依次快速键盘中的【Alt】、【F】、【W】和【V】键。

Step 03 如果需要调整打印预览的显示比例，则在"打印预览"选项卡的"显示比例"组中单击"显示比例"按钮，如图1-87所示。

Step 04 弹出"显示比例"对话框，在"显示比例"选项组中选择所需要量的显示比例，例如在此选择"75%"选项，如果没有合适的选项也在"百分比"文本框进行设置，最后再单击"确定"按钮，如图1-88所示。

图1-87 "显示比例"命令

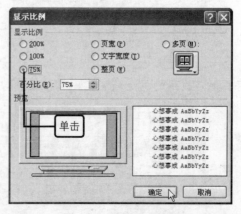

图1-88 选择显示比例

Word 2007 的文字处理

1

1

Word 2007 的文字处理

2

表格与图表的应用

3

文档的高级功能与处理

4

Excel 2007 的基础操作

5

美化 Excel 2007 工作表

问题 1-34: 除了通过"显示比例"对话框设置显示比例以外还有其他方法吗？

如果不想在"显示比例"对话框中快速设置打印预览的显示比例，则可以在"打印预览视图"窗口的右下角，左右拖动"显示比例"滑块也可以调整显示比例，同样此种方法也可以用于普通视图、Web 版式视图和大纲视图。

Step 05 经过前面两步的操作之后，此时可以看到文档打印预览的显示比例已经应用了所选择的显示比例大小，如图 1-89 所示。

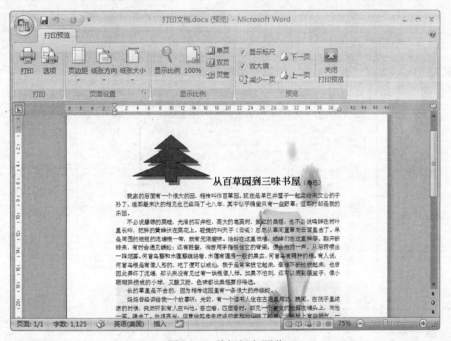

图 1-90 关闭打印预览

Step 06 当预览完毕之后，如果需要退出打印预览视图，则可以在"打印预览"选项卡中单击"关闭打印预览"按钮，如图 1-90 所示。

图 1-89 调整显示比例后的效果

问题 1-35: 如果觉得打印预览的页面效果不好，可以快速进行设置吗？

可以。如果在打印预览视图中发现预览的文档页面效果不好，则可以直接在"打印预览"选项卡中的"页面设置"组中进行设置，例如设置页边距、页面纸张方向、纸张大小等，也可以在"打印预览"选项卡中的"页面设置"组中单击对话框启动器按钮，然后在弹出的"页面设置"对话框中进行详细地设置即可。

1.4.3 打印文档

当文档制作完毕之后，并且已经对打印预览的效果觉得满意后即可将文档打印出来以便使用。打印文档时用户可以选择相应的打印机以及对打印的份数、范围等进行设置。下面将介绍打印文档的方法，操作步骤如下：

原始文件：实例文件\第 1 章\原始文件\打印文档.docx

Step 01 首先打开实例文件\第 1 章\原始文件\打印文档.docx 文件，并单击窗口左上角的 Office 按钮，然后在展开的菜单中指向"打印"命令，再在展开的级联菜单中选择"打印"命令，如图 1-91 所示。

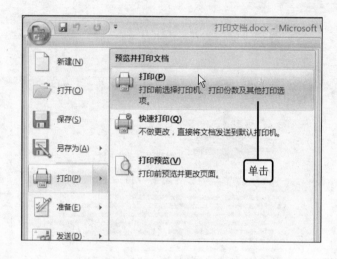

图 1-91 "打印"命令

Step 02 弹出"打印"对话框，首先在该对话框的"打印机"选项组中，单击"名称"列表框右侧的下三角按钮，所有连接到该计算机的打印机名称都将显示在该下拉列表中，在展开的下拉列表中选择所需要使用的打印机的名称即可，如图 1-92 所示。

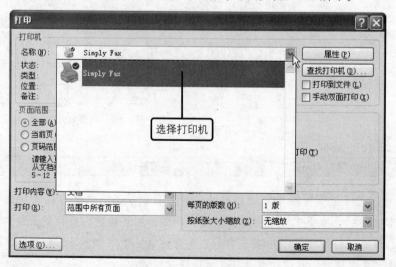

图 1-92 选择打印机

Word 2007 的文字处理 **1**

1 Word 2007 的文字处理

2 表格与图表的应用

3 文档的高级功能与处理

4 Excel 2007 的基础操作

5 美化 Excel 2007 工作表

> **问题 1-36:** 除了执行文件菜单中的命令打开"打印"对话框以外，还有快捷方式吗？
>
> 有。除了执行文件菜单中的命令打开"打印"对话框以外，还可以使用键盘中的快捷键，则按键盘中的快捷键【Ctrl+P】即可。

Step 03 在"页面范围"选项组中用户可以选择需要打印的范围，选择"全部"单选按钮，则打印文档中的所有内容；选择"当前页"单选按钮，则打印文档中光标所在的页面；选择"页面范围"单选按钮，则可以设置打印的页码。在"副本"选项组中的"份数"文本框中输入"5"，则打印 5 份文档，单击"确定"按钮即可打印，对话框设置如图 1-93 所示。

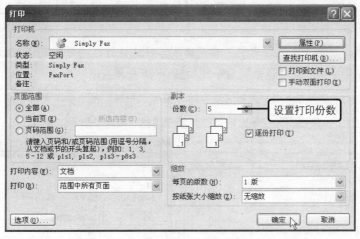

图 1-93　设置打印份数

> **问题 1-37:** 打印出来的多份文件为什么是逐页打印而不是逐份打印？
>
> 如果需要将一个文档打印多份时，需要在"打印"对话框的"副本"选项组中选择"逐份打印"复选框，才能实现逐份打印的功能，否则将是逐页打印。

1.5　实例提高：制作基本知识培训考试试卷

为了提升员工的某种技能、综合素质或者政治理论基本知识的学习，公司或单位会对员工开展相应的培训，无论是公司员工还是单位职工一般都会接受并参加公司组织的知识培训活动。下面将结合本章所学的知识点制作基本知识培训考试试卷，具体操作步骤如下：

原始文件： 实例文件\第 1 章\原始文件\基本知识培训考试试卷.docx
最终文件： 实例文件\第 1 章\最终文件\基本知识培训考试试卷.docx

Step 01 打开实例文件\第 1 章\原始文件\基本知识培训考试试卷.docx 文件，并选中文档中的第 1 行标题文本，然后在"开始"选项卡中的"字体"组中单击"字体"下拉列表框右侧的下三角按钮，并在展开的下拉列表框中选择"华文中宋"选项，如图 1-94 所示。

Step 02 在"开始"选项卡中的"字体"组中，再单击"字号"下拉列表框右侧的下三角按钮，并在展开的下拉列表框中选择"二号"选项，如图 1-95 所示。

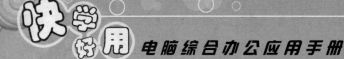
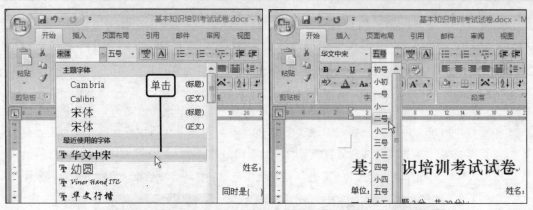

图 1-94　设置标题字体　　　　　　　　　　图 1-95　设置标题字号

Step 03 此时所选择的标题文本已经应用了相应的字体格式设置，再右击选中的标题文本，并在弹出的快捷菜单中选择"段落"命令，如图 1-96 所示。

Step 04 弹出"段落"对话框，在"缩进和间距"选项卡的"常规"选项组中单击"对齐方式"下拉列表框右侧的下三角按钮，并在展开的下拉列表中选择"居中"选项，如图 1-97 所示。

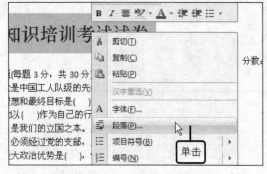

图 1-96　"段落"命令

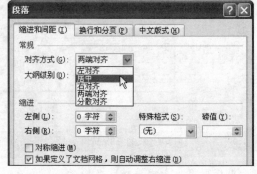

图 1-97　设置段落对齐方式

Step 05 在"段落"对话框"缩进和间距"选项卡的"间距"选项组中设置"段前"和"段后"的值为"1 行"，如图 1-98 所示，再单击"确定"按钮。

Step 06 经过前面的操作之后此时标题已经应用了相应的设置，再选中所有内容文本并右击，然后在弹出的快捷菜单中选择"字体"命令，如图 1-99 所示。

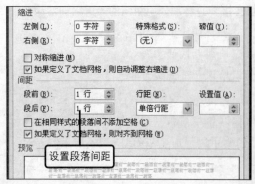

图 1-98　设置段落间距

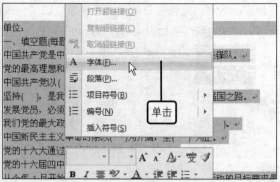

图 1-99　"字体"命令

Step 07 弹出"字体"对话框，在"字体"选项卡的"中文字体"下拉列表框中选择所需要的字体，例如在此选择"幼圆"选项，如图 1-100 所示。

Step 08 在"字号"下拉列表框中选择所需要的字号，例如在此选择"小四"选项，单击"确定"按钮，如图 1-101 所示。

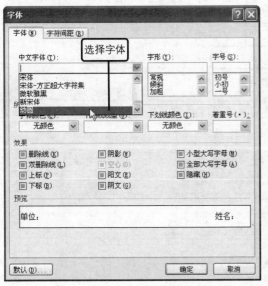

图 1-100　选择字体

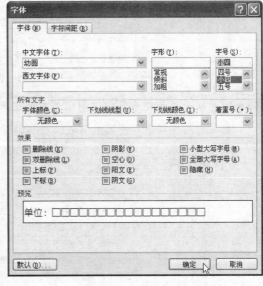

图 1-101　选择字号

Step 09 经过前面的操作之后返回文档中，此时所选择的文本已经应用了相应的字体格式设置，然后在"段落"选项组中再单击"行距"按钮，并在展开的下拉列表中选择"1.5"选项，如图 1-102 所示。

Step 10 此时可以看到文档内容的段落已经变宽，再选中文档中的各题型标题，并在"字体"组中设置其格式为"黑体"、"小四"和"加粗"，如图 1-103 所示。

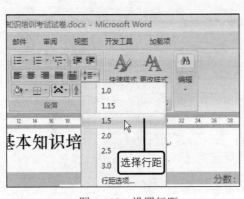

图 1-102　设置行距

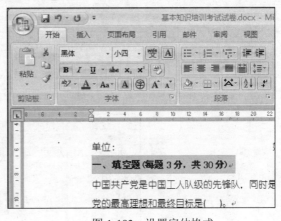

图 1-103　设置字体格式

Step 11 选择填空题中的内容，在"段落"组中单击"编号"按钮，并在展开的下拉列表中选择所需要的编号样式，如图 1-104 所示。

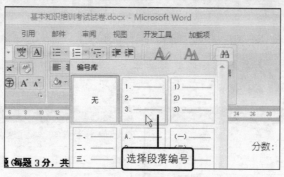

图 1-104 设置段落编号

Step 12 此时所选择的文本已经应用了相应的编号设置，再运用同样的方法为判断题的内容设置相同的段落编号，设置完毕之后效果如图1-105所示。

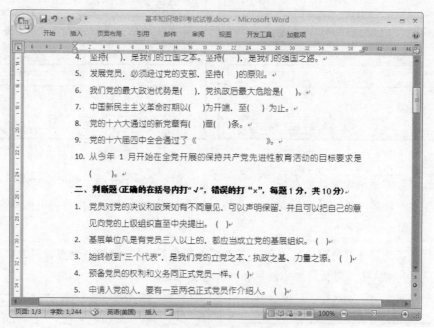

图 1-105 设置段落编号后的效果

Step 13 单击窗口左上角的 Office 按钮，然后在展开的"文件"菜单中指向"打印"命令，再在展开的级联菜单中选择"打印预览"命令，如图1-106所示。

图 1-106 "打印预览"命令

Step 14 经过上一步的操作之后此时已经切换到了打印预览视图中，再调整视图的显示比例使文档内容全部显示在窗口中，此时可以看到文档的整体效果，如图 1-107 所示。

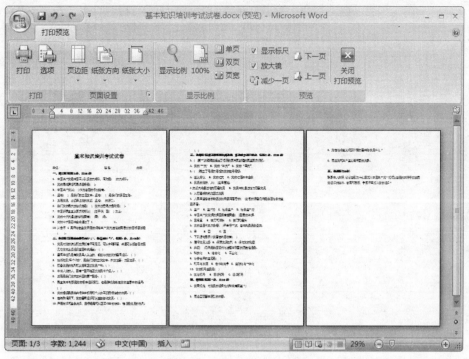

图 1-107　文档的打印预览效果

表格与图表的应用

表格和图表是 Word 2007 的重要功能。表格通常用来组织和显示信息，也是文件处理中经常用到的一个功能。图表是用于分析数据，通常在制作文档或表格时需要插入图表来使文件更加直观和有说服力。本章将介绍表格与图表的应用研究，主要内容包括表格的创建与编辑、图表的创建与编辑、在 Word 2007 中插入 Excel 图表对象。

2.1 表格的创建与编辑

表格由行和列的单元格组成，用户可以在单元格中输入数据、文字和插入图片或其他对象，还可以使用表格进行数据处理，还可以在表格和文本之间进行转换。本节将介绍表格的创建与编辑，主要包括创建表格、编辑表格、设置表格格式、表格的排序和计算、文本和表格之间的转换等。

2.1.1 创建表格

想要使用表格表达数据信息，首先需要创建表格，在 Word 中创建表格的方法有多种，可以插入表格、绘制表格。下面将依次介绍创建表格的方法，具体操作步骤如下：

原始文件：实例文件\第 2 章\原始文件\销售业绩统计表.docx
最终文件：实例文件\第 2 章\最终文件\创建表格.docx

方法一：插入表格

Step 01 打开实例文件\第 1 章\原始文件\销售业绩统计表.docx 文件，将光标定位在标题下方的空行处并单击"插入"标签切换到"插入"选项卡，然后在"插图"组中单击"表格"按钮，并在展开的下拉列表中选择"插入表格"选项，如图 2-1 所示。

问题 2-1： 有快捷方式打开"插入表格"对话框吗？

除了使用表格下拉列表中的选项打开"插入表格"对话框以外，还可以使用键盘中的快捷键快速打开该对话框，则依次按键盘中的【Alt】、【N】、【T】和【I】键即可。

Step 02 弹出"插入表格"对话框,在"表格尺寸"选项组中设置所需要的表格列数和行数,例如在此设置其值为"5",单击"确定"按钮,如图2-2所示。

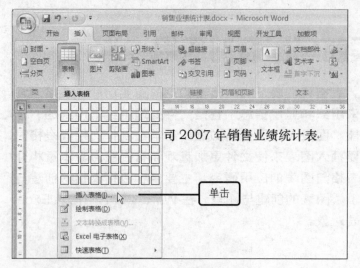

图2-1 "插入表格"命令　　　　　　　　　图2-2 设置表格尺寸

Step 03 单击"确定"按钮后返回文档中,此时可以看到在光标定位的位置处插入了一个列数和行数为5的表格,效果如图2-3所示。

图2-3 插入表格后的效果

Step 04 在文档中插入表格之后,还需要表格中有数据,则直接单击需要输入数据的单元格,当指针在单元格中闪烁时输入数据,按【Tab】键即可跳至下一个单元格中,输入完毕之后的效果如图2-4所示。

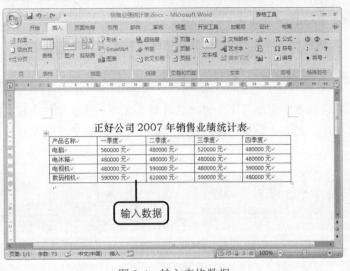

图 2-4　输入表格数据

问题 2-2：　在表格中输入数据时，有何快捷方式在单元格中切换？

在表格中输入数据，用户可以使用快捷键在单元格中进行切换，从而提高输入速度。按键盘中的【Tab】键即可跳至光标所在单元格右侧的单元格中，按快捷键【Shift+Tab】即可跳至其左侧的单元格中，按键盘中的上、下、左、右方向键即可跳至其上、下、左、右相应的单元格中。

　　方法二：绘制表格

Step 01 继上，首先在表格下方，空白位置输入表格标题文本"正好公司 2007 年管理费用统计表"，并将光标定位在标题下方的空行中，然后在"插入"选项卡中的"插图"组中单击"表格"按钮，并在展开的下拉列表中选择"绘制表格"选项，如图 2-5 所示。

Step 02 此时鼠标指针呈笔的形状，则在文档的合适位置处按住鼠标左键不放并拖动鼠标，此时在文档中出现一个虚线框，即为绘制的表格外部边框，如图 2-6 所示。

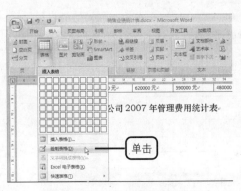

图 2-5　单击"绘制表格"选项

图 2-6　绘制表格

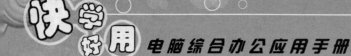

Step 03 拖至目标位置后释放鼠标即可,此时可以看到在文档中显示了一个框,即表格的外部边框。在表格边框内部合适位置处按住鼠标左键不放,横向或纵向拖动鼠标即可绘制表格的内部框线,如图 2-7 所示。

图 2-7　绘制表格内部框线

Step 04 拖至目标位置后释放鼠标即可,此时可以看到已经绘制好了一条内部框线,同样的方法继续绘制表格内部框线即可,绘制完毕之后的效果如图 2-8 所示。

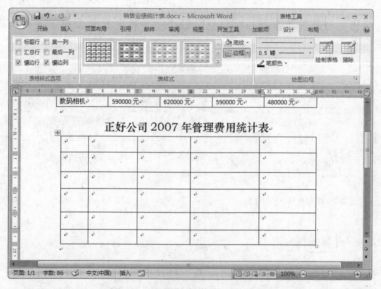

图 2-8　表格绘制完毕后的效果

问题 2-4： 在文档中绘制的表格各单元格大小不一样怎么办？

在文档中自行绘制表格时，各单元格的大小很难控制，如果需要使用同一大小的单元格可以执行方法一插入表格的操作，方法一中插入的表格各单元格为一样大小，设置单元格大小的操作将在后面的章节中介绍。

2.1.2　编辑表格

要想使制作的表格符合实际的需要，用户可以对表格进行各种编辑。本小节将介绍编辑表格的一些操作方法，例如选定单元格、移动和复制单元格、合并和拆分单元格、插入和删除行/列等。

原始文件：实例文件\第 2 章\原始文件\编辑表格.docx
最终文件：实例文件\第 2 章\最终文件\编辑表格.docx

Step 01 打开实例文件\第 2 章\原始文件\编辑表格.docx 文件，并将指针移至"正好公司 2007 年销售业绩统计表"表格的右下角控制点上，当指针变成双向箭头时按住鼠标左键不放并进行拖动，如图 2-9 所示。

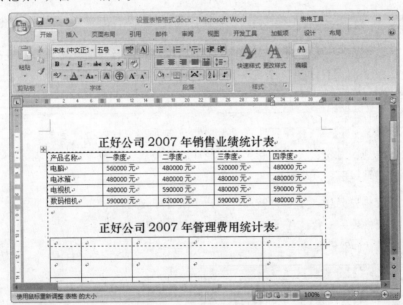

图 2-9　改变表格的大小

问题 2-5： 如何调整一行单元格的行高？

拖动表格右下角的控制点调整表格是调整表格的整体大小，各行单元格的行高同时增加。如果需要调整一行单元格的行高，则将指针移至需要调整的行单元格的边框处，当指针变成双向箭头形状时再拖动鼠标即可。

Step 02 拖至目标位置后释放鼠标，此时可以看到"正好公司 2007 年销售业绩统计表"表格的大小已经发生改变，效果如图 2-10 所示。

Step 03 在"插入"选项卡中选择"表格"下拉列表中的"绘制表格"选项，此时鼠标指针呈笔的形状，则在"正好公司 2007 年管理费用统计表"表格的第 1 个单元格目标位置处按住鼠标左键不放，再进行拖动绘制表格的斜线表头，如图 2-11 所示。

正好公司 2007 年销售业绩统计表

产品名称	一季度	二季度	三季度	四季度
电脑	560000 元	480000 元	520000 元	480000 元
电冰箱	480000 元	480000 元	480000 元	480000 元
电视机	480000 元	590000 元	480000 元	590000 元
数码相机	590000 元	620000 元	590000 元	480000 元

正好公司 2007 年管理费用统计表

图 2-10　改变表格大小后的效果

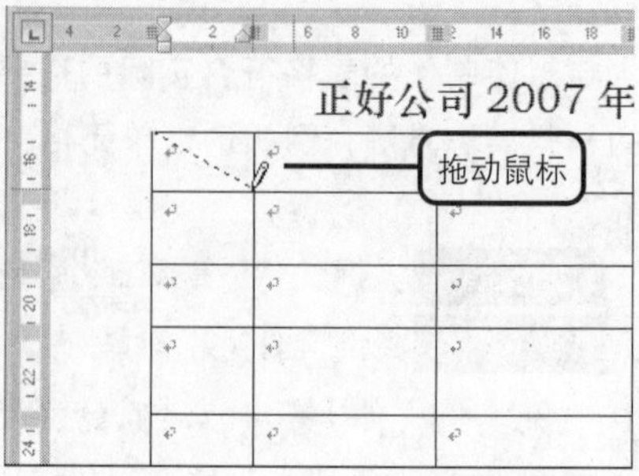

图 2-11　绘制表格斜线表头

问题 2-6： 要绘制斜线表头除了在"表格"下拉列表中选择"绘制表格"选项，还有其他方法吗？

有。除了在"表格"下拉列表中选择"绘制表格"选项执行绘制表格以外，还可以切换到"表格工具""设计"上下文选项卡，单击"绘图边框"组中的"绘制表格"按钮，还可以设置笔的颜色、线条的粗细等。

Step 04 拖动目标位置后释放鼠标即可，在表格的相应单元格中输入所需要的表格项即可，例如在此输入类别、月份、公司经费、工会经费、保险费、其他费用以及各月份名称等，输入之后的效果如图 2-12 所示。

Step 05 在绘制的表格中只输入了一到五月份，为了统计年度费用还需要插入单元格，则将光标定位在该表格最后一行的任意单元格中，然后切换到"表格工具""布局"上下文选项卡下，并在"行和列"组中单击"在下方插入"按钮，如图 2-13 所示。

正好公司 2007 年管理费用统计表

类别 月份	公司经费	工会经费	保险费	其他费用
一月份				
二月份				
三月份				
四月份				
五月份				

图 2-12　输入表格行/列标题

图 2-13　插入行单元格

Step 06 此时在光标定位单元格的下方插入了一行单元格，再运用同样的方法插入多行单元格，并在其中输入所需要的数据即可，输入完毕之后效果如图 2-14 所示。

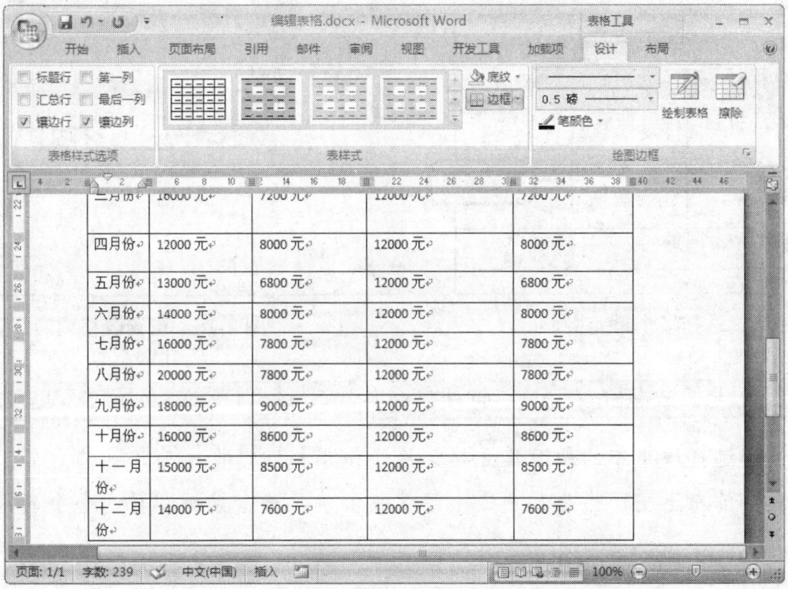

图 2-14　输入表格数据

问题 2-7： **除了单击"在下方插入"按钮以外还有其他快捷方式插入行单元格吗？**

除了在"行和列"组中单击"在下方插入"按钮在单元格插入行以外，还可以将光标定位在表格的最后一个单元格中，再按键盘中的【Tab】键即可在表格最后插入一行单元格；如果将光标定位在行单元格右侧的段落标记处，再按键盘中的【Enter】键即可在其下方插入一行单元格。

2.1.3　设置表格格式

为了使表格更加美观，通常需要根据表格的内容对表格进行设置，例如设置表格的行高、列宽、底纹颜色等，还可以自动套用表格的格式。下面将介绍设置表格格式的方法，具体操作步骤如下：

原始文件： 实例文件\第 2 章\原始文件\设置表格格式.docx
最终文件： 实例文件\第 2 章\最终文件\设置表格格式.docx

Step 01 打开\实例文件\第 2 章\原始文件\设置表格格式.docx 文件，如果要对单元格进行操作则首先需要选择单元格，在此将光标定位在"正好公司 2007 年销售业绩统计表"的第 1 个单元格中，并按住鼠标左键不放进行拖动，如图 2-15 所示。

Step 02 拖至最后一个单元格位置处时释放鼠标即可，此时该表格所有单元格已经被选中，然后在"开始"选项卡的"字体"组中选择"字体"下拉列表中的"华文中宋"选项，如图 2-16 所示。

图 2-15 选择多个单元格

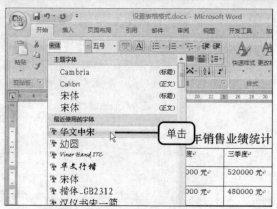

图 2-16 设置表格内容字体

问题 2-8： 有快捷选择表格所有单元格的方法吗？

如果需要快速选择表格中的所有单元格，除了使用拖动选择所有单元格之外，还可以将指针移至表格的左上角，当指针变成十字箭头形状时单击鼠标即可选整个表格中的所有单元格。

Step 03 在"开始"选项卡的"字体"组中单击"字号"下拉列表框右侧的下三角按钮，并在展开的下拉列表框中选择"小四"选项，如图 2-17 所示。

Step 04 此时所选择单元格区域中的文本已经应用了相应的字体设置，在"段落"组中再单击"居中"按钮设置单元格中文本的对齐方式为居中，效果如图 2-18 所示。

图 2-17 设置表格内容字号

图 2-18 设置表格内容对齐方式

问题 2-9： 在 Word 表格中设置文本对齐方式的快捷方式是什么？

在表格输入数据之后，为了达到美观的效果还需要设置数据的格式，格式例如对齐方式。选择需要设置对齐方式的单元格，按键盘中的快捷键【Ctrl+E】则设置为居中、按快捷键【Ctrl+L】则设置为左对齐、按快捷键【Ctrl+R】则设置为右对齐。

Step 05 可以看到在"正好公司2007年管理费用统计表"中第1列的列宽太小，其中有的文本显示为两行，可以调整该列单元格的列宽使其达到美观的效果。则将指针移至第1列单元格右侧的框线处，当指针变成双向箭头形状时按住鼠标左键向右拖动，如图2-19所示。

Step 06 拖至目标位置后释放鼠标即可，选择其他的列单元格并切换到"图表工具""布局"上下文选项卡，单击"单元格大小"组中的"分布列"按钮，如图2-20所示。

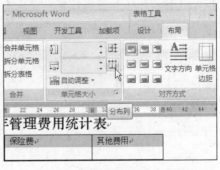

五月份	13000元	6800元	12000元
六月份	14000元	8000元	12000元
七月份	16000元	7800元	12000元
八月份	20000元		12000元
九月份	18000元		12000元
十月份	16000元	8600元	12000元
十一月份	15000元	8500元	12000元
十二月份	14000元	7600元	12000元

拖动鼠标

图 2-19　调整单元格列宽　　　　　　　　图 2-20　平均分布各列单元格

问题 2-10： **有快捷方式执行平均分布各列操作吗？**

除了在"图表工具""布局"上下文选项卡的"单元格大小"组中设置平均分布各列以外，还可以选择需要平均分布列的连续列单元格区域并右击，然后在弹出的快捷菜单中选择"平均分布各列"命令即可。

Step 07 选择第2行到第13行单元格，然后在"表格工具""布局"上下文选项卡的"单元格大小"组中单击"分布行"按钮，如图2-21所示。

问题 2-11： **有快捷方式执行平均分布各行操作吗？**

除了在"图表工具""布局"上下文选项卡的"单元格大小"组中设置平均分布各行以外，还可以选择需要平均分布行的连续行单元格区域并右击，然后在弹出的快捷菜单中选择"平均分布各行"命令即可。

Step 08 经过前面的操作之后，此时可以看到表格各单元格已经应用了相应的设置。选择整个表格，并在"开始"选项卡的"字体"组中设置其字体为"幼圆"、字号为"小四"，如图2-22所示。

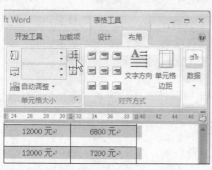

图 2-21 平均分布各行单元格

图 2-22 设置表格内容字体格式

Step 09 选择需要设置文本对齐方式的单元格,例如在此选中除第 1 个单元格的其他单元格区域,然后在"表格工具""布局"上下文选项卡的"对齐方式"组中单击"水平居中"按钮,如图 2-23 所示。

Step 10 选中表格的第 1 行单元格,并在"开始"选项卡的"段落"组中单击"底纹"右侧的下三角按钮,并在展开的下拉列表中选择"标准色"组中的"浅绿"选项,如图 2-24 所示。

图 2-23 设置文本对齐方式

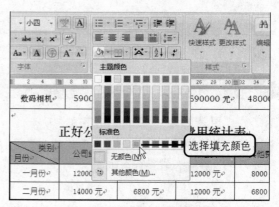

图 2-24 设置单元格填充颜色

问题 2-12: 如何快速选择整行或整列单元格?

如果需要选择整行单元格,可以将指针移至需要选择的行的左侧,当指针变成向右的黑色箭头形状时单击鼠标。如果需要选择整列单元格,则将指针移至需要选择列的上方,当指针变成向下的黑色箭头形状时单击鼠标。

Step 11 将光标定位在"正好公司 2007 年销售业绩统计表"表格的任意单元格中,在"表格工具""设计"上下文选项卡中单击"表样式"组中的快翻按钮,在展开库的中选择所需要的样式,例如在此选择"浅色列表-强调文字颜色 4"选项,如图 2-25 所示。

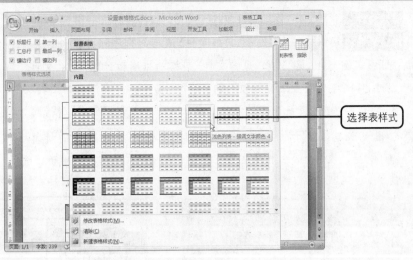

图 2-25　应用表格样式

Step 12　经过前面的操作之后，此时可以看到"正好公司 2007 年销售业绩统计表"和"正好公司 2007 年管理费用统计表"都已经应用了相应的格式和样式设置，最后的效果如图 2-26 所示。

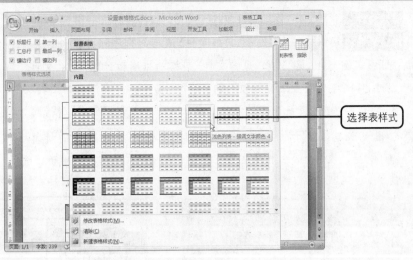

图 2-26　设置表格格式后的效果

问题 2-13： 为表格设置样式之后，可以对其进行更改或删除吗？

可以。为表格应用表样式之后如果觉得不满意，可以再次单击"表样式"组中的快翻按钮，在展开的库中选择所需要的样式即可。如果需要清除样式，则单击"表样式"组中的快翻按钮，然后在展开的库中选择"清除"选项即可。

2.1.4　表格的排序和计算

在 Word 2007 中表格的数据处理非常的简单实用，用户可以根据需要对表格中数据进行排序和计算，即设置表格单元格中的值以升序或降序进行排序。下面将介绍表格的排序和计算，具体操作步骤如下：

原始文件: 实例文件\第2章\原始文件\表格的排序和计算.docx

最终文件: 实例文件\第2章\最终文件\表格的排序和计算.docx

Step 01 打开\实例文件\第 2 章\原始文件\表格的排序和计算.docx 文件，将光标定位在"正好公司 2007 年销售业绩统计表"的 F2 单元格中，并在"表格工具""布局"上下文选项卡中单击"数据"按钮，在展开的"数据"组中单击"公式"按钮，如图 2-27 所示。

Step 02 弹出"公式"对话框，在"公式"文本中显示了默认的计算公式，显示为"=SUM (LEFT)"，表示计算目标单元格左侧所有数字单元格的和，单击"确定"按钮，如图 2-28 所示。

图 2-27 "公式"命令

图 2-28 设置计算公式

问题 2-14: 如何确认单元格的相应编号？

在文档中插入表格后，为了方便说明某个单元格，可以使用单元格的编号代替。在文档中插入表格的列由大写的英文字母表示、阿拉伯数字表示行、单元格的编号则由表示列的英文字母和行的数字组成，例如第 2 列中第 2 行的单元格应表示为 B2。如果是第 27 列单元格则表示为 AA，依此类推，超出 26 列后由 AA、AB、AC…表示。

Step 03 单击"确定"按钮后返回文档中，此时可以看到目标单元格中显示了相应的计算结果，如图 2-29 所示。

Step 04 再将光标定位在 F3 单元格中并打开"公式"对话框，在"公式"文本框中输入"="，再单击"粘贴函数"下拉列表框右侧的下三角按钮，并在展开的下拉列表框中选择"SUM"选项，如图 2-30 所示。

图 2-29 显示计算的结果

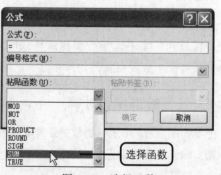

图 2-30 选择函数

问题 2-15：　如果需要计算一组数据的最大值怎么办？

如果需要计算一组数据的最大值，则将光标定位在目标单元格中并打开“公式”对话框，然后在“粘贴函数”下拉列表框中选择“MAX”函数，再设置需要计算的数据组的位置。例如，计算目标单元格左侧数据的最大值，则公式为“=MAX (LEFT)”。

Step 05 此时可以看到在“公式”文本框中显示了插入的函数，在其后面的括号内输入计算数据的位置，在此输入“LEFT”表示计算目标单元格右侧的数据，单击“确定”按钮，如图 2-31 所示。

Step 06 单击“确定”按钮后返回文档中，此时可以看到在目标单元格中显示了计算的结果，再运用相同的方法将其他产品的合计金额计算出来，如图 2-32 所示。

单元：（元）
公式
公式(F)：
=SUM(LEFT)
输入公式
编号格式(N)：
粘贴函数(U)：
粘贴书签(B)：
确定
取消
620000
590000
480000

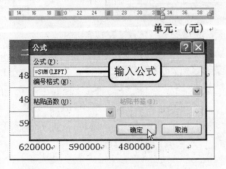

图 2-31　输入公式

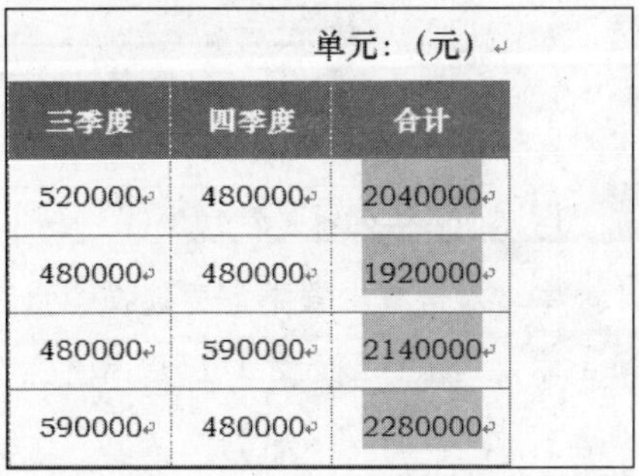

单元：（元）
三季度
四季度
合计
520000
480000
2040000
480000
480000
1920000
480000
590000
2140000
590000
480000
2280000

图 2-32　计算完毕后的效果

问题 2-16：　在 Word 表格中可以使用公式计算数据，能设置数字格式吗？

可以。在“公式”对话框的“公式”文本框中输入正确的计算公式之后，再单击“编号格式”下拉列表框右侧的下三角按钮，并在展开的下拉列表框中选择相应的格式即可。

Step 07 将光标定位在“合计”列的任意单元格中，然后在“表格工具”“布局”上下文选项卡中单击“数据”按钮，在展开的“数据”组中单击“排序”按钮，如图 2-33 所示。

x - Microsoft Word
表格工具
视图
开发工具
加载项
设计
布局
1.01 厘米
2.7 厘米
自动调整
文字方向
单元格边距
数据
合并
单元格大小
对齐方式
排序
重复标题行
转换为文本
公式
年销售业绩统计表
排序
三季度
四季度
合计

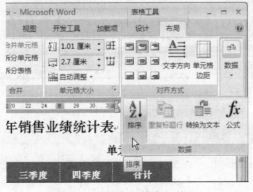

图 2-33　单击“排序”按钮

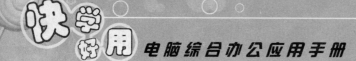
Step 08 弹出"排序"对话框，在"主要关键字"选项组中，单击"主要关键字"下拉列表框右侧的下三角按钮，并在展开的下拉列表框中选择所需要的关键字，例如在此选择"合计"选项，如图2-34所示。

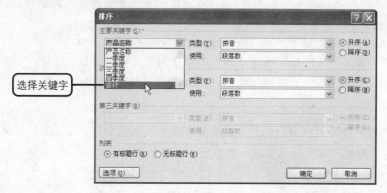

图 2-34　设置主要关键字

问题 2-17：　什么主要关键字？

在"排序"对话框中首先需要选择"主要关键字"，则表示在执行排序时的依据，例如选择"合计"选项，则表示以"合计"为依据，对该列单元格中的数据以降序或升序进行排序。

Step 09 此时在"类型"列表框中显示为"数字"，因为在"合计"列中内容全部为数据，选中右侧的"降序"单选按钮，表示将该列中的数据以降序进行排序，最后单击"确定"按钮，如图2-35所示。

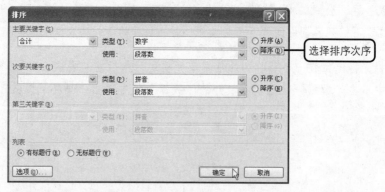

图 2-35　设置排序方式

问题 2-18：　如何设置排序的类型？

用户不仅可以对数字进行排序，还可以对文本进行排序。在"排序"对话框，单击"类型"列表框右侧的下三角按钮，在展开的下拉列表框中选择排序的类型，如果排序的是文本，可以选择"拼音、笔画选项，拼音是按数据中第1个字的第1个字母为准，笔画是以数据中第1个字的笔画为准。

Step 10　经过前面的操作之后返回文档中，此时可以看到"正好公司 2007 年销售业绩统计表"中的数据按"合计"为关键字，对其中的数据以降序进行了排序，效果如图 2-36 所示。

图 2-36　排序之后的效果

Step 11　将光标定位在下方"正好公司 2007 年管理费用统计表"的 F2 单元格中并打开"公式"对话框，然后在"公式"文本框中输入公式"=SUM (LEFT)"，单击"编号格式"列表框右侧的下三角按钮，并在展开的下拉列表框中选择一种所需要的数字格式即可，如图 2-37 所示，最后单击"确定"按钮。

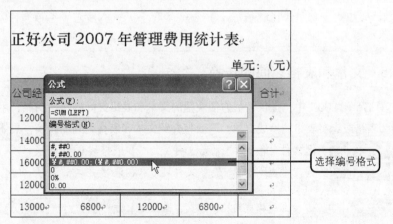

图 2-37　选择编号格式

Step 12　经过上一步的操作之后返回文档中，此时可以看到在目标单元格中显示了计算的结果，并且应用了所选择的数字格式。运用同样的方法为其他单元格计算结果，并应用相同的格式，最后的效果如图 2-38 所示。

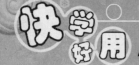

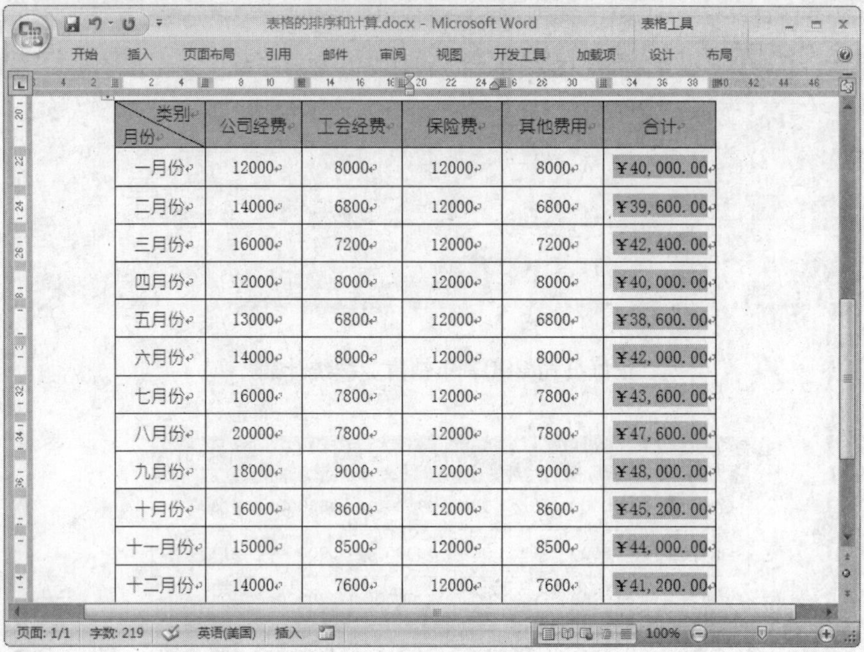

类别 月份	公司经费	工会经费	保险费	其他费用	合计
一月份	12000	8000	12000	8000	¥40,000.00
二月份	14000	6800	12000	6800	¥39,600.00
三月份	16000	7200	12000	7200	¥42,400.00
四月份	12000	8000	12000	8000	¥40,000.00
五月份	13000	6800	12000	6800	¥38,600.00
六月份	14000	8000	12000	8000	¥42,000.00
七月份	16000	7800	12000	7800	¥43,600.00
八月份	20000	7800	12000	7800	¥47,600.00
九月份	18000	9000	12000	9000	¥48,000.00
十月份	16000	8600	12000	8600	¥45,200.00
十一月份	15000	8500	12000	8500	¥44,000.00
十二月份	14000	7600	12000	7600	¥41,200.00

图 2-38　计算完毕后的效果

问题 2-19：　在“公式”对话框中输入公式有什么技巧？

在“公式”对话框的“公式”文本框中输入公式时可以直接输入公式内容，默认情况下公式为“=SUM (LEFT)”，当目标单元格的上方有数据时，将显示为“=SUM (ABOVE)”，表示计算目标单元格上方单元格数据的和，所以为了快速地计算结果可以从下向上进行计算。还可以在输入公式时使用单元格编号，例如需要计算 A2：E2 单元格区域的和，则公式可以写成“=SUM (A2：B2)”。需要注意的是，输入的括号和冒号等符号必须是在英文状态下输入。

2.1.5　文本和表格之间的转换

在 Word 2007 中，提供了很方便快捷的文本和表格之间的转换功能，用户可以方便地将文本转换为表格或者将表格转换成文本。下面将介绍文本和表格之间的转换，具体操作步骤如下：

原始文件： 实例文件\第 2 章\原始文件\文本和表格之间的转换.docx

最终文件： 实例文件\第 2 章\最终文件\文本和表格之间的转换.docx

问题 2-20：　想要将文本转换成表格，那么在输入文本数据时应注意什么？

用户在输入文本，可以使用逗号、空格、制表符或者其他符号将数据分隔开，系统将以分隔符号为准分列，默认以段落标记分行。在“将文字转换成表格”对话框的“文字分隔位置”选项组中选择相应的符号即可。

Step 01 打开\实例文件\第 2 章\原始文件\文本和表格之间的转换.docx 文件，并选择"正好公司 2007 年销售业绩统计表"中的数据内容，切换到"插入"选项卡并单击"表格"按钮，在展开的下拉列表中选择"文本转换成表格"选项，如图 2-39 所示。

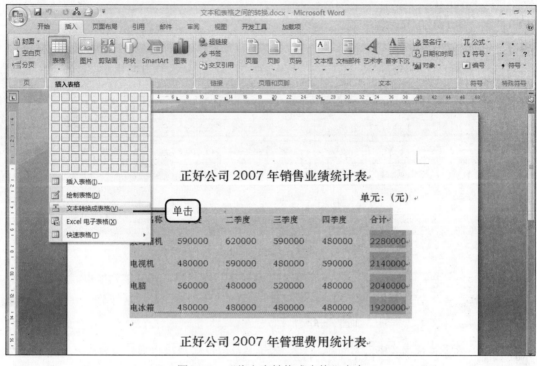

图 2-39　"将文字转换成表格"命令

Step 02 弹出"将文本转换成表格"对话框，在"表格尺寸"选项组中可以设置表格的列数，在"文字分隔位置"选项组中可以选择相应的分隔位置选项，然后单击"确定"按钮即可，如图 2-40 所示。

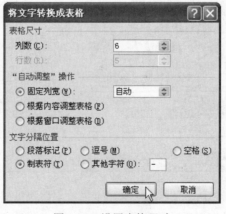

图 2-40　设置表格尺寸

Step 03 经过前面的操作之后，此时可以看到选择区域的文本已经自动转换成了表格，效果如图 2-41 所示。

图 2-41　将文本转换为表格后的效果

Step 04　将光标定位在"正好公司 2007 年管理费用统计表"表格中的任意单元格中，然后切换到"表格工具""布局"上下文选项卡，再单击"数据"按钮，并在展开的"数据"组中单击"转换为文本"按钮，如图 2-42 所示。

Step 05　弹出"表格转换成文本"对话框，在"文字分隔符"选项组中选择所需要的分隔符，然后单击"确定"按钮，如图 2-43 所示。

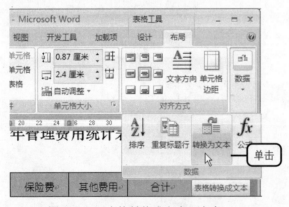

图 2-42　"表格转换成文本"命令

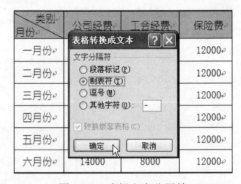

图 2-43　选择文字分隔符

问题 2-21：　将表格转换成文本时如何选择文字分隔符？

在弹出的"表格转换成文本"对话框的"文字分隔符"选项组中，用户可以根据需要选择分隔符。例如，选择段落标记、制表符、逗号选项，所有的表格数据都将以相应的符号分隔开，还可以选择"其他字符"选项，在其右侧的文本框中输入所需要的分隔符号。

Step 06 经过前面的操作之后返回文档中，此时可以看到"正好公司 2007 年管理费用统计表"表格已经转换成文本，只显示了原来表格的内容，效果如图 2-44 所示。

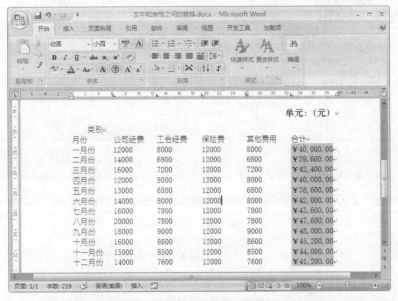

图 2-44　将表格转换成文本后的效果

2.2　图表的创建与编辑

在文档编辑时常常需要直接在 Word 文档中插入图表，从而使数据更加直观，想要创建基于数据的图表，首先需要确定要表达的信息、要比较的类型以及选择图表的类型。本节将介绍根据表格内容创建图表、编辑图表中的数据、设置图表格式等内容。

2.2.1　创建图表

根据表格内容创建图表是最常用的一种创建图表的方法，首先创建所需要表达数据信息的表格，再通过表格创建相应的图表。下面将介绍根据表格内容创建图表的方法，具体操作步骤如下：

最终文件：实例文件\第 2 章\最终文件\创建图表.docx

Step 01 新建 Word 空白文档，单击"插入"标签切换到"插入"选项卡，在"插图"组中单击"图表"按钮，如图 2-45 所示。

Step 02 弹出"插入图表"对话框，则在右侧的列表框中选择所需要的图表类型即可，例如在"柱形图"选项卡的"柱形图"选项组中选择"堆积柱形图"选项，单击"确定"按钮，如图 2-46 所示。

问题 2-22：　除了单击"图表"按钮打开"插入图表"对话框以外还有其他方法吗？

除了单击"图表"按钮打开"插入图表"对话框以外，还可以使用键盘中的快捷键打开该对话框，则依次按键盘中的【Alt】、【N】和【C】键即可。

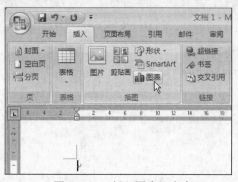

图 2-45 "插入图表"命令

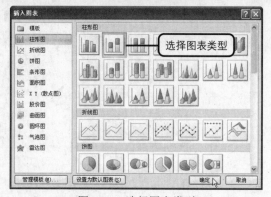

图 2-46 选择图表类型

Step 03 单击"确定"按钮之后，此时系统自动弹出了 Microsoft Office Word 中的图表—Microsoft Excel 窗口，在其中显示了默认的数据系列的相关数据，用户可以对其进行更改，如图 2-47 所示。

图 2-47 在 Word 中打开的 Excel 效果

Step 04 切换到新建的 Word 文档中，此时可以看到在该文档中显示了插入的默认数据的图表，如图 2-48 所示。

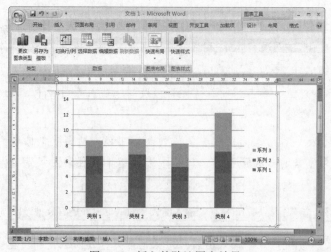

图 2-48 插入的默认图表效果

Step 05 切换到 Microsoft Office Word 中的图表—Microsoft Excel 窗口中，并在该表格中输入所需要的数据，效果如图 2-49 所示。

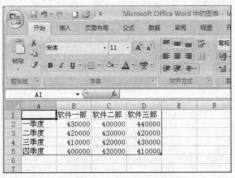

图 2-49　输入图表数据

问题 2-23： 在弹出的 Excel 窗口中输入数据时，数据内容超出了图表区域怎么办？

在 Excel 窗口中输入数据时，如果数据太多超出了图表区域，则可以将指针移至 Excel 表格中图表区域的右下角位置处，当指针变成双向箭头形状时再按住鼠标左键不放并进行拖动，拖至目标位置后再释放鼠标。

Step 06 输入完毕之后直接关闭该 Excel 窗口，切换到文档窗口中，此时可以看到在文档中插入的图表已经应用了相应的数据，如图 2-50 所示。

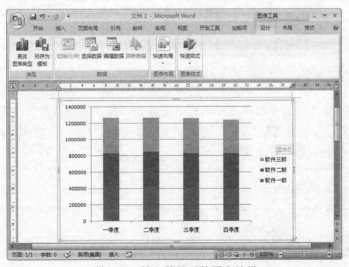

图 2-50　输入数据后的图表效果

问题 2-24： 在文档中插入图表之后，可以更改图表的类型吗？

可以。在文档中插入图表之后，如果对插入图表的类型不满意，可以对其进行更改。选中图表并在图表的任意位置处右击，在弹出的快捷菜单中选择"更改图表类型"命令，在弹出的"更改图表类型"对话框中选择所需要的图表类型即可，具体操作将在后面的章节中介绍。

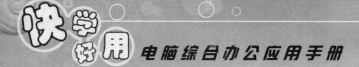

2.2.2 编辑图表中的数据

Word 2007 还允许用户对图表中的数据进行编辑，如果需要更改图表中的数据则只需要更改相应表格中的数据，图表中的数据将自动更改。下面将介绍编辑图表中的数据的方法，操作步骤如下：

原始文件：实例文件\第 2 章\原始文件\编辑图表中的数据.docx
最终文件：实例文件\第 2 章\最终文件\编辑图表中的数据.docx

Step 01 打开\实例文件\第 2 章\原始文件\编辑图表中的数据.docx 文件，如果想要编辑图表中的数据则先选中图表并在图表的任意位置处右击，然后在弹出的快捷菜单中选择"编辑数据"命令，如图 2-51 所示。

Step 02 此时弹出 Excel 工作表窗口，在其中直接输入或更改数据，例如在此将 A5 单元格中的数据更改为"480000"，如图 2-52 所示。

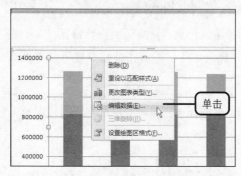

图 2-51 "编辑数据"命令

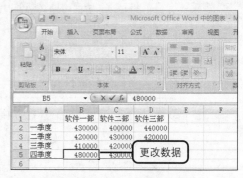

图 2-52 更改图表数据

问题 2-25： 除了使用快捷菜单编辑数据之外，还有其他方法吗？

有。用户不仅可以使用快捷菜单执行编辑数据操作之外，还可以单击"图表工具""设计"标签切换到"图表工具""设计"上下文选项卡，在"数据"组中单击"编辑数据"按钮，也可打开 Excel 数据编辑窗口。

Step 03 确定数据的输入之后单击 Excel 窗口右上角的"关闭"按钮关闭 Excel 窗口即可，返回文档中可以看到相应的数据系列已经发生改变，编辑图表数据后的效果如图 2-53 所示。

问题 2-26： 在文档中插入的图表可否改变其大小和位置？

可以。图表和图片一样是作为对象以嵌入式插入到文档中，想要改变其大小和位置与设置图片的方法相似。如果需要更改其大小则首先选中图表，并将指针移至图表的对角控制点上，当指针变成双向箭头形状时按住鼠标左键进行拖动即可。如果需要更改图表的位置，则选中图表后将指针移至图表的上方，当指针变成十字箭头形状时按住鼠标左键并进行拖动即可，拖动目标位置后释放鼠标即可。

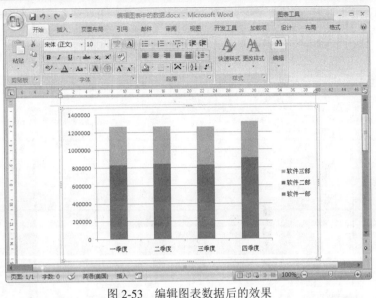

图 2-53　编辑图表数据后的效果

2.2.3　设置图表格式

为了使图表更加适合所需要表达的数据，并且变得更加美观大方，用户可以根据需要设置图表的类型，为图表的组成区域设置不同的填充颜色等。下面将介绍设置图表格式的方法，具体操作步骤如下：

原始文件：实例文件\第 2 章\原始文件\设置图表格式.docx
最终文件：实例文件\第 2 章\最终文件\设置图表格式.docx

Step
01
打开\实例文件\第 2 章\原始文件\设置图表格式.docx 文件，在文档中插入图表之后用户可以对其类型进行更改，选择文档中的图表并右击，然后在弹出的快捷菜单中选择"更改图表类型"命令，如图 2-54 所示。

Step
02
弹出"更改图表类型"对话框，则在其中选择所需要的图表类型即可，例如在此选择"柱形图"选项组中的"簇状柱形图"选项，单击"确定"按钮，如图 2-55 所示。

图 2-54　"更改图表类型"命令

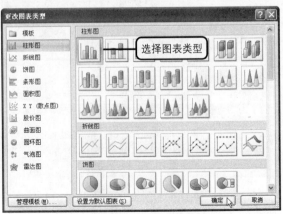

图 2-55　选择图表类型

Step 03 经过前面的操作之后返回到文档中，此时可以看到文档中的图表已经变成了所选择的图表类型，效果如图2-56所示。

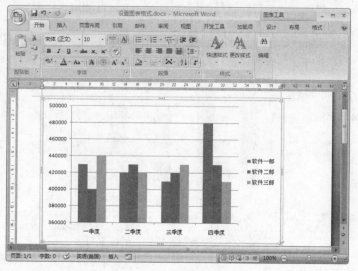

图2-56　更改图表类型后的效果

问题2-27： 如何更改默认的图表类型？

在打开"插入图表"或者"更改图表类型"对话框时，都选择了一个默认的图表类型。要更改系统默认的图表类型，则在该对话框中选中需要设置为默认的图表类型，单击"设置为默认图表"按钮，最后单击"确定"按钮即可。以后打开"插入图表"或者"更改图表类型"对话框时，默认的图表将显示了所选择的图表类型。

Step 04 在图表区的任意位置处右击，并在弹出的快捷菜单中选择"设置图表区域格式"命令，弹出"设置图表区格式"对话框，如图2-57所示。

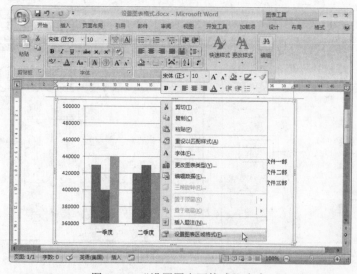

图2-57　"设置图表区格式"命令

问题 2-28： 可以更改图表的环绕方式吗？

可以。插入的图表对象和插入的图片一样，可以设置其环绕方式。选择文档中的图表，并切换到"图表工具""格式"上下文选项卡，在"排列"组中单击"环绕方式"按钮，并在展开的下拉列表选择所需要的选项即可。

Step 05 在"设置图表区格式"对话框的"填充"选项卡选择"纯色填充"单选按钮，单击"颜色"按钮，并在展开的下拉列表中选择"标准色"组中的"浅绿"选项，如图 2-58 所示。

Step 06 单击"三维格式"标签切换到"三维格式"选项卡，单击"棱台"选项组中的"顶端"按钮，然后在展开的库中选择所需要的三维样式，例如在此选择"圆"选项，如图 2-59 所示，设置完毕之后单击"关闭"按钮。

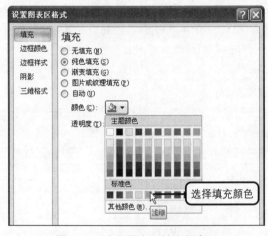

图 2-58 选择图表区填充颜色

图 2-59 设置图表区三维格式

问题 2-29： 可不可以将图表区的填充效果设置为图片？

可以。在弹出的"设置图表区格式"对话框的"填充"选项卡中选择"图片或纹理填充"单选按钮，单击"文件"按钮。此时弹出"插入图片"对话框，再在其中选择需要作为图表区背景填充的图片即可。

Step 07 返回文档中可以看到图表区已经应用了相应的填充颜色，同样可以为绘制区设置填充颜色。则在绘图区的任意位置处右击，在弹出的快捷菜单中选择"设置绘图区格式"命令即可，如图 2-60 所示。

Step 08 弹出"设置绘图区格式"对话框，在"填充"选项卡中选择"渐变填充"单选按钮，单击"预设颜色"按钮，并在弹出的库中选择所需要的渐变颜色即可，例如在此选择"漫漫黄沙"选项，如图 2-61 所示，设置完毕之后单击"关闭"按钮即可。

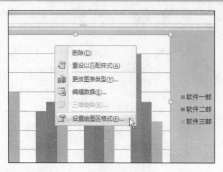

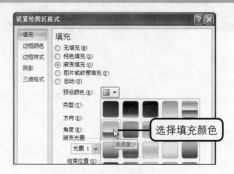

图 2-60 "设置绘图区格式"命令　　　　　图 2-61 选择图表区渐变颜色

问题 2-30： 除了选择预设的渐变颜色之外，可不可以自定义渐变颜色？

可以。在"设置绘图区格式"对话框的"填充"选项卡中，选择"渐变填充"单选按钮，然后在"渐变光圈"选项组中单击"颜色"按钮，并在展开的下拉列表中选择"光圈 1"的颜色。再单击"光圈 1"下三角按钮，并在展开的下拉列表中选择"光圈 2"选项，同样为其设置颜色即可，再拖动结束位置右侧的滑块调整结束位置，还可以单击"添加"按钮添加光圈。

Step 09 返回文档中再选择图表的"软件一部"数据系列，在"图表工具"中"格式"选项卡，单击"形状样式"组中的快翻按钮，并在展开的库中选择所需要的样式，例如在此选择"强烈效果-强调颜色 1"选项，如图 2-62 所示。

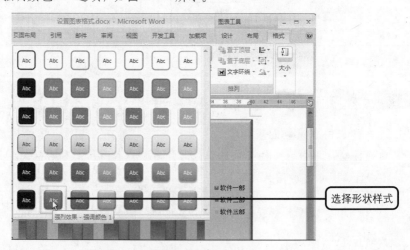

图 2-62 选择数据系列样式 1

Step 10 选择图表中的"软件二部"数据系列，并单击"形状样式"组中的快翻按钮，在展开的库中选择"强烈效果-强调颜色 2"选项，如图 2-63 所示。

问题 2-31： 如何精确设置图表的大小？

如果要精确设置图表的大小，选择图形并切换到"图表工具""格式"上下文选项卡，在"大小"组中"高度"和"宽度"文本框中输入精确的值即可。

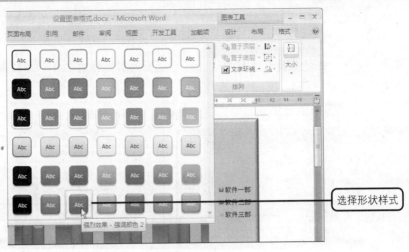

选择形状样式

图 2-63　选择数据系列样式 2

Step 11 选择图表中的"软件三部"数据系列，并单击"形状样式"组中的快翻按钮，然后在展开的库中选择"强烈效果–强调颜色 6"选项，如图 2–64 所示。

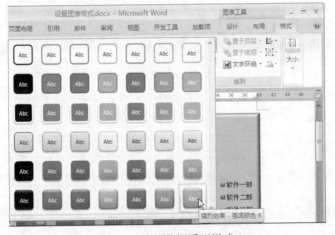

图 2-64　选择数据系列样式 3

Step 12 选择图表下方的坐标轴并右击，然后在弹出的快捷菜单中选择"设置坐标轴格式"命令，如图 2–65 所示。

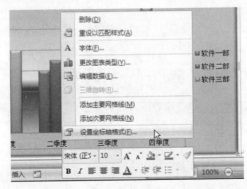

图 2-65　"设置坐标轴格式"命令

Step 13 弹出"设置坐标轴格式"对话框，切换到"填充"选项卡并选择"纯色填充"按钮，然后再单击"颜色"按钮设置所需要的颜色，在此选择"橙色，强调文字颜色6"，如图2-66所示。

Step 14 单击"关闭"按钮后返回文档中，此时可以看到所选择的坐标轴已经应用了设置的填充颜色，然后再切换到"开始"选项卡，设置其字体为"隶书"、字号为"12"、字形为"加粗"，最后的效果如图2-67所示。

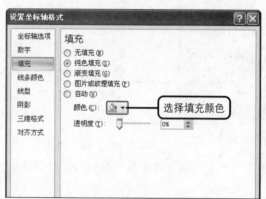

图2-66　选择坐标轴填充颜色

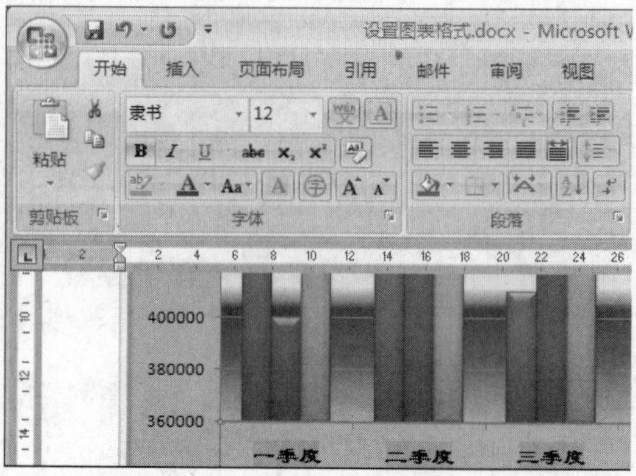

图2-67　设置坐标轴字体格式

问题2-32： 除了使用"设置坐标轴格式"对话框以外，还有设置其填充颜色的方法吗？

有。在选择需要设置填充颜色的坐标轴之后，再切换到"图表工具""格式"上下文选项卡，然后在"形状样式"组中单击"形状填充"下三角按钮，并在展开的下拉列表框中选择所需要的填充颜色即可。

Step 15 选择文档中的图表并切换到"图表工具""布局"上下文选项卡，在"标签"组中单击"图表标题"按钮，并在展开的下拉列表中选择"图表上方"选项，如图2-68所示。

问题2-33： 如何将图表中的文本设置为艺术效果？

如果要将图表中的文本设置为艺术效果，则选择需要设置为艺术效果的内容，例如图表标题、图例、坐标轴等，然后在"图表工具""格式"上下文选项卡中单击"艺术字样式"组中的"快速样式"按钮，并在展开的库中选择所需要的艺术字样式即可。

Step 16 此时在图表的上方显示了图表标题文本框，则删除其中的提示文本并输入"正好科技公司2007年营业额统计图表"文本，再切换到"开始"选项卡，设置其字体为"隶书"、字号为"16"、字形为"加粗"，效果如图2-69所示。

问题2-34： 如何更改或清除图表标题？

首先选中图表标题文本框，然后在"图表工具""布局"上下文选项卡下，然后在"标签"组中单击"图表标题"按钮，并在展开的下拉列表中选择"无"选项即可清除图表标题。如果在更改图表标题的位置，则选中图表标题文本框之后，直接将其拖至目标位置即可。

图 2-68　添加图表标题命令

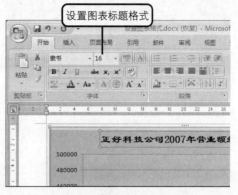

图 2-69　设置图表标题格式

Step 17 选择图表左侧的数字坐标轴并右击，然后在弹出的快捷菜单中选择"设置坐标轴格式"命令，如图 2-70 所示。

Step 18 弹出"设置坐标轴格式"对话框，单击"数字"标签切换到"数字"选项卡，然后在右侧的"类别"列表框中选择"货币"选项，在"小数位数"文本框中输入"0"，如图 2-71 所示，设置完毕之后单击"关闭"按钮即可。

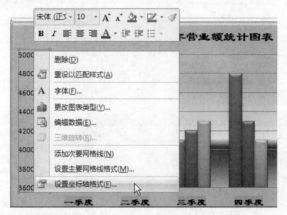

图 2-70　"设置坐标轴格式"命令

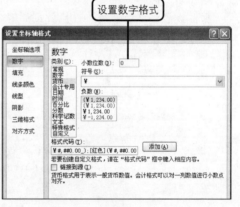

图 2-71　设置坐标轴数字格式

问题 2-35： 如何在图表中插入图形对象？

如果要在图表中插入图形对象，选中图表后切换到"图表工具""布局"上下文选项卡，然后单击"插入"按钮并在展开的"插入"组中选择需要插入的对象即可，例如图片、形状、文本框等，与在文档中插入对象方法一样。

Step 19 返回文档中此时数字坐标轴已经应用相应的样式，选中图表中的"软件一部"数据系列，并切换到"图表工具""布局"上下文选项卡，然后在"标签"组中单击"数据标签"按钮，再在展开的下拉列表中选择标签位置即可，例如在此选择"数据标签外"选项，如图 2-72 所示。

问题 2-36： 如何详细设置数据标签？

在展开的"数据标签"下拉列表中选择"其他数据标签选项"选项，然后在弹出的"设置数据标签选项"对话框中，用户可以对标签包括的内容以及标签格式进行详细的设置。

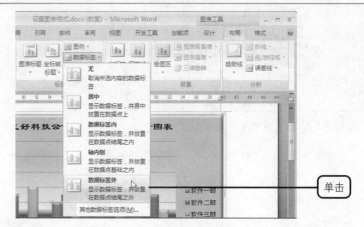

图 2-72　设置图表数据标签

Step 20 经过上一步的操作之后，此时可以看到在"软件一部"数据系列的外部显示了相应的数据，设置格式的图表的最后效果如图 2-73 所示。

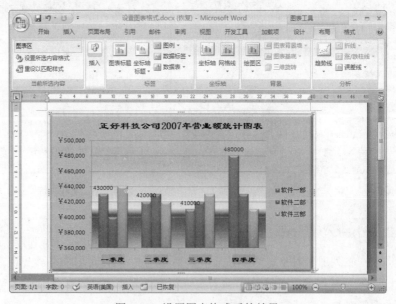

图 2-73　设置图表格式后的效果

2.3　在 Word 中插入 Excel 图表对象

由于 Excel 的图表功能比较强大，因此用户可以选择利用 Excel 来创建图表，再将创建好的 Excel 图表对象插入到 Word 文档中。本节将介绍在 Word 中插入 Excel 表格，主要包括创建 Excel 图表对象、在文档中插入 Excel 图表、编辑 Excel 图表对象。

2.3.1　在 Word 2007 中插入 Excel 表格

要在 Word 2007 中插入 Excel 图表对象，需要在文档中插入 Excel 表格，并在其中输入所需要的表格数据，根据表格数据创建图表。下面将介绍在 Word 2007 中插入 Excel 表格的方法，具体操作步骤如下：

最终文件： 实例文件\第 2 章\最终文件\在 Word 2007 中插入 Excel 表格.docx

Step 01 创建 Word 空白文档，并单击"插入"标签切换到"插入"选项卡，在"表格"组中单击"表格"按钮，并在展开的下拉列表中选择"Excel 电子表格"选项，如图 2-74 所示。

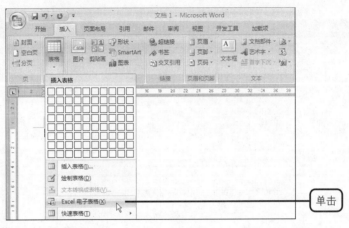

图 2-74　插入 Excel 表格命令

Step 02 此时在 Word 文档中弹出了 Excel 电子表格，可以在其中输入所需要的表格数据，并出现了 Excel 2007 的功能区。如果需要更改 Excel 工作表窗口的大小，将指针移至 Excel 工作表窗口的控制点上，当指针变成双向箭头形状时按住鼠标左键不放并进行拖动即可，如图 2-75 所示。

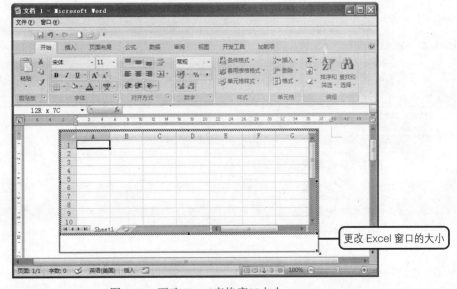

图 2-75　更改 Excel 表格窗口大小

问题 2-37: 如何设置 Excel 表格的格式?

在弹出的 Excel 工作表中,直接单击单元格即可在其中输入表格数据,也可以在编辑栏中进行输入。如果需要调整工作表中单元格的行高、列宽则拖动相应边界处的框线即可调整,合并单元格、设置单元格格式等方法将在后面的章节中进行详细的介绍。

Step 03 拖至目标位置后释放鼠标即可,在相应的单元格中输入所需要的表格数据即可,例如在此输入正好科技公司 2007 年度在各季度中的日常费用统计数据,输入完毕之后的效果如图 2-76 所示。

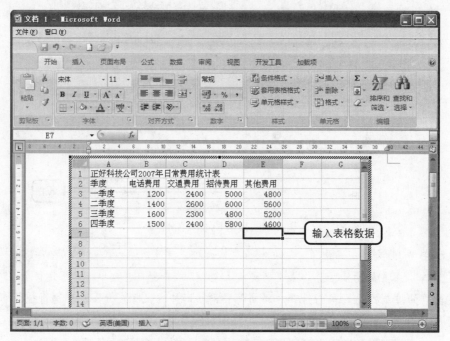

图 2-76 输入表格数据

2.3.2 创建 Excel 图表对象

除了前面介绍的直接在文档中新建 Excel 图表对象的方法外,还可以将已有的 Excel 图表对象插入到文档中。下面将介绍在文档中插入 Excel 图表的方法,具体操作步骤如下:

原始文件: 实例文件\第 2 章\原始文件\创建 Excel 图表对象.docx

最终文件: 实例文件\第 2 章\最终文件\创建 Excel 图表对象.docx

方法一:根据 Excel 表格数据创建图表

Step 01 打开\实例文件\第 2 章\原始文件\创建 Excel 图表对象.docx 文件,双击 Excel 表格并选中其中的 A2:E6 单元格区域,再切换到"插入"选项卡,单击"图表"组中的"柱形图"按钮,然后在展开的下拉列表中选择"簇状柱形图"选项,如图 2-77 所示。

问题 2-38： 如何设置 Excel 图表的格式？

在文档中插入 Excel 表格之后，再根据 Excel 表格创建的图表和直接在 Excel 软件中插入的图表一样，用户可以为其设置格式，例如更改图表的类型、更改图表的数据、设置图表的位置、格式等，具体的操作方法将在后面的章节中详细介绍。

图 2-77　插入 Excel 图表

Step 02 此时在 Excel 工作表中显示了插入的图表，如果需要改变图表的位置则切换到"图表工具""设计"上下文选项卡，然后单击"位置"组中的"移动图表"按钮，如图 2-78 所示。

Step 03 弹出"移动图表"对话框，在"选择放置图表的位置"选项组中选择放置的位置即可，例如在此选择"新工作表"单选按钮，单击"确定"按钮即可，如图 2-79 所示。

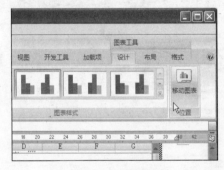

图 2-78　移动图表

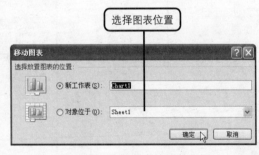

图 2-79　选择图表放置的位置

Step 04 经过上一步的操作之后，此时可以看到在 Excel 窗口 Sheet1 工作表的前面插入了 Chart1 工作表，并在其中显示了插入的图表，如图 2-80 所示。

问题 2-39： 如何更改 Excel 图表的数据？

在插入 Excel 图表之后，如果需要更改图表的数据，则单击 Sheet1 工作表标签切换至 Sheet1 工作表中，直接更改其中的数据即可。

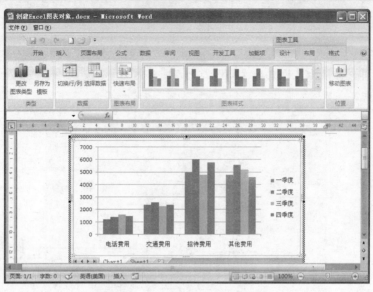

图 2-80　移动 Excel 图表后的效果

方法二：直接插入 Excel 图表

Step 01 在图表后面按【Enter】键换行，并单击"插入"标签切换到"插入"选项卡，然后单击"文本"组中的"对象"按钮如图 2-81 所示，打开"对象"对话框。

Step 02 弹出"对象"对话框，在"新建"选项卡的"对象类型"列表框中选择所需要插入的对象类型，例如在此选择"Microsoft Office Excel 图表"选项，再单击"确定"按钮，如图 2-82 所示。

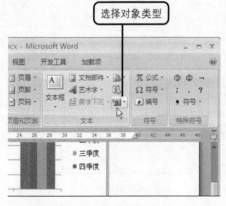

图 2-81　选择对象类型

图 2-82　选择插入的对象类型

问题 2-40：	如何插入 Graph 图表？

如果需要在文档中插入 Graph 图表，首先打开"对象"对话框，然后在"新建"选项卡的"对象类型"列表框中选择"Microsoft Graph 图表"选项，然后单击"确定"按钮即可。

Step 03 经过上一步的操作之后，此时可以看到在文档中显示了 Excel 界面，并在其中显示出插入的图表，如图 2-83 所示。

Step 04 单击 Sheet1 工作表标签切换到 Sheet1 工作表中，然后在其中输入所需要数据即可，如图 2-84 所示，再切换到 Chart1 工作表时图表的数据将自动更改。

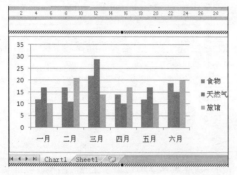

图 2-83　插入 Excel 图表的效果

图 2-84　更改图表数据

> **问题 2-41：**　在文档中可以设置图表的填充颜色，可以为工作表设置背景吗？

可以。首先双击工作表使其为激活状态，切换到"页面布局"选项卡并在"页面设置"组中单击"背景"按钮，再选择所需要填充的图片即可。

2.3.3　编辑 Excel 图表对象

在 Word 中插入 Excel 图表对象之后，用户可以直接在 Word 文档中对其数据进行编辑。下面将介绍编辑 Excel 图表对象的方法，具体操作步骤如下：

原始文件： 实例文件\第 2 章\原始文件\编辑 Excel 图表对象.docx
最终文件： 实例文件\第 2 章\最终文件\编辑 Excel 图表对象.docx

Step 01 打开\实例文件\第 2 章\原始文件\编辑 Excel 图表对象.docx 文件，选择图表并切换到"图表工具""设计"上下文选项卡，单击"图表样式"组中的快翻按钮，并在展开的库中选择"样式 26"选项，如图 2-85 所示。

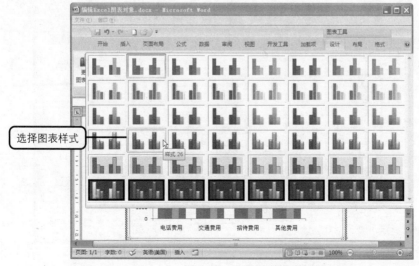

图 2-85　设置图表样式

问题 2-42： 在文档中插入的 Excel 图表之后，如何更改其中的数据？

选择图表并切换到"图表工具""设计"上下文选项卡下，并在"数据"组中单击"选择数据"按钮，然后在弹出的"选择数据源"对话框中对数据进行设置即可。

Step 02 此时图表已经应用了相应的样式，再选择图表并右击，然后在弹出的快捷菜单中选择"设置图表区域格式"命令，如图 2-86 所示。

Step 03 弹出"设置图表区格式"对话框，在"填充"选项卡中选择"渐变填充"单选按钮，然后单击"预设颜色"按钮，并在展开的库中选择所需要的渐变效果即可，例如在此选择"漫漫黄沙"选项，如图 2-87 所示。

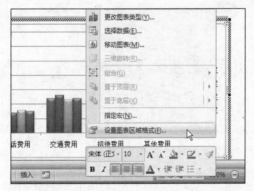

图 2-86 选择"设置图表区格式"命令

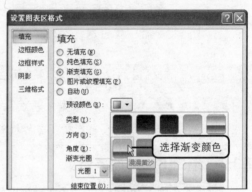

图 2-87 设置图表区渐变颜色

Step 04 单击"关闭"按钮返回文档中，此时可以看到经过前面的操作之后，图表已经应用了相应的样式，效果如图 2-88 所示。

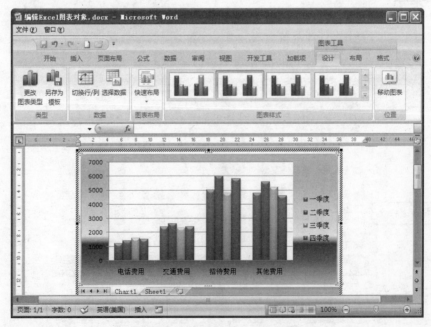

图 2-88 设置图表格式后的效果

表格与图表的应用 **2**

1 Word 2007 的文字处理

2 表格与图表的应用

3 文档的高级功能与处理

4 Excel 2007 的基础操作

5 美化 Excel 2007 工作表

> 问题 2-43： 将图表设置完毕之后，如何将其保存为模板？

如果要将设置好格式的图表保存为模板，则切换到"图表工具""设计"上下文选项卡，然后在"类型"组中单击"另存为模板"按钮，并在弹出的"保存图表模板"对话框中设置保存的名称以及位置即可。

2.4 实例提高：制作公司去年销售统计表

为了提高公司的销售业绩，为公司带来更多的利润，经常需要统计去年的销售情况。公司可以根据去年各季度中的销售业绩情况对数据进行分析，查找和总结销售额偏高和偏低的原因，从而得出更好的销售方案。下面将结合本章所学的知识点，制作公司去年销售统计表，具体操作步骤如下：

原始文件：实例文件\第 2 章\原始文件\公司去年销售统计表.docx、背景.jpg

最终文件：实例文件\第 2 章\最终文件\公司去年销售统计表.docx

Step 01 打开\实例文件\第 2 章\原始文件\公司去年销售统计表.docx 文件，并单击"插入"标签切换到"插入"选项卡，然后在"表格"组中单击"表格"按钮，并在展开的下拉列表中选择"插入表格"选项，如图 2-89 所示。

Step 02 弹出"插入表格"对话框，在该对话框的"表格尺寸"选项组中设置表格的尺寸大小，例如在此设置表格的列数为 6、行数为 5，然后单击"确定"按钮即可，对话框如图 2-90 所示。

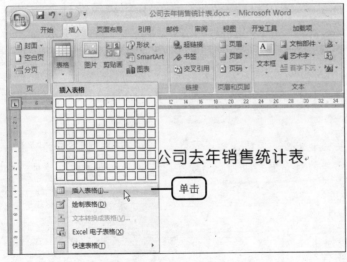

图 2-89 "插入表格"命令

图 2-90 设置表格尺寸

Step 03 此时在文档中显示已插入的表格，然后切换到"表格工具""设计"上下文选项卡，并在"绘图边框"组中单击"绘制表格"按钮，如图 2-91 所示。

Step 04 此时鼠标指针呈笔的形状，则在表格的第 1 个单元格中按住鼠标左键不放并进行拖动，拖至目标位置后再释放鼠标即可，如图 2-92 所示。

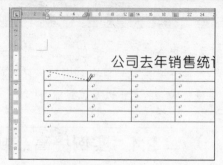

图 2-91　单击"绘制表格"按钮　　　　　图 2-92　绘制表格斜线表头

Step 04 经过上一步的操作之后，表格的第 1 个单元格已经绘制了斜线表头，然后在各单元格中输入东部、南部、西部、北部、总部在各季度中销售的数据，如图 2-93 所示。

Step 05 选中表格的最后一列单元格，并切换到"表格工具""布局"上下文选项卡，并在"行和列"组中单击"在右侧插入"按钮，如图 2-94 所示。

图 2-93　输入表格数据

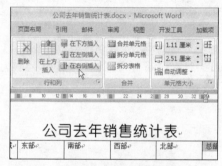

图 2-94　插入列单元格

Step 06 选中表格的所有单元格，然后切换到"开始"选项卡，并在"字体"组中设置所需要的字体格式即可，例如在此设置表格内容的字体为"幼圆"、字号为"小四"，设置字体格式之后的效果如图 2-95 所示。

Step 07 选中表格中除第 1 个之外的其他单元格，并切换到"表格工具""布局"上下文选项卡，在"对齐方式"组中选择所需要的对齐方式即可，例如在此选择"水平居中"选项，如图 2-96 所示。

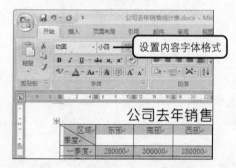

图 2-95　设置表格内容字体格式

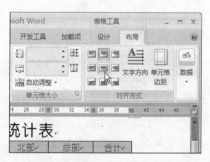

图 2-96　设置表格内容对齐方式

Step 09　此时表格内容已经应用了相应的格式设置，再将光标定位在表格的最后一个单元格中，然后在"表格工具""布局"上下文选项卡下单击"数据"按钮，并在展开的"数据"组中单击"公式"按钮，如图2-97所示。

Step 10　弹出"公式"对话框，在该对话框的"公式"文本框中显示了默认的计算公式，然后单击"编号格式"下拉列表框右侧的下三角按钮，并在展开的下拉列表框中选择所需要的格式，然后单击"确定"按钮即可，如图2-98所示。

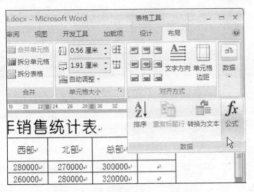

图2-97　单击"公式"按钮

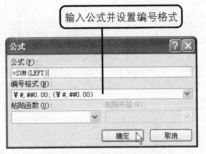

图2-98　设置公式和编号格式

Step 11　经过前面的操作之后，此时可以看到在目标单元格中显示了相应的结果，并应用了所选择的格式。再运用同样的方法，将其他季度的合计销售额计算出来，计算完毕之后的效果如图2-99所示。

Step 12　选中表格的第1行单元格，然后单击"开始"标签切换到"开始"选项卡，并在"段落"组中单击"底纹"按钮，并在展开的下拉列表框中选择"标准色"组中的"橙色"选项，如图2-100所示。

图2-99　计算完毕后的效果

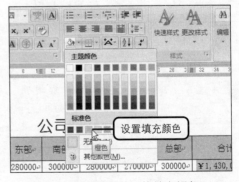

图2-100　设置单元格填充颜色

Step 13　将光标定位在表格下方的空白段落中，然后切换到"插入"选项卡，并在"插图"组中单击"图表"按钮，如图2-101所示。

Step 14　弹出"插入图表"对话框，在该对话框的"柱形图"选项卡中选择"簇状柱形图"选项，然后单击"确定"按钮，如图2-102所示。

图 2-101　单击"图表"按钮

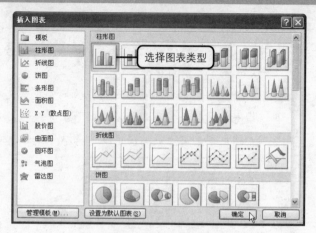

图 2-102　选择图表类型

Step 15 此时弹出 Microsoft Office Word 中的图表—Microsoft Excel 窗口，则将其他的数据删除并输入所需要的图表数据即可，输入之后如图 2-103 所示。

Step 16 此时在文档中显示了所选择的图表，然后选择图表并右击，并在弹出的快捷菜单中选择"设置图表区域格式"命令，如图 2-104 所示。

图 2-103　更改表格数据

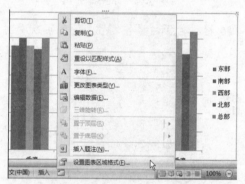

图 2-104　选择"设置图表区格式"命令

Step 17 弹出"设置图表区格式"对话框，首先在"填充"选项卡中选择"图片或纹理填充"单选按钮，然后单击"文件"按钮，如图 2-105 所示。

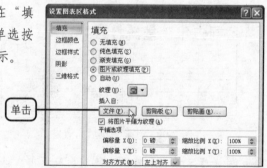

图 2-105　单击"文件"按钮

Step 18 弹出"插入图片"对话框，首先在该对话框中打开所需要图片所在的文件夹，并在其中选择所需要的图片，然后再单击"插入"按钮，如图 2-106 所示。返回"设置图表区格式"对话框中，单击"关闭"按钮。

图 2-106　选择填充图片

Step 19 此时可以看到图表区已经应用了所选择的图片进行填充，然后在"图表工具""布局"上下文选项卡的"标签"组中单击"图表标题"按钮，并在展开的下拉列表中选择"图表上方"选项，如图 2-107 所示。

Step 20 删除图表标题文本框中的提示文本，并输入"公司去年销售统计图表"文本，然后再为各数据系列设置相应的样式，设置完毕之后的效果如图 2-108 所示。

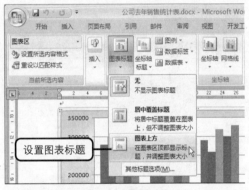

图 2-107　设置图表标题

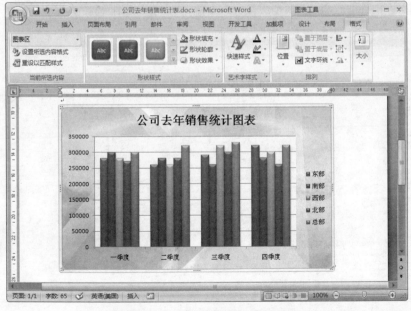

图 2-108　设置图表格式后的效果

Chapter 03

文档的高级功能与处理

Word 2007 提供了许多用于设置和处理文档格式的操作功能，其中一些处理功能的作用非常强大，可以大大提高用户的办公效率，简化烦琐重复的工作过程。本章将介绍处理文档的高级功能，主要内容包括查找与替换功能、文档的保护与备份、为文档应用样式、页眉与页脚的设置、审阅文档等。最后结合本章知识点以制作公司业务部经理述职报告为例，巩固所学的重点知识内容。

3.1 查找与替换功能

在 Word 2007 中查找与替换的功能作用非常强大，运用其不仅能对文档中的文本、符号或特殊字符进行查找替换，还可以对相同格式的文本内容进行查找与替换，大大简化了文档的修订与更改过程，提高了文档的制作效率。本节将介绍查找与替换功能，主要包括查找和替换字符、查找和替换特殊符号以及查找和替换格式等内容。

3.1.1 查找和替换字符

用户可以对文档中的需要更改的文本内容进行查找和替换，这样就大大简化了工作，尤其是对长文档的操作与处理显得更为重要。下面将介绍查找和替换字符的方法，具体操作步骤如下：

原始文件： 实例文件\第 3 章\原始文件\集团消费部工作手册.docx

最终文件： 实例文件\第 3 章\最终文件\查找和替换字符.xlsx

Step 01 打开实例文件\第 3 章\原始文件\集团消费部工作手册.docx 文件，并将光标定于文档的开始位置处，在"开始"选项卡中单击"编辑"按钮，然后在展开的"编辑"组中单击"查找"按钮，如图 3-1 所示。

Step 02 弹出"查找和替换"对话框，在"查找"选项卡的"查找内容"文本框中输入所需要查找的内容即可，例如在此输入"帐"文本，然后再单击"查找下一处"按钮，如图 3-2 所示。

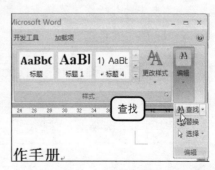

图 3-1 "查找"命令

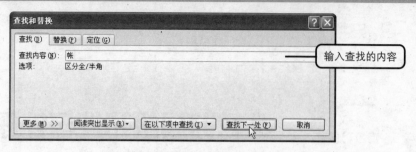

图 3-2　查找内容

问题 3-1：　除了单击"编辑"按钮以外还有快捷方式打开"查找和替换"对话框吗？

有。如果想要打开"查找和替换"对话框，不仅可以在"开始"选项卡中单击"编辑"组中的"查找"按钮，还可以按键盘中的快捷键【Ctrl+F】。

Step 03　经过前面的操作之后，此时系统自动开始从文档中光标定位的位置处向下检查，可以看到立即在文档中查找到了第一处"帐"文本并且以高亮显示，用户可对该文本进行操作，效果如图 3-3 所示。

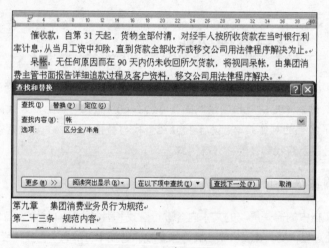

图 3-3　显示查找的内容

Step 04　在"查找和替换"对话框中单击"替换"标签切换到"替换"选项卡，在"替换为"文本框中输入所需要替换为的文本即可，例如在此输入"账"文本，则表示将文档中选择的"帐"替换为"账"，单击"替换"按钮，如图 3-4 所示。

问题 3-2：　如何确定查找的范围？

在执行查找和替换文本之前，如果选择了文档中的部分内容，则默认为在所选择的内容中进行查找；如果没有选择文本，则默认从光标定位的位置处向下开始查找。

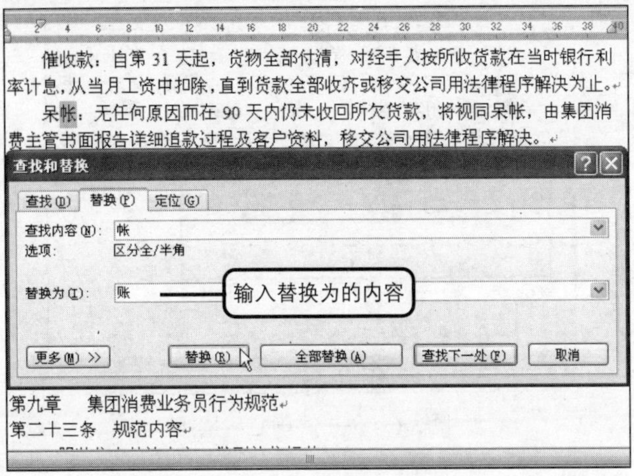

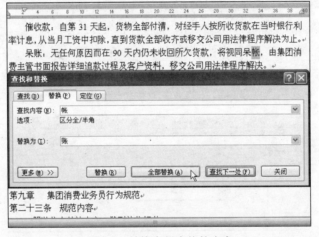

图 3-4　替换内容

Step 05　经过前面的操作之后，此时可以看到之前所查找到的内容已经被替换，变成了设置的替换为的文本，并且自动选择了文档中的下一处查找的文本内容，如果需要全部替换则单击"全部替换"按钮，如图 3-5 所示。

图 3-5　替换全部查找的内容

Step 06　执行上一步的操作之后，此时文档中查找的所有"帐"文本已经替换成为"账"，并且弹出 Microsoft Office Word 提示对话框，提示用户已经完成了对文档的搜索并显示了总共替换的处数，在此单击"确定"按钮即可，如图 3-6 所示。

问题 3-3:　　在执行全部替换之后，提示是否搜索文档的其余部分是怎么回事？

如果在执行查找和替换时是选择了文档中的一部分文本，那么在单击"全部替换"按钮后将弹出 Microsoft Office Word 提示对话框，提示用户已经完成了替换的处数并且询问用户是否搜索文档的其余部分，如果需要从头再次检查文档则单击"是"按钮，不需要再次检查则单击"否"按钮。

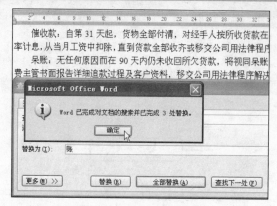

图 3-6　单击"确定"按钮

3.1.2　查找和替换特殊符号

除了可以查找和替换文档中的文本内容之外，还可以对文档中的特殊字符内容进行查找和替换，其操作方法与前面介绍的查找与替换文本的操作方法相似。下面将介绍查找和替换特殊符号的方法，具体操作步骤如下：

原始文件：实例文件\第 3 章\原始文件\查找和替换特殊符号.docx
最终文件：实例文件\第 3 章\最终文件\查找和替换特殊符号.docx

Step 01　打开实例文件\第 3 章\原始文件\查找和替换特殊符号.docx 文件，并将光标定于文档的开始位置处，在"开始"选项卡中单击"查找"按钮打开"查找和替换"对话框，并在该对话框的"查找"选项卡中单击"更多"按钮，如图 3-7 所示。

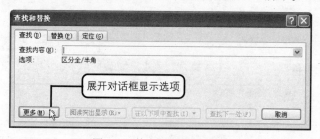

图 3-7　单击"更多"按钮

Step 02　此时"查找和替换"对话框已经展开，显示了"搜索选项"和"查找"选项组，单击"特殊格式"按钮，并在展开的列表中选择需要查找的特殊符号，例如在此选择"手动换行符"选项，如图 3-8 所示。

问题 3-4：　在"查找和替换"对话框中，可以选择替换哪些特殊格式？

在"查找和替换"对话框，用户可以对文档中的多种特殊符号进行查找和替换，主要包括段落标记、制表符、脱字号、分节符、段落符号、分栏符、省略号、全角省略号、长画线、1/4 全角空格、短画线、手动换行符、手动分页符、不间断连字符、不间断空格、可选连字符等。

文档的高级功能与处理 **3**

1 Word 2007 的文字处理

2 表格与图表的应用

3 文档的高级功能与处理

4 Excel 2007 的基础操作

5 美化 Excel 2007 工作表

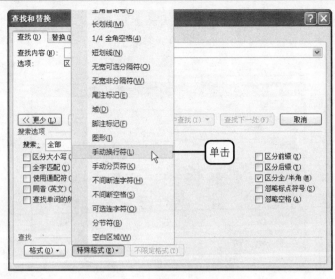

图 3-8　选择查找的特殊符号

Step 03 此时在"查找内容"文本框中显示为"^l"，即表示手动换行符，然后切换到"替换"选项卡，将光标定位在"替换为"文本框中，再次单击"特殊格式"按钮，并在展开的列表中选择需要替换为的符号，例如在此选择"段落标记"选项，如图3-9所示。

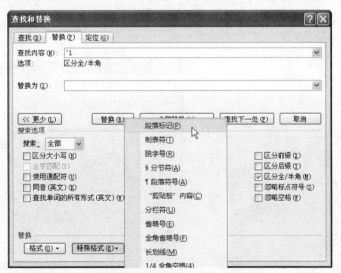

图 3-9　选择替换为的特殊符号

问题 3-5：	在使用"查找和替换"功能时，制表符、手动分页符分别使用什么符号表示？

在使用"查找和替换"功能时，各种特殊符号都有一个相应的符号表示，用户可以方便地直接在"查找内容"或"替换为"文本框中进行输入，制表符用"^t"表示，手动分页符用"^m"表示，其他还有分节符使用"%"表示，分栏符使用"^n"表示，不间断空格使用"^s"表示等。

Step 04 此时在"替换为"文本框中显示了"^p"即表示段落标记，如果用户知道代表段落标记的符号也可以直接在"替换为"文本框中进行输入，然后单击"查找下一处"按钮，如图 3-10 所示。

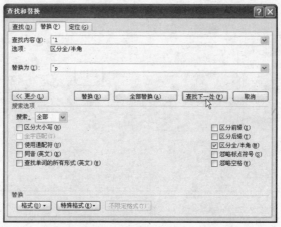

图 3-10　单击"查找下一处"按钮

Step 05 经过上一步的操作之后，此时可以看到已经查找到了文档中的第一处手动换行符号，并且以高亮显示该符号，方便用户对其进行操作，如图 3-11 所示。

Step 06 如果需要对查找到的特殊符号进行替换，则在"查找和替换"对话框中单击"替换"按钮即可，如图 3-12 所示。

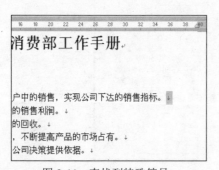

图 3-11　查找到特殊符号

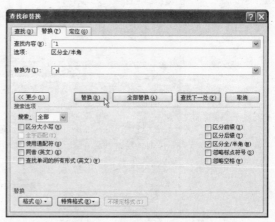

图 3-12　单击"替换"按钮

问题 3-6：	"搜索选项"选项组中的选项有什么作用？

在"查找和替换"对话框中单击"更多"按钮将出现"搜索选项"选项组，在其中包含很多可以设置的选项，使用户在查找或替换内容时可以进行更加详细的设置。在默认的情况下选择"区分全/半角"复选框，则表示查找内容输入的符号需要和文档中的符号是在同一状态下输入，否则将不会被查找到。例如，选择"区分大小写"复选框，则在查找英文字母时只能查找到所输入字母与文档中字母大写或小写相同的内容。

Step 07 经过上一步的操作之后，此时可以看到文档中的查找到的第一处手动换行符号已经被替换成段落标记，并且系统自动选择了文档的下一处手动换行符号，替换第一处之后效果如图 3-13 所示。

Step 08 如果需要全部替换文档中的手动换行符，则单击"查找和替换"对话框中的"全部替换"按钮，此时系统自动对文档进行了全部查找和替换，并弹出了 Microsoft Office Word 提示对话框，提示已经完成了 4 处替换，在此单击"确定"按钮，如图 3-14 所示。

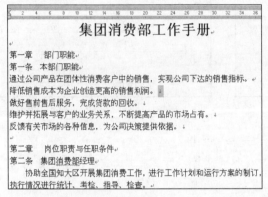

图 3-13 替换第一处特殊符号的效果

图 3-14 单击"确定"按钮

问题 3-7： 如何快速停止对文档内容的替换？

在执行查找和替换操作的同时，如果需要停止对文档的替换操作，则可以直接单击"关闭"按钮关闭该对话框或者按键盘中的【Esc】键终止操作。

3.1.3　查找和替换格式

用户不仅可以对文档中的文字、字符进行查找和替换以外，还可以对文档的格式进行查找，Word 2007 提供了多种格式的查找与替换功能。下面将介绍查找和替换格式的方法，具体操作步骤如下：

原始文件： 实例文件\第 3 章\原始文件\查找和替换格式.docx
最终文件： 实例文件\第 3 章\最终文件\查找和替换格式.docx

Step 01 打开实例文件\第 3 章\原始文件\查找和替换格式.docx 文件，并将光标定位在文档的开始位置处，打开"查找和替换"对话框，单击该对话框中的"格式"按钮，并在展开的列表中选择"字体"选项，如图 3-15 所示。

Step 02 弹出"查找字体"对话框，在"字体"选项卡中单击"中文字体"列表框右侧的下三角按钮，并在展开的下拉列表框中选择"宋体"选项，如图 3-16 所示。

问题 3-8： 可以对文档的哪些格式进行查找？

在 Word 2007 中，用户不仅可以对文档中的文本、字符格式进行查找，还可以对很多格式进行查找，主要包括字体格式、段落格式、制表位、样式等。

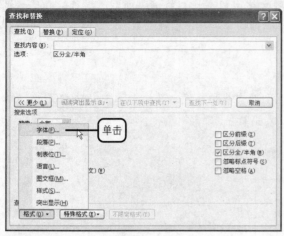

图 3-15 "查找字体"命令

图 3-16 设置查找内容的字体

Step 03 在"字体"选项卡中的"字形"列表框中选择"加粗"选项,在"字号"列表框中选择"二号"选项,设置好需要查找文本的字体格式之后,再单击"确定"按钮,如图 3-17 所示。

Step 04 返回"查找和替换"对话框中,可以看到在"查找内容"文本框上方显示了设置的查找格式,然后切换到"替换为"选项卡,将光标定位在"替换为"文本框中并单击"格式"按钮,在展开的列表中选择"字体"选项,如图 3-18 所示。

图 3-17 设置查找内容的字号

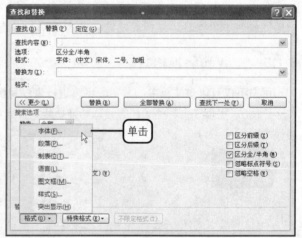

图 3-18 选择替换字体命令

问题 3-9:	可以查找设置效果的文本吗?

可以。在"查找和替换"对话框中单击"格式"按钮,并在弹出的列表中选择"字体"选项。然后在"查找字体"对话框中的"字体"选项卡,用户可以在"效果"选项组中选择需要查找的文字效果,例如空心、阴影、阳文、阴文等,直接选择相应选项前的复选框即可。

Step 05 弹出"替换字体"对话框，首先在"中文字体"下拉列表框中选择所需替换为的字体，例如在此选择"华文中宋"选项，将替换字体格式设置完毕之后单击"确定"按钮，如图 3-19 所示。

Step 06 返回"查找和替换"对话框中，可以看到在"替换为"文本框下方显示了设置的替换格式，然后单击"查找下一处"按钮，此时可以看到已经查找到了文档中符合查找条件的文本，单击"替换"按钮，如图 3-20 所示。

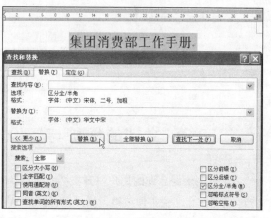

图 3-19 设置替换为的字体格式

图 3-20 替换格式

问题 3-10： 可以设置替换字体的字体颜色吗？

可以。打开"替换字体"对话框并在"字体"选项卡"所有文字"选项组中单击"字体颜色"下三角按钮，然后在展开的下拉列表框中选择所需要"替换为"的字体颜色。同样的方法，还可以设置文本的下画线、下画线颜色、着重号等。

Step 07 单击"替换"按钮后系统立即对文档进行了查找和替换，并弹出了 Microsoft Office Word 提示对话框，提示已经完成对文档的搜索，单击"确定"按钮，如图 3-21 所示。

图 3-21 单击"确定"按钮

Step 08 经过前面的操作之后，此时可以看到文档中的查找到的字体格式已经被替换，即标题已经应用了"华文中宋"的字体设置，效果如图 3-22 所示，最后单击"关闭"按钮关闭对话框即可。

问题 3-11： 如何清除"查找内容"和"替换为"文本框中的格式？

在使用查找和替换功能之后，再次打开"查找和替换"对话框，在"查找内容"和"替换为"文本框的下方将继续显示上次操作过的格式，如果需要将其清除则首先将光标定位在相应的文本框中，再单击对话框下方的"不限定格式"按钮即可。

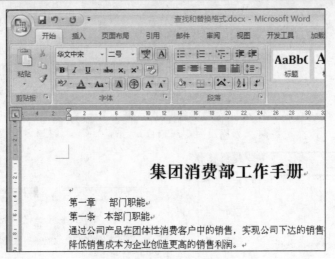

图 3-22 替换格式后的效果

3.2 文档的保护与备份

为了杜绝未经允许的用户打开文档，可以为文档设置密码保护，其他用户通过密码才能访问文档。为了防止丢失工作成果，用户还可以对 Word 2007 进行设置，在每次保存文档时自动保留一个备份。本节将介绍文档的保护与备份，主要包括为文档设置密码、修改文档的密码、保存文档的备份、打开备份的文档。

3.2.1 为文档设置密码

对于一些重要的文档内容，用户可以对其设置密码，禁止其他人打开。下面将介绍为文档设置密码的方法，具体操作步骤如下：

原始文件： 实例文件\第 3 章\原始文件\为文档设置密码.docx
最终文件： 实例文件\第 3 章\最终文件\为文档设置密码.docx

Step 01 打开实例文件\第 3 章\原始文件\为文档设置密码.docx 文件，并在打开的 Word 窗口中单击 Office 按钮，在展开的"文件"菜单中指向"准备"命令，在其展开的级联菜单中选择"加密文档"命令，如图 3-23 所示。

Step 02 弹出"加密文档"对话框，在该对话框，在对此文件的内容进行加密下方的"密码"文本框中输入所需要的密码，例如在此输入"word2008"，然后单击"确定"按钮，如图 3-24 所示。

问题 3-12： 为文档加密设置了密码之后，如果忘记了密码会怎么样？

如果为文档设置了密码，却又忘记了设置的加密密码，将导致该文件无法再打开，所以用户需要将密码牢记或者放在一个安全的位置，密码丢失或被遗忘都将无法将其恢复。

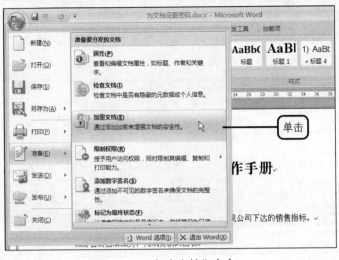

图 3-23　"加密文档"命令

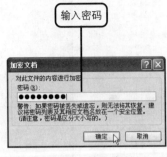

图 3-24　输入密码

Step 03 此时弹出"确认密码"对话框，在该对话框中对此文件的内容进行加密下方的"重新输入密码"文本框中输入相同的密码，在此文本框中再次输入"word2008"，然后单击"确定"按钮，如图 3-25 所示。

Step 04 返回文档中将文档进行保存并将其关闭，再打开该文件所保存的文件夹，并双击该文件图标将其打开，此时弹出"密码"对话框，则需要输入设置的密码才能将其打开。在此输入"word2008"，然后单击"确定"按钮，如图 3-26 所示。

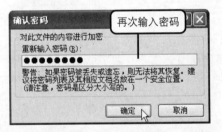

图 3-25　再次输入密码

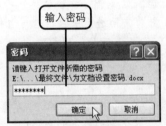

图 3-26　输入密码打开文件

问题 3-13：	为什么输入了相同的密码却依然无法打开文件？

如果输入了相同的密码还是无法打开文件，那么就需要再次确认所设置的密码。在设置密码时如果密码中包含了英文字母是要区分大小写的，请确认设置的密码中字母是否大写，然后再输入正确的密码。

3.2.2　修改文档的密码

修改文档密码的方法和设置文档密码的方法相似，在"加密文档"对话框中直接更改密码即可。下面将介绍修改文档密码的方法，具体操作步骤如下：

原始文件： 实例文件\第 3 章\原始文件\修改文档的密码.docx
最终文件： 实例文件\第 3 章\最终文件\修改文档的密码.docx

Step 01 打开实例文件\第 3 章\原始文件\修改文档的密码.docx 文件，该文件的密码为 "word2008"，然后单击 Office 按钮并在展开的 "文件" 菜单中指向 "准备" 命令，再在 其级联菜单中选择 "加密文档" 命令，如图 3-27 所示。

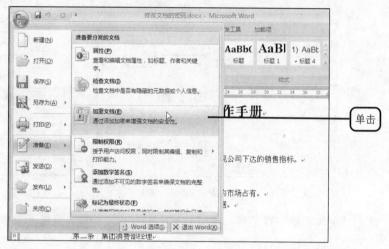

图 3-27　"加密文档" 命令

问题 3-14： 为文档设置的密码之后，如何解除文档的密码保护？

为文档设置了密码之后，如果需要解除对文档的密码保护，则需要再次打开 "加密文档" 对话框，在该对话框的 "密码" 文本框中删除其中的密码，最后单击 "确定" 按钮并将文档进行保存，若再次打开该文件将不再需要密码。

Step 02 弹出 "加密文档" 对话框，在 "密码" 文本框中删除原有的密码，再直接输入所需要的新密码 2008，单击 "确定" 按钮，如图 3-28 所示。

Step 03 弹出 "确认密码" 对话框，在对此文件的内容进行加密下方 "重新输入密码" 文本框中输入相同的密码 2008，单击 "确定" 按钮，如图 3-29 所示。

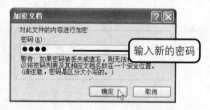

图 3-28　设置新的密码

图 3-29　再次输入密码

问题 3-15： 除了设置密码禁止别人访问文档以外，还有其他方法保护文档吗？

有。除了设置密码禁止别人访问文档以外，还可以为文档的格式和编辑设置限制。首先切换到 "审阅" 选项卡，然后在 "保护" 组中单击 "保护文档" 按钮，并在展开的下拉列表中选择 "限制格式和编辑" 选项。弹出 "限制格式和编辑" 窗格，在该窗格中用户可以详细设置受限的格式和样式以及允许在文档中进行部分编辑的用户。

3.2.3 保存文档的备份

选择保存文档的备份选项可在每次保存文档时创建该文档的备份副本，每个备份副本都会替换以前的备份副本。Word 会向文件名添加短语"备份"，备份副本与原始文档保存在同一个文件夹中。下面将介绍保存文档的备份的方法，具体操作步骤如下：

原始文件： 实例文件\第 3 章\原始文件\保存文档的备份.docx
最终文件： 实例文件\第 3 章\最终文件\保存文档的备份.docx

Step 01 打开实例文件\第 3 章\原始文件\保存文档的备份.docx 文件，并在窗口中单击 Office 按钮，然后在展开的"文件"菜单中单击"Word 选项"按钮，打开"Word 选项"对话框，如图 3-30 所示。

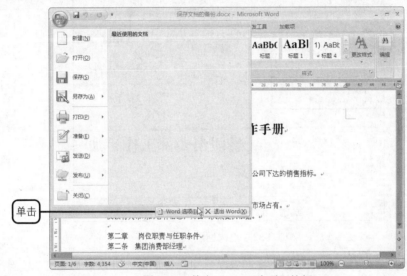

图 3-30 单击"Word 选项"按钮

Step 02 在"Word 选项"对话框中单击"高级"标签切换到"高级"选项卡，然后向下拖动对话框右侧的垂直滚动条，在"保存"选项组中选择"始终创建备份副本"复选框，最后单击"确定"按钮，如图 3-31 所示。

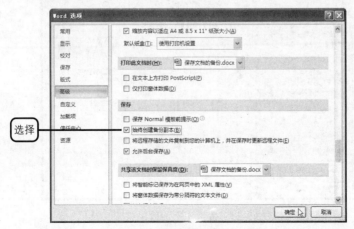

图 3-31 设置保存选项

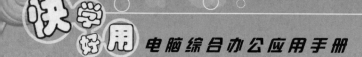

| 问题 3-16: | 想要在展开的"文件"菜单中显示最近使用过的文档,应该怎么操作? |

想要在展开的"文件"菜单中显示最近使用过的文档,首先打开"Word 选项"对话框,然后单击"高级"标签切换到"高级"选项卡,并向下拖动对话框右侧的垂直滚动条,在"显示"选项组中的"显示此数目的'最近使用的文档'"文本框中输入需要显示的文档个数,最多可设置 50 个,最后单击"确定"按钮。

Step 03 返回到文档中,对文档进行所需要的操作。例如,在此选择文档的标题,并在"开始"选项卡的"字体"组中设置其字号为"小一",再将其进行保存或另存为操作,如图 3-32 所示。

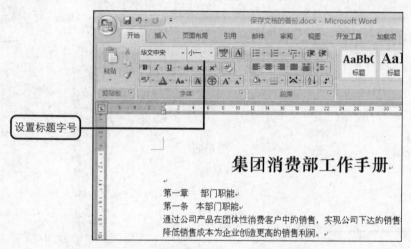

图 3-32 更改标题字号

Step 04 经过前面的操作之后,再打开该文档所保存的文件夹,此时可以看到在目标文件夹中显示了备份的文档,备份的文档在文件名称前多了"备份属于"字样,并且其文件格式为"*.wbk",如图 3-33 所示。

图 3-33 备份文档的效果

问题 3-17:	怎样确定备份文档副本的位置?

备份文档的副本一般和原始文档保存在同一文件夹中,如果忘了备份文档副本的位置,则可以再次打开原文档,根据原文档的路径查找到备份文档的副本。

3.2.4 打开备份的文档

打开备份的文档和打开一般文档的方法一样,只是在打开文档时应选择文件名前带有"备份属于"字样的文档,所有的备份副本应用文件扩展名为 .wbk。下面将介绍打开备份的文档的方法,具体操作步骤如下:

原始文件: 实例文件\第 3 章\原始文件\备份属于 保存文档的备份.wbk

Step 01 在打开的 Word 2007 窗口中单击"文件"菜单中的"打开"命令,打开"打开"对话框,在该对话框中单击"文件类型"列表框右侧的下三角按钮,并在展开的下拉列表框中选择"所有文件"选项,如图 3-34 所示。

选择文件类型

图 3-34 选择文件类型

Step 02 为了打开所需要的备份文件,用户可以更改视图方式来查看文件的详细信息。单击对话框右上角的"视图"下三角按钮,并在展开的下拉列表中选择"详细信息"选项,如图 3-35 所示。

选择查看视图

图 3-35 选择查看的视图

问题 3-18： 在对话框中的视图有什么作用？

在对话框中单击"视图"右侧的下三角按钮，在展开的下拉列表中可以选择相应的视图选项，包括缩略图、平铺、图标、列表、详细信息、属性、预览等选项。一般为了方便查看文件名称可以采用缩略图视图，缩略图是以大图标的方式显示文件；为了查看文件的修改日期以及大小等信息则可以采用"详细信息"视图，单击"视图"按钮即可在各视图选项中进行切换。

Step 03 此时在该对话框的目标文件夹中的文件已经以详细信息进行显示，用户可以根据修改的日期以及名称等信息选择需要打开的备份文件，然后单击"打开"按钮，如图 3-36 所示。

图 3-36　选择需要打开的文件

Step 04 经过前面的操作之后，此时系统自动打开了所选择的备份文档的副本，在标题栏中显示的文件名称为"备份属于 保存文档的备份.wbk"，效果如图 3-37 所示。

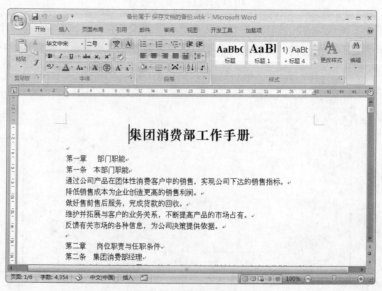

图 3-37　打开备份文档的效果

问题 3-19： 想要保存文档多个版本的备份怎么办？

在启用对文档创建备份副本时，如果继续并多次对文档进行修改，那么最新修改的备份文档将自动替换之前的备份文档，如果想要保存文档多个版本的备份副本，那么需要在每次修改时将文档另存在其他的位置，文档的备份副本将会自动同另存的文档一起保存在同一个文件夹中。

3.3 文档应用样式

Word 2007 为用户提供了设置文档样式的功能，用户可以根据需要对样式进行自定义更改。样式是应用于文档中文本格式设置的快速操作方法之一。运用样式可以快速改变文档中选定文本的格式设置，从而方便地进行排版工作，大大提高了工作效率。本节将介绍运用样式快速格式化文档、自定义新样式等内容。

3.3.1 运用样式快速格式化文档

在 Word 2007 中，系统为用户提供了多种内建样式，如"标题 1"、"标题 2"等样式。在格式化文档时，可以直接使用这些内建样式对文档进行设置。下面将介绍运用样式快速格式化文档的方法，具体操作步骤如下：

原始文件： 实例文件\第 3 章\原始文件\运用样式快速格式化文档.docx
最终文件： 实例文件\第 3 章\最终文件\运用样式快速格式化文档.docx

Step 01 打开实例文件\第 3 章\原始文件\运用样式快速格式化文档.docx 文件，并将光标定位于标题文本之中或者选择标题文本，然后在"开始"选项卡中单击"样式"组中的快翻按钮，并在展开的库中选择所需要的样式，例如在此选择"标题 1"选项，如图 3-38 所示。

Step 02 此时文档中的标题文本已经应用了"标题 1"的样式，然后在"段落"组中再单击"居中"按钮设置标题的对齐方式为"居中"，效果如图 3-39 所示。

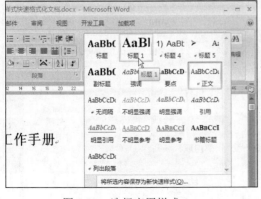

图 3-38　选择应用样式 1

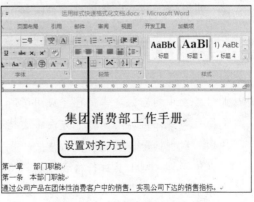

图 3-39　设置标题对齐方式

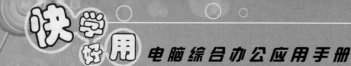
问题3-20： 为文档中的文本应用了样式之后，如何清除样式？

在文档中为文本应用了样式之后如果需要将其清除，首先选择需要清除样式的文本或者将光标定位于清除样式的段落之中，然后单击"样式"组中的快翻按钮，并在展开的库中选择"清除格式"选项即可。

Step 03 选择标题文本下方的"第一章 部门职能"文本，并单击"样式"组中的快翻按钮，然后在展开的库中选择合适的样式，例如在此选择"副标题"选项，如图3-40所示。

Step 04 再选择文档中第一章下方的"第一条 本部门职能"文本，并再次单击"样式"组中的快翻按钮，然后在展开的库中选择所需要的样式，例如在此选择"书籍标题"选项，如图3-41所示。

图3-40 选择应用样式2

图3-41 选择应用样式3

问题3-21： 除了在"样式"库中选择"清除格式"之外还有什么快速的方法清除格式吗？

有。首先选择需要清除样式的文本或者将光标定位于清除样式的段落之中，然后在"开始"选项卡的"字体"组中单击"清除格式"按钮。

Step 05 选择文档中第一条下方的所有内容文本，并单击"样式"组中的快翻按钮，在展开的库中选择合适的样式，例如在此选择"列出段落"选项，如图3-42所示。

Step 06 此时文档中相应的文本都已经应用了所选择的样式，再运用同样的方法将文档中同一级别标题设置成相同的样式，也可以使用格式刷工具进行格式复制，将文档中的所有标题设置完毕之后，效果如图3-43所示。

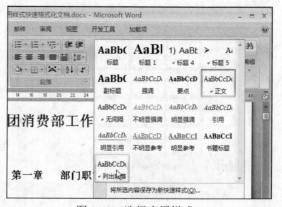

图3-42 选择应用样式4

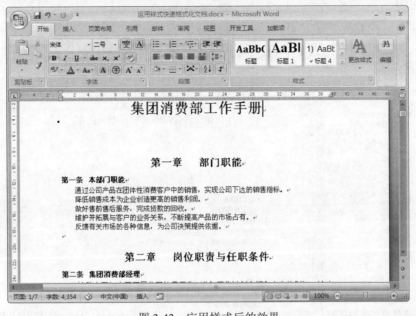

图 3-43　应用样式后的效果

问题 3-22：　系统自带的样式可以进行修改吗？

可以。如果需要修改 Office 内建的样式，首先在"开始"选项卡中单击"样式"组中的快翻按钮，再在展开的库中选择需要修改的样式并右击，然后在弹出的快捷菜单中选择"修改"命令。在弹出的"修改样式"对话框中对样式的属性和格式进行设置，可以重新设置样式的名称、字体和段落等格式。

Step 07　单击"视图"标签切换到"视图"选项卡，然后在"显示/隐藏"组中选择"文档结构图"复选框，如图 3-44 所示。

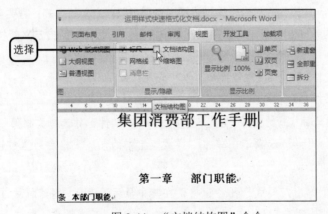

图 3-44　"文档结构图"命令

Step 08　经过前面的操作之后，此时在文档窗口的左侧显示了文档结构图，用户可以拖动其右侧的框线调整文档结构图窗格的大小。在窗格中单击相应的标题，即可跳转到该标题在文档中的位置处，效果如图 3-45 所示。

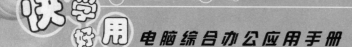

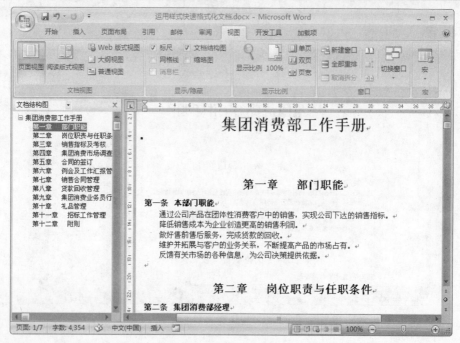

图 3-45　文档结构图的效果

问题 3-23：	在"样式"库中的样式可以删除吗？

可以。如果需要删除"样式"库中的样式，首先在"开始"选项卡中单击"样式"组中的快翻按钮，并在展开的库中选择需要删除的样式选项并右击，然后在弹出的快捷菜单中选择"从快速样式库中删除"命令即可。

3.3.2　自定义新样式

在 Word 2007 中，如果用户对内建的样式不满意则可以自定义新样式，需要自定义样式的名称以及格式，自定义的新样式也将自动保存以便用户使用。下面将介绍自定义新样式的方法，具体操作步骤如下：

原始文件： 实例文件\第 3 章\原始文件\自定义新样式.docx
最终文件： 实例文件\第 3 章\最终文件\自定义新样式.docx

Step 01 打开实例文件\第 3 章\原始文件\自定义新样式.docx 文件，并选择文档第一条中的所有内容文本，然后在"开始"选项卡中单击"样式"组中的任务窗格启动器按钮，如图 3-46 所示。

Step 02 此时在窗口的右侧弹出"样式"任务窗格，在其中显示了 Office 内建样式选项，用户也可以直接选择其中的选项应用样式，在此单击窗格下方的"新建样式"按钮，如图 3-47 所示。

图 3-46 样式任务窗格命令

图 3-47 新建样式按钮

问题 3-24:	如何使用"样式"工具栏？

在"开始"选项卡单击"样式"组中的快翻按钮，然后在展开的下拉列表中选择"应用样式"选项即可调出"样式"工具栏。在"样式"工具栏中单击"样式名"列表框右侧的下三角按钮，展开"样式"下拉列表框，用户可以从中选择所需要的样式选项。如果单击工具栏中的"样式"按钮，将打开"样式"任务窗格。

Step 03 此时弹出"根据格式设置创建新样式"对话框，在该对话框"属性"选项组中的"名称"文本框中输入所需要的样式名称，例如在此输入"新建样式 1"文本，在"格式"选项组中单击"字体"下三角按钮，并在展开的下拉列表框中选择所需要的字体，例如在此选项"幼圆"选项，如图 3-48 所示。

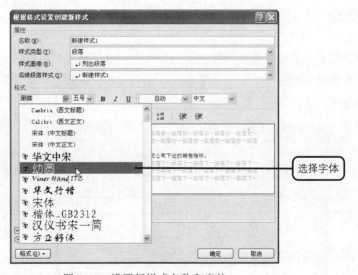

图 3-48 设置新样式名称和字体

Step 04 还可以在样式中设置编号或项目符号，以便用户在使用样式直接套用编号或项目符号。在此单击"根据格式设置创建新样式"对话框左下角的"格式"按钮，并在展开的下拉列表中选择"编号"选项，如图 3-49 所示。

问题 3-25: 设置了样式的段落还可以为其设置项目符号或编号吗?

可以。用户不仅可以在新建样式的同时设置编号和项目符号,还可以为应用了样式的段落添加编号或项目符号。其方法和为一般文本设置编号和项目符号的方法一样,在"开始"选项卡中的"段落"组中设置编号和项目符号。

Step 05 弹出"编号和项目符号"对话框,单击"项目符号"标签切换到"项目符号"选项卡,在"项目符号表"列表框中选择所需要的项目符号,单击"确定"按钮,如图 3-50 所示。

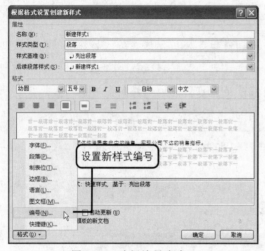 

图 3-49　选择编号命令　　　　　　　图 3-50　选择项目符号

Step 06 返回"根据格式设置创建新样式"对话框中单击"确定"按钮,此时返回到文档中,可以看到所选择的内容已经应用了新建样式的格式,并且在"样式"任务窗格中显示了新建的样式,如图 3-51 所示。

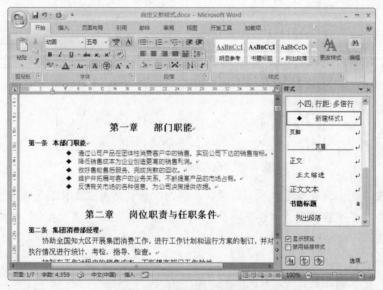

图 3-51　新建样式后的效果

文档的高级功能与处理

3

1
Word 2007 的文字处理

2
表格与图表的应用

3
文档的高级功能与处理

4
Excel 2007 的基础操作

5
美化 Excel 2007 工作表

问题 3-26: 新建的样式可不可进行修改？

可以。新建的样式保存在样式库中，用户可以使用修改内建样式的方法对新建的样式进行修改。也可以在"样式"任务窗格中指向需要修改的样式，然后单击该样式右侧的下三角按钮，并在展开的下拉列表中选择"修改"选项，在弹出的"修改样式"对话框中对样式的名称、字体、段落等格式进行修改即可。

3.4　页眉与页脚的设置

在制作文档的过程中常常会为一些文档添加页眉页脚内容，页眉和页脚显示在文档中每个页面页边距的顶部和底部区域。可以在页眉和页脚中插入文本或图形内容，也可以设置为显示相应的页码、文档标题或文件名等内容，设置的页眉和页脚可以打印出来以便用户查看。本节将介绍页眉与页脚的设置，包括设置静态页眉与页脚、设置奇偶页不同的页眉与页脚。

3.4.1　插入静态页眉与页脚

通常在制作完成的稿件中，每一页的顶端都可以看到文档的标题或书名内容，在底端显示页码内容。为文档设置页眉和页脚时，插入的页码内容不会随页数的变化而变化。下面将介绍插入静态页眉与页脚的方法，具体操作步骤如下：

原始文件： 实例文件\第 3 章\原始文件\插入静态页眉与页脚.docx
最终文件： 实例文件\第 3 章\最终文件\插入静态页眉与页脚.docx

Step 01 打开实例文件\第 3 章\原始文件\插入静态页眉与页脚.docx 文件，并单击"插入"标签切换到"插入"选项卡，在"页眉和页脚"组中单击"页眉"按钮，并在展开的库中选择"空白"选项，如图 3-52 所示。

Step 02 此时在文档的顶端出现了页眉区域，删除其中的文本占位符，在其中输入所需要的页眉内容文本，例如在此输入"集团消费部工作手册"文本，输入完毕之后的效果如图 3-53 所示。

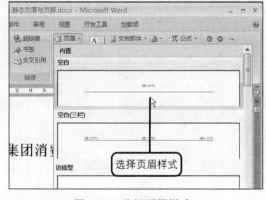

图 3-52　选择页眉样式

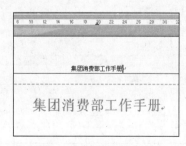

图 3-53　输入页眉内容

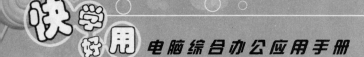

问题 3-27： 在页眉区域中输入页眉内容之后，如何退出页眉的编辑状态呢？

在页眉区域中输入所需要的页眉内容之后，如果想要退出页眉的编辑状态则只需在页眉区域之外的任意位置处双击鼠标。

Step 03 选择页眉输入内容文本，然后单击"开始"标签切换到"开始"选项卡，并在"字体"组中单击页眉内容的字体为"华文中宋"、设置其字号为"五号"，效果如图 3-54 所示。

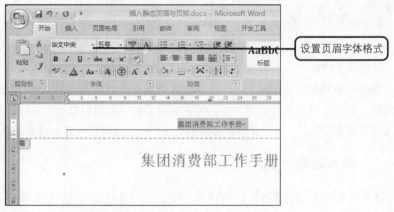

图 3-54　设置页眉字体格式

Step 04 向下拖动窗口右侧的垂直滚动条至第二页位置处，此时可以看到在文档第二页的页眉区域显示相同的页眉，效果如图 3-55 所示。

Step 05 转到页脚区域对页脚进行编辑，切换到"页眉和页脚工具""设计"上下文选项卡，然后单击"导航"组中的"转至页脚"按钮，如图 3-56 所示。

问题 3-28： 可以在页眉区域中插入哪些对象呢？

用户不仅可以在页眉区域中输入文本内容，并为文本设置字体格式，还可以在其中插入图形对象，例如插入图片、艺术字、形状等对象。在页眉区域中插入图形对象之后，同样可以在相应的选项卡中为其设置格式。

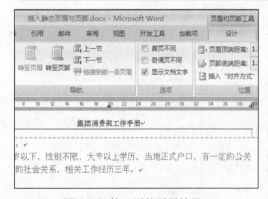

图 3-55　第二页的页眉效果

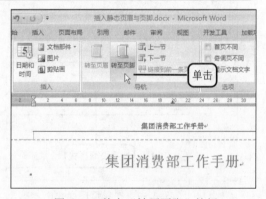

图 3-56　单击"转至页脚"按钮

问题 3-29: 除了在"导航"组中单击"转至页脚"按钮之外还其他方法转到页脚吗?

有。除了在"导航"组中单击"转至页脚"按钮之外,还可以按键盘中的【↓】键也可转到页脚区域。当转到页脚区域之后,"导航"组中的"转至页脚"按钮将以灰色显示表示不可用,而"转至页眉"按钮可以使用,单击此按钮即可转到页眉区域。

Step 06 此时系统自动转到了文档页脚区域中,可以看到光标在页脚区域中闪烁。在"页眉和页脚工具""设计"上下文选项卡单击"页眉和页脚"组中的"页脚"按钮,并在展开的库中选择所需要的页脚样式,如图 3-57 所示。

Step 07 此时在页面的底端显示了页脚区域编辑区域,删除其中的提示文本占位符,并在其中输入所需要的页脚内容,例如在此输入"第一页"文本,如图 3-58 所示。

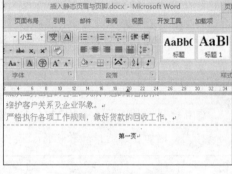

<table>
<tr><td>图 3-57　选择页脚样式</td><td>图 3-58　输入页脚内容</td></tr>
</table>

Step 08 在页眉和页脚区域之外的任意位置处双击鼠标退出页脚的编辑,然后向下拖动窗口的垂直滚动条至第二页位置处,此时可以看到第二页的页脚区域显示为相同的内容,即没有因页数的改变页发生改变,效果如图 3-59 所示。

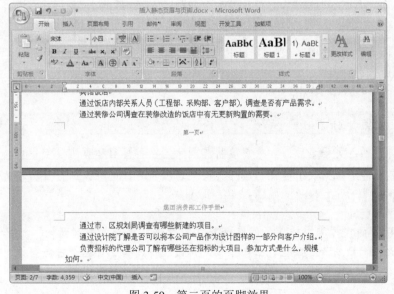

图 3-59　第二页的页脚效果

问题 3-30:	页眉与页脚可以在哪些视图中进行操作?

想要在文档中插入页眉和页脚,可以在多种视图中进行操作,例如页面视图、普通视图、大纲视图和 Web 版式视图。插入页眉、页脚、页码操作方法一样,都是在"插入"选项卡的"页眉和页脚"中进行操作。

3.4.2 添加动态页码

在制作静态页脚内容时,如果设置的页脚内容需要显示相应的页码,则可以运用添加页码的设置方法,为其添加自动编号的页码。下面将介绍添加动态页码的方法,具体操作步骤如下:

原始文件: 实例文件\第 3 章\原始文件\添加动态页码.docx

最终文件: 实例文件\第 3 章\最终文件\添加动态页码.docx

Step 01 打开实例文件\第 3 章\原始文件\添加动态页码.docx 文件,首先删除文档第一页页脚中的内容,然后在"页眉和页脚工具""设计"上下文选项卡中单击"页眉和页脚"组中的"页码"按钮,并在展开的下拉列表中指向"页面底端"选项,再在其展开的库中选择所需要的样式,例如在此选择"椭圆"选项,如图 3-60 所示。

Step 02 此时在文档的页脚中显示插入的页码样式,选择页码中的数字,并再次单击"页码"按钮并在展开的下拉列表中指向"当前位置"选项,再在其展开的库中选择所需要的页码样式,例如在此选择"颚化符"选项,如图 3-61 所示。

图 3-60 选择页码样式

图 3-61 插入页码

问题 3-31:	如何删除插入的页码呢?

在文档页脚中插入页码之后,如果想要将其删除则在"页眉和页脚"组中单击"页码"按钮,在展开的下拉列表中选择"删除页码"选项即可,也可以选择页脚中的页码,然后按键盘中的【Delete】键将其删除。

Step 03 此时可以看到在页脚中插入了所选择样式的页码,接着单击"开始"标签切换到"开始"选项卡,然后在"段落"组中单击"居中"按钮设置页码,页码居中显示,设置对齐方式之后的效果如图 3-62 所示。

Step 04 再向下拖动窗口右侧的垂直滚动条至第二页位置处，此时可以看到第二页页脚区域中的页码显示为 2，即插入了动态页码，页脚中的页码将随着页数的改变而发生改变，最后效果如图 3-63 所示。

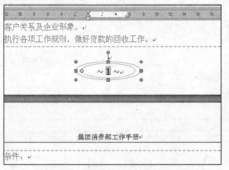

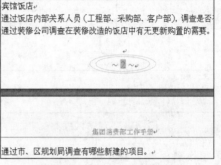

图 3-62　插入动态页码的效果　　　　图 3-63　第二页的页码效果

问题 3-32： 在页脚区域中插入页码之后，可以设置页码的格式吗？

可以。在页脚区域中插入页码之后，与插入的页眉一样可以在"开始"选项卡中为其设置字体格式，还可以设置页码的格式。在"页眉和页脚"组中单击"页码"按钮，并在展开的下拉列表中选择"设置页码格式"选项，然后在弹出的"页码格式"对话框中进行选择即可。

3.4.3　设置奇偶页不同的页眉与页脚

在 Word 2007 中提供了自动图文集功能，在设置页眉页脚时可自动为其添加页码、文件名等内容。用户可以运用这种方便快捷的操作方法设置简单的页眉和页脚内容。下面将介绍设置奇偶页不同的页眉与页脚的方法，具体操作步骤如下：

原始文件： 实例文件\第 3 章\原始文件\设置奇偶页不同的页眉与页脚.docx

最终文件： 实例文件\第 3 章\最终文件\设置奇偶页不同的页眉与页脚.docx

Step 01 打开实例文件\第 3 章\原始文件\设置奇偶页不同的页眉与页脚.docx 文件，并双击页眉或页脚区域使页眉和页脚成为编辑状态，然后单击"页眉和页脚工具""设计"标签切换到"页眉和页脚工具""设计"上下文选项卡，并在"选项"组中选择"奇偶页不同"复选框，如图 3-64 所示。

Step 02 切换到文档的第二页页眉位置处，此时可以看到该页中的页眉内容已经消失，然后在其中输入所需的偶数页页眉内容即可，例如在此输入"工作手册"文本，如图 3-65 所示。

问题 3-33： 如何设置页眉顶端和页脚底端的距离？

如果想要设置页眉顶端和页脚底端的距离，首先使页眉和页脚为编辑状态，然后切换到"页眉和页眉工具"中"设计"选项卡，再在"位置"组中的"页眉顶端距离"和"页脚底端距离"文本框中设置相应的值即可。

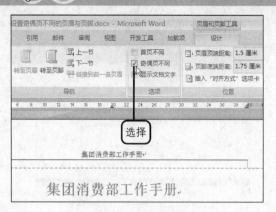

图 3-64 选择奇偶页不同命令

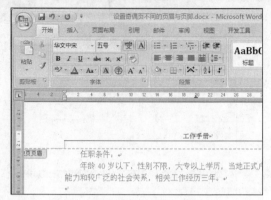

图 3-65 输入偶数页页眉内容

Step 03 切换到偶数页的页脚区域中，并在"页眉和页脚"组中单击"页码"按钮，再在展开的下拉列表中指向"页面底端"选项，再在其展开的库中选择"镶嵌图案 2"选项，如图 3-66 所示。

Step 04 此时可以看到在偶数页的页脚中插入了所选择的页码样式，然后选择其中的数字，并在"页眉和页脚"组中单击"页码"按钮，并在展开的下拉列表中选择"设置页码格式"选项，如图 3-67 所示。

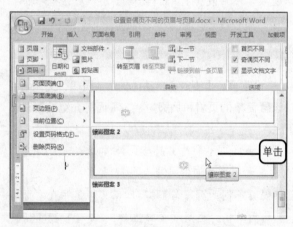

图 3-66 选择偶数页页码样式

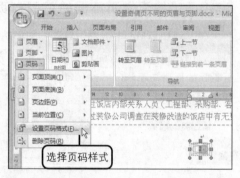

图 3-67 选择"设置页码格式"选项

问题 3-34： 如何在页眉中插入当前的日期？

如果在页眉中插入当前的日期，首先将光标定位在页眉中，并单击"插入"标签切换到"插入"选项卡，然后在"插入"组中单击"日期和时间"按钮，并在弹出的"日期和时间"对话框中选择所需要插入的日期格式即可。

Step 05 弹出"页码格式"对话框，首先在该对话框中单击"编号格式"列表框右侧的下三角按钮，并在展开的下拉列表中选择所需要的页码格式，如图 3-68 所示。选择好页码格式之后，单击其中的"确定"按钮。

Step 06 经过前面的操作之后返回文档中，此时可以看到文档页脚中的页码已经应用了所选择的页码格式，效果如图 3-69 所示。

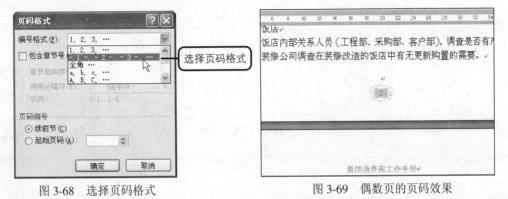

图 3-68　选择页码格式　　　　　　　　　　　图 3-69　偶数页的页码效果

问题 3-35：　除了双击页面以外还有其他方法退出页眉和页脚的编辑吗？

如果想要退出页眉和页脚的编辑状态，除了双击页面以外还可以在"页眉和页脚工具"中"设计"选项卡单击"关闭"组中的"关闭页眉和页脚"按钮。

3.5　审阅文档

在处理长文档中，用户可以使用 Word 2007 的审阅功能，快速地查看并对文档进行修改，并且执行修订的操作不会影响文档的内容。作者在审阅批注和修订时，即可以很方便查看文档中批注和修订信息，也可以选择是否接受审阅者的批注或修订。本节将介绍插入批注和修订、设置批注格式、审阅批注和修订等内容。

3.5.1　插入批注和修订

当别人创建的电子文稿需要审阅时，通过在 Word 中插入批注和修订的方法，可以将审阅者的修订信息完全显示，而又不影响原文档。下面将介绍插入批注和修订的方法，具体操作步骤如下：

原始文件： 实例文件\第 3 章\原始文件\插入批注和修订.docx
最终文件： 实例文件\第 3 章\最终文件\插入批注和修订.docx

Step 01 打开实例文件\第 3 章\原始文件\插入批注和修订.docx 文件，并选择文档第三条内容中的"任职条件"文本，然后单击"审阅"标签切换到"审阅"选项卡，在"批注"组中单击"新建批注"按钮，如图 3-70 所示。

问题 3-36：　可以设置批注框中内容的字体及字体颜色吗？

可以。如果需要设置批注框中内容文本的字体格式，首先选择其他的文本，然后在"开始"选项卡的"字体"组中进行设置。例如，设置文本的字体则单击"字体"右侧的下三角按钮，如同设置文档中一般字体格式的方法一样。

Step 02 此时可以看到所选择的文本连接了一个批注框，在批注框中显示了"批注"文本以及用户名称，在批注框中直接输入所需要的批注内容，例如在此输入"任职条件可否再作调整？"文本，如图 3-71 所示。

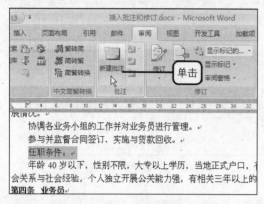

图 3-70 单击"插入批注"按钮

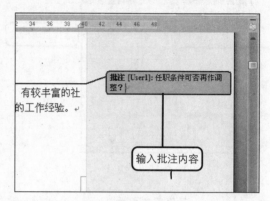

图 3-71 输入批注内容

Step 03 移至文档第七条位置处，并在"审阅"选项卡的"修订"组中单击"修订"按钮，如图 3-72 所示。

Step 04 此时"修订"按钮为按下状态，则即可对文档进行修订。例如，在此将第七条内容中的"则扣除部分不退还。"文本删除，并且输入"指标的，所扣除工资部分将不退还。"文本，此时可以看到删除的文本以绿色显示并且加上了删除线，输入的文本以红色显示并且加了下画线，修订完毕之后再次单击"修订"按钮，如图 3-73 所示。

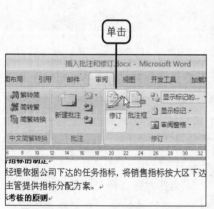

图 3-72 单击"插入修订"按钮

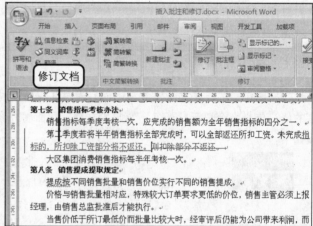

图 3-73 修订文档

问题 3-37： 修订的内容可以设置其字体格式吗？

文档修订的内容以特殊格式进行显示，例如输入的文字为红色并且加了下画线，删除的内容为绿色并且加了删除线。用户只能更改文字的字体和字号，不能直接更改其字体颜色，如果需要更改其字体颜色则需要在"修订选项"对话框中进行设置，具体方法将在后面进行介绍。

3.5.2 设置批注格式

批注中批注框的颜色等格式和批注框中使用的姓名，用户都可以自行设置。下面将介绍设置批注格式的方法，具体操作如下：

原始文件： 实例文件\第 3 章\原始文件\设置批注格式.docx
最终文件： 实例文件\第 3 章\最终文件\设置批注格式.docx

Step 01 打开实例文件\第 3 章\原始文件\设置批注格式.docx 文件，并单击"审阅"标签切换到"审阅"选项卡，然后在"修订"组中单击"修订"的下三角按钮，在展开的下拉列表中选择"修订选项"命令，如图 3-74 所示。

Step 02 弹出"修订选项"对话框，在该对话框的"标记"选项组中单击"批注"列表框右侧的下三角按钮，然后在展开的下拉列表中选择所需的批注颜色，例如在此选择"鲜绿"选项，如图 3-75 所示。

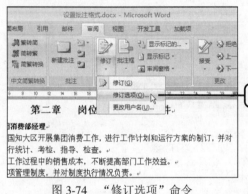

图 3-74　"修订选项"命令

图 3-75　设置批注框颜色

问题 3-38： 在"修订选项"对话框中如何设置修订内容的标记？

在"修订选项"对话框的"标记"选项组中，如果需要设置插入内容的格式，则单击"插入内容"列表框右侧的下三角按钮，然后在展开的下拉列表框中可以选择插入内容的标记，在其右侧的"颜色"下拉列表框中也可选择其字体颜色。同样的方法，也可以设置"删除内容"的标记。

Step 03 在"批注框"选项组的"指定宽度"文本框中，精确设置所需要的批注框宽度，例如在此设置其值为"5 厘米"，即表示批注框的宽度为 5 厘米，在批注框中添加文字时将自动增加其高度不会影响其宽度，最后单击"确定"按钮，如图 3-76 所示。

问题 3-39： 如何设置插入批注的文本与批注框不连接？

如果要设置插入批注的文本与批注框不连接，则在"修订选项"对话框的"批注框"选项组中，取消"显示与文字的连线"复选框的选择。那么只有在选择批注框的情况下，才会显示文字与批注框的连线。

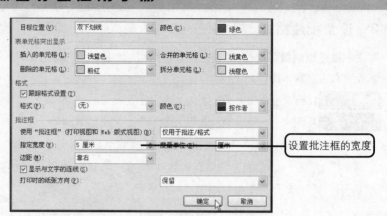

设置批注框的宽度

图 3-76　设置批注框宽度

Step 04 经过前面的操作之后返回文档中，此时可以看到批注框的颜色以及大小都已经发生改变，效果如图 3-77 所示。

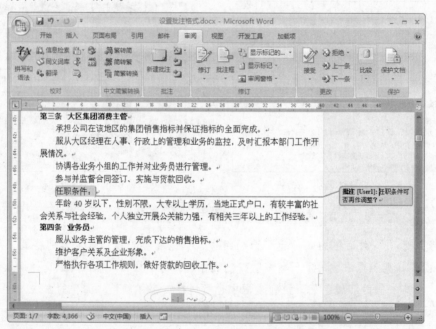

图 3-77　设置批注后的效果

3.5.3　审阅批注和修订

对于已经插入了批注和修订的文档，用户可能很方便地对文档中的批注和修订进行审阅，例如显示或隐藏指定类型的批注或修订信息，还可以很方便地在各个批注之间移动。下面将介绍审阅批注和修订的方法，操作步骤如下：

原始文件： 实例文件\第 3 章\原始文件\审阅批注和修订.docx
最终文件： 实例文件\第 3 章\最终文件\审阅批注和修订.docx

Step 01 打开实例文件\第 3 章\原始文件\审阅批注和修订.docx 文件，并单击"审阅"标签切换到"审阅"选项卡，在"批注"组中单击"下一条批注"按钮即可移至下一条批注位置处，如图 3-78 所示。

Step 02 此时可以看到自动选择了文档的第一条批注内容，为了方便同时查看文档中的多个批注和修订，可以使用审阅窗格进行审阅。则在"审阅"选项卡的"修订"组中单击"审阅窗格"按钮，如图 3-79 所示。

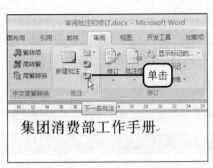

图 3-78 下一条批注按钮

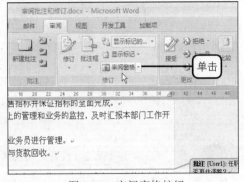

图 3-79 审阅窗格按钮

问题 3-40：	审阅窗格有什么作用？

在审阅窗格时，用户可以拖动窗格上方边界处的框线调整窗格的大小，也可以拖动窗格右侧的垂直滚动条，以便在该窗格中同时查看该文档中的所有批注和修订信息。单击窗格右上角的"更新修订数量"按钮即可随时更新修订数量，还可以选择显示或隐藏批注的详细汇总信息，单击窗格中的"关闭"按钮即可关闭该窗格。

Step 03 经过上一步的操作之后，此时可以看到在文档窗口的下方显示了审阅窗格，在其中显示了该文档中所有批注以及修订的相关信息，包括批注和修订的内容、审阅的时间和审阅者姓名等，如图 3-80 所示。

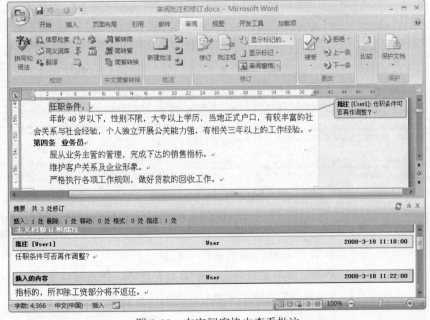

图 3-80 在审阅窗格中查看批注

Step 04 在文档中或者审阅窗格中选择需要删除的批注，例如在此选择文档中的第一条批注，然后在"批注"组中单击"删除批注"按钮即可删除，如图 3-81 所示。

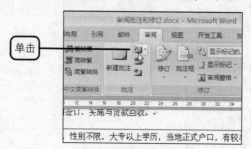

图 3-81 删除批注

问题 3-41： 除了单击"删除批注"按钮之外还有快速删除批注的方法吗？

有。除了单击"删除批注"按钮之外，还可以在审阅窗格中或者文档中选择需要删除的批注并右击，然后在弹出的快捷菜单中选择"删除批注"命令。

Step 05 经过上一步的操作之后，此时在审阅窗格中可以看到所选择的批注已经被删除，再次单击"审阅窗格"按钮即可关闭该窗格，如图 3-82 所示。

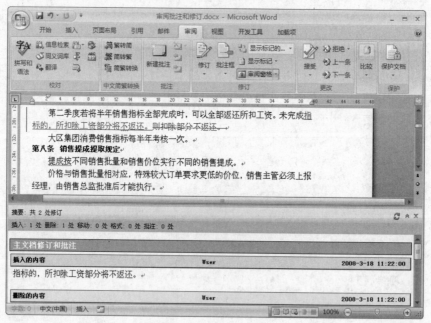

图 3-82 删除批注后的效果

问题 3-42： 如果想要拒绝审阅者的修订怎么办呢？

如果需要拒绝审阅者的修订，则可以选中修订的内容，然后在"审阅"选项卡的"更改"组中单击"拒绝"按钮。如果要拒绝文档中的所有修订，则单击"修改"按钮下三角按钮，然后在展开的下拉列表中选择"拒绝对文档的所有修订"选项。

文档的高级功能与处理　**3**

1　Word 2007 的文字处理

2　表格与图表的应用

3　文档的高级功能与处理

4　Excel 2007 的基础操作

5　美化 Excel 2007 工作表

Step 06　在"审阅"选项卡的"更改"组中单击"下一条"按钮，即可切换到文档的下一条批注或修订中，如图 3-83 所示。

图 3-83　移至下一条批注或修订按钮

Step 07　此时切换到了文档的下一处修订位置处，然后在"更改"组中单击"接受"下三角按钮，并在展开的下拉列表中选择所需要的选项，例如在此选择"接受修订"选项，如图 3-84 所示。

Step 08　经过上一步的操作之后，此时可以看到文档已经接受了修订，即在文档中插入的内容已经以正常文本显示，如图 3-85 所示，最后删除后面绿色文本即可。

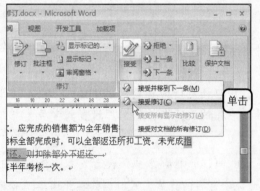

图 3-84　接受修订命令　　　　图 3-85　接受修订后的效果

问题 3-43： 如果要同时接受文档中所有的修订应该怎么操作？

如果想要同时接受文档中所有的修订，则在"审阅"选项卡的"更改"组中单击"接受"下三角按钮，并在展开的下拉列表中选择"接受对文档的所有修订"命令。

3.6　实例提高：制作公司业务部经理述职报告

述职本身是一个能力开发的过程，为了对业绩以及职责有一个明确的陈述、把履职经验与组织分享、快速地寻找到解决问题的办法，公司通常会定期要求员工做述职报告，尤其是管理阶层的员工，以便在提出新思路、新观念的同时得到支持和资源。下面将结合本章所学的知识点，制作公司业务部经理述职报告，具体操作步骤如下：

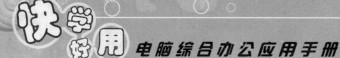

原始文件： 实例文件\第 3 章\原始文件\公司业务部经理述职报告.docx

最终文件： 实例文件\第 3 章\最终文件\公司业务部经理述职报告.docx

Step 01 打开实例文件\第 3 章\原始文件\公司业务部经理述职报告.docx 文件，并选择文档中的第一行标题文本，然后在"开始"选项卡单击"样式"组中的快翻按钮，并在展开的库中选择"标题 1"选项，如图 3-86 所示。

Step 02 按住键盘中的【Ctrl】键同时选择文档中的第一个至第五个节标题，即在段落前有"一、"、"二、"……的段落，然后单击"样式"组中的快翻按钮，并在展开的库中选择所需要的样式即可，例如在此选择"要点"选项，如图 3-87 所示。

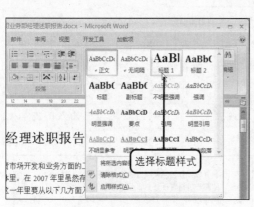

图 3-86　选择"标题"选项

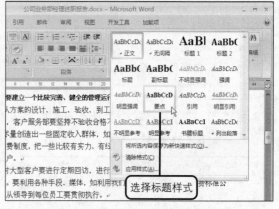

图 3-87　选择"要点"选项

Step 03 此时所选择的文本已经应用了相应的样式，用户还可以为其设置字体格式，则在"开始"选项卡的"字体"组中再单击"字号"右侧的下三角按钮，并设置其字号为"四号"，最后的效果如图 3-88 所示。

Step 04 切换到第二页中并选择"（一）培训内容"和"（二）培训方式"段落文本，然后单击"样式"组中的快翻按钮，在展开的库中选择所需要的样式即可，例如在此选择"书籍标题"选项，如图 3-89 所示。

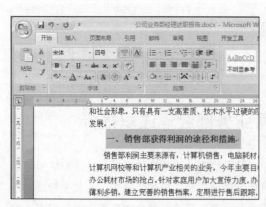

图 3-88　设置字号后效果

图 3-89　选择"书籍标题"选项

Step 05 单击"插入"标签切换到"插入"选项卡，并在"页眉和页脚"组中单击"页眉"按钮，然后在展开的库中选择所需要的页眉样式即可，例如在此选择"空白"选项，如图 3-90 所示。

Step 06 此时光标在页面顶端页眉区域中闪烁，然后直接在其中输入所需要的页眉内容，例如在此输入"公司业务部经理述职报告"文本。切换到"开始"选项卡，并设置其字体格式为"宋体"、"小四"和"深红"，如图 3-91 所示。

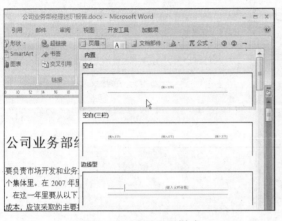

图 3-90　设置页眉样式

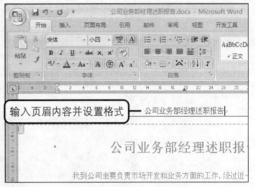

图 3-91　设置字体后效果

Step 07 在"页眉和页脚工具""设计"上下文选项卡，再单击"页眉和页脚"组中的"页脚"按钮，并在展开的库中选择所需要的页脚样式，例如在此选择"空白"选项，如图 3-92 所示。

Step 08 此时光标在页脚编辑区域中闪烁，在其中输入所需要的页脚内容，例如在此输入"第页（共 3 页）"文本，输入之后并将光标定位于"第"文本之后，效果如图 3-93 所示。

图 3-92　设置页脚样式

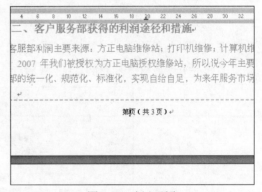

图 3-93　插入页脚

Step 09 在"页眉和页脚"组中单击"页码"按钮，并在展开的下拉列表中指向"当前位置"选项，再在其展开的库中选择"普通数字"选项，并将页脚文本设置为"居中"，如图 3-94 所示。

Step 10 文档已经应用了相应的页眉和页脚的设置，再选择第三页的"121 万利润指标"文本，并切换到"审阅"选项卡，单击"批注"组中的"新建批注"按钮，如图 3-95 所示。

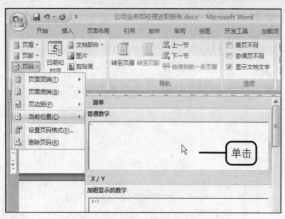

图 3-94　设置数字格式

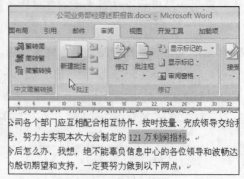

图 3-95　选择文本

Step 11 在批注框中输入所需要的批注内容即可，例如在此输入"建议将利润指标增加？"文本，如图 3-96 所示。

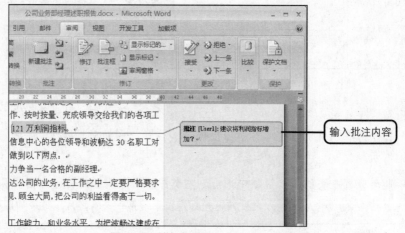

图 3-96　填加批注

Step 12 在"修订"组中单击"显示标记"按钮，并在展开的下拉列表中指向"审阅者"选项，再在其展开的级联菜单中选择 User 命令，如图 3-97 所示。

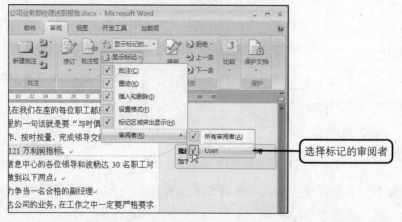

图 3-97　选择 User 命令

Step 13 经过前面的操作之后，此时可以看到文档中的批注已经隐藏，如图 3-98 所示。如果需要再次显示 User 审阅者所做的批注，则再单击"显示标记"按钮并在展开的下拉列表中指向"审阅者"选项，然后在其级联菜单中选择 User 命令即可，对文档进行审阅的所有用户名称都将显示在该级联菜单中。

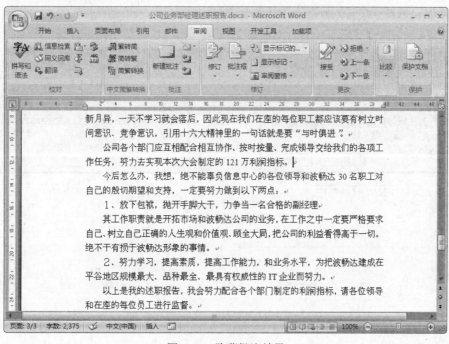

图 3-98 隐藏批注效果

Step 14 将述职报告制作完毕之后，还需要为其设置保护。首先单击 Office 按钮，并在展开的菜单中指向"准备"命令，然后在其展开的级联菜单中选择"加密文档"命令，如图 3-99 所示。

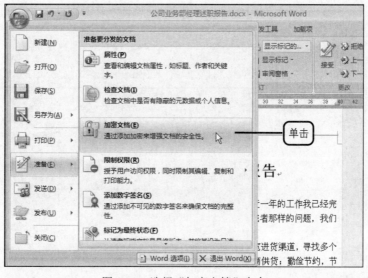

图 3-99 选择"加密文档"命令

Step 15 弹出"加密文档"对话框，在对此文件的内容进行加密下方的"密码"文本框中输入所需要的密码，例如在此设置其密码为"2008"，然后再单击"确定"按钮，如图 3-100 所示。

Step 16 此时弹出"确认密码"对话框，在"重新输入密码"文本框中再次输入相同的密码，最后单击"确定"按钮，如图 3-101 所示。

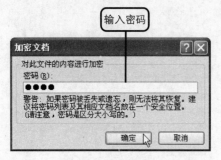

图 3-100　设置密码

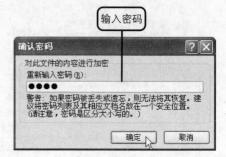

图 3-101　确认密码

Chapter
04

Excel 2007 的基础操作

Excel 2007 也是 Office 2007 家族的重要成员之一。Excel 主要用于数据的处理与分析，从本章至第 7 章将由浅入深地为用户介绍 Excel 2007 的各种操作功能与方法，并通过实例使用户达到更好的学习效果，从而在工作中可以灵活运用，提高工作效率。本章将介绍 Excel 2007 的相关基础操作，主要内容包括在工作表中输入数据、设置单元格中数据格式、添加边框和底纹、单元格样式的使用以及打印工作表等。最后，结合本章所学的知识点，制作实例——公司员工档案表。

4.1 在工作表中输入数据

在 Excel 2007 中输入数据时，首先需要了解输入数据的类型，不同的数据在输入过程中的操作方法有所不同。在工作表中输入的数据可以是文本，也可以是数字、日期、时间等。输入一般文本数据和在文档中的输入的方法相似，本节将主要介绍同时输入多个数据和输入以"0"开头的数据。

4.1.1 同时输入多个数据

为了提高工作效率，用户可以在多个单元格中同时输入相同的数据。即在某个表格的多个单元格中需要输入相同的数据时，可以使用同时输入多个数据的方法，以便提高工作效率。下面将介绍同时输入多个数据的方法，操作步骤如下：

最终文件：实例文件\第 4 章\最终文件\同时输入多个数据.xlsx

Step 01 启动 Excel 2007，并在新建工作簿的 Sheet1 工作表中选中 A1 单元格，然后在编辑栏中输入所需要的文本即可，比如在此输入"正好公司 2007 年销售统计表"文本，单击编辑栏左侧的"输入"按钮即可，如图 4-1 所示。

Step 02 此时可以看到在 A1 单元格中显示了输入的文本，运用同样的方法在 A2：F2 单元格区域中依次输入"季度、打印纸、传真纸、油墨、墨粉、设备零件"文本。选中 A3：A6 单元格区域，并在 A3 单元格中输入"一季度"文本，如图 4-2 所示。

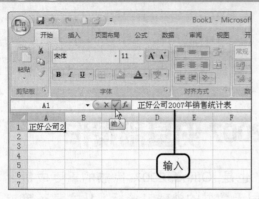

图 4-1　输入文本数据

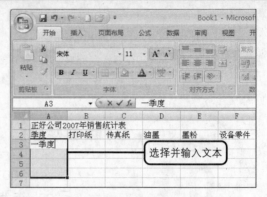

图 4-2　同时输入多个文本

 等

问题 4-1：　在编辑栏中输入表格数据之后，除了单击"输入"按钮还其他方法确认输入的内容吗？

在编辑栏中输入表格数据之后，不仅可以单击编辑栏左侧的"输入"按钮确认输入的内容，还可以使用键盘中的按键进行确认，则输入之后按键盘中的【Enter】键即可。

Step 03 输入"一季度"文本之后，按键盘中的快捷键【Ctrl+Enter】即可，此时可以看到在所选择的单元格中显示相同的数据，如图 4-3 所示。如果只按键盘中的【Enter】键，那么将只有选择的第 1 个单元格即 A3 单元格中显示数据。

Step 04 将 A4：A6 单元格中的文本做相应的更改，使其结果为"二季度、三季度、四季度"，在 B3：F6 单元格区域中输入各商品在四个季度中的销售额数据，输入完毕之后效果如图 4-4 所示。

图 4-3　输入多个文本后的效果

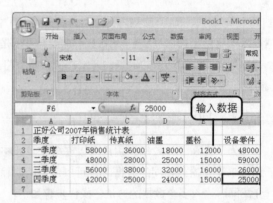

图 4-4　输入数字数据

问题 4-2：　除了编辑栏中输入数据以外，还有其他方法吗？

有。用户不仅可以在编辑栏中输入表格的数据，还可以直接在单元格中进行数据的输入。例如需要在 B5 单元格中输入数据，则直接选中 B5 单元格，然后输入所需要的数据，再按键盘中的【Enter】键确认数据的输入，并选择其下一个单元格中。如果输入数据之后按键盘中的【Tab】键，即可确认数据的输入并跳至其右侧的单元格中。

4.1.2 输入以"0"开头的数据

在日常工作中，经常会遇到以 0 开头的数据，例如员工编号、客户编号、序号等。而在 Excel 中，则需要进行特殊的操作才能输入 0 开头的数据。下面将介绍输入以 0 开头的数据的方法，操作步骤如下：

原始文件： 实例文件\第 4 章\原始文件\员工培训成绩统计表.xlsx
最终文件： 实例文件\第 4 章\最终文件\输入以 0 开头的数据.xlsx

Step 01 打开实例文件\第 4 章\原始文件\员工培训成绩统计表.xlsx 文件，并选中 Sheet1 工作表中的 A3 单元格，然后在其中输入数据"'0001"，注意数据"0"前面的单引号需要在英文输入法状态下进行输入，如图 4-5 所示。

Step 02 输入以 0 开头的编号之的按键盘中的【Enter】键，此时可以看到在 A3 目标单元格中显示了输入的以 0 开头的数据，效果如 4-6 所示。

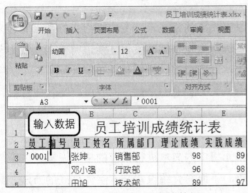

图 4-5　输入以 0 开头的数据

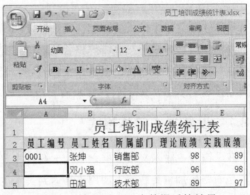

图 4-6　输入以 0 开头数据后的效果

问题 4-3：　除了在 0 数据前输入单引号之外，还有其他方法输入以 0 开头的数据吗？

有。除了在 0 数据前输入单引号之外，还可以将单元格的格式设置为文本。选中需要输入以 0 开头数据的单元格区域，并将其格式设置为文本再输入以 0 开头的数据即可。关于设置单元格格式的方法将在后面的章节进行讲解。

Step 03 选中 A3 目标单元格，并将指针移至该单元格的右下角，当指针变成十字形状时按住鼠标左键不放向下拖动填充句柄，当拖至目标单元格位置处时再释放鼠标，如图 4-7 所示。

Step 04 拖至 A10 单元格位置处时释放鼠标，此时可以看到在 A4：A10 单元格区域中显示了相同格式的数据，并且其中的数据是以递增的序号方式进行填充的，最后效果如图 4-8 所示。

问题 4-4：　当拖动填充句柄填充数据时在目标单元格位置之后才释放鼠标，该如何处理多余的数据？

当拖动填充句柄填充数据时一般在目标单元格位置之后释放鼠标，用户可以将指针移至最后一个单元格的右下角，当指针变成十字形状时向内拖动即可清除其中的数据。还可以选中工作表中多余的数据，然后按键盘中的【Delete】键进行删除。

---

1 Word 2007 的文字处理

2 表格与图表的应用

3 文档的高级功能与处理

4 Excel 2007 的基础操作

5 美化 Excel 2007 工作表

A3		▼	*fx*	'0001	
	A	B	C	D	E

	A	B	C	D	E

员工培训成绩统计表

员工编号	员工姓名	所属部门	理论成绩	实践成绩	平
0001	⊕坤	销售部	98	89	
	邓小强	行政部	96	98	
	田旭	技术部	89	97	
	苏小丽	销售部	97	94	
	王丽琴	人事部	96	93	
	唐英	自动填充数据		92	
	李良慧		98		
	王小山	技术部	94	96	
	0008				

图 4-7　自动填充数据

员工培训成绩统计表

员工编号	员工姓名	所属部门	理论成绩	实践成绩
0001	张坤	销售部	98	89
0002	邓小强	行政部	96	98
0003	田旭	技术部	89	97
0004	苏小丽	销售部	97	94
0005	王丽琴	人事部	96	93
0006	唐英	行政部	98	92
0007	李良慧	人事部	89	98
0008	王小山	技术部	94	96

图 4-8　自动填充数据后的效果

4.2　设置单元格中数据格式

对于在单元格中输入的数据，用户还需要为其设置相应的格式，才能使表格中的数据看起来更加协调、美观。对于某些特殊格式的数据，则需要进行数据格式的设置才能进行输入。设置单元格中数据格式主要包括设置文本字体格式、设置文本对齐方式、设置数据自动换行、设置数字和日期格式、设置数据有效性等。

4.2.1　设置文本字体格式

在工作表中输入文本数据之后，一般还需要对单元格中的文本进行相应的格式设置，才能使文本与表格更加重要匹配，使用表格达到美观的效果。下面将介绍设置文本字体格式的方法，具体操作步骤如下：

原始文件：实例文件\第 4 章\原始文件\设置文本字体格式.xlsx

最终文件：实例文件\第 4 章\最终文件\设置文本字体格式.xlsx

Step 01 打开实例文件\第 4 章\原始文件\设置文本字体格式.xlsx 文件，并选中 Sheet1 工作表中的 A1：F1 单元格区域，在"开始"选项卡的"对齐方式"组中单击"合并后居中"按钮，如图 4-9 所示。

Step 02 此时所选择的单元格区域已经合并，然后在"开始"选项卡的"字体"组中单击"字体"右侧的下三角按钮，并在展开的下拉列表中选择所需要的字体即可，例如在此选择"华文中宋"选项，如图 4-10 所示。

问题 4-5：　除了单击"合并后居中"按钮外，还有其他方法设置合并单元格吗？

单击"合并后居中"按钮是将所选择的单元格区域合并，并将其中的内容以居中方式显示。除了在"开始"选项卡的"对齐方式"组中单击"合并后居中"按钮外，也可以单击"合并后居中"下拉列表中的"合并单元格"选项合并单元格，还可以使用键盘中的快捷键，则依次按【Alt】、【H】、【M】和【M】键。

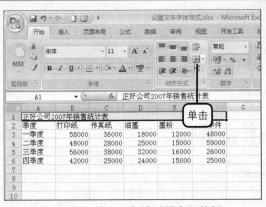

图 4-9　单击"合并后居中"按钮

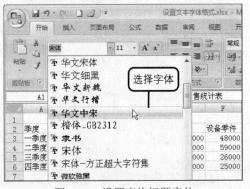

图 4-10　设置表格标题字体

Step 03 设置标题的字号，则在"开始"选项卡的"字体"组中再单击"字号"右侧的下三角按钮，并在展开的下拉列表中选择所需要的字号，例如在此选择"18"选项，如图 4-11 所示。

Step 04 运用同样的方法，选中 A2：F2 单元格区域，并在"开始"选项卡的"字体"组中选择"字体"下拉列表中的"黑体"选项，设置其字体为黑体，再选择"字号"下拉列表中的"14"选项，如图 4-12 所示。

图 4-11　设置表格标题字号

图 4-12　设置列标题字号大小

问题 4-6：　只有在"开始"选项卡的"字体"组中才能设置字体格式吗？

用户不仅可以在"开始"选项卡的"字体"组中设置字体格式，还可以使用"设置单元格格式"对话框进行设置。则选中需要设置字体格式的单元格并右击，然后在弹出的快捷菜单中选择"设置单元格格式"命令。然后在弹出的"设置单元格格式"对话框中切换到"字体"选项卡，对字体格式进行设置，具体操作步骤将在后面的章节中进行介绍。

Step 05 在"开始"选项卡的"字体"组中单击"字体颜色"下三角按钮，并在展开的下拉列表中选择所需要的字体颜色，例如在此选择"标准色"组中的"红色"选项，如图 4-13 所示。

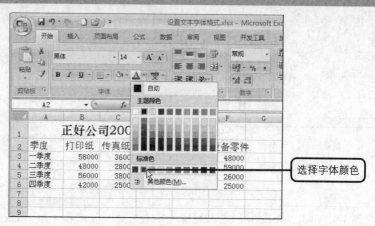

图 4-13　选择列标题字体颜色

Step 06　选中 A3：F6 单元格区域，并在"开始"选项卡的"字体"组中设置表格内容的字体为"微软雅黑"、字号为"12"，最后效果如图 4-14 所示。

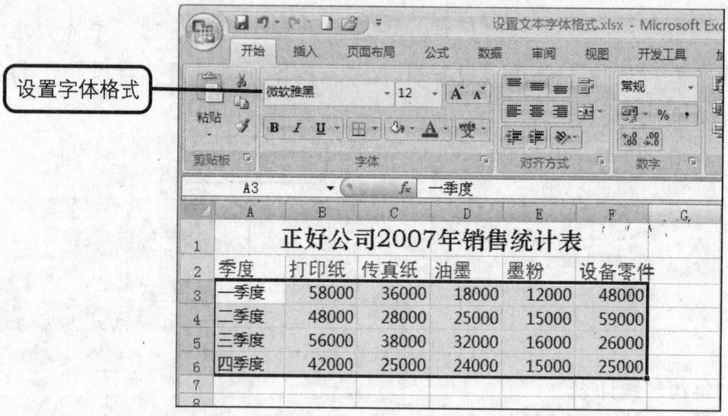

图 4-14　设置表格数据字体格式

问题 4-7： 在"字体颜色"展开的下拉列表框中没有合适的颜色怎么办？

如果在"字体颜色"展开的下拉列表框中没有合适的颜色，则可以选择"其他颜色"选项，然后在弹出的"颜色"对话框中进行设置，则可以在对话框的"标准"选项卡中选择所需要的颜色，也可以在"自定义"选项卡中精确设置 RGB 颜色值来获取所需要的颜色。

4.2.2　设置文本对齐方式

用户不仅可以设置表格中文本的字体格式，同样可以为其设置对齐方式，用户可以根据实际需要设置单元格中文本为左对齐、居中、右对齐等。下面将介绍设置文本对齐方式的方法，操作步骤如下：

原始文件： 实例文件\第 4 章\原始文件\设置文本对齐方式.xlsx
最终文件： 实例文件\第 4 章\最终文件\设置文本对齐方式.xlsx

Step 01 打开实例文件\第 4 章\原始文件\设置文本对齐方式.xlsx 文件,并将指针移至 F 列单元格列标志右侧的边界框线处,当指针变成双向箭头形状时按住鼠标左键不放并向右拖动,拖动目标位置后释放鼠标,如图 4-15 所示。

Step 02 此时可以看到 F 列单元格的列宽已经发生改变,选中 A 列至 E 列单元格区域,并将指针移至所选择单元格区域的任意列标志边界的框线,当指针变成双向箭头形状时拖动鼠标即可,拖动目标位置后释放鼠标,如图 4-16 所示。

图 4-15　调整单元格列宽

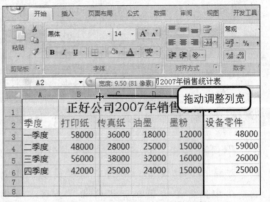

图 4-16　调整多行单元格列宽

问题 4-8:　如何快速选择列或多列单元格?

首先将指针移至所需要选择的列的上方,当指针变成黑色向下的箭头形状时单击鼠标选中该列单元格,按住键盘中的【Ctrl】键再同时执行此操作即可选取不连续的多列单元格。在选中一列单元格之后按住鼠标不放并进行拖动,即可选择多列连续的列单元格。

Step 03 此时各列单元格的列宽已经发生改变,选中工作表中的 A2:F6 单元格区域,并在"开始"选项卡的"对齐方式"组中单击"居中"按钮,如图 4-17 所示。

图 4-17　单击"居中"按钮

Step 04 经过上一步的操作之后,此时可以看到所选择单元格区域中的文本已经以居中方式进行显示,效果如图 4-18 所示。

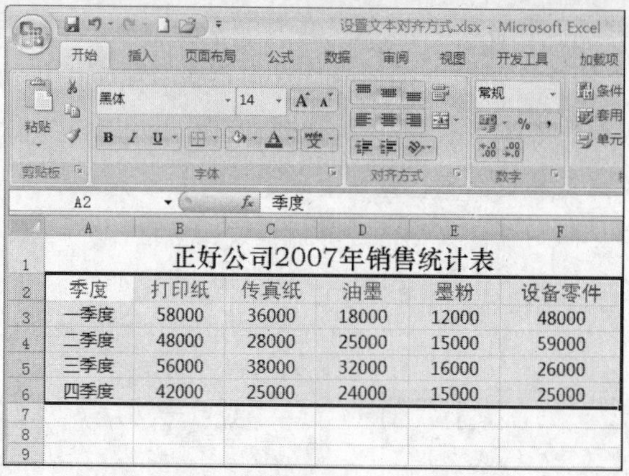

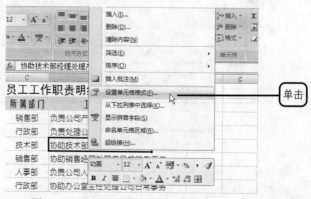

图4-18 设置对齐方式后的效果

问题4-9： 除了在"对齐方式"组中之外，还可以在其他地方设置文本的对齐方式吗？

有。不仅可以在"对齐方式"组中设置文本的对齐方式，还可以使用"设置单元格格式"对话框进行设置。则选中需要设置文本对齐方式的单元格并右击，然后在弹出的快捷菜单中选择"设置单元格格式"命令。在弹出的"设置单元格格式"对话框中切换到"对齐"选项卡即可进行设置，具体操作方法将在后面的章节中介绍。

4.2.3　设置数据自动换行

在日常工作中，经常会遇到需要在一个单元格中输入很多文字的情况，而一般情况下输入的文本超过单元格的宽度，将自动占用其右侧单元格的位置或者无法显示出来，此时就需要设置为自动换行。下面将介绍设置数据自动换行的方法，操作步骤如下：

原始文件：实例文件\第4章\原始文件\公司员工工作职责明细表.xlsx
最终文件：实例文件\第4章\最终文件\设置数据自动换行.xlsx

Step 01 打开实例文件\第4章\原始文件\公司员工工作职责明细表.xlsx文件，可以看到D列有的单元格中的文本已经超出了单元格的范围，则需要对文本控制进行相应的设置才能文本在一个单元格中显示。在此选中D5单元格并右击，然后在弹出的快捷菜单中选择"设置单元格格式"命令，如图4-19所示。

图4-19 选择"设置单元格格式"命令

Excel 2007 的基础操作 **4**

1 Word 2007 的文字处理

2 表格与图表的应用

3 文档的高级功能与处理

4 Excel 2007 的基础操作

5 美化 Excel 2007 工作表

Step 02 弹出"设置单元格格式"对话框，单击"对齐"标签切换到"对齐"选项卡，然后在"文本控制"选项组中选择"自动换行"复选框，再单击"确定"按钮，如图 4-20 所示。

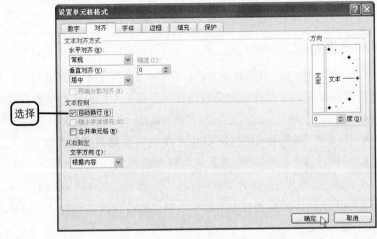

图 4-20　设置文本自动换行

问题 4-10： 除了使用快捷菜单中的命令，还有其他方法快速打开"设置单元格格式"对话框吗？

除了使用快捷菜单中的命令打开"设置单元格格式"对话框，切换到"对齐"选项卡进行设置以外，用户还可以在"开始"选项卡单击"对齐方式"组中的对话框启动器按钮，也可快速打开该对话框并且在"对齐"选项卡。

Step 03 经过前面的操作之后返回工作表中，再拖动第 5 行单元格行号下方边界处的框线调整该行的行高，调整单元格行高的方法与调整列宽的方法一样。此时，可以看到所选择单元格中的文本已经应用了自动换行的设置，效果如图 4-21 所示。

Step 04 再运用同样的方法，将 D 列中文本过长的单元格设置为自动换行，即对 D6、D8 单元格进行设置即可，最后的效果如图 4-22 所示。

图 4-21　设置文本自动换行后的效果

图 4-22　表格设置完毕后的效果

问题 4-11： 除了在"设置单元格格式"对话框中设置文本自动换行，还有其他方法吗？

有。不仅可以在"设置单元格格式"对话框中进行设置文本自动换行，还可以在"开始"选项卡的"对齐方式"组中进行设置，则在选中需要设置自动换行的单元格之后，单击"对齐方式"组中的"自动换行"按钮。

4.2.4 设置数字和日期格式

用户在单元格中输入文本、数字、日期数据之后，并不一定就能达到想到的效果。有的数据和日期格式需要进行特殊的设置，才能得到想要的格式。下面将介绍设置数字和日期格式的方法，操作步骤如下：

原始文件：实例文件\第 4 章\原始文件\公司 2008 年 1 月份销售登记表.xlsx
最终文件：实例文件\第 4 章\最终文件\设置数字和日期格式.xlsx

Step 01 打开实例文件\第 4 章\原始文件\公司 2008 年 1 月份销售登记表.xlsx 文件，并在 Sheet1 工作表中选中 A3：A6 单元格区域并右击，然后在弹出的快捷菜单中选择"设置单元格格式"命令，如图 4-23 所示。

问题 4-12： 有快捷方式打开"设置单元格格式"对话框并且为"数字"选项卡吗？

有。如果想要快速打开"设置单元格格式"对话框并且在"数字"选项卡，不仅可以使用快捷菜单中的命令打开，还可以"开始"选项卡单击"数字"组中的对话框启动器按钮。

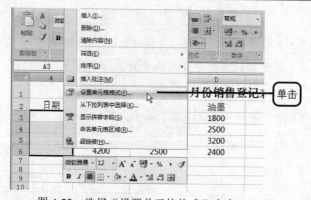

图 4-23 选择"设置单元格格式"命令

Step 02 此时弹出"设置单元格格式"对话框，首先切换到"数字"选项卡，并在"分类"列表框中选择"日期"选项，在右侧的"类型"列表框中选择所需要的日期类型即可，例如在此选择"3 月 14 日"选项，单击"确定"按钮，如图 4-24 所示。

问题 4-13： 在单元格中输入了日期数据之后，还可以更改其日期类型吗？

可以。在单元格中输入了日期数据之后，如果需要更改其日期类型则再选中需要更改类型的日期数据单元格，并打开"设置单元格格式"对话框，然后在"数字"选项卡中选择所需要的类型。

Excel 2007 的基础操作 4

1 Word 2007 的文字处理

2 表格与图表的应用

3 文档的高级功能与处理

4 Excel 2007 的基础操作

5 美化 Excel 2007 工作表

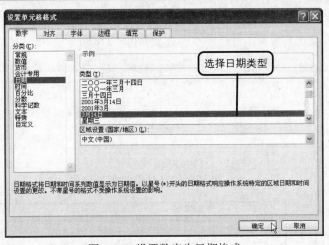

图 4-24　设置数字为日期格式

Step 03 经过前面的操作之后返回工作表中，选中 A3 单元格并在其中输入所需要的日期数据，例如在此输入"1-6"数据，表示当年的 1 月 6 日，如图 4-25 所示。

Step 04 输入日期数据之后按键盘中的【Enter】键，此时可以看到在目标单元格中输入的日期数据显示为所选择的日期类型。再运用同样的方法在 A4：A6 单元格中输入所需要的日期数据，最后的效果如图 4-26 所示。

图 4-25　输入日期数据　　　　　　　图 4-26　输入日期数据后的效果

Step 05 选中工作表中的 B3：F6 单元格区域，然后在"开始"选项卡的"数字"组中单击"数字格式"下三角按钮，并在展开的下拉列表框中选择所需要的数字格式，例如在此选项"货币"选项，如图 4-27 所示。

图 4-27　选择数据格式

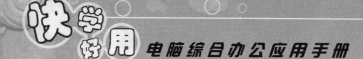

Step 06 经过上一步的操作之后，此时可以看到工作表中所选择单元格中的数据已经应用了货币样式，即在各数据前增加了货币符号，效果如图 4-28 所示。

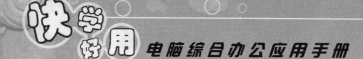

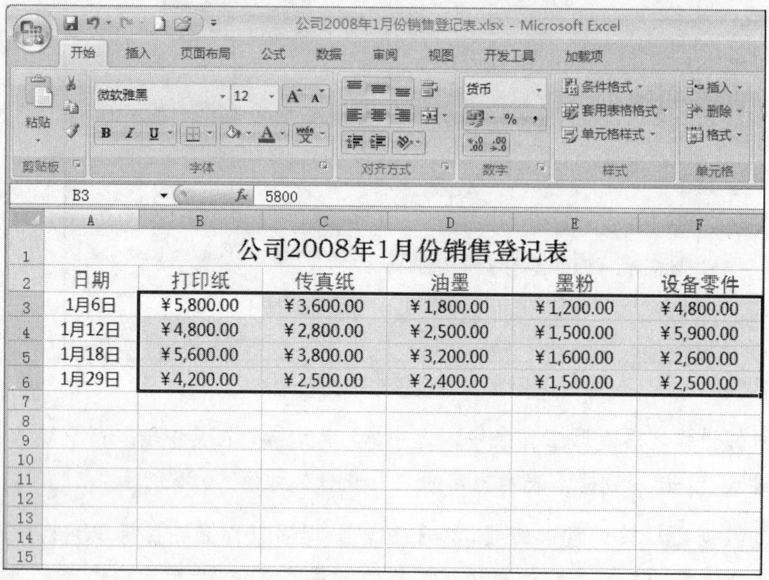

图 4-28　设置数据格式后的效果

问题 4-14： 在设置了货币数字格式之后，可以对数据中的小数位数进行设置吗？

可以。如果需要对数据中的小数位数进行设置，则首先选中需要设置小数位数的单元格，然后在"数字"组中单击"增加小数位数"或者"减少小数位数"按钮即可。也可以打开"设置单元格格式"对话框，在其中的"数字"选项卡中的"小数位数"文本框中进行设置。

4.2.5　设置数据有效性

设置数据有效性是限制单元格中数据输入的范围，可以是序列、日期、时间、文本长度、整数、小数等。用户在设置了数据有效性之后，即表示只能在该单元格中输入设置范围内的数据。下面将设置数据有效性的方法，操作步骤如下：

原始文件：实例文件\第 4 章\原始文件\设置数据有效性.xlsx
最终文件：实例文件\第 4 章\最终文件\设置数据有效性.xlsx

Step 01 打开实例文件\第 4 章\原始文件\设置数据有效性.xlsx 文件，并选中 Sheet1 工作表中的 C3：C10 单元格区域，单击"数据"标签切换到"数据"选项卡，再单击"数据工具"组中的"数据有效性"按钮，如图 4-29 所示。

Step 02 弹出"数据有效性"对话框，在"有效性条件"选项组中单击"允许"列表框右侧的下三角按钮，并在展开的下拉列表框中选择所需要的允许条件选项，例如在此选择"序列"选项，如图 4-30 所示。

图 4-29 单击"数据有效性"按钮

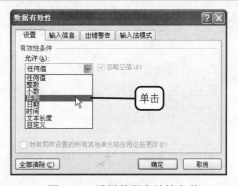

图 4-30 设置数据有效性条件

问题 4-15: 有快捷方式快速打开"数据有效性"对话框吗?

有。如果想要使用键盘中的快捷键打开"数据有效性"对话框,则可以依次快速按键盘中的【Alt】、【A】、【V】和【V】键。

Step 03 此时在对话框中出现了"来源"文本框,则用户可以直接在其中输入所需要的来源数据,例如在此输入"行政部,技术部,人事部,销售部"文本,单击"确定"按钮,如图 4-31 所示。

Step 04 经过前面的操作之后返回工作表中再选中 C3 单元格,此时在该单元格右侧出现了下三角按钮,单击该下三角按钮并在展开的下拉列表框中选择所需要的数据进行填充,例如在此选择"销售部"选项,如图 4-32 所示。

图 4-31 输入来源数据文本

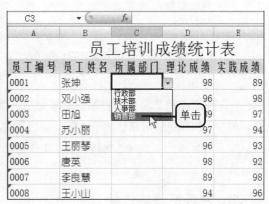

图 4-32 选择数据进行填充

问题 4-16: 如何清除单元格的数据有效性?

在设置了数据有效性的单元格右侧将出现下三角按钮,并且将限制单元格数据输入的条件。如果想要清除单元格的数据有效性,则首先选项需要清除数据有效性的单元格并再次打开"数据有效性"对话框,然后在"设置"选项卡中单击"全部清除"按钮。

Step 05 经过上一步的操作之后，此时可以看到在 C3 目标单元格中显示了所选择的数据进行填充，效果如图 4-33 所示。

Step 06 再运用同样的方法，依次单击 C4：C10 单元格右侧的下三角按钮，并在展开的下拉列表框中选择所需要的数据进行填充，也可以直接输入合适的数据，填充完毕之后的效果如图 4-34 所示。

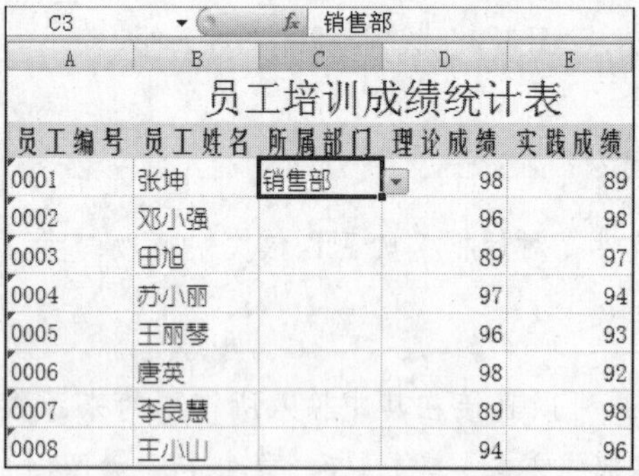

C3 fx 销售部

A	B	C	D	E
员工培训成绩统计表				
员工编号	员工姓名	所属部门	理论成绩	实践成绩
0001	张坤	销售部	98	89
0002	邓小强		96	98
0003	田旭		89	97
0004	苏小丽		97	94
0005	王丽琴		96	93
0006	唐英		98	92
0007	李良慧		89	98
0008	王小山		94	96

图 4-33　选择数据填充后的效果

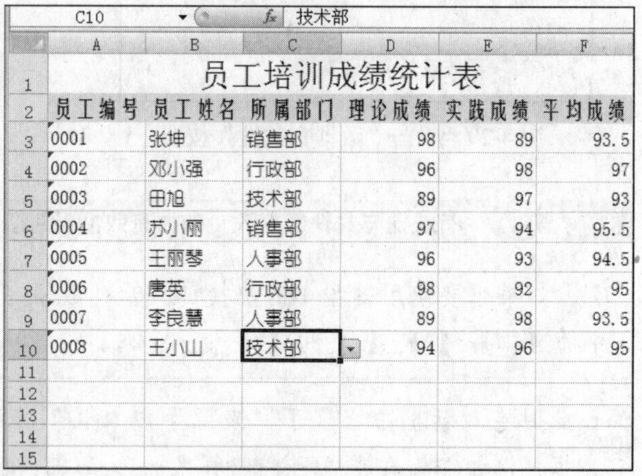

C10 fx 技术部

	A	B	C	D	E	F
1	员工培训成绩统计表					
2	员工编号	员工姓名	所属部门	理论成绩	实践成绩	平均成绩
3	0001	张坤	销售部	98	89	93.5
4	0002	邓小强	行政部	96	98	97
5	0003	田旭	技术部	89	97	93
6	0004	苏小丽	销售部	97	94	95.5
7	0005	王丽琴	人事部	96	93	94.5
8	0006	唐英	行政部	98	92	95
9	0007	李良慧	人事部	89	98	93.5
10	0008	王小山	技术部	94	96	95
11						
12						
13						
14						
15						

图 4-34　表格数据填充完毕后的效果

问题 4-17：　为什么在设置了数据有效性的单元格中输入数据时无效？

在设置了数据有效性的单元格中只能输入所设置的有效性数据，否则将弹出提示对话框，提示用户输入值非法。

4.3　添加边框和底纹

在工作表中将表格的内容制作完毕之后，为了更加方便地查看表格内容还需要为其设置边框，因为工作表中的网格线是不能被打印出来的。为了突出显示某个单元格，用户还可以为其设置底纹。本节将介绍添加边框和底纹，主要包括为表格添加边框、为单元格添加底纹、为工作添加背景等。

4.3.1　为表格添加边框

在工作表中添加边框是为了美化工作表以及突出显示一些比较重要的数据，主要是为了方便查看表格中的数据。下面将介绍为表格添加边框的方法，具体操作步骤如下：

原始文件： 实例文件\第 4 章\原始文件\为表格添加边框.xlsx

最终文件： 实例文件\第 4 章\最终文件\为表格添加边框.xlsx

Step 01 打开实例文件\第 4 章\原始文件\为表格添加边框.xlsx 文件，并选中 Sheet1 工作表中的 A2：F6 单元格区域，然后在“开始”选项卡的“字体”组中单击“下框线”下三角按钮，在展开的下拉列表中选择“所有框线”选项，如图 4-35 所示。

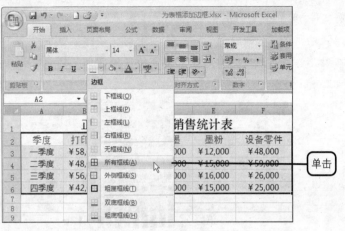

图 4-35　选择表格边框

Step 02 经过上一步的操作之后，此时可以看到所选择的单元格区域都已经应用了边框的设置，最后的效果如图 4-36 所示。

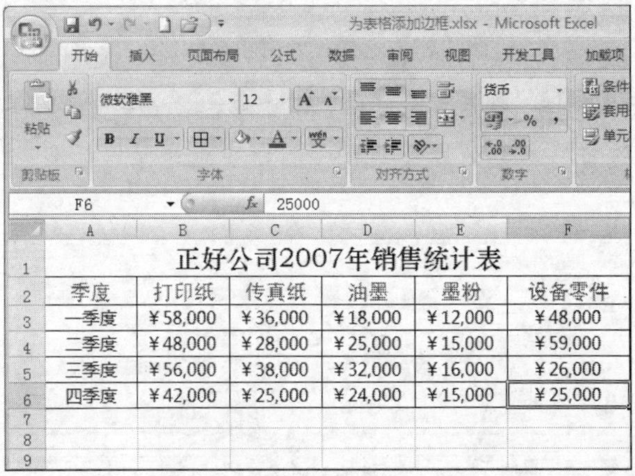

图 4-36　设置表格边框后的效果

问题 4-18：	为表格设置边框之后可以清除吗？

可以。为表格设置边框之后如果想要将其清除，则可以选择需要清除边框的单元格区域，然后在"下框线"下拉列表中选择"无框线"选项。同样也可以在"设置单元格格式"对话框的"边框"选项卡中进行设置，则单击"预置"选项组中的"无"选项。

4.3.2　为单元格添加底纹

为了将工作表中的一些重要的数据突出显示出来，或者按照不同类型的数据显示出来，方便用户查看工作表数据，可以用填充颜色的方法为单元格添加底纹。下面将介绍为单元格添加底纹的方法，具体操作步骤如下：

原始文件：实例文件\第 4 章\原始文件\为单元格添加底纹.xlsx
最终文件：实例文件\第 4 章\最终文件\为单元格添加底纹.xlsx

Step 01 打开实例文件\第 4 章\原始文件\为单元格添加底纹.xlsx 文件，并在 Sheet1 工作表中选中 A3：A6 单元格区域，在"开始"选项卡的"字体"组中单击"填充颜色"下三角按钮，并在展开的下拉列表框中选择所需要的底纹颜色，例如在此选择"标准色"组中的"绿色"选项，如图 4-37 所示。

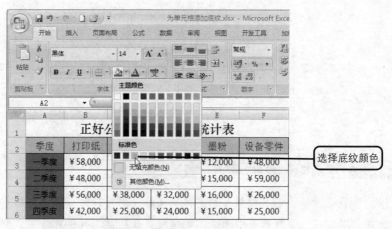

图 4-37　选择单元格填充颜色

Step 02 选中 A2：F2 单元格区域，然后在"字体"组中单击"填充颜色"下三角按钮，并在展开的下拉列表框中选择所需要的底纹颜色，例如在此选择"标准色"组中的"橙色"选项，如图 4-38 所示。

图 4-38　选择单元格底纹填充颜色

问题 4-19： 除了在"字体"组中还可以在其他地方设置单元格底纹吗？

除了在"字体"组中设置单元格的底纹以外，还可以打开"设置单元格格式"对话框，然后切换到"填充"选项卡，也可以进行单元格底纹的设置。

Step 03 经过前面的操作之后，此时可以看到工作表中相应的单元格都已经应用了所选择的颜色作为单元格底纹，最后效果如图 4-39 所示。

图 4-39 为单元格添加底纹后的效果

问题 4-20:	如何清除和重新设置单元格底纹颜色？

如果需要清除单元格的底纹颜色，则首先选中需要清除底纹颜色的单元格，然后在"字体"组中选择"填充颜色"下拉列表中的"无填充颜色"选项即可，也可以在"设置单元格格式"对话框的"填充"选项卡中单击"无颜色"选项。如果需要重新设置单元格的底纹颜色，不需要清除其原有的颜色只需直接再选择所需的底纹颜色即可。

4.3.3 为工作表添加背景

除了可以为指定的单元格区域设置底纹颜色样式或填充颜色以外，还可以为整个工作表添加背景效果，以达到美化工作表的目的，使编辑的工作表更为美观。下面将介绍为工作表添加背景的方法，操作步骤如下：

原始文件：实例文件\第 4 章\原始文件\为工作表添加背景.xlsx、背景图片.jpg
最终文件：实例文件\第 4 章\最终文件\为工作表添加背景.xlsx

Step 01　打开实例文件\第 4 章\原始文件\为工作表添加背景.xlsx 文件，并在 Sheet1 工作表中单击"页面布局"标签切换到"页面布局"选项卡，在"页面设置"组中单击"背景"按钮，如图 4-40 所示。

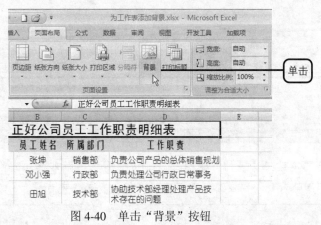

图 4-40 单击"背景"按钮

Step 02 此时弹出"工作表背景"对话框，在该对话框中首先单击"查找范围"列表框右侧的下三角按钮，然后在展开的下拉列表框中选择所需工作表背景图片的路径，如图 4-41 所示。

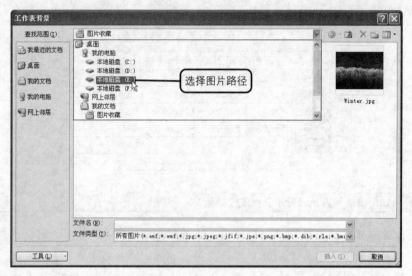

图 4-41　选择背景图片路径

Step 03 打开工作表背景图片所在的文件夹，并在其中选择所需要背景图片，然后再单击"插入"按钮，如图 4-42 所示。

图 4-42　选择工作表背景图片

问题 4-21：　为工作表添加背景之后，可以更改背景图片吗？

可以。如果需要更改工作表的背景图片，则切换到"页面布局"选项卡中单击"页面设置"组中的"删除背景"按钮，然后再重新进行设置工作表背景。

Step **04** 经过前面的操作之后返回工作表中，此时可以看到 Sheet1 工作表已经应用了所选择的图片作为工作表背景，效果如图 4-43 所示。

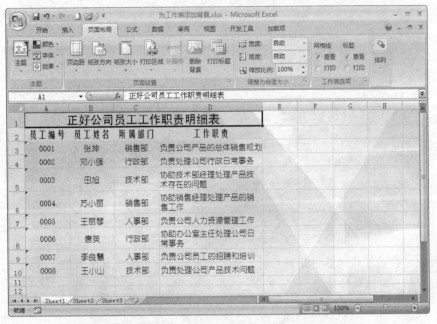

图 4-43　为工作表添加背景后的效果

问题 4-22： 除了图片之外还可以使用其他作为工作表背景吗？

在 Excel 中只能使用图片作为工作表背景，并且在 Excel 中插入的工作表背景不能被打印出来。

4.4　单元格样式的使用

如果想要提高工作效率，可以使用 Excel 2007 中的自动套用格式功能来格式化工作表中的单元格。Excel 2007 还为用户增加了条件格式的设置功能，对工作表中的特殊单元格，用户可以为其单独设置格式效果。本节将介绍单元格样式的使用，主要包括套用单元格样式、新建并使用样式。

4.4.1　套用单元格样式

套用单元格样式是指套用 Office Excel 2007 中自带的单元格样式，用户为了突出显示某个目标单元格，可以为其套用单元格的样式。下面将介绍套用单元格样式的方法，具体操作步骤如下：

原始文件： 实例文件＼第 4 章＼原始文件＼套用单元格样式.xlsx
最终文件： 实例文件＼第 4 章＼最终文件＼套用单元格样式.xlsx

Step **01** 打开实例文件＼第 4 章＼原始文件＼套用单元格样式.xlsx 文件，并选中 Sheet1 工作表中的 F4 单元格，在"开始"选项卡的"样式"组中单击"单元格格式"按钮，并在展开的库中选择所需要的样式，例如在此选择"主题单元格样式"组中的"强调文字颜色 3"选项，如图 4-44 所示。

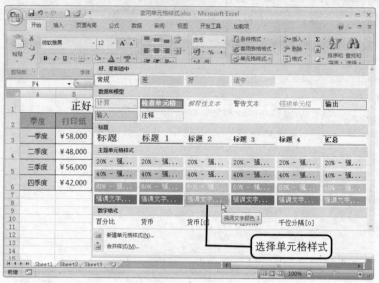

图 4-44 应用单元格样式

Step 02 经过上一步的操作之后，此时可以看到工作表中选中的单元格已经应用了所选择的单元格样式，最后的效果如图 4-45 所示。

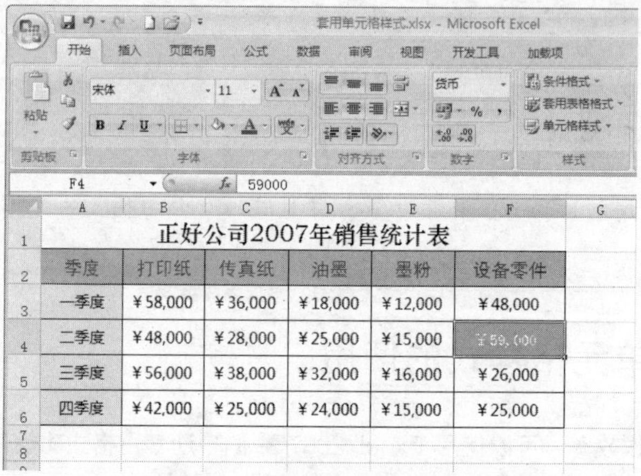

图 4-45 应用单元格样式后的效果

问题 4-23： 为单元格设置单元格样式之后，如何将其清除呢？

为单元格设置单元格样式之后，如果需要将其清除则首先选中需要清除样式的单元格，并单击"单元格格式"按钮，在展开的库中选择"常规"选项。用户也可以在"开始"选项卡中单击"编辑"组中的"清除"按钮，然后在展开的下拉列表中选择"清除格式"选项。

4.4.2 新建并使用样式

Office Excel 2007 中自带的单元格样式虽然有很多，但是并不一定就能够满意用户的需求，用户可以根据实际需要新建样式并对其进行使用。下面将介绍新建并使用样式的方法，具体操作步骤如下：

原始文件：实例文件\第 4 章\原始文件\新建并使用样式.xlsx
最终文件：实例文件\第 4 章\最终文件\新建并使用样式.xlsx

Step
01 打开实例文件\第 4 章\原始文件\新建并使用样式.xlsx 文件，并在"开始"选项卡的
"样式"组中单击"单元格格式"按钮，然后在展开的库中选择"新建单元格样式"选
项，如图 4-46 所示。

图 4-46 选择"新建单元格样式"命令

Step
02 弹出"样式"对话框，在该对话框的"样式名"
文本框中输入所需要的样式名称，例如在此输入
"相对较差"文本，然后在"包括样式"选项组
中取消"数字"复选框的选择，再单击"格式"按
钮，如图 4-47 所示。

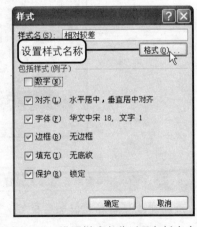

图 4-47 设置样式名称以及包括内容

问题 4-24：
在"样式"对话框中如何设置包括的样式选项？

在"样式"对话框的"包括样式"选项组中，包括了
数字、对齐、字体、边框、填充、保护等选项。各选
项后面显示的样式是当前所选择单元格的格式，如果
取消对相应选项选择，那么表示清除原单元格的格式
设置，用户可以单击"格式"按钮，在"设置单元格
格式"对话框中进行设置。

Step 03 弹出"设置单元格格式"对话框，单击"字体"标签切换到"字体"选项卡，然后在"字号"列表框中选择"12"选项，再单击"颜色"下三角按钮，并在展开的下拉列表框中选择"标准色"组中的"黄色"选项，如图4—48所示。

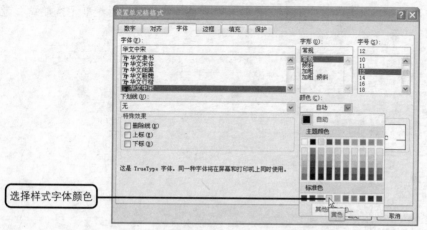

图4-48　选择新样式的字体颜色

Step 04 单击"填充"标签切换到"填充"选项卡，在"背景色"选项区域中选择所需要的填充颜色，例如在此选择"紫色"选项，最后再单击"确定"按钮，如图4—49所示。

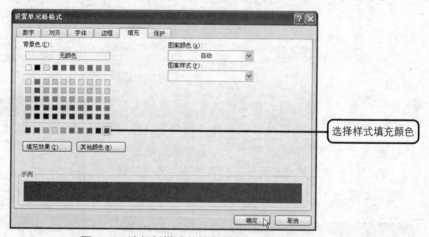

图4-49　选择新样式的填充颜色

问题 4-25：　如何为单元格样式设置填充效果？

在新建单元格样式时如果需要为其设置效果，则在打开的"设置单元格格式"对话框中切换到"填充"选项卡并单击"填充效果"按钮，然后在弹出的"填充效果"对话框中进行设置。

Step 05 返回"样式"对话框中单击"确定"按钮，在工作表再选中需要应用新样式的单元格，例如在此选择 E3 单元格，然后单击"样式"组中的"单元格格式"按钮，并在展开的库中显示了新建的样式则单击该样式，如图4—50所示。

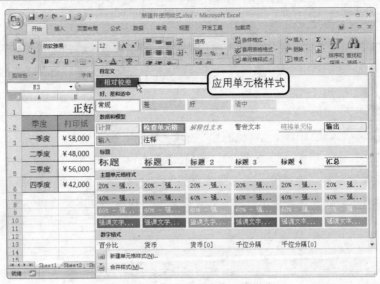

图 4-50　应用新建的单元格样式

Step 06 经过前面的操作之后，此时可以看所选择的单元格已经应用了新建的单元格样式，效果如图 4-51 所示。

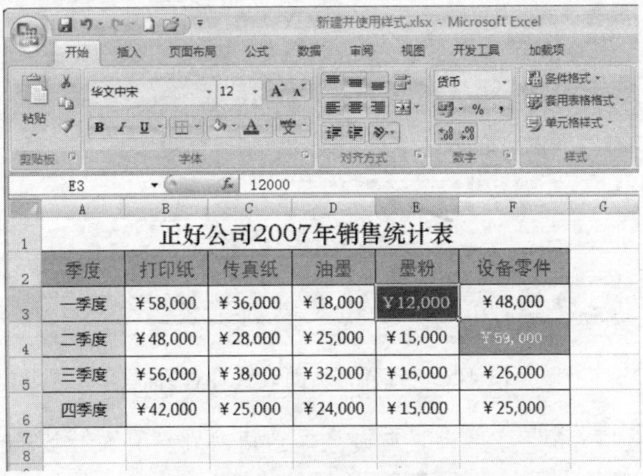

图 4-51　应用新样式后的效果

问题 4-26：　可以修改"单元格格式"库中的样式或者新建的样式吗？

可以。新建的单元格样式也将显示在"单元格格式"库中，如果需要修改其中的样式，则选中需要修改的样式并右击，然后在弹出的快捷菜单中选择"修改"命令，在弹出的"样式"对话框中进行修改。

4.5　打印工作表

　　在工作表中将表格内容制作完毕之后，还需要将其打印出来以便使用。打印工作表的方法与打印文档的方法相似，在打印工作表之前同样需要对页面进行设置以及打印预览等。本节将介绍打印工作表的一些内容，主要包括工作表页面设置、打印预览工作表、打印工作表等内容。

4.5.1 页面设置工作表

为了使打印出来的工作表更加美观，对工作表进行页面设置是打印工作表之前必备的工作之后，用户需要根据表格的内容选择更加适合的纸张大小、纸张方向等。下面将介绍设置工作表页面的方法，操作步骤如下：

原始文件： 实例文件\第 4 章\原始文件\页面设置工作表.xlsx
最终文件： 实例文件\第 4 章\最终文件\页面设置工作表.xlsx

Step 01 打开实例文件\第 4 章\原始文件\页面设置工作表.xlsx 文件，并单击"页面布局"标签切换到"页面布局"选项卡，在"页面设置"组中单击"页边距"下三角按钮，在展开的下拉列表中选择可以选择所需要的页边距，在此选择"自定义边距"选项，如图 4—52 所示。

图 4-52 打开"页面设置"对话框

Step 02 弹出"页面设置"对话框，单击"页面"标签切换到"页面"选项卡，在"方向"选项组中可以选择纸张的方向为纵向或横向，如图 4—53 所示。

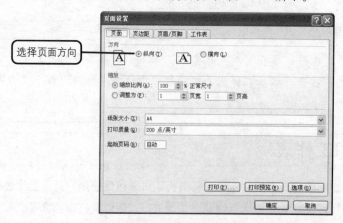

图 4-53 设置"页面设置"对话框

问题 4-27： 如何设置工作表的页眉和页脚？

如果想要设置工作表的页眉和页脚，则在"页面设置"对话框中单击"页眉/页脚"标签切换到"页眉/页脚"选项卡，在"页眉"和"页脚"列表框中选择所需要的页眉和页脚，也可以单击"自定义页眉"或"自定义页脚"按钮进行自定义设置。

Step 03 在"页面"选项卡的"缩放"选项组中单击"纸张大小"列表框右侧的下三角按钮，然后在展开的下拉列表框中选择所需要的纸张，如图 4-54 所示。

Step 04 再单击"页边距"标签切换到"页边距"选项卡，直接设置纸张上、下、左、右的边距，在此设置上、下页边距为"2.2"、左、右边距为"2"，在"居中方式"选项组中选择"水平"复选框，则使表格在页面中以水平居中方式显示，单击"确定"按钮，如图 4-55 所示。

图 4-54 选择纸张大小

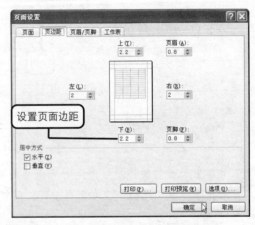

图 4-55 设置页面边距

问题 4-28： 当工作表内容较多时，在后面的页面中需要显示列标题怎么办？

在工作表中制作的表格内容较多时，将以多页进行打印出来，而后面的页面中将不显示第一页中的列标题。如果需要在打印出来的后面页面中显示列标题，则在"页面设置"对话框中切换到"工作表"选项卡，然后在"打印标题"选项组的"顶端标题行"文本框中输入所需要的列标题位置，也可以单击其右侧的折叠按钮，然后再在工作表中选择单元格位置。

4.5.2 打印预览工作表

打印预览工作表可以使用户看到工作表真实的打印效果，如果对打印预览的效果不满意时可以重新对页面进行设置或者对表格进行调整，所以在打印工作表之前需要对其进行打印预览。下面介绍打印预览工作表的方法，操作步骤如下：

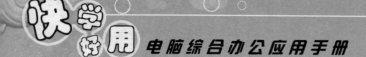

原始文件： 实例文件\第4章\原始文件\打印预览工作表.xlsx

Step 01 打开实例文件\第 4 章\原始文件\打印预览工作表.xlsx 文件，并单击窗口左上角的 Office 按钮，在展开的"文件"菜单中选择"打印"命令，然后在其展开的级联菜单中选择"打印预览"命令，如图4-56所示。

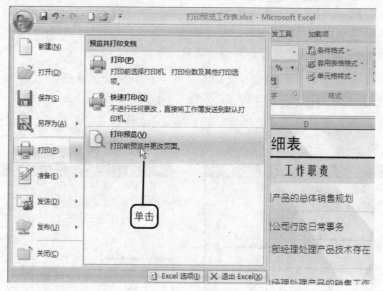

图4-56 打开预览工作表

Step 02 经过上一步的操作之后，此时可以看到系统自动切换到了打印预览视图中，并且出现了"打印预览"选项卡，在窗口中可以预览到工作表的打印效果，如图4-57所示。

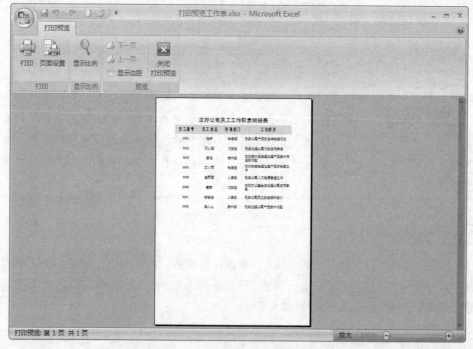

图4-57 工作表的指印预览效果

Step 03 为了更加方便地查看工作表的页面，可以将其预览的显示比例放大。则在"打印预览"选项卡下的"显示比例"组中单击"显示比例"按钮，如图 4-58 所示。

图 4-58 调整预览的显示比例

Step 04 经过上一步的操作之后，此时可以看到预览视图的显示比例已经放大，拖动窗口中的垂直和水平滚动条，可以清楚地查看页面中的表格内容，效果如图 4-59 所示。

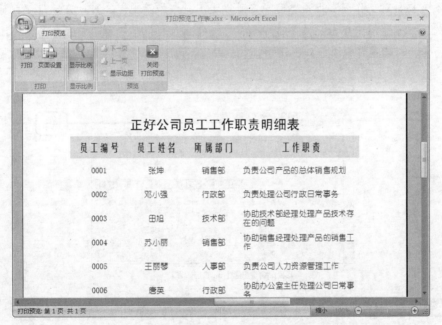

图 4-59 调整预览显示比例后的效果

问题 4-29： 为了快速切换到打印预览视图中，有快捷方式吗？

有。除了使用"文件"菜单中的命令快速切换到打印预览视图以外，还可以使用键盘中的快捷键，则按键盘中的快捷键【Ctrl+F2】即可。

Step 05 为了查看表格在页面中的位置，还可以在预览视图中显示页边距。则在"打印预览"选项卡的"预览"组中选择"显示边距"复选框，此时可以看预览的页面中显示了页面边距，效果如图 4-60 所示。

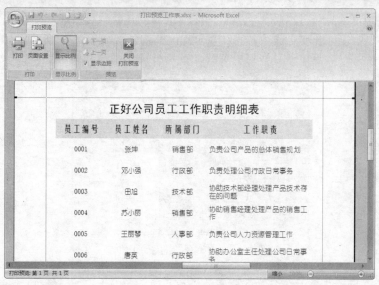

图 4-60 预览页面边距

Step 06 当不需要再对工作表进行预览时，则可以退出打印预览视图。可以在"打印预览"选项卡的"预览"组中单击"关闭打印预览"按钮，也可以单击窗口右上角的"关闭"按钮即可退出打印预览视图，如图 4-61 所示。

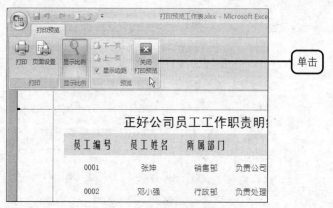

图 4-61 退出打印预览视图

问题 4-30： 在预览视图中如果对页面设置不满意还可以进行设置吗？

可以。如果在工作表的打印预览视图中，发现对工作表的页面设置不满意，则可以在"打印预览"选项卡的"打印"组中单击"页面设置"按钮，然后在弹出的"页面设置"对话框中再次进行页面设置。

4.5.3 打印工作表

在对工作表的页面进行了相应的设置，并且对打印效果觉得满意之后，即可将工作表打印出来了。用户可以选择使用的打印机、工作表打印的范围、打印内容、打印的份数等。下面将介绍打印工作表的方法，操作步骤如下：

Excel 2007 的基础操作 **4**

1 Word 2007 的文字处理

2 表格与图表的应用

3 文档的高级功能与处理

4 Excel 2007 的基础操作

5 美化 Excel 2007 工作表

原始文件：实例文件\第 4 章\原始文件\打印预览工作表.xlsx

Step 01 打开实例文件\第 4 章\原始文件\打印预览工作表.xlsx 文件，并单击窗口左上角的 Office 按钮，在展开的"文件"菜单中选择"打印"命令，然后在其展开的级联菜单中选择"打印"命令，如图 4-62 所示。

Step 02 此时弹出"打印内容"对话框，在该对话框的"打印机"选项组中单击"名称"列表框右侧的下三角按钮，然后在展开的下拉列表中可以选择需要使用的打印机，连接到本计算机的打印机都将在此列表框中显示相应的名称，如图 4-63 所示。

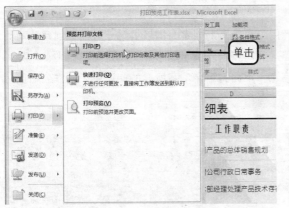

图 4-62 选择"打印内容"命令

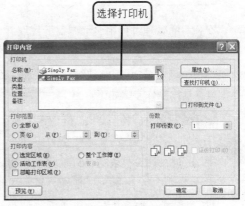

图 4-63 选择打印机

问题 4-31： 有快捷键快速打开"打印内容"对话框吗？

为了快速打开"打印内容"对话框，除了使用"文件"菜单中的命令之外还可以使用快捷键，则按键盘中的快捷键【Ctrl+P】。

Step 03 在"打印范围"选项组中，用户可以选择需要打印的范围，默认情况下选择的是"全部"，也可以选择指定打印从某页至某页。然后在"打印内容"选项组中，可以选择需要打印的内容，可以选择打印选定区域、活动工作表、整个工作簿，例如在此选择"整个工作簿"单选按钮，如图 4-64 所示。

Step 04 设置好打印的范围以及内容之后，还需要设置打印的份数。默认情况下在"打印份数"文本框中显示为"1"，用户可以在其中直接输入所需要打印份数，例如在此输入数字"5"，然后单击"确定"按钮即可打印，如图 4-65 所示。

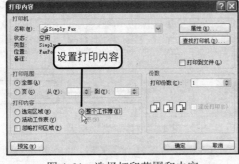

图 4-64 选择打印范围和内容

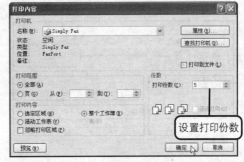

图 4-65 设置打印份数

问题 4-32： 在使用"快速访问"工具栏中的命令打印工作表吗？

可以。用户可以将"打印"命令添加到"快速访问"工具栏中，在"快速访问"工具栏中单击"打印"按钮即可打印当前工作表，默认打印一份。如果需要在"快速访问"工具栏中添加"打印"命令，则单击"自定义快速访问工具栏"按钮，然后在展开的下拉列表中选择"快速打印"选项即可。

4.6 实例提高：制作公司员工档案表

在公司的管理过程中，经常需要提取并调用公司员工的档案，所以公司一般需要创建公司员工档案，以便需要之时使用。制作公司员工档案表需要输入员工编号、员工姓名、性别、年龄、所属部门、进入公司时间、联系电话等相关信息。下面将结合本章所学的知识点，制作公司员工档案表，具体操作步骤如下：

原始文件： 实例文件\第4章\最终文件\公司员工档案表.xlsx

Step 01 启动 Excel 2007 或者新建空白工作簿，然后在 Sheet1 工作表的 A1 单元格中输入表格的标题，在此输入"正好公司员工档案表"文本，再选中 A1：I1 单元格区域，并在"开始"选项卡的"对齐方式"组中单击"合并后居中"按钮，如图 4-66 所示。

Step 02 在"开始"选项卡的"字体"组中单击"字体"下三角按钮，并在展开的下拉列表中选择所需要的字体，例如在此选择"华文行楷"选项，如图 4-67 所示。

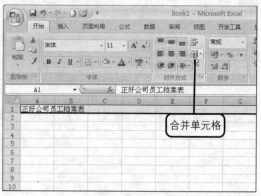

图 4-66 单击"合并单元格"按钮

Step 03 在"开始"选项卡的"字体"组中单击"字号"下三角按钮，并在展开的下拉列表中选择所需要的字号，例如在此选择"24"选项，如图 4-68 所示。

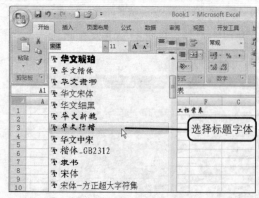

图 4-67 设置表格标题字体

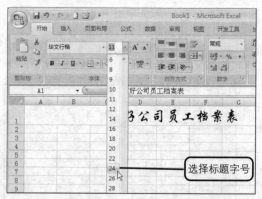

图 4-68 设置表格标题字号

Step 04 在第 2 行单元格中输入所需要的表格列标题内容，在此依次输入员工编号、员工姓名、性别、年龄、所属部门、职位、联系电话、电子邮件、进入公司时间表格项，输入完毕之后的效果如图 4-69 所示。

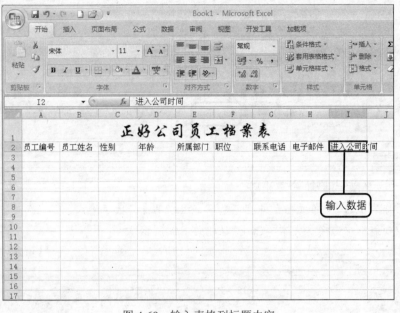

图 4-69 输入表格列标题内容

Step 05 设置表格列标题的字体格式，首先选中 A2：I2 单元格区域，然后在"开始"选项卡的"字体"组中单击"字体"下三角按钮，并在展开的下拉列表中选择所需要的字体，例如在此选择"微软雅黑"选项，如图 4-70 所示。

Step 06 此时所选择单元格区域中的文本已经应用了相应的字体设置，然后在"字体"组中的"字号"文本框中输入数字"11"，然后按【Enter】键即可，如图 4-71 所示。

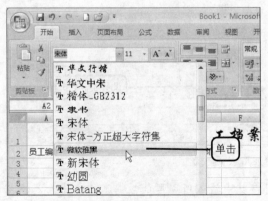

图 4-70 设置表格列标题字体

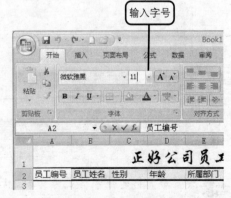

图 4-71 设置表格列标题字号

Step 07 在"开始"选项卡的"字体"组中再单击"填充颜色"下三角按钮，并在展开的下拉列表框中选择"标准色"组中的"蓝色"选项，如图 4-72 所示。

Step 08 在"开始"选项卡的"对齐方式"组中单击"居中"按钮，设置其对齐方式为"居中"。此时可以看到设置格式后的表格列标题效果，如图 4-73 所示。

图 4-72　设置表格列标题填充颜色

图 4-73　设置表格列标题对齐方式

Step 09 选中工作表中的 A3 单元格，并在"数字"组中单击"数字格式"下三角按钮，并在展开的下拉列表框中选择"文本"选项，如图 4-74 所示。

图 4-74　设置单元格数字格式

Step 10 设置单元格的数字格式为文本之后，即可在其中输入所需要的数据了。在此输入数字"00001"，如图 4-75 所示。

Step 11 经过前面的操作之后，此时在 A3 单元格中显示了以 0 开头的数据，然后选中 A3 单元格并将指针移至该单元格的右下角，当指针变成十字形状时按住鼠标左键不放并向下拖动，如图 4-76 所示。

图 4-75　输入以 0 开头的数据　　　　　　　　图 4-76　自动填充数据

Step 12 拖动动到 A17 单元格位置处时释放鼠标，此时在拖鼠标时经过的单元格都显示了相应的数据。然后在 B 列单元格中输入相应的员工姓名，即对应员工编号在 B3：B17 单元格中输入员工的姓名，输入完毕之后的效果如图 4-77 所示。

Step 13 选中工作表中的 C3：C17 单元格区域，并单击"数据"标签切换到"数据"选项卡，在"数据工具"组中单击"数据有效性"按钮，如图 4-78 所示。

图 4-77　输入员工姓名数据

Step 14 弹出"数据有效性"对话框，在"设置"选项卡的"有效性条件"选项组中单击"允许"列表框右侧的下三角按钮，并在展开的下拉列表中选择"序列"选项，如图 4-79 所示。

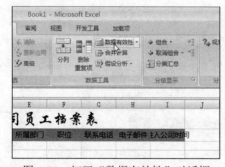

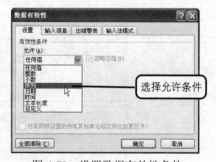

图 4-78　打开"数据有效性"对话框　　　　　图 4-79　设置数据有效性条件

Step 15 在下方出现的"来源"文本框中输入所需要的数据，例如在此输入"男,女"文本，再单击"确定"按钮，如图 4-80 所示。

Step 16 返回工作表中再选中 E3：E17 单元格区域并打开"数据有效性"对话框，并设置其允许条件为"序列"，然后在"来源"文本框中输入所需要的数据，例如在此输入"行政部,人事部,销售部,技术部"文本，设置完毕之后再单击"确定"按钮即可，如图 4-81 所示。

图4-80 输入来源数据内容　　　　　图4-81 设置数据有效性

Step 17 选择 G3：G17 单元格并打开"数据有效性"对话框，在"设置"选项卡中单击"允许"下三角按钮，并在展开的下拉列表中选择"文本长度"选项，如图4-82所示。

Step 18 选择"数据"下拉列表框中的"等于"选项，然后在"长度"文本框中输入"10"，单击"确定"按钮，如图4-83所示。

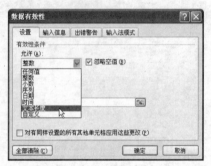

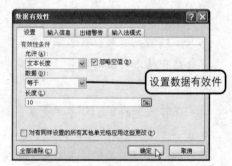

图4-82 设置数据允许条件　　　　　图4-83 设置数据有效性条件

Step 19 经过上一步的操作之后返回工作表中，在设置了数据有效性的单元格中选择相应的数据进行填充，并将表格的其他数据输入完毕，最后的效果如图4-84所示。

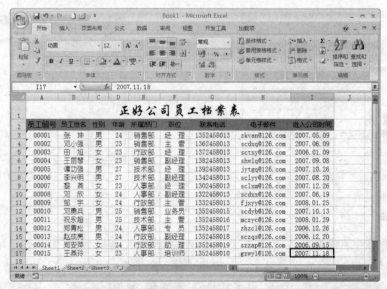

图4-84 将表格数据输入完毕后的效果

Step **20** 选中 A2：I17 单元格区域，然后在"开始"选项卡的"字体"组中单击"下框线"下三角按钮，并在展开的下拉列表中选择"所有框线"选项，如图 4-85 所示。

Step **21** 此时所选择的单元格区域已经应用了框线的设置，再适当调整各单元格的行高和列宽。然后单击"页面布局"标签切换到"页面布局"选项卡，并单击"页面设置"组中的"纸张方向"按钮，再在其展开的下拉列表中选择"横向"选项设置页面方向为横向，如图 4-86 所示。

图 4-85 设置表格边框

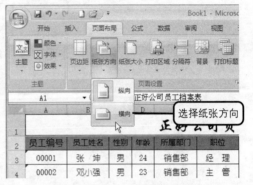

图 4-86 设置页面纸张方向

Step **22** 单击"快速访问"工具栏中的"保存"按钮或者按键盘中的快捷键【Ctrl+S】打开"另存为"对话框，在该对话框中打开需要保存该工作簿文件的文件夹，并在"文件名"文本框中设置其文件名称为"公司员工档案表"，最后单击"确定"按钮，如图 4-87 所示。

图 4-87 保存工作簿文件

美化 Excel 2007 工作表

在前面一章中，已经向用户介绍 Excel 2007 的相关基础操作，本章将介绍美化 Excel 2007 工作表的一些方法。为了增强工作表的效果，可以在其中插入图片或艺术字等进行修饰，插入的图片可以是计算机中已保存的图片也可以是剪贴画，并且可以对其进行编辑，使其达到更好的效果。为了快速创建流程图，还可以插入 SmartArt 图形并为其设置格式。本章将插入艺术字、插入形状、设置形状格式、插入图片、创建 SmartArt 图形等内容，最后将结合本章所学的知识，制作实例——公司产品宣传单。

5.1 插入和编辑艺术字

艺术字是一个特殊的文字样式库，可以为文本创建特殊的文字效果，使输入到工作表中的文本以不同的样式显示在工作表中，从而使工作表看起来更加生动和美观。在插入了艺术字之后，还可以对艺术字进行编辑，例如设置艺术字的大小、位置等相应的格式。本节将介绍插入和编辑艺术字，内容包括插入艺术字和设置艺术格式。

5.1.1 插入艺术字

如果想要使用艺术字来美化工作表，则首先需要在工作表中插入艺术字。用户可以直接插入艺术字，也可以在文本框中输入艺术字之后，将其转化为艺术字。下面将介绍插入艺术的方法，操作步骤如下：

原始文件：实例文件\第 5 章\原始文件\插入艺术字.xlsx
最终文件：实例文件\第 5 章\最终文件\插入艺术字.xlsx

Step 01 打开实例文件\第 5 章\原始文件\插入艺术字.xlsx 文件，并单击"插入"标签切换到"插入"选项卡，单击"文本"组中的"艺术字"按钮，并在展开的库中此选择"填充-强调文字颜色 2，暖色粗糙棱台"选项，如图 5-1 所示。

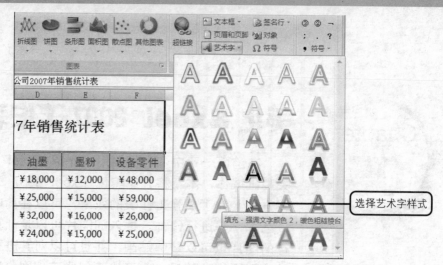

图 5-1 插入艺术字样式

Step 02 经过上一步的操作之后，此时在工作表中显示了艺术字提示文本框，提示用户输入所需要的内容，如图 5-2 所示。

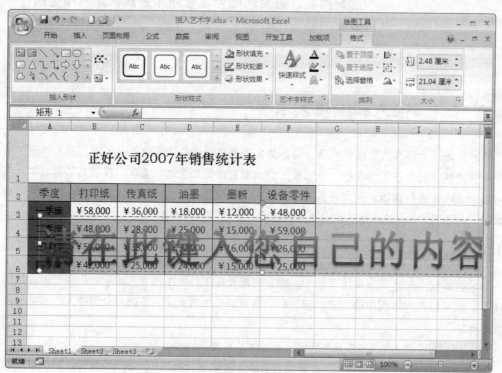

图 5-2 艺术字提示文本框

Step 03 删除艺术字提示文本框中的提示文本内容，然后在其中输入所需要的艺术字内容，例如在此输入"正好公司 2007 销售统计表"文本，如图 5-3 所示。

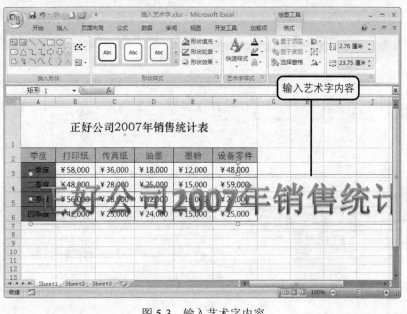

图 5-3　输入艺术字内容

> **问题 5-1：** **可以更改艺术字的大小吗？**
>
> 可以。在工作表中插入艺术字之后，默认的艺术字大小可能不符合用户的需求，用户可以根据需要进行设置，其方法和设置一般文本的方法一样，具体操作方法将在后面的章节中介绍。

5.1.2　设置艺术字格式

　　为了使艺术字在工作表中达到更好的视觉效果，还需要为插入的艺术字设置格式，例如更改艺术字的大小、位置、阴影、三维效果等。下面将介绍设置艺术字格式的方法，操作步骤如下：

原始文件： 实例文件\第 5 章\原始文件\设置艺术字格式.xlsx
最终文件： 实例文件\第 5 章\最终文件\设置艺术字格式.xlsx

Step 01 打开实例文件\第 5 章\原始文件\设置艺术字格式.xlsx 文件，并在 Sheet1 工作表中选择艺术字文本框，在"开始"选项卡的"字体"组中单击"字体"下三角按钮，并在展开的下拉列表框中选择所需要的字体，例如在此选择"隶书"选项，如图 5-4 所示。

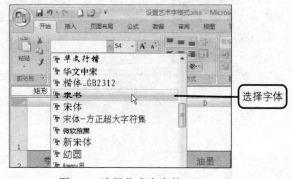

图 5-4　选择艺术字字体

Step 02 在"开始"选项卡的"字体"组中单击"字号"下三角按钮,在展开的下拉列表中选择所需要的字号,例如在此选择"28"选项,如图5-5所示。

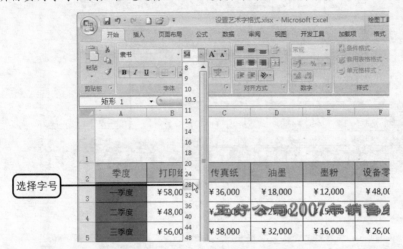

选择字号

图5-5 选择艺术字字号

问题 5-2: 可以更改艺术字的位置吗?

除了在"开始"选项卡的"字体"组中设置艺术字的字体格式以外,还可以选择艺术字并右击,并在弹出的快捷菜单中选择"字体"命令,在"字体"对话框的"字体"选项卡中进行设置。

Step 03 此时可以看到艺术字已经应用了相应的字体格式设置,接着将指针移至艺术字文本框左侧的控制点上,当指针变成十字形状时按住鼠标左键不放并向右拖动,拖至目标位置后再释放鼠标即可,如图5-6所示。

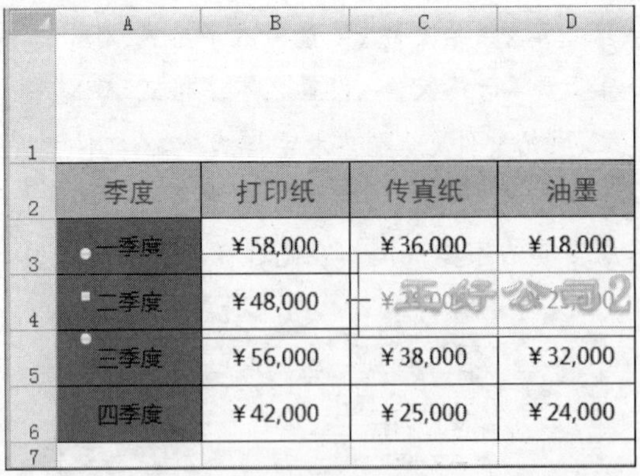

季度	打印纸	传真纸	油墨
一季度	¥58,000	¥36,000	¥18,000
二季度	¥48,000		
三季度	¥56,000	¥38,000	¥32,000
四季度	¥42,000	¥25,000	¥24,000

图5-6 调整艺术字文本框大小

Step 04 此时艺术字文本框的大小已经发生改变,再将指针移至艺术字文本框的边框位置处,当指针变成十字箭头形状时按住鼠标左键不放并进行拖动,拖至目标位置后再释放鼠标即可,如图5-7所示。

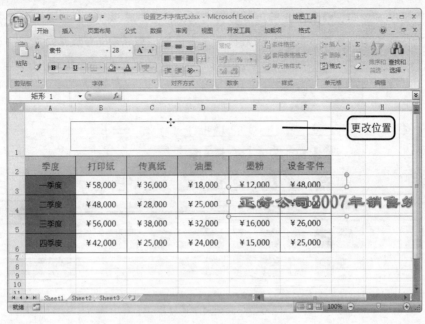

图 5-7　更改艺术字的位置

问题 5-3： 除了在"开始"选项卡还能在其他地方设置艺术字字体格式吗？

可以。艺术字是以图片的格式插入到工作表中的，和在文档中插入艺术字一样，可以更改其大小、位置等。如果需要更改艺术字的位置，则可以选择艺术字并将指针移至艺术字的边框位置处，当指针变成十字箭头形状时按住鼠标不放并进行拖动即可。

Step 05 单击"绘图工具""格式"标签切换到"绘图工具""格式"上下文选项卡，并在"艺术字样式"组中单击"快速样式"按钮，并在展开的库中选择需要更改为的样式，例如在此选择"渐变填充－强调文字颜色 4，映像"选项，如图 5-8 所示。

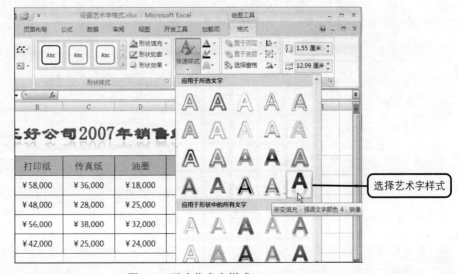

图 5-8　更改艺术字样式

Step 06 此时艺术字的样式已经更改为所选择的样式了，再单击"形状样式"组中的快翻按钮，并在展开的库中选择所需要的样式，例如在此选择"细微效果–强调颜色 3"选项，如图 5-9 所示。

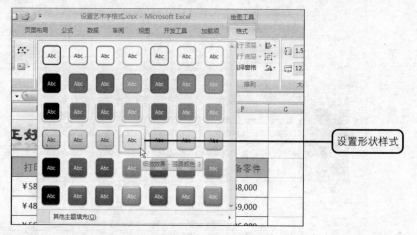

图 5-9 选择艺术字形状样式

问题 5-4： 可以将艺术字转化为普通文本吗？

可以。如果需要将艺术字转化为普通文本，则首先选中艺术字文本框并在"绘图工具""格式"上下文选项卡下，单击"艺术字样式"组中的"快速样式"按钮，并在展开的库中选择"清除艺术字"选项即可。

Step 07 在"绘图工具""格式"上下文选项卡的"艺术字样式"组中单击"文本效果"按钮，并在展开的下拉列表中指向"发光"选项，再在其展开的库中选择"强调文字颜色 6，8pt发光"选项，如图 5-10 所示。

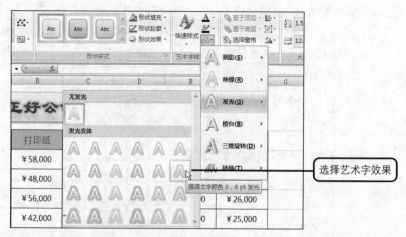

图 5-10 选择艺术字效果

Step 08 经过前面的操作之后，此时可以看到艺术字已经应用了相应的样式，设置格式后的艺术字效果如图 5-11 所示。

美化 Excel 2007 工作表

5

1
Word 2007 的文字处理

2
表格与图表的应用

3
文档的高级功能与处理

4
Excel 2007 的基础操作

5
美化 Excel 2007 工作表

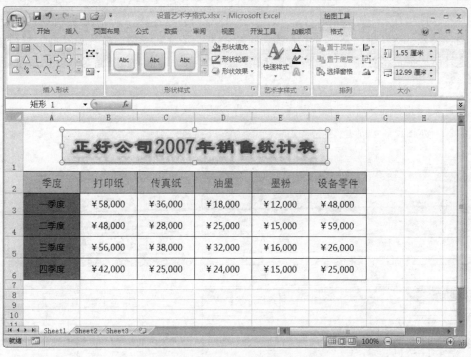

图 5-11　艺术字设置格式后的效果

问题 5-5： 如何更改艺术字的填充颜色？

如果需要更改工作表中艺术字的填充颜色，则首先选中艺术字并在"绘图工具""格式"上下文选项卡中单击"艺术字样式"组中的"形状填充"按钮，然后在展开的下拉列表中选择所需要的填充颜色。

5.2　插入形状并设置格式

在编辑工作表的时候，还可以通过插入一些特殊的形状，来进一步美化工作表，例如插入几个星形的图形来表示员工技能的等级、插入一个爆炸形的图形并其中添加文字来强调说明某对象等。本节将介绍在 Excel 2007 中插入形状并设置格式，主要内容包括插入形状、设置形状样式、设置形状三维格式、组合形状等。

5.2.1　插入形状

在编辑工作表的时候，为了进一步美化工作表，可以通过插入一些形状图表，例如在工作表中插入形状来进行修改、插入星形的形状来代表某种等级等。下面将介绍插入形状的方法，具体操作步骤如下：

原始文件： 实例文件＼第 5 章＼原始文件＼公司员工资料表.xlsx
最终文件： 实例文件＼第 5 章＼最终文件＼插入形状.xlsx

Step 01 打开实例文件\第 5 章\原始文件\公司员工资料表.xlsx 文件，并单击"插入"标签切换到"插入"选项卡，然后在"插图"组中单击"形状"按钮，并在展开的下拉列表框中选择所需要的形状即可，例如在此选择"星与旗帜"组中的"五角星"图标，如图 5-12 所示。

Step 02 此时鼠标指针呈十字形状，则在工作表的合适位置处按住鼠标左键不放并进行拖动即可绘制，如图 5-13 所示。

图 5-12　选择形状

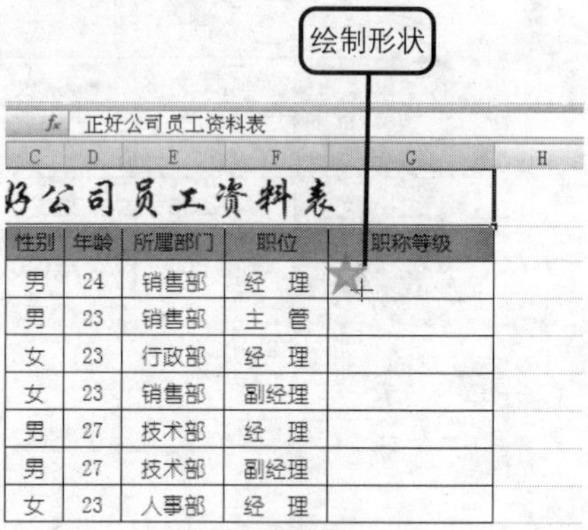

图 5-13　绘制五角星形

问题 5-6： 如果要绘制正方形或正圆应该怎么办？

如果需要绘制正方形或正圆，则在"形状"下拉列表框中选择"矩形"或"圆"图标，然后在工作表中进行绘制的同时按住键盘中的【Shift】键。

Step 03 拖至合适大小后释放鼠标即可，此时可以看到在工作表中显示了绘制的五角星形状，如图 5-14 所示。

Step 04 选择绘制的五角星形并将指针移至该图形上方，当指针变成十字箭头形状时按住鼠标左键不放，再按住键盘中的【Ctrl】键并进行拖动，拖至目标位置再释放鼠标，如图 5-15 所示。

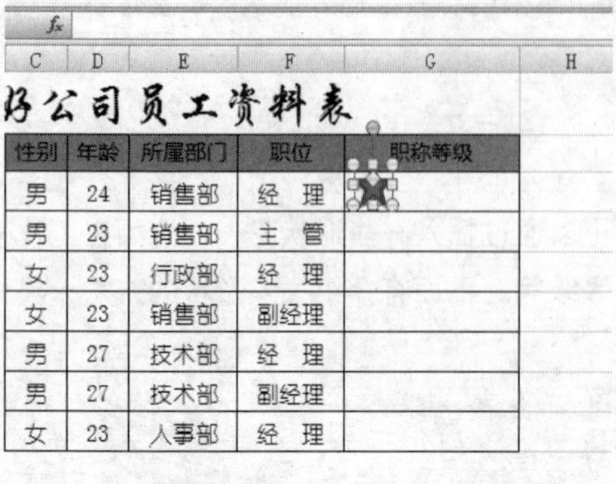

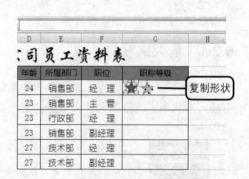

图 5-14　绘制的形状效果

图 5-15　复制形状

问题 5-7：在复制形状的时候如何使用形状在水平或垂直方向复制？

在复制形状的时候如何需要在水平或垂直方向进行复制，则只需要在按住【Ctrl】复制形状的同时按住键盘中的【Shift】键。

Step 05 经过上一步的操作之后，此时可以看到在形状的右侧显示了复制的形状，再运用同样的方法在工作表复制多个形状，最后的效果如图 5-16 所示。

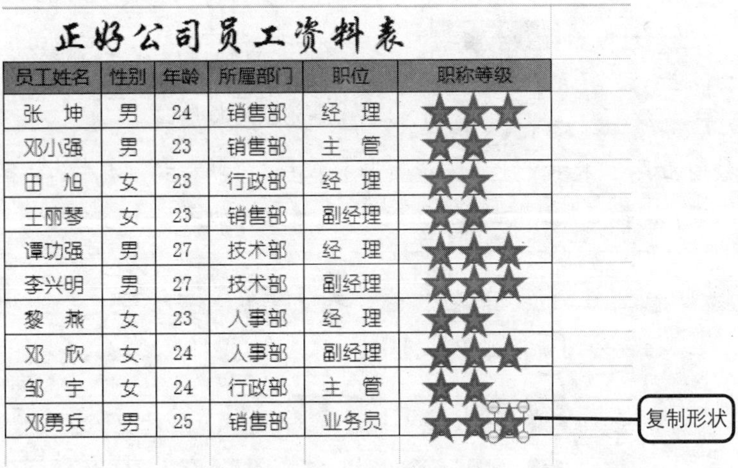
正好公司员工资料表

员工姓名	性别	年龄	所属部门	职位	职称等级
张 坤	男	24	销售部	经 理	
邓小强	男	23	销售部	主 管	
田 旭	女	23	行政部	经 理	
王丽琴	女	23	销售部	副经理	
谭功强	男	27	技术部	经 理	
李兴明	男	27	技术部	副经理	
黎 燕	女	23	人事部	经 理	
邓 欣	女	24	人事部	副经理	
邹 宇	女	24	行政部	主 管	
邓勇兵	男	25	销售部	业务员	

图 5-16 复制多个形状后的效果

问题 5-8：如何设置形状的对齐？

需要设置形状以某一方向对齐，则首先选中需要对齐的形状，然后切换到“绘图工具”“格式”上下文选项卡，并在“排列”组中单击“对齐”按钮，然后在展开的下拉列表中选择所需要的对齐选项。

5.2.2 设置形状样式

在插入了形状之后，为了使图形在工作表中达到更好的视觉效果，还可以为其设置样式。在 Excel 2007 中插入形状之后将出现形状样式库，可以直接从中选择所需要的样式。下面将介绍设置形状样式的方法，操作步骤如下：

原始文件：实例文件\第 5 章\原始文件\设置形状样式.xlsx

最终文件：实例文件\第 5 章\最终文件\设置形状样式.xlsx

Step 01 打开实例文件\第 5 章\原始文件\设置形状样式.xlsx 文件，并按住键盘中的【Ctrl】键选中工作表中的所有形状，然后切换到“绘图工具”“格式”上下文选项卡，再在“大小”组中分别设置形状的高度和宽度，在此分别设置高度和宽度为“0.5 厘米”，如图 5-17 所示。

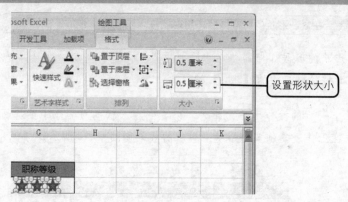

图 5-17 设置形状的大小

Step 02 在"绘图工具""格式"上下文选项卡中单击"形状样式"组中的快翻按钮，并在展开的下拉列表中选择"强烈效果–强调颜色 2"选项，如图 5-18 所示。

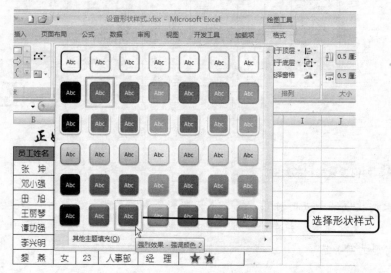

图 5-18 设置形状样式

问题 5-9： 在"形状样式"展开的样式库中没有所需要的颜色怎么办？

如果单击"形状样式"组中的快翻按钮后，在展开的库中没有所需要的颜色，则可以选择了样式之后再单击该组中的"形状填充"按钮，并在展开的下拉列表中选择所需要的颜色，即可更改形状的填充颜色。

Step 03 经过前面的操作之后，此时可以看到工作表所有的形状已经应用了所选择的样式，最后的效果如图 5-19 所示。

Step 04 如果不满意形状的填充颜色则可以进行更改，在"绘图工具""格式"上下文选项卡的"形状样式"组中单击"形状填充"按钮，并在展开的下拉列表中选择"标准色"组中的"橙色"选项，如图 5-20 所示。

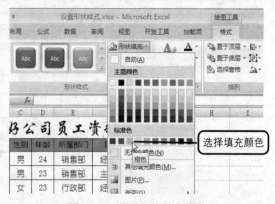

图 5-19　设置形状样式后的效果　　　　　图 5-20　设置形状填充颜色

问题 5-10：　**除了使用颜色对形状进行填充以外，还有其他可以填充吗？**

有。除了使用颜色对形状进行填充以外，用户还可以使用图片、渐变颜色、纹理等进行填充。例如需要使用图片进行填充，则在"形状填充"下拉列表中选择"图片"选项，然后在弹出的"插入图片"对话框中选择所需要的图片。

Step 05　在"形状样式"组中再单击"形状效果"按钮，并在展开的下拉列表中选择"发光"选项，然后在其展开的库中选择"强调文字颜色 4,5pt 发光"选项，如图 5-21 所示。

图 5-21　设置形状效果

Step 06　经过前面的操作之后，此时可以看到工作表中所有的形状都已经应用了相应的样式设置，最后的效果如图 5-22 所示。

图 5-22 设置形状样式后的效果

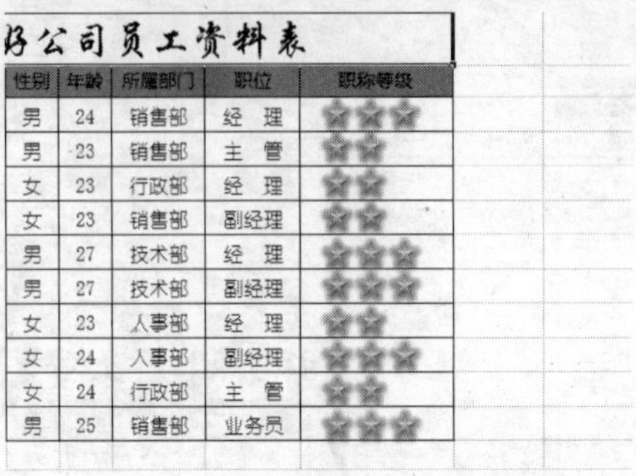

问题 5-11:	如何将设置了样式的形状设置为默认形状？

如果需要将设置样式的形状设置为默认形状方便使用，则可以选择设置了样式的形状并右击，然后在弹出的快捷菜单中选择"设置为默认形状"命令。当再次绘制形状时，将自动应用设置的该默认样式。

5.2.3 设置形状三维格式

在工作表中插入的所需要的形状之后，为了使其具有立体感，达到更好视觉效果，还可以为其设置三维格式，例如三维格式、三维旋转效果等。下面将介绍为形状设置三维格式的方法，具体操作步骤如下：

原始文件：实例文件\第 5 章\原始文件\设置形状三维格式.xlsx
最终文件：实例文件\第 5 章\最终文件\设置形状三维格式.xlsx

Step 01 打开实例文件\第 5 章\原始文件\设置形状三维格式.xlsx 文件，并选中工作表职称等级为三星的形状并右击，然后在弹出的快捷菜单中选择"设置对象格式"命令，如图 5-23 所示。

Step 02 此时弹出"设置形状格式"对话框，在该对话框中单击"三维格式"标签切换到"三维格式"选项卡，在"棱台"选项组中单击"顶端"按钮，并在展开的库中选择所需要的样式，例如在此选择"艺术装饰"选项，如图 5-24 所示。

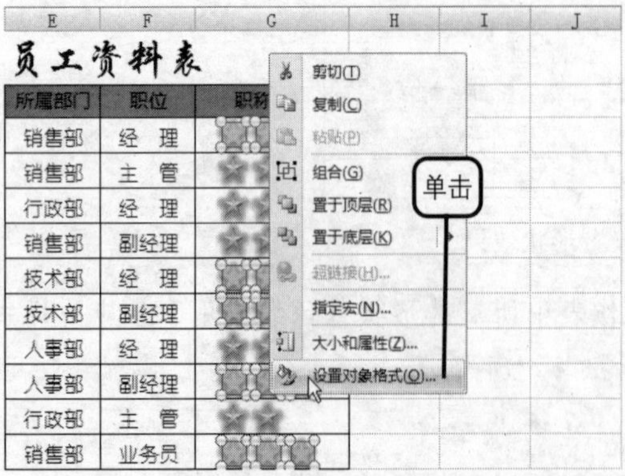

图 5-23 选择"设置形状格式"命令   图 5-24 选择三维样式

问题 5-12： 除了在"设置形状格式"对话框中进行设置之外，还可以在其他地方设置三维格式吗？

可以。除了在"设置形状格式"对话框中进行设置之外，用户可以在"绘图工具""格式"上文选项卡的"形状样式"组中单击"形状效果"按钮，并在展开的下拉列表中选择"棱台"选项，然后在其展开的库中选择所需要的三维样式。

Step
03 单击"三维旋转"标签切换到"三维旋转"选项卡，然后再单击"预设"按钮，并在展开的库中选择所需要的旋转样式，例如在此选择"透视"组中的"适度宽松透视"选项，如图 5-25 所示。

Step
04 经过上一步的操作之后，此时可以看到所选择的形状已经应用了相应的三维格式设置，效果如图 5-26 所示。

图 5-25　选择三维旋转样式

司员工资料表			
年龄	所属部门	职位	职称等级
24	销售部	经　理	★★
23	销售部	主　管	★★
23	行政部	经　理	★★
23	销售部	副经理	★★
27	技术部	经　理	★★
27	技术部	副经理	★★
23	人事部	经　理	★★
24	人事部	副经理	★★
24	行政部	主　管	★★
25	销售部	业务员	★★

图 5-26　设置形状三维格式后的效果

问题 5-13： 如何清除设置的三维旋转效果？

在为形状设置了三维旋转效果之后，如果需要将其清除则可以在"设置形状格式"对话框的"三维旋转"选项卡中单击"预设"库中的"无"选项。也可以在"绘图工具""格式"上下文选项卡的"形状样式"组中单击"形状效果"按钮，在展开的下拉列表中选择"三维旋转"选项，然后在其展开的库中选择"无"选项。

5.2.4　组合形状

在工作表中插入多个形状之后，为了保持图形的位置与大小不被随意的更改，可以将插入的多个形状进行组合，使其成为一个整体方便调整。下面将介绍组合形状的方法，具体操作步骤如下：

原始文件： 实例文件\第 5 章\原始文件\组合形状.xlsx
最终文件： 实例文件\第 5 章\最终文件\组合形状.xlsx

Step
01 打开实例文件\第 5 章\原始文件\组合形状.xlsx 文件，在工作表中选中 C3 单元格中的三个形状，并切换至"绘图工具""格式"上下文选项卡，在"排列"组中单击"组合"按钮，然后在展开的下拉列表中选择"组合"选项，如图 5-27 所示。

Step 02 经过上一步的操作之后，此时可以看到所选择的图形已经组合成为一个整体，效果如图5-28所示。再运用同样的方法，将其他各单元格中具有三个星形的进行组合。

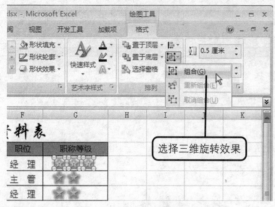

图 5-27 选择"组合"命令　　　　图 5-28 组合形状后的效果

问题 5-14： 将图形组合之后如何拆分呢？

将图形组合之后如何需要将其拆分开，则只需要取消组合即可。首先选中需要拆分的组合图形并右击，然后在弹出的快捷菜单中选择"取消组合"命令，也可以在"排列"组中再次单击"组合"按钮，并在展开的下拉列表中选择"取消组合"选项。

5.3 插入图片对象

用户不仅可以在工作表中插入形状来美化工作，同时可以插入图片，图片可以是保存在计算机中的图片，也可以插入剪辑管理器中的剪贴画，插入图片对象之后还可以为其设置格式。在工作表中插入图片不仅可以用来美化工作表，还可以起到说明的作用。本节将介绍插入图片对象，主要包括插入剪贴画、插入文件中的图片以及设置图表格式。

5.3.1 插入剪贴画

用户在编辑工作表的时候，不仅可以使用艺术字、图形对象来美化工作，还可以在工作表中插入剪贴画，通过插入剪贴管理器中的剪贴来来美化工作表，剪贴画是 Office 剪辑管理器中自带的图片。下面将介绍插入剪贴画的方法，操作步骤如下：

原始文件： 实例文件\第 5 章\原始文件\插入剪贴画.xlsx
最终文件： 实例文件\第 5 章\最终文件\插入剪贴画.xlsx

Step 01 打开实例文件\第 5 章\原始文件\插入剪贴画.xlsx 文件，并单击"插入"标签切换到"插入"选项卡，然后在"插图"组中单击"剪贴画"按钮打开"剪贴画"任务窗格，如图 5-29 所示。

问题 5-15： 除了单击"剪贴画"按钮之外有快捷方式打开"剪贴画"任务窗格吗？

除了单击"剪贴画"按钮打开"剪贴画"任务窗格之外，还可以使用键盘中的快捷键进行打开，则依次按键盘中的【Alt】、【N】和【F】键。

美化 Excel 2007 工作表

5

1 Word 2007 的文字处理

2 表格与图表的应用

3 文档的高级功能与处理

4 Excel 2007 的基础操作

5 美化 Excel 2007 工作表

Step 02 此时在窗口的右侧显示了"剪贴画"任务窗格，在窗格的"搜索文字"文本框中输入所需要剪贴画的关键字，例如在此输入"科技"文本，然后单击其右侧的"搜索"按钮，如图 5-30 所示。

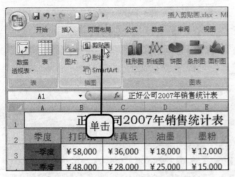

图 5-29 单击"剪贴画"按钮

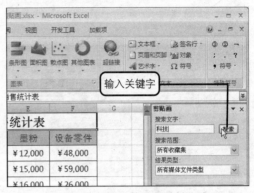

图 5-30 输入剪贴画关键文字

Step 03 经过片刻的搜索之后，在"剪贴画"任务窗格中显示了与科技相关的图片，将指针移至图片的上方时将在其右侧出现下三角按钮，单击该下三角按钮并在展开的下拉列表中选择"预览/属性"选项，如图 5-31 所示。

Step 04 弹出"预览/属性"对话框，在该对话框中显示了该剪贴画的相关信息，例如图片的大小、名称、类型、分辨率、方向等，预览完毕之后单击对话框中的"关闭"按钮，如图 5-32 所示。

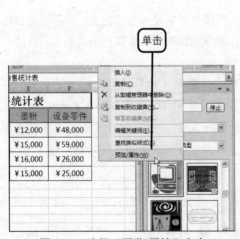

图 5-31 选择"预览/属性"命令

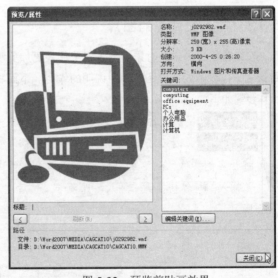

图 5-32 预览剪贴画效果

问题 5-16: 如何插入剪贴画图片呢？

如果需要插入剪贴画图片，则首先打开"剪贴画"任务窗格并在其中单击剪贴画右侧的下三角按钮之后，再在其展开的下拉列表中选择"插入"选项，或者在"剪贴画"任务窗格中直接单击需要插入的剪贴画。

Step 05 指向需要插入的剪贴画的上方，并单击该剪贴画右侧的下三角按钮，然后在展开的下拉列表中选择"插入"选项，如图5-33所示。

Step 06 经过上一步的操作之后，此时可以看到所操作的剪贴画已经插入到了工作表中，效果如图5-34所示。

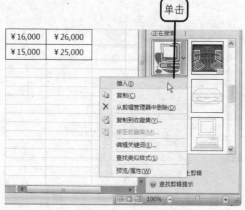

图 5-33　插入剪贴画

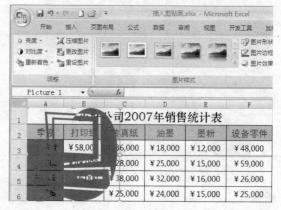

图 5-34　插入剪贴画的效果

问题 5-17： 在工作表中插入剪贴画之后，可以为其设置格式吗？

可以。在工作表中插入剪贴画之后，用户同样可以为其设置大小、位置、样式等格式的设置，具体操作方法将在后面的章节中介绍。

5.3.2　插入文件中的图片

在编辑工作表中的时候，为了使工作表更加美观，可以在其中插入合适的图片，不仅可以达到美化工作表的效果，还能起到说明的作用。下面将介绍在工作表中插入文件中的图片的方法，操作步骤如下：

原始文件：实例文件\第 5 章\原始文件\插入文件中的图片.xlsx、植物.jpg

最终文件：实例文件\第 5 章\最终文件\插入文件中的图片.xlsx

Step 01 打开实例文件\第 5 章\原始文件\插入文件中的图片.xlsx 文件，并在 Sheel 工作表单击"插入"标签切换到"插入"选项卡，然后在"插图"组中单击"图片"按钮，如图 5-35 所示。

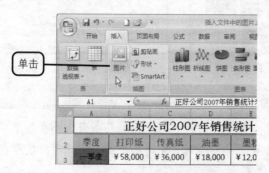

图 5-35　单击"插入图片"按钮

Step 02　此时弹出"插入图片"对话框，在该对话框中首先单击"查找范围"列表框右侧的下三角按钮，并在展开的下拉列表框中选择图片所在的光盘路径，如图 5-36 所示。

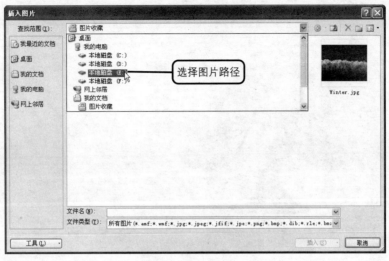

图 5-36　选择图片路径

问题 5-18：　有快捷方式可以打开"插入图片"对话框吗？

有。使用快捷方式快速打开"插入图片"对话框，则依次按键盘中的【Alt】、【N】和【P】键。

Step 03　打开图片所在的文件夹，并在其中选择所需要插入的图片，然后单击对话框中的"插入"按钮，如图 5-37 所示。

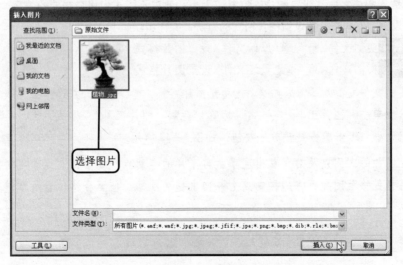

图 5-37　选择图片

Step 04　经过前面的操作之后返回工作表中，此时可以看到在工作表中显示了所需要的图片，效果如图 5-38 所示。

图 5-38　插入图片后的效果

问题 5-19：　插入工作表中的图片可以更改或者删除吗？

可以。如果需要删除工作表中插入的图片，首先选择需要删除的图片，再按键盘中的
【Delete】键。如果需要更改图片，则可以首先删除图片再执行插入图片的操作。也可以选
中需要更改的图片并切换到"图片工具""格式"上下文选项卡，在"调整"组中单击"更
改图片"按钮，然后在弹出的"插入图片"对话框中再次进行选择图片。

5.3.3　设置图片格式

用户在插入图片之后，如果图片的位置、大小和效果不能达到用户想要的效果，则可以为其
进行格式的设置。下面将介绍设置图片格式的方法，操作步骤如下：

原始文件：实例文件\第 5 章\原始文件\设置图片格式.xlsx
最终文件：实例文件\第 5 章\最终文件\设置图片格式.xlsx

Step 01 打开实例文件\第 5 章\原始文件\设置图片格式.xlsx 文件，并选择工作表中插入的图
片，然后单击"图片工具""格式"标签切换到"图片工具""格式"上下文选项卡，然
后在"大小"组中单击"裁剪"按钮，如图 5-39 所示。

Step 02 此时在图片的四周以及对角都出现了裁剪图片的控制点，拖动控制点即可对图片进行裁
剪。将指针移至图片下方的控制点上并向上拖动鼠标，拖至合适位置后释放鼠标即可，
如图 5-40 所示。

问题 5-20：　如何撤销对图片的裁剪呢？

执行裁剪操作之后再次单击"裁剪"按钮或者在图片之外任意位置处单击，即可确认对
图片的裁剪操作。在对图片进行裁剪等操作之后，如果想要恢复图片的原始状态，则在
"调整"组中单击"重设图片"按钮即可恢复图片的原始状态。

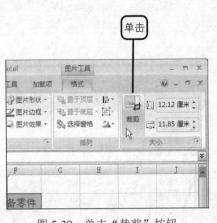

单击

图 5-39　单击"裁剪"按钮

图 5-40　裁剪图片

裁剪图片

Step 03 拖至目标位置之后释放鼠标，此时可以看到图片的大小已经发生改变，拖动鼠标时覆盖了图片已经被裁剪掉，效果如图 5-41 所示。

Step 04 选择图片并切换到"图片工具""格式"上下文选项卡，再单击"图片样式"组中的快翻按钮，并在展开的库中选择所需要的图片样式，例如在此选择"棱台形椭圆，黑色"选项，如图 5-42 所示。

图 5-41　裁剪图片后的效果

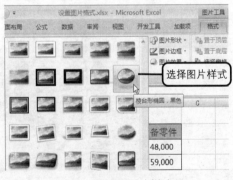

选择图片样式

图 5-42　设置图片样式

> **问题 5-21：** 如何增加或降低图片亮度？
>
> 如果要增加或降低图片的亮度，则首先选中需要增加或降低亮度的图片并切换到"图片工具""格式"上下文选项卡，然后在"调整"组中单击"亮度"按钮，再在其展开的下拉列表中选择合适的选项，例如+10%、+20%、+30%等。

Step 05 在"图片工具""格式"上下文选项卡的"调整"组中单击"重新着色"按钮，用户可以在展开的库中选择相应的颜色即可更改图片的颜色，在此选择"设置透明色"选项，如图 5-43 所示。

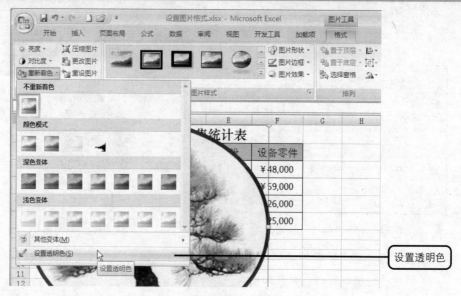

图 5-43　单击"设置透明色"按钮

Step 06 经过上一步的操作之后，此时鼠标指针呈笔的形状，则直接在图片中单击需要设置为透明色的颜色，例如在此单击图片中的白色区域，如图 5-44 所示。

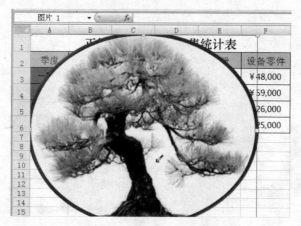

图 5-44　设置图片透明颜色

问题 5-22： 在"重新着色"下拉列表中没有所需要的变体样式怎么办？

如果在"重新着色"下拉列表中没有所需要的变体样式，则可以选择"其他变体"选项，然后在展开的颜色列表框中选择所需要的颜色即可。

Step 07 此时可以看到图片中的白色已经变成了透明色，再选中图片并将将指针移至图片的上方，当指针变成十字箭头形状时按住鼠标左键不放，并进行拖动改变图片的位置，如图 5-45 所示。

图 5-45　更改图片的位置

Step 08 拖至目标位置后释放鼠标，在"图片工具""格式"上下文选项卡的"大小"组中精确设置图片的大小，例如在此设置其高度为"8.21 厘米"、宽度为"10 厘米"，如图 5-46 所示。

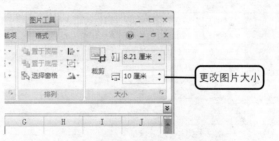

图 5-46　设置图片的大小

问题 5-23： **如何调整图片的叠放次序？**

在工作表插入多张图片以后，可能有的图片会遮住其他的图片，可以为其调整叠放次序。则选中需要调整的图片之后，在"图片工具""格式"上下文选项卡单击"排列"组中的"置于顶层"按钮将图片置于顶层，单击"置于底层"按钮将所选择图片置于底层，也可以单击其下拉列表中的选项，选择上移一层或下移一层图片。

Step 09 在"图片工具""格式"上下文选项的"图片样式"组中单击"图片效果"按钮，并在展开的下拉列表中选择"发光"选项，在展开的库中选择所需要的效果，例如在此选择"强调文字颜色4，11pt发光"选项，如图 5-47 所示。

设置图片效果

强调文字颜色 4，11 pt 发光

图 5-47　设置图片效果

Step 10　经过前面的操作之后，此时可以看到工作表中的图片已经应用了相应的格式设置，最后效果如图 5-48 所示。

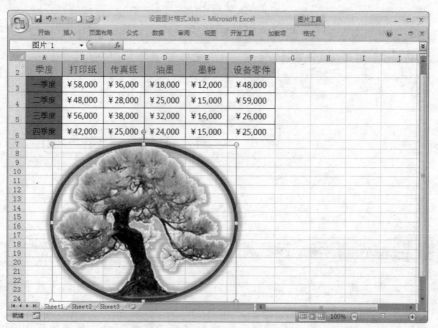

5-48　设置图片格式后的效果

问题 5-24：　如何对工作表中的图片进行显示或隐藏操作？

如果需要对工作表的图片进行显示或隐藏操作，则在"图片工具""格式"上下文选项卡的"排列"组中单击"选择窗格"按钮，然后在"选择和可见性"任务窗格中单击选项右侧眼睛形状的按钮，即可显示或隐藏相应的选项。

5.4 创建 SmartArt 图形

对于一些比较特殊的图形，例如组织结构图、流程图或是关系图等特殊的图形，如果需要在工作中插入的话，可以使用插入 SmartArt 功能，这是 Excel 2007 新增加的一个功能，其作用就是为了方便用户编辑制作一些更为直观的图形。本节将介绍创建 SmartArt 图形，主要包括插入 SmartArt 图形以及设置 SmartArt 图形格式的方法。

5.4.1 插入 SmartArt 图形

在 Excel 2007 中建立组织结构图能够帮助理解一些图示的意思，为快速创建组织结构图并且达到想要的效果可以插入 SmartArt 图形。下面将介绍插入 SmartArt 图形的方法，操作步骤如下：

原始文件： 实例文件\第 5 章\原始文件\正好公司组织结构图.xlsx

最终文件： 实例文件\第 5 章\最终文件\插入 SmartArt 图形.xlsx

Step 01 打开实例文件\第 5 章\原始文件\正好公司组织结构图.xlsx 文件，并单击"插入"标签切换到"插入"选项卡，然后在"插图"组中单击"SmartArt"按钮，如图 5-49 所示。

图 5-49 单击"SmartArt 图形"按钮

Step 02 弹出"选择 SmartArt 图形"对话框，在该对话框中单击"层次结构"标签切换到"层次结构"选项卡，然后在右侧的列表框中选择所需要的样式，例如在此选择"组织结构图"选项，再单击"确定"按钮，如图 5-50 所示。

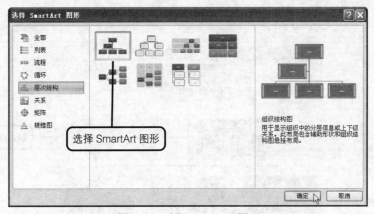

图 5-50 选择 SmartArt 图形

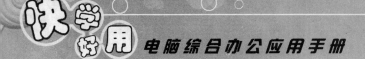

| 问题 5-25: | 有快捷方式打开"选择 SmartArt 图形"对话框吗? |

用户除了单击 SmartArt 按钮打开"选择 SmartArt 图形"对话框以外,还可以使用键盘中的快捷进行操作,则依次按【Alt】、【N】和【M】键。

Step 03 经过上一步的操作之后,此时可以在工作表中显示了所选择的组织结构图,在工作表中插入的 SmartArt 图形由多个文本占位符和连接符组成,用户可以对其进行相应的编辑,如图 5-51 所示。

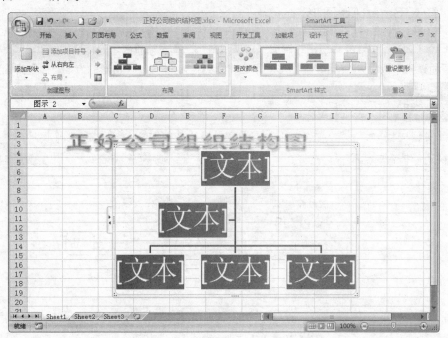

图 5-51 插入 SmartArt 图形的效果

Step 04 单击最上方的文本占位符,此时光标在相应的图形中闪烁,则直接在其中输入所需要的文本内容,例如在此输入"总经理"文本。再运用同样的方法在其他的占位符中输入所需要的文本,输入完毕之后效果如图 5-52 所示。

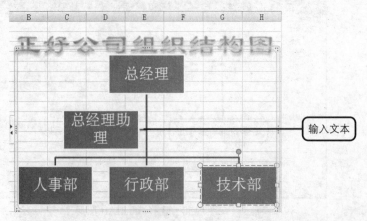

图 5-52 输入文本

Step
05　选择"总经理"所在的形状，然后切换到"SmartArt 工具""设计"上下文选项卡下，并在"创建图形"组中单击"添加形状"按钮，并在展开的下拉列表中选择"在下方添加形状"选项，如图 5-53 所示。

问题 5-25:　可以在插入的 SmartArt 图形中添加形状吗？

可以。选中目标形状，即选中需要添加形状附近相关的形状并右击，在弹出的快捷菜单中选择"添加形状"命令，再在其弹出的级联菜单中选择需要添加的位置，可以选择"在前面添加形状"、"在后面添加形状"、"在左方添加形状"、"在下方添加形状"、"添加助理"选项。

Step
06　此时可以看到在所选择形状的下方添加了一个形状。选择该添加的形状并右击，然后在弹出的快捷菜单中选择"编辑文字"命令，如图 5-54 所示。

图 5-53　选择添加形状命令

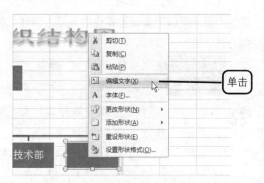

图 5-54　选择"编辑文字"命令

问题 5-26　创建的 SmartArt 图形可以更改其类型吗？

可以。在工作表中创建 SmartArt 图形之后，如果觉得对其类型不满意则可以进行更改。首先选中 SmartArt 图形并右击，然后在弹出的快捷菜单中选择"更改布局"命令，然后在弹出的"选择 SmartArt 图形"对话框中再选择所需要的类型即可。

Step
07　经过上一步的操作之后，此时光标在所选择的形状中闪烁，则在其中输入"销售部"文本。选中该形状并右击，然后在弹出的快捷菜单中选择"添加形状"命令，再在其展开的级联菜单中选择"在后面添加形状"命令，如图 5-55 所示。

Step
08　此时在所选择的形状后面添加了一个相同的形状，然后在运用前面步骤 6 中介绍的方法为其添加内容，在此输入"财务部"文本，最后 SmartArt 图形的效果如图 5-56 所示。

问题 5-27:　SmartArt 图形中的形状可以更改吗？

可以。首先选中需要更改的形状并右击，在弹出的快捷菜单中选择"更改形状"命令，再在其展开的级联菜单中选择所需要更改为的形状。

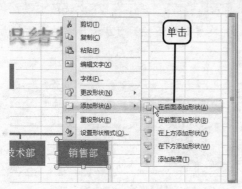

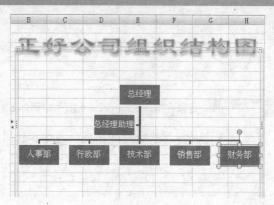

图 5-55　选择添加形状命令　　　　图 5-56　最终效果

5.4.2　设置 SmartArt 图形格式

在工作表插入了形之后，与插入的一般形状一样可以为其设置格式。如果用户对插入的默认效果不满意可以对其设置相应的设置，例如其颜色、样式等。下面将介绍设置 SmartArt 图形格式的方法，操作步骤如下：

原始文件：实例文件\第 5 章\原始文件\设置 SmartArt 图形格式.xlsx
最终文件：实例文件\第 5 章\最终文件\设置 SmartArt 图形格式.xlsx

Step 01 打开实例文件\第 5 章\原始文件\设置 SmartArt 图形格式.xlsx 文件，并选中 SmartArt 图形中"总经理助理"所在的形状，再单击"SmartArt 工具""设计"标签切换到 "SmartArt 工具""设计"上下文选项卡，然后在"创建图形"组中单击"从右向左"按钮，如图 5-57 所示。

Step 02 经过上一步的操作之后，此时所选择的形状已经移至到右边。在"创建图形"组中再单击"文本窗格"按钮，如图 5-58 所示。

图 5-57　选择更改形状位置命令　　　　图 5-58　选择"文本窗格"命令

问题 5-28：　除了单击"文本窗格"按钮以外还有其他方法打开编辑文本的列表框吗？

除了单击"文本窗格"按钮打开编辑文本的列表框以外，用户可以选中 SmartArt 图形，然后单击 SmartArt 图形左侧出现的向左、向右的三角形按钮，可选择显示或隐藏编辑文本的列表框。

Step 03 此时弹出"在此处键入文字"窗格，用户可以直接在其中编辑 SmartArt 图形中的文本。例如在此列表框中选中"人事部"文本框，并将其中的文本更改为"人力资源部"，如图 5—59 所示。

Step 04 将 SmartArt 图形中的文本编辑完毕之后，单击"在此处键入文字"列表框右侧的"关闭"按钮。此时可以看到 SmartArt 图形中的文本已经进行了相应的更改，最后的效果如图 5—60 所示。

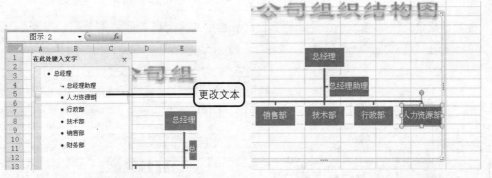

图 5-59　更改文本内容　　　　　　　图 5-60　更改内容后的效果

问题 5-29： 如何删除 SmartArt 图形的形状？

如果需要删除 SmartArt 图形中的形状，则首先选中需要删除的形状，然后按【Delete】键即可。

Step 05 选中 SmartArt 图形，并在"SmartArt 工具""设计"上下文选项卡单击"SmartArt 样式"组中的快翻按钮，并在展开的库中选择所需要的样式，例如在此选择"优雅"选项，如图 5—61 所示。

Step 06 再切换到"SmartArt 工具""格式"上下文选项卡下，然后在"形状"组中单击"更改形状"按钮，并在展开的下拉列表中选择"圆角矩形"选项，如图 5—62 所示。

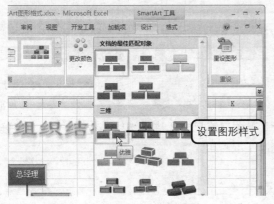

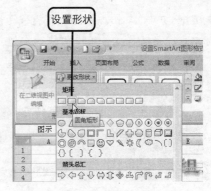

图 5-61　设置 SmartArt 图形样式　　　　　图 5-62　更改形状

问题 5-30: 能撤销对 SmartArt 图形的格式设置吗？

可以。如果对 SmartArt 图形进行格式的设置之后，想要撤销对其的操作则首先切换到 "SmartArt 工具""设计"上下文选项卡，然后在"重设"组中单击"重设图形"按钮。

Step 07 此时可以看到所选择的形状已经更改，然后在"形状"组中单击"增大"按钮增加该形状的大小，如图 5-63 所示。

Step 08 选中 SmartArt 图形，并在 "SmartArt 工具""格式"上下文选项卡的"形状样式"组中单击"形状填充"按钮，并在展开的下拉列表框中选择所需要的填充颜色，例如在此选择"标准色"组中的"绿色"选项，如图 5-64 所示。

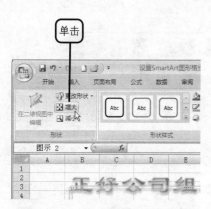

图 5-63 选择增大形状命令

图 5-64 设置形状填充颜色

问题 5-31: 可以选择图片或纹理作为 SmartArt 图形中形状的填充吗？

如果需要使用图片或纹理作为 SmartArt 图形中形状的填充，选中需要填充的形状，然后在 "形状样式"组中单击"形状填充"按钮，并在展开的下拉列表中选择"图片"或"纹理"选项，在弹出的"插入图片"对话框中选择图片或者在"纹理"选项展开的库中选择所需要纹理样式。

Step 09 选中 SmartArt 图形中的所有线条连接符，然后在 "SmartArt 工具""格式"上下文选项卡单击"形状样式"组中的快翻按钮，并在展开的库中选择所需要的样式，例如在此选择"中等线-强调颜色 2"选项，如图 5-65 所示。

Step 10 选中 SmartArt 图形中的所有形状，然后在 "SmartArt 工具""格式"上下文选项卡单击"艺术字样式"组中的快翻按钮，并在展开的库中选择所需要的艺术字样式，例如在此选择"填充-白色，投影"选项，如图 5-65 所示。

问题 5-32: 如何清除 SmartArt 图形中的艺术字样式？

如果要清除 SmartArt 图形中的艺术字样式，则首先选中需要清除艺术字样式的形状，然后单击"艺术字样式"组中的快翻按钮，并在展开的库中选择"清除艺术字"选项。

美化 Excel 2007 工作表

5

1
Word 2007 的文字处理

2
表格与图表的应用

3
文档的高级功能与处理

4
Excel 2007 的基础操作

5
美化 Excel 2007 工作表

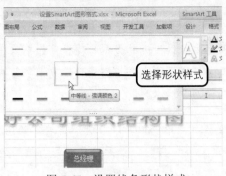

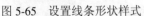

图 5-65　设置线条形状样式

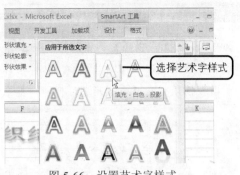

图 5-66　设置艺术字样式

Step 11　单击"文本效果"按钮，并在展开的下拉列表中选择"映像"选项，并在展开的库中选择所需要的映像效果，例如在此选择"全映像，8pt 偏移量"选项，如图 5-67 所示。

图 5-67　设置艺术字效果

Step 12　此时可以看到形状中的艺术字已经应用了艺术字效果，然后再将指针移至 SmartArt 图形右下角的控制点上，当指针变成双向箭头时按住鼠标左键不放并进行拖动鼠标更改其大小，如图 5-68 所示。

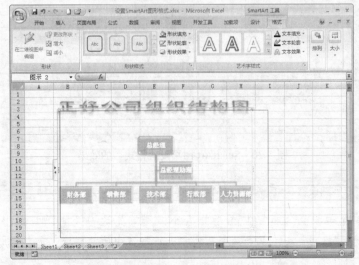

图 5-68　更改 SmartArt 图形大小

问题 5-33： 可以更改 SmartArt 图形的位置吗？

SmartArt 图形是以图片的格式插入到工作表中，用户可以更改其大小和位置。如果需要更改其位置则选中 SmartArt 图形，并将指针移至 SmartArt 图形上方，当指针变成十字箭头形状时按住鼠标左键不放并进行拖动，拖至目标位置后再释放鼠标。

Step 13 拖至目标位置后释放鼠标，再选中工作表中的艺术字和 SmartArt 图形，并在"绘图工具""格式"上下文选项卡的"排列"组中单击"对齐"按钮，然后在展开的下拉列表中选择"水平居中"选项，如图 5-69 所示。

图 5-69 选择 SmartArt 图形对齐方式

Step 14 经过前面的操作之后，此时可以看到 SmartArt 图形已经应用了相应的格式设置，最后的效果如图 5-70 所示。

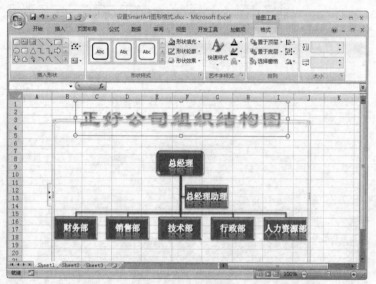

图 5-70 SmartArt 图形设置格式后的效果

问题 5-34： 可以精确设置 SmartArt 图形的大小吗？

可以。如果要精确设置 SmartArt 图形的大小，则首先选中 SmartArt 图形并在切换到 "SmartArt 工具""格式"上下文选项卡，在"大小"组中的"高度"和"宽度"文本框中输入精确的值即可。

5.5 实例提高：制作公司产品宣传单

在公司的日常工作中，经常会因为公司产品的宣传活动而非常辛苦，例如对产品的宣传一般包括通过媒介宣传、在销售点做产品宣传活动等，但是所有的宣传都离不开美观、醒目、突出的宣传单。漂亮美观的宣传单将会使公众停止脚步，并且容易记注所宣传的主题。下面将结合本章所学习的知识点制作公司产品宣传单，具体操作步骤如下：

原始文件：实例文件\第 5 章\原始文件\公司产品宣传单.xlsx、联想天逸 F21.jpg、联想天逸 F31.jpg、联想天逸 F40.jpg、联想天逸 F50.jpg

最终文件：实例文件\第 5 章\最终文件\公司产品宣传单.xlsx

Step 01 打开实例文件\第 5 章\原始文件\公司产品宣传单.xlsx 文件，并双击 Sheet1 工作表标签，然后输入"公司产品宣传单"文本，如图 5-71 所示。

Step 02 单击"插入"标签切换到"插入"选项卡，然后在"文本"组中单击"艺术字"按钮，并在展开的库中选择"填充-强调文字颜色 6，渐变轮廓-强调文字颜色 6"选项，如图 5-72 所示。

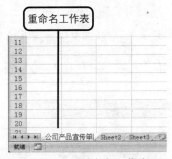

图 5-71 重命名工作表

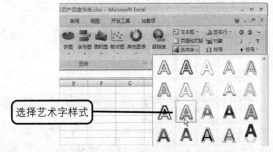

图 5-72 选择艺术字样式

Step 03 此时在工作表中显示艺术字提示文本框，则首先删除其中的提示文本，然后输入所需要的艺术字内容，例如在此输入"联想最新笔记本电脑推荐"文本，如图 5-73 所示。

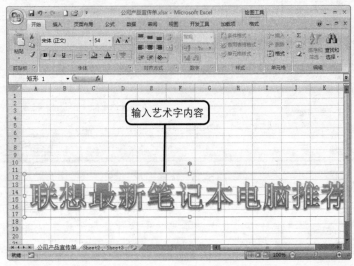

图 5-73 输入艺术字内容

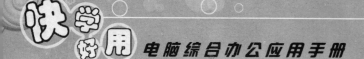
^{Step} 选中艺术字文本框，并在"开始"选项卡中设置其字体为"华文彩云"、字号为"40"、
04 字形为"加粗"，然后将艺术字移至合适的位置，如图5-74所示。

^{Step} 设置艺术字格式之后，还需要在工作表中插入产品相关的宣传图片。单击"插入"标签
05 切换到"插入"选项卡，然后在"插图"组中单击"图片"按钮打开"插入图片"对话
框，如图5-75所示。

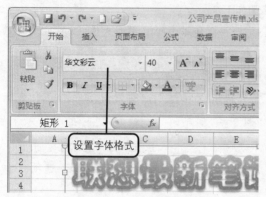

图5-74 设置艺术字字体格式

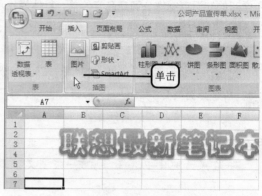

图5-75 选择"插入图片"命令

^{Step} 此时弹出"插入图片"对话框，首先单击"查找范围"列表框右侧的下三角选择图片所
06 在的路径，并打开图片所在的文件夹，然后在其中选择需要插入的图片，再单击"插
入"按钮，如图5-76所示。

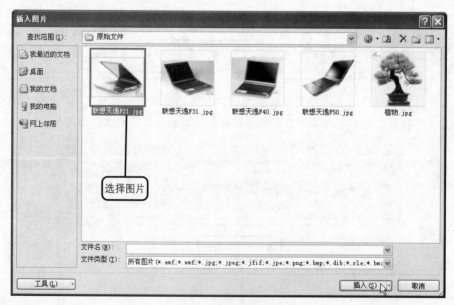

图5-76 选择图片

^{Step} 经过前面的操作之后，此时在工作表中可以看到插入的图片，然后将指针移至图片右下
07 角的对角控制点上，当指针变成双向箭头形状时按住鼠标左键不放并进行拖动，拖动合
适大小后释放鼠标，如图5-77所示。

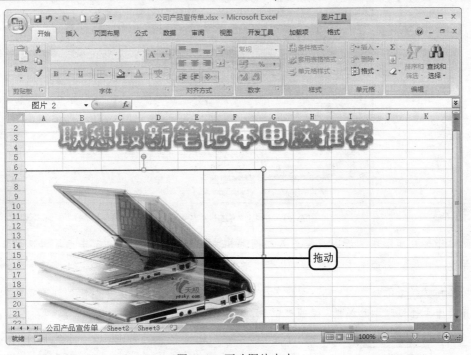

图 5-77　更改图片大小

Step 08 在"插入"选项卡中单击"插图"组中的"形状"按钮，并在展开的下拉列表中选择所需要插入的形状，例如在此选择"矩形"组中的"矩形"图标，如图 5-78 所示。

Step 09 此时鼠标指针呈十字形状，则在工作表的合适位置处绘制矩形。这里在图片的下方位置处按住鼠标左键不放并向下拖动，拖至合适大小后再释放鼠标左键，如图 5-79 所示。

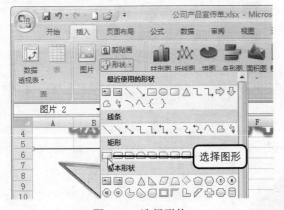

图 5-78　选择形状

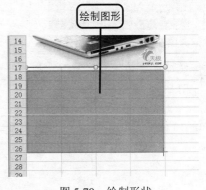

图 5-79　绘制形状

Step 10 经过前面的操作之后，此时在工作表中显示了绘制的矩形，需要在其中添加图片的相关介绍。首先选中图片并右击，然后在弹出的快捷菜单中选择"编辑文字"命令，如图 5-80 所示。

图 5-80　选择"编辑文字"命令

Step 11 此时光标在矩形中闪烁则直接输入与图片相关的介绍文本，输入完毕之后再选中矩形，并在"开始"选项卡中设置其字体为"隶书"、字号为"11"，如图 5-81 所示。

Step 12 切换到"绘图工具""格式"上下文选项卡，并单击"形状样式"组中的快翻按钮，在展开的库中选择"中等效果–强调颜色5"选项，如图 5-82 所示。

图 5-81　选择文本格式命令

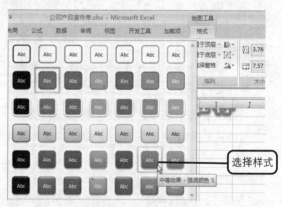

图 5-82　选择形状样式

Step 13 经过前面的操作之后，此时可以看到绘制的矩形已经应用了相应的格式设置，效果如图 5-83 所示。

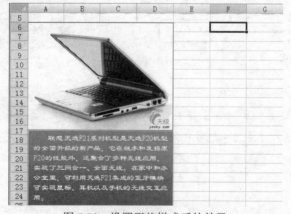

图 5-83　设置形状样式后的效果

Step 14 同样方法再次打开"插入图片"对话框，并在其中选择所需要插入的形状，然后单击"插入"按钮，如图 5-84 所示。

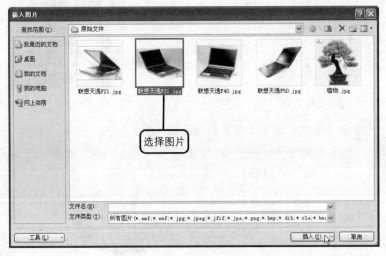

图 5-84 选择图片

Step 15 此时在工作表中显示了插入的图片，拖动图片控制点适当调整图片大小。然后单击"绘图工具""格式"标签切换到"图片工具""格式"上下文选项卡，并在"大小"组中单击"裁剪"按钮，如图 5-85 所示。

Step 16 此时鼠标指针变成了裁剪图片的形状，然后将指针移至图片裁剪的控制点上，当指针发生变化时按住鼠标左键拖动即可进行裁剪，拖至合适位置处时再释放鼠标，如图 5-86 所示，同样方法将图片裁剪至合适大小即可。

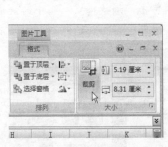

图 5-85 单击"裁剪"按钮

图 5-86 裁剪图片

Step 17 在"图片工具""格式"上下文选项卡中的"图片样式"组中单击"图片边框"按钮，然后在展开的下拉列表框中选择所需要的图片边框颜色，在此选择"自动"选项，如图 5-87 所示。

Step 18 此时图片已经应用了自动颜色的边框设置，再将左侧的矩形复制至该图片的下方，并删除其中原有的文本再输入与该图片相关的介绍文本内容，输入完毕之后效果如图 5-88 所示。

图 5-87　选择图片边框

图 5-88　复制形状并更改文本

Step 19 运用同样的方法，继续在下方插入图片并为图片输入相关的文本。然后再单击"插入"标签切换到"插入"选项卡，再单击"插图"组中的"形状"按钮，并在展开的下拉列表中选择"竖卷形"图标，如图 5-89 所示。

Step 20 此时鼠标指针呈十字形状，则在两行图片的中间位置合适位置处按住鼠标左键不放并进行拖动即可绘制，拖至目标大小后再释放鼠标，如图 5-90 所示。

图 5-89　选择形状

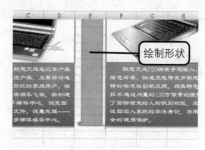

图 5-90　绘制形状

Step 21 使用快捷菜单为形状添加文字，在此输入"新款推荐　五一特卖"文本，再在"开始"选项卡下设置其字体格式为"华文彩云"、"28"、"黄色"，如图 5-91 所示。

Step 22 选中竖卷形形状并在"绘图工具""格式"上下文选项卡单击"形状样式"组中的快翻按钮，然后在展开的库中选择"彩色填充-深色1"选项，如图 5-92 所示。

图 5-91　输入文本并设置格式

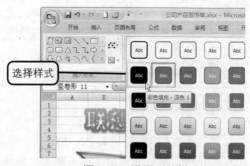

图 5-92　设置形状样式

Step 23 此时竖卷形形状已经应用了相应的样式设置，然后再运用同样的方法，在该形状中绘制多个十字星形状，效果如图 5-93 所示。

Step 24 按住【Ctrl】键选中工作表中的所有十字星形状，并单击"形状样式"组中的快翻按钮，再在展开的库中选择"细微效果-强调颜色3"选项，如图 5-94 所示。

图 5-93　绘制十字星形　　　　　　　　图 5-94　设置形状样式

Step
25
经过前面的操作之后，此时可以看到工作表中的十字星形状已经应用了相应的样式设置，最后的效果如图 5-95 所示。

图 5-95　设置形状样式后的效果

Step
26
插入爆炸形 2 形状，并在其中输入"热卖中"文本，再分别设置形状与文本的格式。然后适当调整工作表中图片、形状等对象的位置，并切换到打印预览视图，此时可以看到公司产品宣传单的最后效果如图 5-96 所示。

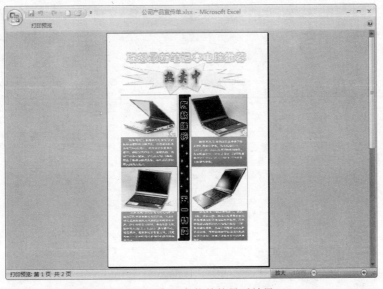

图 5-96　产品宣传单的最后效果

公式和函数应用以及数据处理

公式与函数是 Excel 的两个重要功能，公式是 Excel 的重要组成部分，它是在工作表中对数据进行分析和计算的等式，能对单元格中数据进行逻辑和算术运算。函数是 Excel 的预定义内置公式，熟练掌握公式与函数可以大大提高工作效率。用户可以通过公式和函数计算出相关的数据，还可以对数据进行分析。本章将介绍公式和函数应用以及数据处理，主要内容包括在 Excel 2007 中插入公式、单元格的引用、输入函数、数据的排序与筛选、分组显示数据等，最后将结合本章所学习的知识点，制作实例——公司上半年日常费用统计表。

6.1 在 Excel 2007 中插入公式

在使用 Excel 计算数据时，为了提高工作效率通常需要在其中输入相应的计算公式，通过公式快速计算出相应的结果。在公式中可以输入多种元素，包括运算符、单元格引用、值或常量、工作表函数。在运算公式中可以包括多个运算符，例如加号、减号、乘号、除号等，本节将介绍在 Excel 2007 中插入公式，主要包括输入公式和复制公式等内容。

6.1.1 输入公式

在 Excel 工作表中输入公式都是以"="开始，在输入"="之后，再输入单元格地址和运算符，公式可以在单元格或编辑栏中输入，也可以直接在单元格中进行输入。下面将介绍输入公式的方法，具体操作步骤如下：

原始文件：实例文件\第 6 章\原始文件\公司上半年采购费用统计表.xlsx
最终文件：实例文件\第 6 章\最终文件\插入公式.xlsx

方法一：手动输入

Step 01 打开原始文件\公司上半年采购费用统计表.xlsx 文件，并在编辑栏或者 E3 单元格中输入"=B3+C3+D3"计算公式，如图 6-1 所示。

Step 02 输入正确的计算公式之后按键盘中的【Enter】键或者单击编辑栏左侧的"输入"按钮，此时可以看到在目标单元格中显示了计算出的结果，如图 6-2 所示。

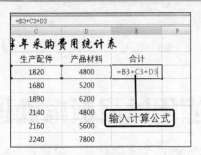

图6-1 手动输入公式

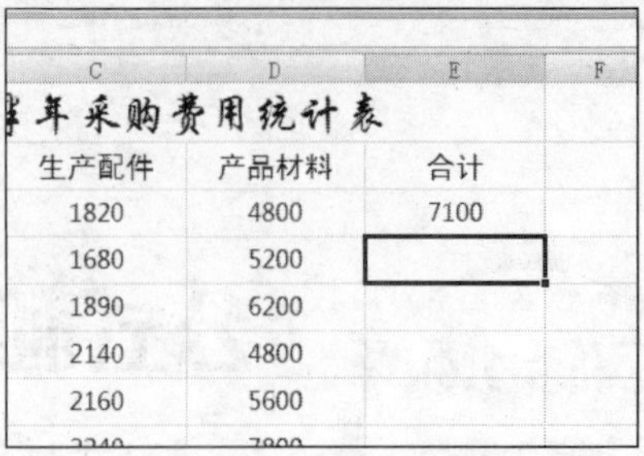

图6-2 计算出的合计结果

问题 6-1: 如何在公式中插入其他运算符号？

在单元格中输入公式时，一般的运算符号可以直接输入，如"＋"、"－"、"＊"、"／"，分别表示加号、减号、乘号、除号。如果在键盘中没有运算符号，用户可以在"插入特殊符号"对话框中选择所需的运算符号。

方法二：鼠标输入

Step
01
选中工作表中的 E4 单元格并在其中输入"＝"，然后单击工作表中的 B4 单元格，此时可以看到在公式中引用了选中的单元格，如图 6-3 所示。

Step
02
同样方法再输入"＋"并单击 C4 单元格，然后输入"＋"并单击 D4 单元格，此时 E4 单元格中的公式如图 6-4 所示。

图6-3 使用鼠标选择单元格

图6-4 输入完整的公式

问题 6-2: 在工作表的单元格中输入公式之后如何进行更改呢？

如果需要更改单元格中的公式，首先选中需要更改公式的单元格，然后在编辑栏中直接进行更改即可；也可以选中公式中需要更改的部分，再引用要计算的单元格。

Step
03
输入完毕之后按键盘中的【Enter】键，此时可以看到目标单元格中显示了计算出的结果，效果如图 6-5 所示。

Step
04
再运用前面介绍过的任意一种方法将 E5：E8 单元格中的值计算出来，并将数据单元格中的数字格式设置为"货币"，最后的效果如图 6-6 所示。

月份	办公用品	生产配件	产品材料	合计
一月份	¥480.00	¥1,820.00	¥4,800.00	¥7,100.00
二月份	¥680.00	¥1,680.00	¥5,200.00	¥7,560.00
三月份	¥520.00	¥1,890.00	¥6,200.00	¥8,610.00
四月份	¥860.00	¥2,140.00	¥4,800.00	¥7,800.00
五月份	¥720.00	¥2,160.00	¥5,600.00	¥8,480.00
六月份	¥620.00	¥2,240.00	¥7,800.00	¥10,660.00

公司上半年采购费用统计表

生产配件	产品材料	合计
1820	4800	7100
1680	5200	7560
1890	6200	
2140	4800	
2160	5600	
2240	7800	

半年采购费用统计表

输入公式计算后的效果

图 6-5　计算出的合计结果　　　　　　图 6-6　计算完毕后的最终结果

问题 6-3：　计算复杂的数据时如何覆盖其内置的优先顺序？

运用各种运算符，可以计算各类复杂的数据。像其他运算一样，在 Excel 2007 中括号可以覆盖其内置的优先顺序，括号中的表达式将享有最高优先级被最先计算。

6.1.2　复制公式

复制公式与复制数组是不一样的，复制数组后获得的是与原数据组一样的一个数组，而复制公式则是将单元格中的公式复制到其他的单元格中，直接在其他单元格中计算出结果来。下面将介绍复制公式的方法，具体操作步骤如下：

原始文件：实例文件\第 6 章\原始文件\复制公式.xlsx
最终文件：实例文件\第 6 章\最终文件\复制公式.xlsx

Step 01　打开实例文件\第 6 章\原始文件\复制公式.xlsx 文件，并选中 E4 目标单元格，然后在"开始"选项卡的"编辑"组中单击"填充"按钮，在其展开的下拉列表中选择"向下"选项，如图 6-7 所示。

Step 02　经过上一步的操作之后，此时可以看到在目标单元格中显示了相应的计算结果，则已经将 E3 单元格中的公式向下复制填充到了 E4 单元格中，如图 6-8 所示。

图 6-7　选择向下填充复制公式命令　　　　图 6-8　填充复制公式后的效果

Step 03 选中 E4 单元格，并将指针移至该单元格的右下角，当指针变成十字形状时按住鼠标左键不放并向下拖动，拖至目标位置后再释放鼠标，如图 6-9 所示。

Step 04 拖至 E8 单元格位置处时释放鼠标，此时可以看到在 E5：E8 单元格中都显示了相应的计算结果，则已经将 E4 单元格中的公式复制到了其他单元格中，如图 6-10 所示。

	C	D	E F G
	年年采购费用统计表		
	生产配件	产品材料	合计
	¥1,820.00	¥4,800.00	¥7,100.00
	¥1,680.00	¥5,200.00	¥7,560.00
	¥1,890.00	¥6,200.00	
	¥2,140.00	¥4,800.00	
	¥2,160.00	¥5,600.00	
	¥2,240.00	¥7,800.00	
	复制公式		

图 6-9　拖动填充柄复制公式

	C	D	E F
	年年采购费用统计表		
	生产配件	产品材料	合计
	¥1,820.00	¥4,800.00	¥7,100.00
	¥1,680.00	¥5,200.00	¥7,560.00
	¥1,890.00	¥6,200.00	¥8,610.00
	¥2,140.00	¥4,800.00	¥7,800.00
	¥2,160.00	¥5,600.00	¥8,480.00
	¥2,240.00	¥7,800.00	¥10,660.00

图 6-10　复制公式后的效果

问题 6-4： 在拖动填充柄复制公式后，下方的"自动填充选项"按钮有何作用？

在拖动填充柄复制公式后，将在最后目标单元格的右下角出现"自动填充选项"按钮，其作用是供用户选择填充的选项。单击该按钮可展开下拉列表，在其中用户可以选择"复制单元格"、"仅填充格式"和"不带格式填充"选项。

6.2　单元格的引用

在 Excel 中对单元格的引用包括相对引用、绝对引用和混合引用。引用的作用在于标识单元格或单元格区域，并指明公式中所使用的数据地址，从而可以更加方便地引用位置的数据。本节将介绍在 Excel 中单元格的引用，主要内容包括数据的相对引用、绝对引用和混合引用。

6.2.1　相对引用

相对引用是相对于公式单元格位于某一位置处的单元格引用。当公式所在的单元格位置发生改变时，引用的单元格位置也会随之改变。当复制相对引用单元格的公式时，被粘贴公式中的引用将自动更新。下面将介绍使用相对引用的方法，具体操作步骤如下：

原始文件：实例文件\第 6 章\原始文件\公司产品年度销售统计表.xlsx
最终文件：实例文件\第 6 章\最终文件\相对引用.xlsx

Step 01 打开实例文件\第 6 章\原始文件\公司产品年度销售统计表.xlsx 文件并选中 D3 单元格，再在其中输入所需要的计算公式，在此输入公式"=B3*C3"，表示等于第一种产品的销售数量乘以单价，如图 6-11 所示。

Step 02 输入正确的计算公式之后，按键盘中的【Enter】键，此时可以看到在目标单元格中显示了计算的结果，如图 6-12 所示。

图 6-11　输入公式 　　　　　　　　　　　图 6-12　计算的结果

问题 6-5:	相对引用的公式可以在编辑栏中进行输入吗?

可以。用户不仅可以直接在目标单元格中输入相对引用的计算公式,还可以在编辑栏中进行输入,输入完毕之后单击编辑栏左侧的"输入"按钮或者按键盘中的【Enter】键。

Step 03 选中已经显示结果的 D3 单元格,并将指针移至该单元格的右下角,当指针变成十字形状时按住鼠标左键不放并向下拖动即可,拖至目标位置后再释放鼠标,如图 6-13 所示。

Step 04 拖至 D8 单元格位置处时释放鼠标,此时可以看到已经将 D3 单元格中的公式复制到了 D4:D8 单元格区域中,再单击任意单元格结果时,可以看到在编辑栏中显示了相应的公式,再将数据单元格中的数字格式设置为"货币",最后的结果如图 6-14 所示。

图 6-13　复制公式 　　　　　　　　　　图 6-14　最终效果

6.2.2 绝对引用

如果用户不希望在复制单元格的公式时,引用的单元格发生变化,应使用绝对引用。当使用了绝对引用的公式填充或者复制到新单元格后,公式中的地址不发生变化。下面将介绍绝对引用的方法,具体操作步骤如下:

原始文件: 实例文件\第 6 章\原始文件\绝对引用.xlsx

最终文件: 实例文件\第 6 章\最终文件\绝对引用.xlsx

Step 01 打开实例文件\第 6 章\原始文件\绝对引用.xlsx 文件并选中 D3 单元格,在其中输入所需要的计算公式,在此输入公式"=B3*C3",表示等于第一种产品的销售数量乘以单价,如图 6-15 所示。

Step 02 在输入的公式中输入绝对符号表示绝对引用单元格，则在公式的单元格位置中输入 "$"，输入之后公式变成了"=$B$3*$C$3"，如图 6-16 所示。

	fx =B3*C3		
B	C	D	E

司产品年度销售统计表

销售数量	单价	销售金额	
￥1,820.00	￥220.00	=B3*C3	
￥1,680.00	￥480.00		
￥1,890.00	￥460.00		
￥2,140.00	￥280.00	输入计算公式	
￥2,160.00	￥180.00		
￥1,980.00	￥240.00		

图 6-15　输入公式

	fx =$B$3*$C$3		
B	C	D	E

司产品年度销售统计表

销售数量	单价	销售金额	
￥1,820.00	￥220.00	=$B$3*$C$3	
￥1,680.00	￥480.00		
￥1,890.00	￥460.00		
￥2,140.00	￥280.00	输入绝对符号	
￥2,160.00	￥180.00		
￥1,980.00	￥240.00		

图 6-16　输入绝对引用公式

问题 6-6： 有快捷方式可以插入绝对引用符号吗？

有。用户如果想要使用快捷方式插入绝对引用符号，首先在单元格中输入相对引用的计算公式，然后选中需要绝对引用的单元格地址，再按键盘中的【F4】键即可。

Step 03 输入正确的公式之后按键盘中的【Enter】键，选中 D3 单元格并将指针移至该单元格的右下角，当指针变成十字形状时按住鼠标左键不放并向下拖动，如图 6-17 所示。

Step 04 拖至 D8 单元格位置处时释放鼠标，此时可以看到 D3 单元格中的公式已经复制到了 D4：D8 单元格区域中，所以结果单元格中显示的结果为一样的，则表示都绝对引用了 D3 单元格中的公式，最后的结果如图 6-18 所示。

	fx =$B$3*$C$3		
B	C	D	E

司产品年度销售统计表

销售数量	单价	销售金额	
￥1,820.00	￥220.00	￥400,400.00	
￥1,680.00	￥480.00		
￥1,890.00	￥460.00		
￥2,140.00	￥280.00		
￥2,160.00	￥180.00		
￥1,980.00	￥240.00		

图 6-17　复制公式

D8	fx =$B$3*$C$3			
A	B	C	D	E

公司产品年度销售统计表

产品名称	销售数量	单价	销售金额	
手提包	￥1,820.00	￥220.00	￥400,400.00	
羽绒服	￥1,680.00	￥480.00	￥400,400.00	
羊毛衣	￥1,890.00	￥460.00	￥400,400.00	
运动服	￥2,140.00	￥280.00	￥400,400.00	
T恤衫	￥2,160.00	￥180.00	￥400,400.00	
牛仔裤	￥1,980.00	￥240.00	￥400,400.00	

图 6-18　绝对引用后的效果

问题 6-7： 绝对引用是如何引用单元格的？

绝对引用单元格时是指在复制单元格的公式时，使用单元格中的公式不发生任何变化，绝对引用目标单元格中的公式，但必须在绝对引用单元格位置中输入绝对引用符号。用户还可以使用混合引用，则在公式中既有相对引用又有绝对引用，具体操作方法将在后面的章节中讲解。

6.2.3　混合引用

对引用单元格时并不局限于绝对引用或相对引用，还可以使用混合引用，简单地说就是公式中的单元格的相对引用地址改变，而绝对引用的地址不变。下面将介绍混合引用的方法，具体操作步骤如下：

原始文件： 实例文件\第 6 章\原始文件\公司产品年度销售统计表.xlsx
最终文件： 实例文件\第 6 章\最终文件\混合引用.xlsx

Step 01 打开实例文件\第 6 章\原始文件\公司产品年度销售统计表.xlsx 文件，并在 G2 和 G3 单元格中分别输入"销售成本"和"10000"数据，表示销售每种产品所需要的成本，如图 6-19 所示。

Step 02 输入表格数据之后再选中 D3 单元格，并在其中输入相应的计算公式。在此输入公式"=B3*C3-G3"，表示销售金额等于销售数量乘以单价再减去销售成本，如图 6-20 所示。

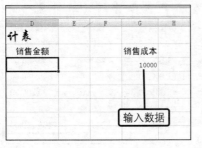

图 6-19　输入数据

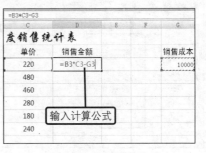

图 6-20　输入计算公式

问题 6-8： 相对引用与绝对引用的区别是什么？

在复制相对引用公式的公式时，Excel 将自动调整复制公式中的引用，以便引用相对于当前公式位置的其他单元格。绝对引用是绝对引用某个单元格，在复制公式时使用公式不发生改变。

Step 03 选中公式中的"G3"并按键盘中的【F4】键，此时可以看到公式中的 G3 变成为了$G$3，表示绝对引用该单元格。此时，输入的公式中即有相对引用又有绝对引用，如图 6-21 所示。

Step 04 确认公式之后按键盘中的【Enter】键，再选中 D3 单元格并将指针移至该单元格的右下角，当指针变成十字形状时按住鼠标左键向下拖动，拖至目标位置后再释放鼠标，如图 6-22 所示。

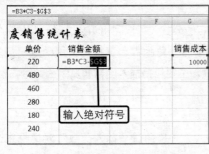

图 6-21　设置混合引用公式

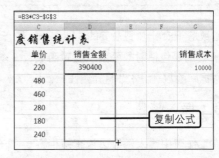

图 6-22　复制公式

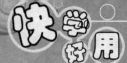

问题 6-9： 如何在相对引用与绝对引用之间进行切换？

如果创建了一个公式并将相对引用更改为绝对引用，那么先选中包含该公式的单元格。然后在编辑栏中选择要更改的引用并按键盘中的【F4】键。反之，再次按键盘中的【F4】键将绝对引用更改为相对引用。

Step 05 经过上一步的操作之后，此时可以看到在 D4：D8 单元格中已经显示了相应的计算结果，即已经引用了 D3 单元格中的公式，效果如图 6-23 所示。

Step 06 选中任意结果单元格时可以看到在编辑栏中显示了相应的公式，公式中的销售数量和单价为相对引用，而后面的销售成本为绝对引用，表示计算的所有销售金额都将减去相同的销售成本，再将数据单元格中的数字格式设置为“货币”，效果如图 6-24 所示。

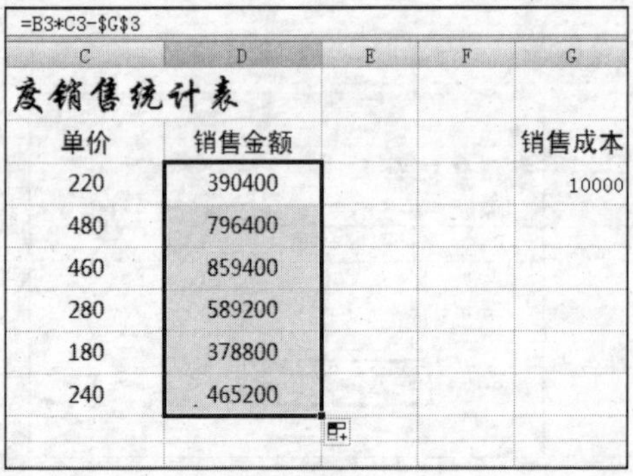

=B3*C3-$G$3

C	D	E	F	G
度销售统计表				
单价	销售金额			销售成本
220	390400			10000
480	796400			
460	859400			
280	589200			
180	378800			
240	465200			

图 6-23　复制公式后的效果

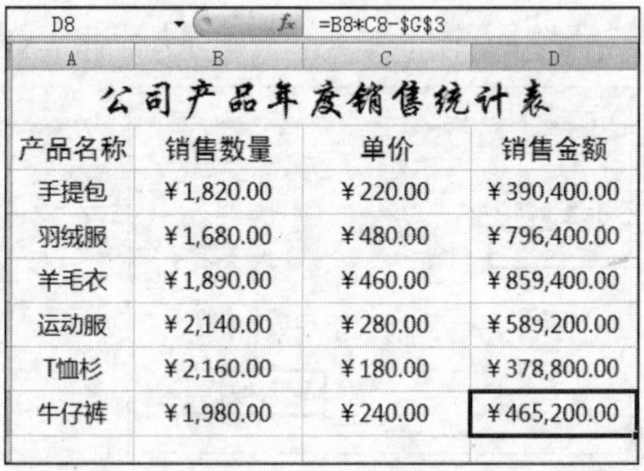

D8　=B8*C8-$G$3

A	B	C	D
公司产品年度销售统计表			
产品名称	销售数量	单价	销售金额
手提包	￥1,820.00	￥220.00	￥390,400.00
羽绒服	￥1,680.00	￥480.00	￥796,400.00
羊毛衣	￥1,890.00	￥460.00	￥859,400.00
运动服	￥2,140.00	￥280.00	￥589,200.00
T恤衫	￥2,160.00	￥180.00	￥378,800.00
牛仔裤	￥1,980.00	￥240.00	￥465,200.00

图 6-24　显示公式

问题 6-10： 在绝对引用或混合引用计算时，可以在不同工作表中引用单元格？

可以。在引用单元格进行计算时可以在不同的工作表中进行引用，则直接单击工作表标签进行切换并选择需要引用的单元格，如果需要绝对引用则再在公式中添加绝对引用符号。例如，在 Sheet1 工作表的某个单元格中插入公式时需要绝对 Sheet2 工作表中的 A2 单元格，则在目标单元格的公式中直接输入“Sheet2！$A$2”，也可以单击 Sheet2 工作表标签，在该工作表中选择 A2 单元格，再将 A2 设置绝对引用。

6.3 输入函数

函数是 Excel 中最重要的功能之一，是 Excel 中预定的公式，可以利用函数进行一些复杂的计算。函数主要包括财务函数、逻辑函数、文本函数、数学与三角函数、查找与引用函数、信息函数、数据库函数等。本节将介绍在 Excel 2007 中输入函数，主要包括插入函数和复制函数等内容。

6.3.1 插入函数

在工作表中输入函数通常有两种方式：一是手动输入，一是通过“插入函数”对话框来选择需要插入的函数。下面将介绍插入函数的方法，具体操作步骤如下：

原始文件：实例文件\第 6 章\原始文件\插入函数.xlsx
最终文件：实例文件\第 6 章\最终文件\插入函数.xlsx

方法一：使用对话框插入函数

Step 01 打开实例文件\第 6 章\原始文件\插入函数.xlsx 文件，选中工作表中的 E3 单元格并单击"公式"标签切换到"公式"选项卡，然后在"函数库"组中单击"插入函数"按钮，如图 6-25 所示。

Step 02 弹出"插入函数"对话框，在该对话框中用户可以选择所需要插入的函数。在此选择函数类别为"常用函数"，然后在"选择函数"列表框中选择所需要的函数，例如在此选择 SUM 选项，最后再单击"确定"按钮，如图 6-26 所示。

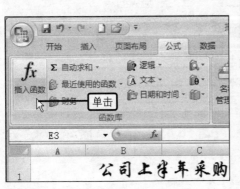

图 6-25　单击"插入函数"按钮

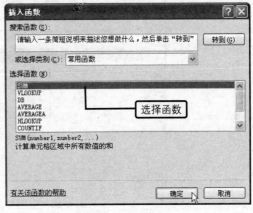

图 6-26　选择函数

问题 6-11：	如何对函数进行一些必要的了解？

对插入函数进行一些必要的了解，在"插入函数"对话框中选中所需要的函数之后单击"有关该函数的帮助"文字链接，对当前函数的参数进行查看。

Step 03 此时弹出"函数参数"对话框，在该对话框中用户需要设置函数的参数。在 Number1 文本框中默认设置了相应的参数，用户可以将其他的数据删除并输入所需要的参数，在此单击文本框右侧的折叠按钮，如图 6-27 所示。

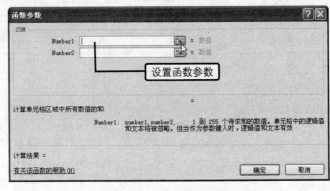

图 6-27　设置函数参数

Step 04 在 Sheet1 工作表中直接选择所需要参与计算的单元格，例如在此选择 B3：D3，此时可以看到在"函数参数"对话框中显示了所选择的单元格区域，然后单击对话框中的折叠按钮，如图 6-28 所示。

问题 6-12：	在设置函数参数是注意些什么？

在 Number1 或 Number2 文本框中设置函数参数时，单元格中的逻辑值和文本将被忽略。但当作为参数输入时，逻辑值和文本才有效。

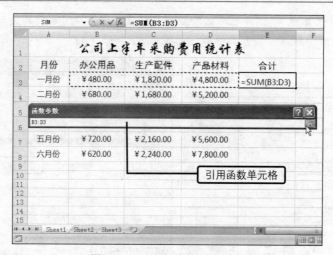

图 6-28　引用参数单元格位置

Step 05 此时返回"函数参数"对话框中，可以看到在该对话框的 number1 文本框中显示了所设置的参数，并且在对话框的下方显示了计算结果，单击"确定"按钮，如图 6-29 所示。

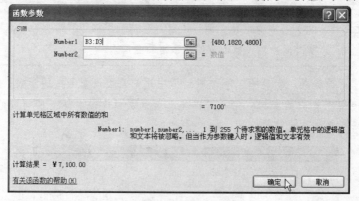

图 6-29　确认函数参数

问题 6-13：	SUM 的函数结构是什么？

SUM 为求和函数，其结构为 SUM(number1，number2,…)，是计算单元格区域中所有数值的和。可以分别设置 number1 和 number2 参数，将自动计算两组数据值的和。

Step 06 经过前面的操作之后返回工作表中，此时可以看到在目标单元格中显示了计算的结果，并且在编辑栏中显示了计算的公式，如图 6-30 所示。

图 6-30　使用函数计算后的结果

方法二：直接输入函数

Step 07 选中工作表中的 E4 单元格，直接在单元格中输入所需要的计算公式函数，例如在此输入公式"=SUM (B4：D4)"，表示将 B4：D4 单元格区域的数值求和，如图 6-31 所示。

Step 08 输入正确的公式之后按键盘中的【Enter】键，此时可以看到目标单元格中显示了相应的计算结果，如图 6-32 所示。再次选该单元格时在编辑栏中可以看到使用的计算公式，最后再运用同样的方法，将 E5：E8 单元格中的结果计算出来。

图 6-31　输入公式函数 　　　　　图 6-32　计算后的效果

问题 6-14： 在函数公式中能否使用绝对引用？

可以。在插入函数公式时默认为相对引用，和一般公式一样用户也可以为其设置绝对引用，则在绝对引用的单元格位置中添加绝对符号即可。例如，公式"=SUM (E4−G4)"中 G4 表示生产成本，E 列单元格中所有数据都要减去该值，则公式应为"=SUM (E4−G$4)"。

6.3.2　复制函数

函数和公式一样，可以进行复制和粘贴，复制函数时，一般采用拖动填充法复制和粘贴函数。下面将介绍复制函数的方法，具体操作步骤如下：

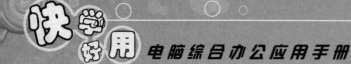

原始文件：实例文件\第6章\原始文件\复制函数.xlsx
最终文件：实例文件\第6章\最终文件\复制函数.xlsx

Step 01 打开实例文件\第 6 章\原始文件\复制函数.xlsx 文件，并选中工作表中的 E4 单元格，然后在"开始"选项卡的"编辑"组中单击"填充"按钮，再在展开的下拉列表中选择"向下"选项，如图 6-33 所示。

Step 02 经过上一步的操作之后，此时可以看到在目标单元格中显示了相应的计算结果，在编辑栏中显示复制的公式，如图 6-34 所示。

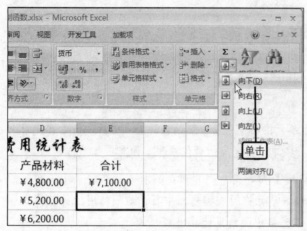

图 6-33　选择"向下"命令

图 6-34　复制函数后的效果

问题 6-15：	有快捷进行向下填充复制公式或函数吗？

除了使用"填充"下拉列表中的"向下"选项进行填充以外，用户还可以按键盘中的快捷键【Ctrl+D】，也可进行向下填充复制公式或函数。

Step 03 选中 E4 单元格并将指针移至该单元格的右下角，当指针变成十字形状时按住鼠标左键不放并向下拖动，如图 6-35 所示。

Step 04 拖至 E8 单元格位置处时释放鼠标，此时可以看到在 E5：E8 单元格中显示了相应的计算结果，再选中任意单元格结果时，在编辑栏中可以看到复制的函数，效果如图 6-36 所示。

图 6-35　拖动填充柄复制函数

图 6-36　复制的函数

问题 6-16：　除上面介绍两方法以外还有其他方式复制函数吗？

在复制函数的时候，也可以选中需要复制的函数，并然后键盘中的快捷键【Ctrl+C】和【Ctrl+V】进行复制和粘贴，也可以右击单元格中的函数，在弹出的快捷菜单中选择"复制"和"粘贴"命令，对函数进行复制和粘贴操作。

6.4　数据的排序与筛选

当工作表中的数据通过公式或函数计算出来之后，用户还可以使用排序和筛选功能对数据进行分析。排序是用户在统计工作表中的数据时经常使用一个功能，是根据单元格中的数据类型进行重新排列。筛选功能可以在工作表选择性地显示出满足条件的数据，对于不满足条件下数据是会自动将其隐藏。

6.4.1　简单排序

简单排序是指在排序的时候，设置单一的排序条件，将工作表中的数据按照指定的某一种数据类型进行重要排序。下面将介绍简单排序的方法，具体操作步骤如下：

原始文件：实例文件＼第 6 章＼原始文件＼简单排序.xlsx
最终文件：实例文件＼第 6 章＼最终文件＼简单排序.xlsx

Step 01 打开实例文件＼第 6 章＼原始文件＼简单排序.xlsx 文件，并选中工作表中的任意数据单元格，然后单击"数据"标签切换到"数据"选项卡，在"排序和筛选"组中再单击"排序"按钮，如图 6-37 所示。

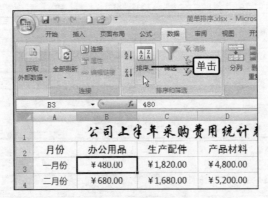

图 6-37　"排序"命令

Step 02 此时弹出"排序"对话框，在该对话框中单击"主要关键字"列表框右侧的下三角按钮，然后在展开的下拉列表中选择所需要的主要关键字，例如在此选择"合计"选项，如图 6-38 所示。

问题 6-17：　除了单击"排序"按钮之外还有其他方法打开"排序"对话框吗？

有。除了在"数据"选项卡中单击"排序"按钮打开"排序"对话框以外，还可以使用键盘中的快捷键，则依次按键盘中的【Alt】、【A】和【S】键。

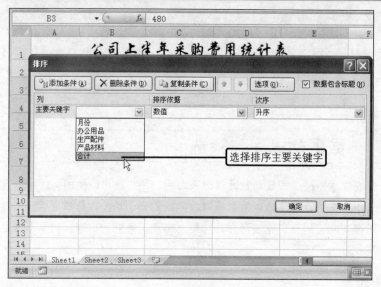

图 6-38　选择主要关键字

Step 03 "排序"对话框中还需要设置排序的方式,单击"次序"列表框右侧的下三角按钮,用户可以从中选择所需要的排序方式。在此保持默认的"升序"选项,最后单击"确定"按钮,如图 6–39 所示。

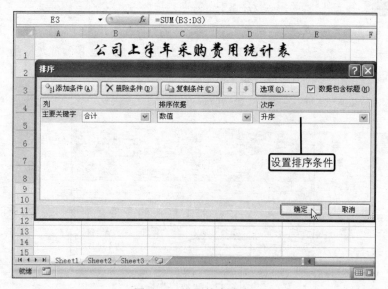

图 6-39　设置排序次序

Step 04 经过前面的操作之后返回工作表中,此时可以看到工作表中的数据已经以"合计"为关键字,合计的数据以升序进行了排序,效果如图 6–40 所示。

> **问题 6-18:** 除了使用"排序"对话框还可以设置数据的简单排序吗?
>
> 可以。除了使用"排序"对话框对数据进行简单排序以外,用户还可以选中需要排序的列的任意数据单元格,在"排序和筛选"组中单击"升序"或"降序"按钮。

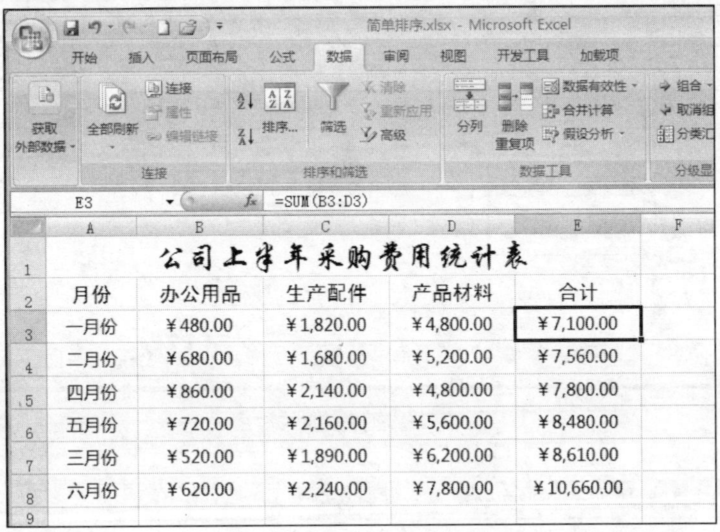

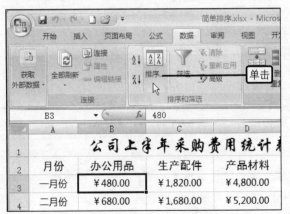

图 6-40　简单排序后的效果

6.4.2　复杂排序

　　复杂排序一般用于在有多个排序条件同时存在时进行排序操作，Excel 工作表首先满足"主要关键字"中的排序条件，再满足"次要关键字"中设置的排序条件。下面将介绍复杂排序的方法，具体操作步骤如下：

原始文件：实例文件\第 6 章\原始文件\复杂排序.xlsx
最终文件：实例文件\第 6 章\最终文件\复杂排序.xlsx

Step 01　打开实例文件\第 6 章\原始文件\复杂排序.xlsx 文件并选中工作表中的任意数据单元格，然后切换到"数据"选项卡并单击"排序和筛选"组中的"排序"按钮，如图 6-41 所示。

图 6-41　单击"排序"按钮

Step 02　弹出"排序"对话框，在该对话框中单击"主要关键字"列表框右侧的下三角按钮，并在展开的下拉列表中选择所需要的主要关键字选项，例如在此选择"办公用品"选项，如图 6-42 所示。

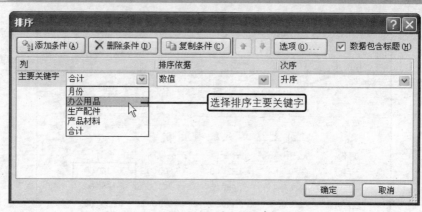

图 6-42　选择主要关键字

问题 6-19:　如果需要添加一个相同的排序条件怎么办?

如果需要添加一个相同的排序条件, 则在"排序"对话框中可以单击"复制条件"按钮, 即可复制一个相同的排序条件, 并且可以对其进行更改和设置。

Step 03 单击对话框中的"添加条件"按钮, 在对话框中显示了次要关键字排序条件。在此单击"次要关键字"列表框右侧的下三角按钮, 然后在展开的下拉列表中选择所需要的次要关键字, 例如在此选择"合计"选项, 如图 6-43 所示。

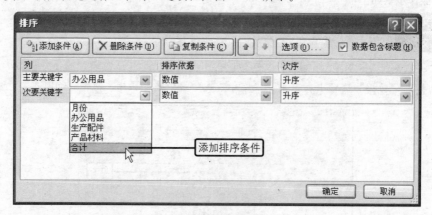

图 6-43　选择次要关键字

Step 04 将排序条件设置完毕之后单击"确定"按钮, 此时返回工作表中可以看到其中的数据已经按照所设置的排序条件进行了排序, 首先对办公用品数据进行升序排序, 再对合计数据进行了升序排序, 排序后的效果如图 6-44 所示。

问题 6-20:　如何删除不需要的排序条件?

如果需要删除排序条件, 首先打开"排序"对话框, 并在其中选择需要删除的排序条件, 然后单击"删除条件"按钮。比如需要删除次要关键字条件, 则首先单击对话框中的次要关键字文本框中"合计"选项, 使其为选中状态后单击"删除条件"按钮。

公式和函数应用以及数据处理 6

6
据处理 公式和函数应用以及数

7
功能 Excel 2007 的数据分析

8
制作与美化幻灯片

9
PowerPoint 的高级应用

10
使用网络自动化办公

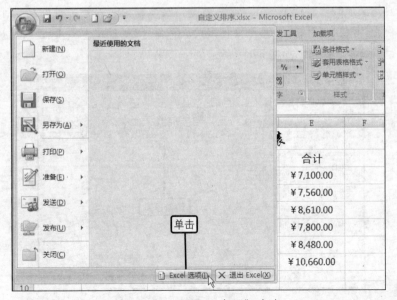

图 6-44　复杂排序后的效果

6.4.3　自定义排序

在 Excel 中，允许输入自定义序列，以使其能够自动应用到需要的数据中，自定义排序是通过"自定义序列"对话框中的相关操作来对单元格区域中的数据进行排序。下面将介绍自定义排序的方法，具体操作步骤如下：

原始文件：实例文件\第 6 章\原始文件\自定义排序.xlsx
最终文件：实例文件\第 6 章\最终文件\自定义排序.xlsx

Step 01　打开实例文件\第 6 章\原始文件\自定义排序.xlsx 文件，并单击窗口左上角的 Office 按钮，然后在展开的"文件"菜单中单击"Excel 选项"按钮，如图 6-45 所示。

图 6-45　"Excel 选项"命令

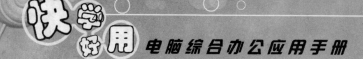

Step 02 此时弹出"Excel 选项"对话框，在"常用"选项卡的"使用 Excel 时采用的首选项"选项组中单击"编辑自定义列表"按钮，如图 6-46 所示。

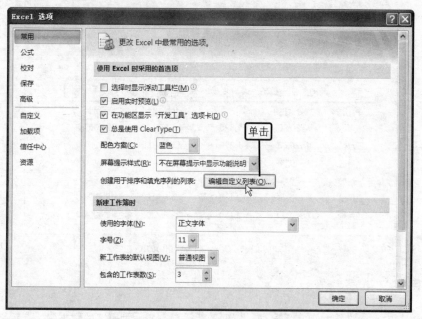

图 6-46 "自定义序列"命令

问题 6-21： 还有其他方法打开"自定义序列"对话框吗？

除了在"Excel 选项"对话框中单击"编辑自定义列表"按钮以外，还可以通过"排序"对话框打开"自定义序列"对话框。首先打开"排序"对话框，然后选择"次序"下拉列表框中的"自定义序列"选项。

Step 03 弹出"自定义序列"对话框，在"输入序列"文本框中输入新序列文本，例如在此输入"一月份,三月份,五月份,二月份,四月份,六月份"，然后单击"添加"按钮将其添加，最后单击"确定"按钮，如图 6-47 所示。

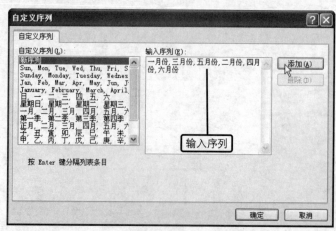

图 6-47 输入序列内容

Step 04 返回工作表中再运用前面介绍过的方法打开"排序"对话框，在该对话框中设置主要关键字为"月份"，然后单击"次序"列表框右侧的下三角按钮，并在展开的下拉列表中选择"自定义序列"选项，如图6-48所示。

问题 6-22：　如何更改和删除自定义序列？

如果需要更改或删除自定义序列，首先打开"自定义序列"对话框，然后在"自定义序列"列表框中选择需要更改或删除的序列，在"输入序列"文本框中对序列进行更改，如果需要删除序列则单击"删除"按钮。

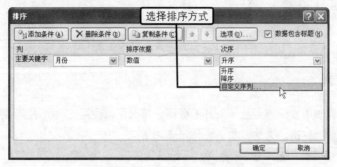

图 6-48　选择排序方式

Step 05 此时弹出"自定义序列"对话框，在该对话框中向下拖动"自定义序列"列表框右侧的滚动条，此时选择设置的自定义选项，然后单击"确定"按钮，如图6-49所示。

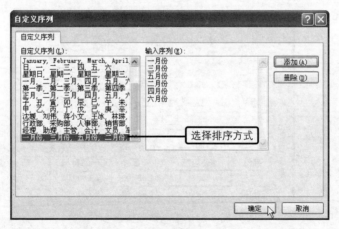

图 6-49　选择自定义序列

Step 06 经过前面的操作之后返回工作表中，此时可以看到工作表中的数据已经按照所设置的自定义序列进行了排序，排序后的效果如图6-50所示。

问题 6-23：　除了使用数值作为排序的依据以外，还可以使用什么作为排序的依据？

除了使用数值作为排序的依据以外，还可以使用单元格颜色、字体颜色、单元格图标作为排序的依据。则在"排序"对话框中单击"排序依据"列表框右侧的下三角按钮，在展开的下拉列表框中选择所需要的排序依据即可。

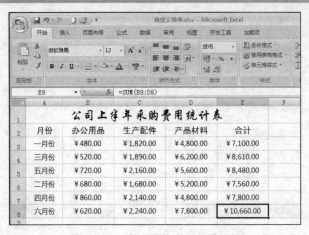

图 6-50 自定义排序后的效果

6.4.4 自动筛选

如果需要在工作表中显示满足给定条件的数据，那么可以使用 Excel 的自动筛选功能来达到此要求。下面将介绍自动筛选的方法，具体操作步骤如下：

原始文件： 实例文件\第 6 章\原始文件\自动筛选.xlsx
最终文件： 实例文件\第 6 章\最终文件\自动筛选.xlsx

Step 01 打开实例文件\第 6 章\原始文件\自动筛选.xlsx 文件，并单击"数据"标签切换到"数据"选项卡，然后在"排序和筛选"组中单击"筛选"按钮进入筛选状态，如图 6-51 所示。

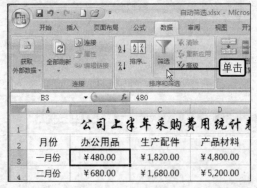

图 6-51 进入筛选状态

问题 6-24：	有快捷方式进入筛选状态吗？

有。除了在"数据"选项卡单击"筛选"按钮之外，还可以按键盘中的快捷键【Ctrl+Shift+L】进行筛选状态。

Step 02 此时在工作表中各列标题的右侧出现了下三角按钮，首先单击"月份"所在单元格右侧的下三角按钮，并在展开的下拉列表中取消"一月份"、"二月份"复选框的选择，然后单击"确定"按钮，如图 6-52 所示。

图 6-52　设置自动筛选数据条件

6
据处理
公式和函数应用以及数

7
功能
Excel 2007 的数据分析

8
制作与美化幻灯片

9
PowerPoint 的高级应用

10
使用网络自动化办公

Step
03　经过上一步的操作之后，此时可以看到在工作表中没有显示一月份和二月份的相关数据，自动筛选后的效果如图 6-53 所示。

图 6-53　自动筛选后的效果

Step
04　单击"生产配件"所在单元格右侧的下三角按钮，并在展开的下拉列表中选择"数字筛选"选项，然后再在展开的级联菜单中选择所需要的筛选条件，例如在此选择"介于"选项，如图 6-54 所示。

问题 6-25：　如何取消自动筛选的数据？

在执行了自动筛选之后，如果需要将其全部显示出来，则再次单击需要显示全部数据相应的列标题右侧的下三角按钮，例如在步骤 3 中设置的月份数据的筛选，则再次单击"月份"所在单元格右侧的下三角按钮，然后在展开的下拉列表中选择"全选"复选框，最后单击"确定"按钮即可将所有月份的相关数据都显示出来。

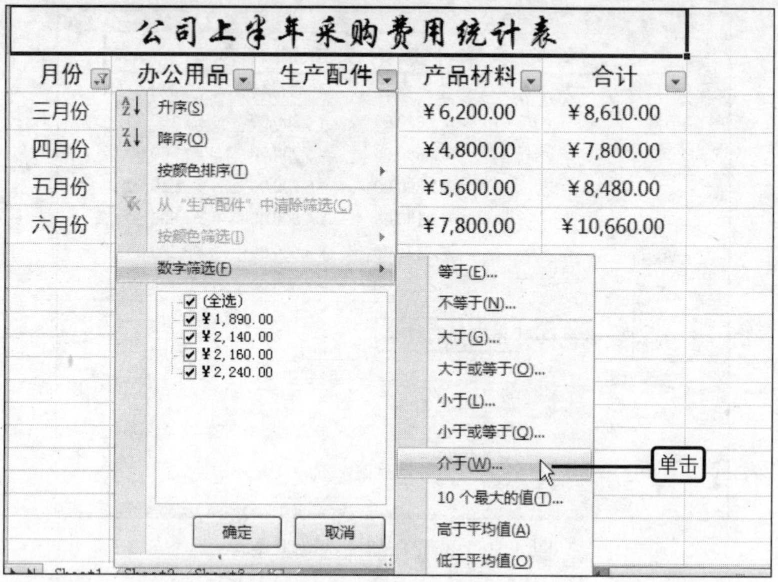

图 6-54 自定义自动筛选方式

Step 05 此时弹出"自定义自动筛选方式"对话框，在"生产配件"选项组中的"大于或等于"选项右侧的下拉列表框中输入所需要最小值"2000"，在"小于或等于"选项右侧的下拉列表框中输入所需要的最大值"2500"，最后单击"确定"按钮，如图 6-55 所示。

Step 06 经过前面的操作之后返回工作表中，此时可以看到工作表中的数据已经按照设置的筛选条件进行了筛选，最终的筛选结果如图 6-56 所示。

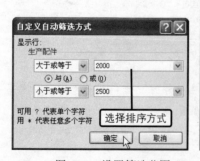

图 6-55 设置筛选范围

图 6-56 筛选后的最终效果

问题 6-26：	如何取消数据的筛选状态呢？

如果需要取消数据的筛选状态，则在"数据"选项卡中单击"筛选"按钮或者按键盘中的快捷键【Ctrl+Shift+L】即可。

6.4.5 高级筛选

高级筛选要求在工作表中无数据的地方指定一个区域用于存放筛选条件，这个区域就是条件区域，再根据设置的条件对数据进行筛选。下面将介绍高级筛选的方法，具体操作步骤如下：

原始文件： 实例文件\第 6 章\原始文件\高级筛选.xlsx

最终文件： 实例文件\第 6 章\最终文件\高级筛选.xlsx

Step 01 打开实例文件\第 6 章\原始文件\高级筛选.xlsx 文件，并单击"数据"标签切换到"数据"选项卡，单击"排序和筛选"组中 "筛选"按钮，再单击"高级"按钮，如图 6-57 所示。

Step 02 此时弹出"高级筛选"对话框，在"方式"选项组中选择"在原有区域显示筛选结果"单选按钮，再删除"列表区域"文本框中的单元格区域，可以在其中自行设置列表区域，在此单击其右侧的折叠按钮，如图 6-58 所示。

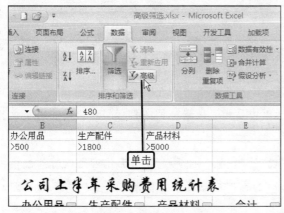

图 6-57 单击"高级筛选"按钮

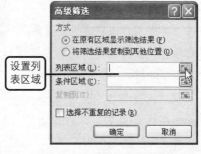

图 6-58 设置高级筛选区域

问题 6-27： 为什么执行筛选数据之后，再次执行条件筛选时有的数据没有显示出来？

当对一列数据进行筛选后，能对其他数据列进行双重筛选的值只能是那些在首次筛选后的数据清单中显示的值，所以有的满足第二个筛选条件的数据没有显示。使用"自动筛选"操作时，对一列数据最多可以应用两个条件，如果要对一列数据应用 3 个或更多条件，则需要使用计算后的值作为条件，或者将筛选后的记录复制到另一个位置再进行筛选，当然也可以进行"高级筛选"的操作。

Step 03 此时在工作表中直接选择所需要的列表区域，例如在此选择 Sheet1 工作表中的 A6：E12 单元格区域，此时可以看到在"高级筛选-列表区域"对话框中显示了所选择的单元格区域，然后再单击其中的折叠按钮，如图 6-59 所示。

Step 04 返回到了"高级筛选"对话框，此时可以看到在"列表区域"文本框中显示了设置的列表单元格区域，单击"条件区域"文本框右侧的折叠按钮以便设置条件区域，如图 6-60 所示。

图 6-59 选择列表区域

图 6-60 设置高级筛选条件区域

问题 6-28： 如何将筛选的结果放置在其他的位置？

如果需要将高级筛选的结果放置在其他位置，则在"高级筛选"对话框的"方式"选项组中选择"将筛选结果复制到其他位置"单选按钮，然后在"复制到"文本框中设置放置筛选结果的位置，也可以单击该文本框右侧的折叠按钮，然后引用需要放置的位置单元格。

Step 05 在 Sheet1 工作表中选择设置的条件区域，在此选择其中的 B1：D2 单元格区域。此时可以看到在"高级筛选-条件区域"对话框中显示了所选择的条件区域，再单击其中的折叠按钮，如图 6-61 所示。

Step 06 返回"高级筛选"对话框中单击"确定"按钮，此时返回到工作表可以看到表格中的数据已经应用了相应的筛选，只显示了满足条件的相关数据。高级筛选数据后的效果如图 6-62 所示。

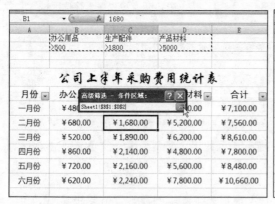

图 6-61 选择条件区域

图 6-62 高级筛选后的效果

问题 6-29： 为何筛选的结果中有复制的数据？

当原工作表数据中有重复的数据时，而重复的数据都符合所设置的条件，这样筛选结果中可能会这种情况。如果需要不显示重复的数据，则在"高级筛选"对话框中选择"选择不重复的记录"复选框。

6.5　分级显示数据

分类汇总是对数据清单中的数据进行管理的重要工具，可以快速地汇总各项数据，但在汇总之前，需要对数据进行排序。

6.5.1　创建和删除分类汇总

在创建分类汇总之前，需要将进行分类汇总的数据进行排序，即将同类的数据排列在一起以方便进行分类汇总，对于已经创建的分类汇总，也可以将其进行删除。下面将介绍创建和删除分类汇总的方法，具体操作步骤如下：

原始文件：实例文件\第 6 章\原始文件\创建和删除分类汇总.xlsx
最终文件：实例文件\第 6 章\最终文件\创建和删除分类汇总.xlsx

Step 01 打开实例文件\第 6 章\原始文件\创建和删除分类汇总.xlsx 文件，并单击"数据"标签切换到"数据"选项卡，然后在"排序和筛选"组中单击"排序"按钮，如图 6-63 所示。

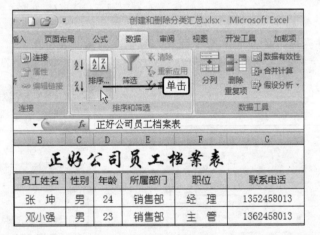

图 6-63　"排序"命令

Step 02 此时弹出"排序"对话框，在该对话框中单击"主要关键字"列表框右侧的下三角按钮，并在展开的下拉列表中选择所需要的主要关键字，例如在此选择"所属部门"选项，如图 6-64 所示。

图 6-64　选择主要关键字

Step 03 单击"次序"列表框右侧的下三角按钮，并在展开的下拉列表中选择"降序"选项，最后单击"确定"按钮，如图6-65所示。

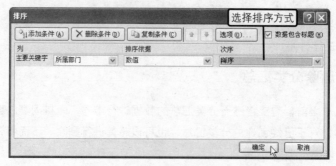

图6-65 选择排序方式

Step 04 经过前面的操作之后返回工作表中，此时可以看到工作表中的数据已经按照所设置排序条件进行了排序。在"数据"选项卡再单击"分级显示"组中的"分类汇总"按钮，如图6-66所示。

Step 05 此时弹出"分类汇总"对话框，在该对话框中单击"分类字段"列表框右侧的下三角按钮，并在展开的下拉列表中选择所需要的字段，例如在此选择"所属部门"选项，如图6-67所示。

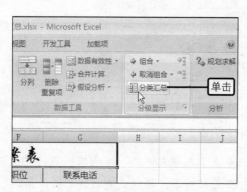

图6-66 "分类汇总"命令

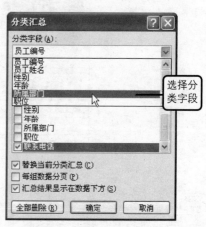

图6-67 选择分类字段

问题 6-30： 执行分类汇总的操作之前需要防止数据出现什么情况？

在执行分类汇总的操作之前，需要确保数据单元格区域的第一行的每一列都有标题，同一列中应包含相似的数据，在区域中没有空行和空列的存在。

Step 06 单击"汇总方式"列表框右侧的下三角按钮，并在展开的下拉列表中选择所需要的汇总方式，在此选择"计数"选项，如图6-68所示。

Step 07 设置好分类字段和汇总方式之后，在"选定汇总项"列表框中选择需要的汇总项，例如在此选择"职位"复选框，然后单击"确定"按钮，如图6-69所示。

公式和函数应用以及数据处理 **6**

6 公 据 式 处 和 理 函 数 应 用 以 及 数

7 Excel 功 2007 能 的 数 据 分 析

8 制 作 与 美 化 幻 灯 片

9 PowerPoint 的 高 级 应 用

10 使 用 网 络 自 动 化 办 公

问题 6-31：　有快捷方式打开"分类汇总"对话框吗？

有。用户不仅可以单击"分类汇总"按钮打开"分类汇总"对话框还可以使用快捷方式，则依次按键盘中的【Alt】、【A】和【B】键。

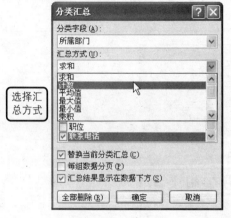

图 6-68　选择汇总方式

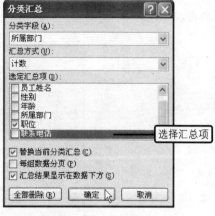

图 6-69　选择汇总项

Step 08 经过前面的操作之后返回工作表中，此时可以看到工作表中的数据已经以所属部门为字段对职位进行了计数统计，最后的效果如图 6-70 所示。

图 6-70　分类汇总后的效果

Step 09 对数据执行分类汇总的操作之后，在数据的左侧将显示一组数字按钮，单击相应的按钮即可显示该的数据信息，例如在此单击数字按钮中的"2"，如图 6-71 所示。

问题 6-32: 如何选择分类汇总数据放置的位置？

在"分类汇总"对话框用户可以选择分类汇总数据放置的位置，一般选择汇总结果显示在数据下方。如果在执行分类汇总之前工作表中的数据已经有分类汇总数据，可以选择将本次的分类汇总数据显示在下方还是替换当前的分类汇总，如果需要替换则选择"替换当前分类汇总"复选框。

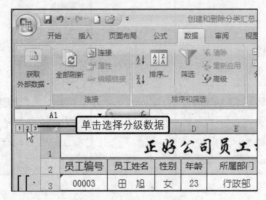

图 6-71 选择分级数据

Step 10 经过上一步的操作之后，此时可以看到在工作表中显示了该级的数据，则只显示了分类汇总的信息，效果如图 6-72 所示。

问题 6-33: 如何清除工作表数据左侧的数字按钮？

如果想要清除工作表数据左侧的数字按钮需要清除数据的分级显示，则在"数据"选项卡下的"分级显示"组中"取消组合"下三角按钮，并在展开的下拉列表中选择"清除分组显示"选项。

Step 11 如果需要删除对数据的分类汇总，则再次打开"分类汇总"对话框，并在该对话框中单击"全部删除"按钮，如图 6-73 所示。

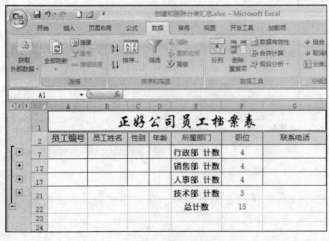

图 6-72 选择分级数据后的效果

图 6-73 删除分类汇总

问题 6-34：在“分类汇总”对话框中的“每组数据分页”有何作用？

在“分类汇总”对话框中，如果选择“每组数据分页”复选框，那么得到的分类汇总结果将分页显示。

Step 12 经过上一步的操作之后，此时可以看到工作表中的分类汇总已经删除，删除分类汇总后的效果如图 6-74 所示。

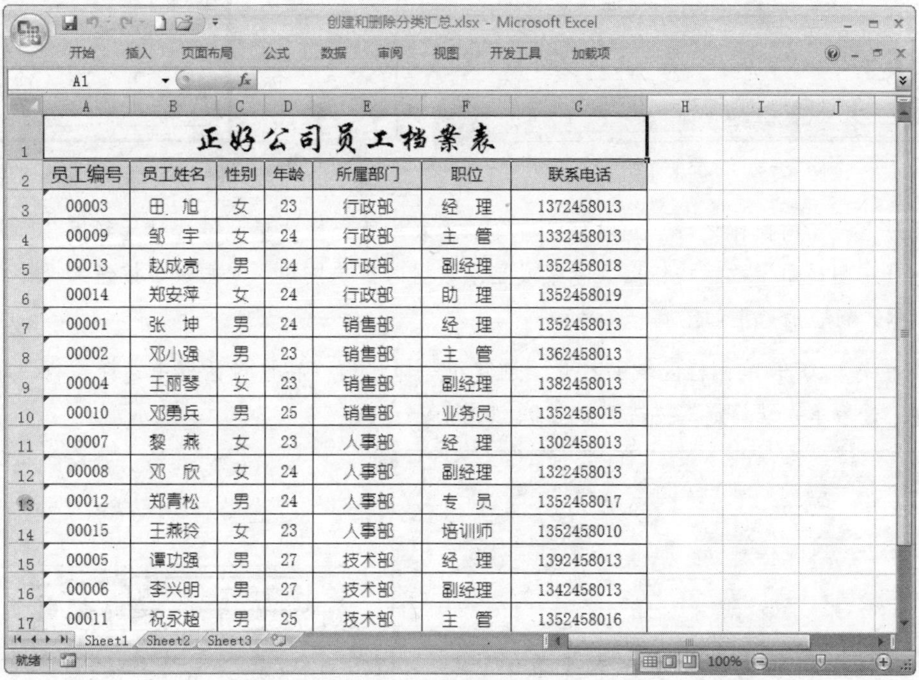

员工编号	员工姓名	性别	年龄	所属部门	职位	联系电话
00003	田 旭	女	23	行政部	经 理	1372458013
00009	邹 宇	女	24	行政部	主 管	1332458013
00013	赵成亮	男	24	行政部	副经理	1352458018
00014	郑安萍	女	24	行政部	助 理	1352458019
00001	张 坤	男	24	销售部	经 理	1352458013
00002	邓小强	男	23	销售部	主 管	1362458013
00004	王丽琴	女	23	销售部	副经理	1382458013
00010	邓勇兵	男	25	销售部	业务员	1352458015
00007	黎 燕	女	23	人事部	经 理	1302458013
00008	邓 欣	女	24	人事部	副经理	1322458013
00012	郑青松	男	24	人事部	专 员	1352458017
00015	王燕玲	女	23	人事部	培训师	1352458010
00005	谭功强	男	27	技术部	经 理	1392458013
00006	李兴明	男	27	技术部	副经理	1342458013
00011	祝永超	男	25	技术部	主 管	1352458016

图 6-74 删除分类汇总后的效果

6.5.2 显示分级组合数据

分级显示的数据应该是数据清单的格式，数据清单是包括了相关的数据的一系列工作表行，清单中的第 1 行的每一列都有标志，每列中包含相似的数据，并且没有空行或空列。下面将介绍显示分组组合数据的方法，具体操作方法如下：

原始文件： 实例文件\第 6 章\原始文件\显示分级组合数据.xlsx

最终文件： 实例文件\第 6 章\最终文件\显示分级组合数据.xlsx

Step 01 打开实例文件\第 6 章\原始文件\显示分级组合数据.xlsx 文件，并选中工作表中的 A3:G6 单元格区域，单击“数据”标签切换到“数据”选项卡，然后单击“分级显示”组中的“组合”按钮，在下拉列表中选择“组合”命令，如图 6-75 所示。

Step 02 弹出“创建组”对话框，在该对话框的“创建组”选项组中需要选择创建组的范围，可以是行也可以是列，在此选择“行”单选按钮，然后单击“确定”按钮，如图 6-76 所示。

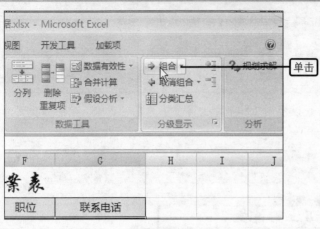

图 6-75 "创建组"命令

图 6-76 选择创建组的范围

Step 03 经过上一步的操作之后，此时可以看到工作表中所选择的单元格区域已经组合，并在工作表左侧显示了数字按钮以及隐藏或显示数据的折叠按钮，单击数字按钮选择分级显示数据，组合的效果如图 6-77 所示。

Step 04 选中 A3：G10 单元格区域并打开"创建组"对话框，在该对话框中选择"行"单选按钮，最后单击"确定"按钮，如图 6-78 所示。

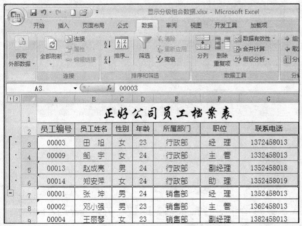

图 6-77 创建组之后的效果

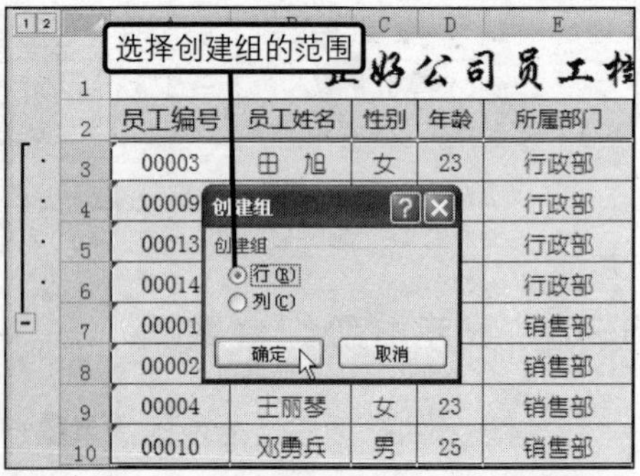

图 6-78 选择创建组中"行"单选按钮

问题 6-35： **可以使用快捷打开"创建组"对话框吗？**

可以。用户不仅可以单击"组合"按钮打开"创建组"对话框还可以使用快捷键，则按键盘中的快捷键【Shift+Alt+→】打开。

Step 05 运用同样的方法，选中工作表中的 A3：G14 单元格区域，并为其创建组。然后选中工作表中的 A3：G17 单元格区域并为其创建组，创建多个组之后的效果如图 6-79 所示。

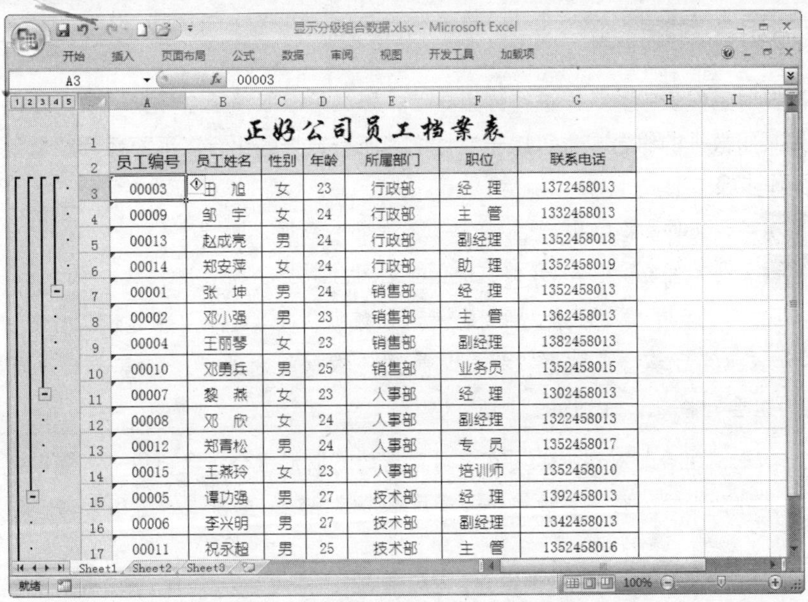

显示分级组合数据.xlsx - Microsoft Excel

员工编号	员工姓名	性别	年龄	所属部门	职位	联系电话
00003	田　旭	女	23	行政部	经　理	1372458013
00009	邹　宇	女	24	行政部	主　管	1332458013
00013	赵成亮	男	24	行政部	副经理	1352458018
00014	郑安萍	女	24	行政部	助　理	1352458019
00001	张　坤	男	24	销售部	经　理	1352458013
00002	邓小强	男	23	销售部	主　管	1362458013
00004	王丽琴	女	23	销售部	副经理	1382458013
00010	邓勇兵	男	25	销售部	业务员	1352458015
00007	黎　燕	女	23	人事部	经　理	1302458013
00008	邓　欣	女	24	人事部	副经理	1322458013
00012	郑青松	男	24	人事部	专　员	1352458017
00015	王燕玲	女	23	人事部	培训师	1352458010
00005	谭功强	男	27	技术部	经　理	1392458013
00006	李兴明	男	27	技术部	副经理	1342458013
00011	祝永超	男	25	技术部	主　管	1352458016

图 6-79　创建多个组后的效果

Step 06 经过前面的操作之后，此时工作表中的数据都已经创建了相应的组。单击工作表数据左侧的分组显示按钮后，此时可以看到其中的−按钮将变为+按钮，将分组的数据隐藏，如图 6–80 所示。如果需要显示分组的数据，则单击+按钮。

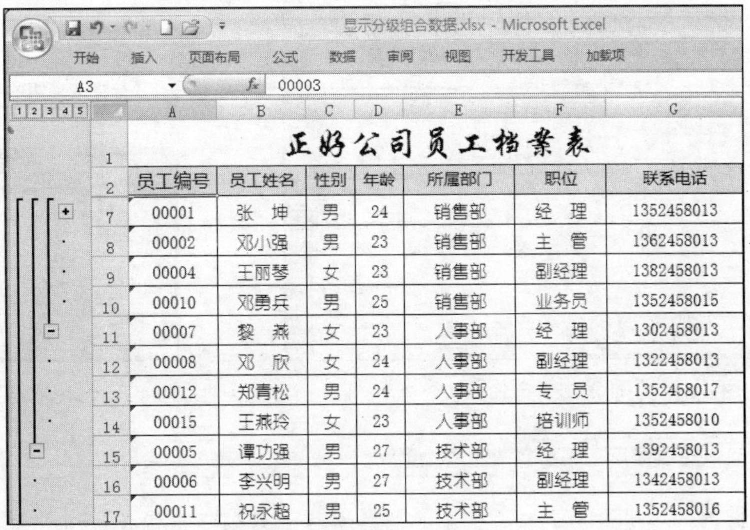

显示分级组合数据.xlsx - Microsoft Excel

员工编号	员工姓名	性别	年龄	所属部门	职位	联系电话
00001	张　坤	男	24	销售部	经　理	1352458013
00002	邓小强	男	23	销售部	主　管	1362458013
00004	王丽琴	女	23	销售部	副经理	1382458013
00010	邓勇兵	男	25	销售部	业务员	1352458015
00007	黎　燕	女	23	人事部	经　理	1302458013
00008	邓　欣	女	24	人事部	副经理	1322458013
00012	郑青松	男	24	人事部	专　员	1352458017
00015	王燕玲	女	23	人事部	培训师	1352458010
00005	谭功强	男	27	技术部	经　理	1392458013
00006	李兴明	男	27	技术部	副经理	1342458013
00011	祝永超	男	25	技术部	主　管	1352458016

图 6-80　隐藏或显示数据

问题 6-36：　除了单击工作表数据左侧的数字按钮之外还有其他方式显示明细数据吗？

除了单击工作表数据左侧的数字按钮之外，还可以在“数据”选项卡的“分级显示”组中单击“显示明细数据”和“隐藏明细数据”按钮对数据进行显示或隐藏。例如，需要隐藏第 1 个组合中的数据，则首先选中该组中的任意数据单元格，然后在“分级显示”组中单击“隐藏明细数据”按钮对该组数据进行隐藏。

6.5.3 取消组合数据

如果不需要对工作表中的数据进行分组显示，那么可以取消组合数据，从而取消分级显示。可以选择取消某组数据的组合，也可以一次性取消所有数据的组合。下面将介绍取消组合数据的方法，具体操作步骤如下：

原始文件： 实例文件\第6章\原始文件\取消组合数据.xlsx
最终文件： 实例文件\第6章\最终文件\取消组合数据.xlsx

Step 01 打开实例文件\第 6 章\原始文件\取消组合数据.xlsx 文件，并选中工作表中的 A3：G6 单元格区域，然后单击"数据"标签切换到"数据"选项卡，再单击"分级显示"组中的"取消组合"按钮，如图 6-81 所示。

Step 02 此时弹出"取消组合"对话框，则在该对话框的"取消组合"选项组中需要选择取消组合的范围，例如在此选择"行"单选按钮，最后单击"确定"按钮，如图 6-82 所示。

问题 6-37：	可以使用快捷打开"取消组合"对话框吗？

可以。不仅可以单击"取消组合"按钮打开"取消组合"对话框还可以使用快捷键，则按键盘中的快捷键【Shift+Alt+→】即可。

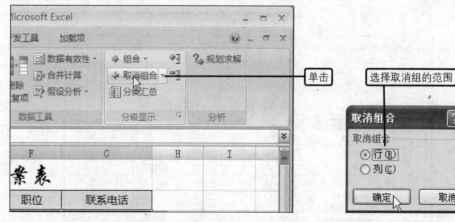

图 6-81 "取消组合"命令　　　　图 6-82 选择取消组合的范围

问题 6-38：	可以更改数据左侧折叠按钮的位置吗？

可以。对数据进行分类汇总或组合之后，将在数据的左侧显示折叠按钮，单击可显示或隐藏该组数据，也可以更改折叠按钮的位置在上方或者下方，则在"数据"选项卡单击"分级显示"组中的对话框启动器按钮，然后在弹出的"设置"对话框的"方向"选项组中选择"明细数据的下方"复选框则显示在数据的下方，否则显示在数据的上方。

Step 03 经过前面的操作之后返回工作表中，此时可以看到所选择单元格区域创建的组已经取消，效果如图 6-83 所示。

公式和函数应用以及数据处理　6

6
数据处理　公式和函数应用以及数

7
功能　Excel 2007 的数据分析

8
制作与美化幻灯片

9
PowerPoint 的高级应用

10
使用网络自动化办公

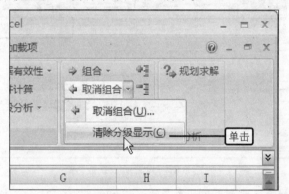

图 6-83　取消组后的效果

^{Step}
04 用户还可以一次性取消所有的组合，则首先选中工作表中的任意数据单元格，然后在"数据"选项卡的"分级显示"组中单击"取消组合"下三角按钮，并在展开的下拉列表中选择"清除分级显示"选项，如图 6–84 所示。

图 6-84　选择"消除分级显示"选项

6.6　实例提高：制作公司年度日常费用统计表

在公司的管理过程中，每月都需要支付相关的日常费用，例如电话费用、交通费用、招待费用、管理费用等。而这些费用长期累计，也将使公司支付一定数目的生产成本。公司一般需要对各项费用进行认真的统计与分析，以便寻找到减少日常费用开支的方法，从而为公司节约生产成本。最后结合本章所学习的知识点，制作公司年度日常费用统计表，具体操作步骤如下：

原始文件：实例文件\第 6 章\原始文件\公司年度日常费用统计表.xlsx
最终文件：实例文件\第 6 章\最终文件\公司年度日常费用统计表.xlsx

^{Step}
01 打开实例文件\第 6 章\原始文件\公司年度日常费用统计表.xlsx 文件，并选中工作表中的 G3 单元格，然后单击编辑栏左侧的"插入函数"按钮，如图 6–85 所示。

Step 02 弹出"插入函数"对话框,在"或选择类别"列表框中选择"常用函数"选项,再在"选择函数"列表框中选择选择 SUM 选项并单击"确定"按钮,如图 6-86 所示。

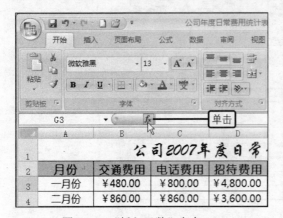

图 6-85 "插入函数"命令

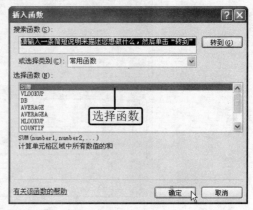

图 6-86 选择函数

Step 03 此时弹出"函数参数"对话框,在该对话框中用户需要设置函数的参数,在此首先删除 Number1 文本框中的单元格引用位置,再单击其右侧的折叠按钮,如图 6-87 所示。

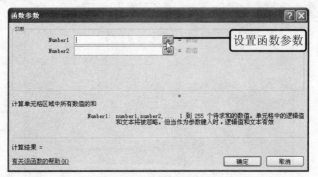

图 6-87 设置函数参数

Step 04 在 Sheet1 工作表中选择需要引用的单元格,例如在此选择 B3:F3 单元格区域,在"函数参数"对话框中再单击折叠按钮,如图 6-88 所示。

公司2007年度日常费用统计表					
交通费用	电话费用	招待费用	物管费用	水电费用	合计
¥480.00	¥800.00	¥4,800.00	¥160.00	¥860.00	M(B3:F3)
¥860.00	¥860.00	¥3,600.00	¥160.00	¥680.00	
¥680.00	¥820.00	¥4,200.00	¥160.00	¥780.00	
B3:F3					
¥560.00	¥820.00	¥4,600.00	¥160.00	¥820.00	
¥860.00	¥840.00	¥4,800.00	¥160.00	¥800.00	
¥820.00	¥780.00	¥3,800.00	¥160.00	¥860.00	
¥760.00	¥820.00	¥4,600.00	¥160.00	¥820.00	
¥780.00	¥860.00	¥4,200.00	¥160.00	¥860.00	
¥820.00	¥870.00	¥4,700.00	¥160.00	¥850.00	
¥680.00	¥850.00	¥4,800.00	¥160.00	¥870.00	

图 6-88 选择参数单元格

Step 05 此时返回了"函数参数"对话框，在其中可以看到计算的结果，再单击"确定"按钮，如图6-89所示。

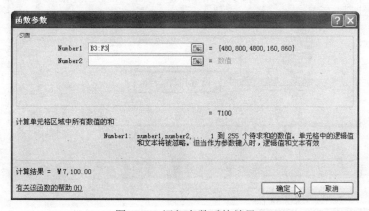

图6-89　添加参数后的效果

Step 06 经过前面的操作之后返回工作表中，此时可以看到在目标单元格中已经显示正确的计算结果，如图6-90所示。

Step 07 选中G3单元格并将指针移至该单元格右下角，当指针变成十字形状时按住鼠标左键并向下拖动，拖至G14单元格位置处时再释放鼠标，如图6-91所示。

图6-90　计算的目标结果 　　　　　　图6-91　复制公式函数

Step 08 选中任意数据单元格并切换到"数据"选项卡，然后在"排序和筛选"组中单击"排序"按钮，如图6-92所示。

Step 09 弹出"排序"对话框，单击"主要关键字"列表框右侧的下三角按钮，并在展开的下拉列表中选择"合计"选项，如图6-93所示。

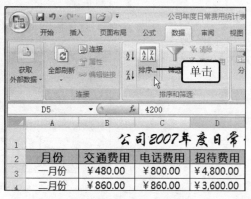

图6-92　"排序"命令

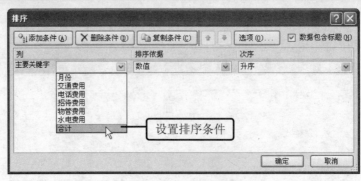

图 6-93　设置排序条件

Step 10 单击"确定"按钮后返回工作表中，此时可以看到工作表中的数据已经对合计数据以升序进行了排序，排序后的效果如图 6-94 所示。

图 6-94　排序后的效果

Step 11 为了对数据进行分析，可以使用筛选功能，则首先需要进入筛选状态。选中任意数据单元格，然后在"数据"选项卡的"排序和筛选"组中单击"筛选"按钮，如图 6-95 所示。

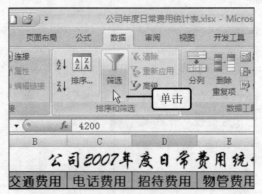

图 6-95　进入筛选状态

公式和函数应用以及数据处理　　　6

6 据处理 公式和函数应用以及数

7 功能 Excel 2007 的数据分析

8 制作与美化幻灯片

9 PowerPoint 的高级应用

10 使用网络自动化办公

Step
12　此时在表格的各列标题右侧出现了下三角按钮，选择筛选的条件。在此单击"合计"所在单元格右侧的下三角按钮，然后在展开的下拉列表中选择"数字筛选"选项，再在其展开的级联菜单中选择"大于"选项，如图 6-96 所示。

图 6-96　选择"自定义自动筛选方式"

Step
13　弹出"自定义自动筛选方式"对话框，在该对话框的"合计"选项组中设置自动筛选的条件。在此处的"大于"选项右侧的文本框中输入"7000"，然后再单击"确定"按钮，如图 6-97 所示。

Step
14　经过上一步的操作之后返回工作表中，此时可以看到工作表中的数据已经进行相应的筛选。则只显示合计数据大于 7000 的相关数据信息，自定义自动筛选之后的效果如图 6-98 所示。

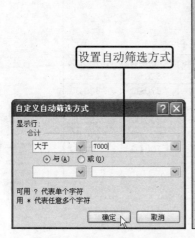

图 6-97　设置自动筛选条件

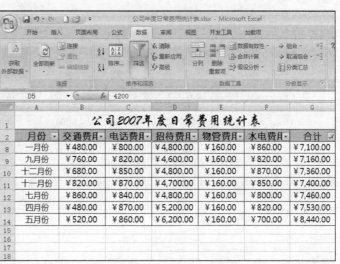

图 6-98　自动筛选后的效果

Step 15 单击"合计"所在单元格右侧的下三角按钮，然后在展开的下拉列表中选择"数字筛选"选项，再在其展开的级联菜单中选择"高于平均值"选项，则表示筛选出高于平均值的相关数据，如图6-99所示。

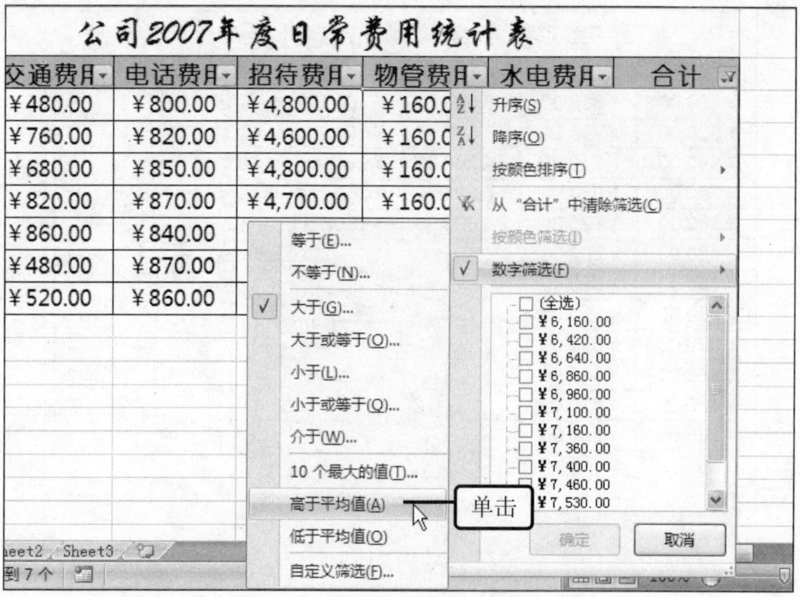

图 6-99　选择筛选数据条件

Step 16 经过上一步的操作之后，此时可以看到工作表中的数据已经应用了相应的筛选，只显示高于平均值的相关数据，如图 6-100 所示。如果需要恢复原来的数据状态，则再次单击取消筛选再设置排序。

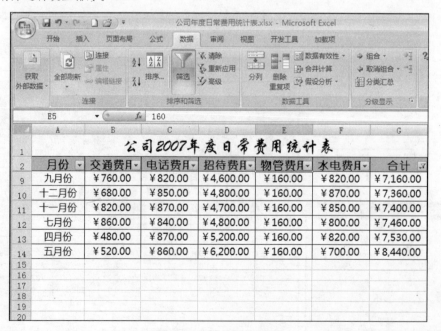

图 6-100　筛选后的效果

Step 17 恢复原来的数据状态之后，选中 A3：G5 单元格区域，并在"数据"选项卡的"分级显示"组中单击"组合"按钮，如图 6-101 所示。

Step 18 弹出"创建组"对话框，首先在"创建组"选项组中选择"行"单选按钮，再单击"确定"按钮，如图 6-102 所示。

图 6-101 "创建组"命令

图 6-102 设置创建组的范围

Step 19 经过前面的操作之后，此时可以看到所选择的单元格区域已经组合，组合之后的效果如图 6-103 所示。

月份	交通费用	电话费用	招待费用	物管费用	水电费用	合计
			公司2007年度日常费用统计表			
一月份	￥480.00	￥800.00	￥4,800.00	￥160.00	￥860.00	￥7,100.00
二月份	￥860.00	￥860.00	￥3,600.00	￥160.00	￥680.00	￥6,160.00
三月份	￥680.00	￥820.00	￥4,200.00	￥160.00	￥780.00	￥6,640.00
四月份	￥480.00	￥870.00	￥5,200.00	￥160.00	￥820.00	￥7,530.00
五月份	￥520.00	￥860.00	￥6,200.00	￥160.00	￥700.00	￥8,440.00
六月份	￥560.00	￥820.00	￥4,600.00	￥160.00	￥820.00	￥6,960.00
七月份	￥860.00	￥840.00	￥4,800.00	￥160.00	￥800.00	￥7,460.00
八月份	￥820.00	￥780.00	￥3,800.00	￥160.00	￥860.00	￥6,420.00
九月份	￥760.00	￥820.00	￥4,600.00	￥160.00	￥820.00	￥7,160.00
十月份	￥780.00	￥860.00	￥4,200.00	￥160.00	￥860.00	￥6,860.00
十一月份	￥820.00	￥870.00	￥4,700.00	￥160.00	￥850.00	￥7,400.00

图 6-103 创建组后的效果

Step
20

选中 A3：G8 单元格区域，并将其进行组合，如图 6-104 所示。再运用同样的方法，分别将 A3：G11 和 A3：G14 单元格区域进行组合。

图 6-104　继续创建组

Step
21

经过前面的操作之后，工作表中相应的单元格已经组合。单击工作表数据左侧的分组显示按钮后，此时可以看到其中的 ⊟ 按钮将变为 ⊞ 按钮，并且该组的数据已经隐藏，如图 6-80 所示。如果需要显示该组的数据，则单击 ⊞ 按钮即可。

图 6-105　表格的最终效果

Chapter

07

Excel 2007 的数据分析功能

　　Microsoft Office Excel 2007 在数据处理和分析上有很强大的功能，这些强大的功能能够使得用户更好、更快地完成工作，为用户减少工作量。为了使用工作表中的数据更具说明性，用户使用图表来表达相应的数据；为了制作交互式的、交叉的 Excel 报表，则可以创建数据透视表，还可以根据数据透视表创建数据透视图。本章将介绍 Excel 2007 的数据分析，主要内容包括在 Excel 2007 中创建图表、数据分析工具、数据透视表与数据透视图等内容。最后将结合本章所学习的知识点，制作实例——公司历年销售统计分析表。

7.1 在 Excel 2007 中创建图表

　　在 Microsoft Office Excel 2007 中，可以很轻松地创建具有专业外观的图表，相对于以前的版本 Excel 2007 取消了图表向导表，用户只需选择图表类型、图表布局和图表样式即可获得专业的图表效果。本节将介绍在 Excel 2007 中创建图表，主要内容包括根据数据创建图表、设置图表布局与样式、设置图表样式等内容。

7.1.1 根据数据创建图表

　　在 Excel 中创建图表既快速又简便，Excel 提供了各种图表类型供用户在创建图表时选择，对于多数图表，可以将工作表的行或列中排列的数据绘制其中。下面将介绍根据数据创建图表的方法，具体操作步骤如下：

原始文件：实例文件\第 7 章\原始文件\公司上半年采购费用统计.xlsx
最终文件：实例文件\第 7 章\最终文件\创建图表 1.xlsx、创建图表 2.xlsx

方法一：使用"图表"选项组

Step 01 打开实例文件\第 7 章\原始文件\公司上半年采购费用统计.xlsx 文件并选中 A2：B8 单元格区域，然后切换到"插入"选项卡并在"图表"组中单击"柱形图"按钮，再在展开的下拉列表中选择"簇状柱形图"选项，如图 7-1 所示。

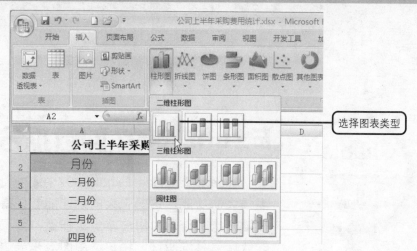

图 7-1　选择图表类型

Step 02 经过上一步的操作之后，此时可以看到在工作表中显示了所选择类型的图表，效果如图 7-2 所示。

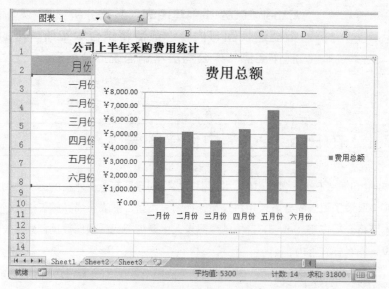

图 7-2　插入图表的效果

问题 7-1： 在日常工作中常用到哪些类型的图表？

在日常工作中常用的图表类型有很多，可以根据需要表达的信息选择合适的图表。例如，柱形用于显示一段时间内的数据变化或显示各项之间的比较情况；折线图可以显示随时间而变化的连续数据，非常适合用于显示在相等时间间隔下数据的趋势；饼图显示一个数据系列中各项的大小与各项总和的比例，在饼图中数据点显示出整个饼图的百分比等。除了常用的图表类型之外，还有条形图、面积图、散点图、股价图、曲面图、圆环图、气泡图、雷达图等。

方法二：使用"插入图表"对话框

Step 01 打开实例文件\第 7 章\原始文件\公司上半年采购费用统计.xlsx 文件并选中 A2：B8 单远格区域，然后在"插入"选项卡单击"图表"组中的对话框启动器按钮，如图 7-3 所示。

Step 02 此时弹出"插入图表"对话框，在该对话框中可以选择所需要的图表类型。例如，在"柱形图"选项卡中选择"三维簇状柱形图"选项，最后单击"确定"按钮，如图 7-4 所示。

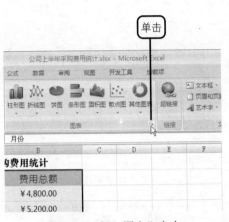

图 7-3 "插入图表"命令

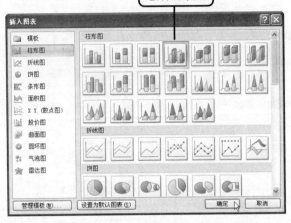

图 7-4 选择图表类型

Step 03 经过前面的操作之后，此时可以看到在工作表中显示了所选择类型的图表，效果如图 7-5 所示。

Step 04 将图表标题中的内容进行更改，首先删除其中原来的文本并再输入"公司上半年采购费用统计"文本，如图 7-6 所示。

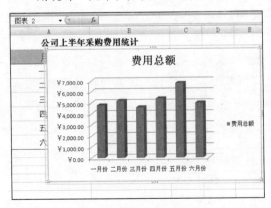

图 7-5 插入图表的效果

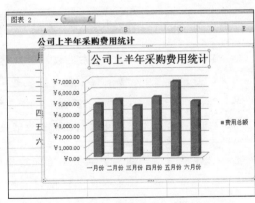

图 7-6 更改图表标题内容

问题 7-2： 可以设置图表标题的字体格式吗？

可以。如果想要设置图表标题的字体格式，其操作方法和设置单元格中文本的字体格式一样。则首先选中图表标题文本框或者文本框中的文本内容，然后在"开始"选项卡中进行格式的设置，具体操作步骤将在后面的章节中进行介绍。

243

7.1.2　设置图表布局与样式

如果插入了图表之后要快速设置图例和标题的位置，则可以通过选择图表布局来进行。和设置图表布局一样，如果需要更改图表的样式，则可以通过选择图表样式来设置。下面将介绍设置图表布局与样式的方法，具体操作步骤如下：

原始文件：实例文件\第 7 章\原始文件\设置图表布局与样式.xlsx
最终文件：实例文件\第 7 章\最终文件\设置图表布局与样式.xlsx

Step 01 打开实例文件\第 7 章\原始文件\设置图表布局与样式.xlsx 文件，并选中工作表中的图表，然后单击"图表工具""设计"标签切换到"图表工具""设计"上下文选项卡，在"图表布局"组中单击"快速布局"按钮，再在展开的库中选择所需要的样式，例如在此选择"布局 3"选项，如图 7-7 所示。

Step 02 经过上一步的操作之后，此时可以看到图表的布局已经应用了相应的设置，更改图表布局后的效果如图 7-8 所示。

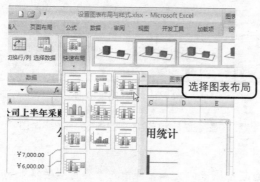

图 7-7　选择图表布局

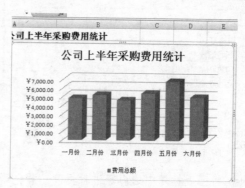

图 7-8　更改图表布局后的效果

问题 7-3：　如果在工作表中插入图表之后，发现图表不适合所要表达的数据信息怎么办？

如果在工作表中插入图表之后，发现图表不适合所要表达的数据信息，则可以更改图表的类型。则首先选中需要更改类型的图表并单击"图表工具""设计"标签切换到"图表工具""设计"上下文选项卡，然后在"类型"组中单击"更改图表类型"按钮，在弹出的"更改图表类型"对话框中重新选择图表的类型，具体操作步骤将在后面的章节中介绍。

Step 03 如果需要设置图表的样式，则首先选中图表并切换到"图表工具""设计"上下文选项卡，然后单击"图表样式"组中的快翻按钮，并在展开的库中选择所需要的图表样式，例如在此选择"样式 21"选项，如图 7-9 所示。

问题 7-4：　可以将图表移至其他的工作表中吗？

可以。则首先选中图表并切换到"图表工具""设计"上下文选项卡，然后在"位置"组单击"移动图表"按钮，在弹出的"移动图表"对话框中选择图表放置的位置。

Excel 2007 的数据分析功能 **7**

6 数据处理 公式和函数应用以及数

7 功能 Excel 2007 的数据分析

8 制作与美化幻灯片

9 PowerPoint 的高级应用

10 使用网络自动化办公

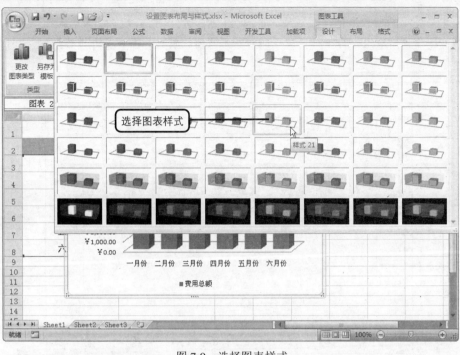

图 7-9　选择图表样式

Step 04 经过上一步的操作之后，此时图表已经应用了相应的样式设置，再将指针移至图表上方，当指针变成十字箭头形状时按住鼠标拖动，如图 7-10 所示。

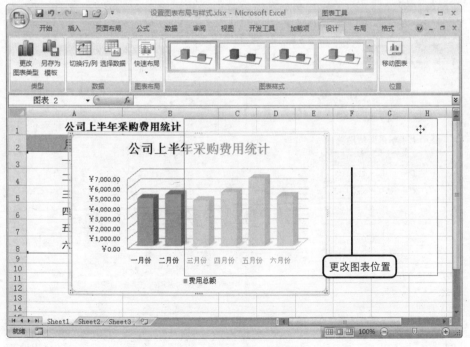

图 7-10　更改图表位置

Step 05 拖至目标位置后释放鼠标，将调整单元格的列宽使图表置于合适位置。将指针移至图表的右下角控制点上，当指针变成双向箭头形状时按住鼠标左键不并进行拖动，如图 7-11 所示。

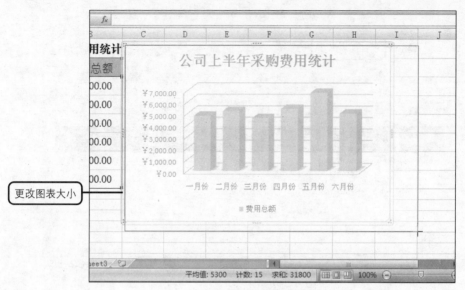

图 7-11　更改图表大小

Step 06 拖至合适大小后释放鼠标，此时可以看到图表的位置和大小都已经发生改变，最后的效果如图 7-12 所示。

图 7-12　设置图表布局和样式后的效果

问题 7-5:	可以精确设置图表的大小吗？

可以。首先选中图表并切换到"图表工具""格式"上下文选项卡，然后在"大小"组中的"高度"和"宽度"文本框中进行精确地设置。

7.1.3 更改图表类型

在实际应用中，有时创建的图表并不一定完全符合需要表达的数据信息，则用户可以根据需要来更改图表的类型，例如将三维簇状图形更改为折线图等。下面将介绍更改图表类型的方法，具体操作步骤如下：

原始文件： 实例文件\第 7 章\原始文件\更改图表类型.xlsx
最终文件： 实例文件\第 7 章\最终文件\更改图表类型.xlsx

方法一：使用"插入"选项卡

Step 01 打开实例文件\第 7 章\原始文件\更改图表类型.xlsx 文件，并选中工作表中的图表，再单击"插入"标签切换到"插入"选项卡，然后在"图表"组中单击"折线图"按钮，并在展开的库中选择"带数据标记的折线图"选项，如图 7-13 所示。

Step 02 经过上一步的操作之后，此时可以看到所选择的图表已经由原来的簇状柱形图更改为了折线图，效果如图 7-14 所示。

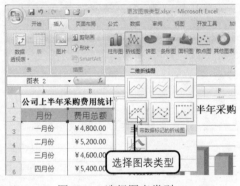

图 7-13　选择图表类型

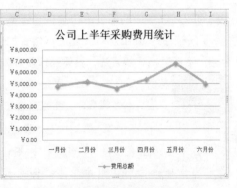

图 7-14　更改图表类型后的效果

问题 7-6:	如果要将图表类型更改为饼图怎么办？

将图表类型更改为饼图，在"插入"选项卡的"图表"组中单击"饼图"按钮，然后在展开的库中选择所需要的饼图样式即可。

方法二：使用"更改图表类型"对话框

Step 01 选中工作表中的图表，并单击"图表工具""设计"标签切换到"图表工具""设计"上下文选项卡，然后在"类型"组中单击"更改图表类型"按钮，如图 7-15 所示。

Step 02 此时弹出"更改图表类型"对话框，在该对话框中切换到"折线图"选项卡，然后在右侧的列表框中选择所需要样式的折线图，例如在此选择"带数据标记的折线图"选项，最后单击"确定"按钮，如图 7-16 所示。

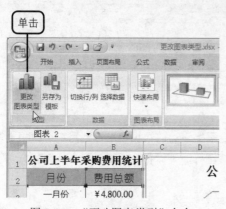

图 7-15 "更改图表类型"命令

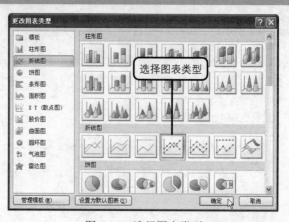

图 7-16 选择图表类型

7.1.4 设置图表格式

用户可以对已生成的图表进行编辑或修饰,如增加或改变一些数据、标题,设置图表颜色和边框等,用户根据实际情况对图表进行格式的设置,使其达到美观的效果以满足不同的需要。下面将介绍设置图表格式的方法,具体操作步骤如下:

原始文件: 实例文件\第 7 章\原始文件\设置图表格式.xlsx
最终文件: 实例文件\第 7 章\最终文件\设置图表格式.xlsx

Step 01 打开实例文件\第 7 章\原始文件\设置图表格式.xlsx 文件,选中工作表中图表的任意元素,再单击"图表工具""布局"标签切换到"图表工具""布局"上下文选项卡,然后在"当前所选内容"组中单击"图表元素"下三角按钮,并在展开的下拉列表中选择"图表区"选项,如图 7-17 所示。

Step 02 此时已经选中了图表的图表区,然后在"当前所选内容"组中单击"设置所选内容格式"按钮,可打开"设置图表区格式"对话框,如图 7-18 所示。

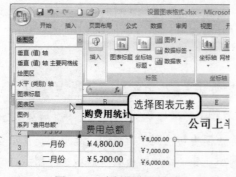

图 7-17 选择图表区选项

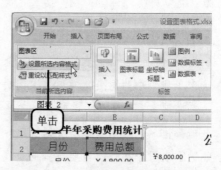

图 7-18 "设置图表区格式"命令

Step 03 此时弹出"设置图表区格式"对话框，在该对话框中的"填充"选项卡中选择"渐变填充"单选按钮，然后单击"预设颜色"按钮，并在展开的库中选择所需要的渐变效果，例如在此选择"彩虹出岫"选项，如图7-19所示。

问题 7-8: 可以使用快捷菜单中的命令打开"设置图表区格式"对话框？

可以。设置图表区的格式需要先打开"设置图表区格式"对话框，除了单击"设置所选内容格式"按钮打开之外还可以使用快捷菜单。首先选中图表并在图表区域的任意位置处右击，然后在弹出的快捷菜单中选择"设置图表区域格式"命令。

Step 04 选择了渐变填充的效果之后，单击"类型"列表框右侧的下三角按钮，并在展开的下拉列表中选择所需要的类型，可以选择线性、射线、矩形和路径类型，例如在此选择"射线"选项，如图7-20所示。

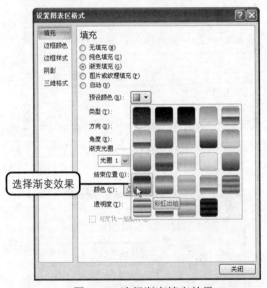

图 7-19　选择渐变填充效果

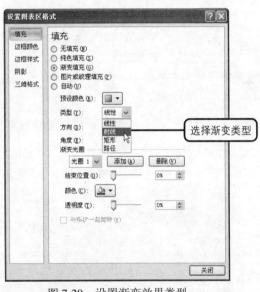

图 7-20　设置渐变效果类型

问题 7-9: 可以选择图片作为图表区的填充吗？

可以。打开"设置图表区格式"对话框，在"填充"选项卡中选择"图片或纹理填充"单选按钮，单击"文件"按钮并弹出的"插入图片"对话框，在对话框中选择所需要作为图表区填充的图片。

Step 05 单击"方向"按钮，并在展开的下拉列表中选择所需要的方向，例如在此选择"中心辐射"选项，如图7-21所示。

Step 06 设置完毕之后单击"关闭"按钮，此时返回工作表中可以看到图表区已经应用了相应的渐变填充效果，如图7-22所示。

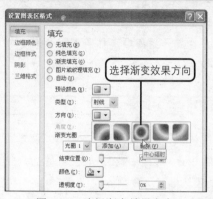

图 7-21　选择渐变效果方向

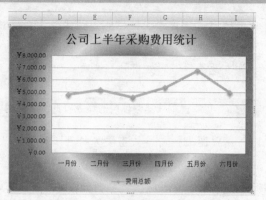

图 7-22　设置渐变填充后的效果

问题 7-10： 在为图表区设置了渐变填充之后可以更改其中的渐变效果吗？

可以。如果需要更改渐变填充中的渐变效果，首先打开"设置图表区格式"对话框，在"填充"选项卡中选择"渐变填充"单选按钮，在"渐变光圈"选项组中单击"光圈 1"下三角按钮并在下拉列表框中选择所需要更改的选项，设置其结束位置以及颜色。

Step 07 选中图表中的绘图区并切换到"图表工具""布局"上下文选项卡，然后单击"当前所选内容"组中的"设置所选内容格式"按钮，如图 7-23 所示。

Step 08 此时弹出"设置绘图区格式"对话框，在"填充"选项卡中选择"纯色填充"单选按钮，单击"颜色"按钮并在展开的下拉列表中选择所需要的颜色，例如在此选择"其他颜色"选项，如图 7-24 所示。

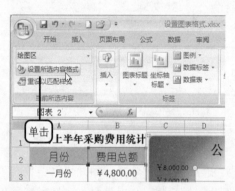

图 7-23　打开"设置绘图区格式"对话框

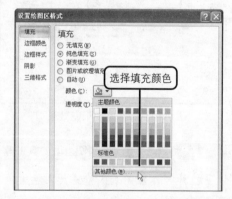

图 7-24　打开"颜色"对话框

问题 7-11： 如何使用快捷菜单打开"设置绘图区格式"对话框？

使用快捷菜单快速打开"设置绘图区格式"对话框，首先选中图表的绘图区并右击，然后在弹出的快捷菜单中选择"设置绘图区格式"命令。

Step 09 此时弹出的"颜色"对话框，在该对话框的"标准"选项卡的"颜色"区域中选择所需要的颜色，最后单击"确定"按钮，如图 7-25 所示。

Step 10 返回"设置绘图区格式"对话框中，再单击"阴影"标签切换到"阴影"选项卡，单击"预设"按钮，并在展开的库中选择所需要的阴影样式，例如在此选择"内部左上角"选项，如图 7-26 所示。

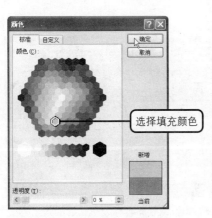

图 7-25 选择填充颜色

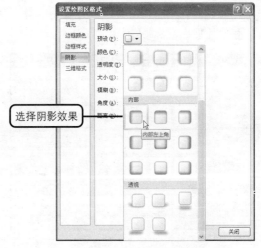

图 7-26 设置绘图区阴影效果

问题 7-12： 可以精确设置填充颜色的 RGB 值吗？

可以。如果在弹出的"颜色"对话框的"标准"选项卡中没有所需要的颜色，则可以切换到"自定义"选项卡，然后对所需要颜色的 RGB 值进行精确设置。

Step 11 设置完毕之后单击"关闭"按钮返回工作表中，此时可以看到图表的绘图区已经应用了相应的格式设置，效果如图 7-27 所示。

问题 7-13： 如何取消绘图区阴影的设置？

清除图表绘图区的阴影效果，首先打开"设置绘图区格式"对话框，并在"阴影"选项卡中单击"预设"按钮，然后在展开的库中选择"无阴影"选项。

Step 12 选中图表标题文本框并右击，在弹出的快捷菜单中选择"字体"命令，如图 7-28 所示。

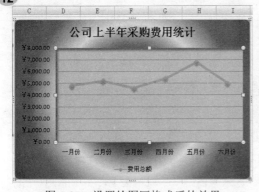

图 7-27 设置绘图区格式后的效果

图 7-28 "字体"命令

Step 13 此时弹出的"字体"对话框,在"字体"选项卡中单击"中文字体"下三角按钮,并在展开的下拉列表框中选择"隶书"选项,然后设置字体大小为"20",最后单击"确定"按钮,如图 7-29 所示。

Step 14 经过前面的操作之后返回工作表中,此时可以看到图表的标题已经应用了相应的格式设置,效果如图 7-30 所示。

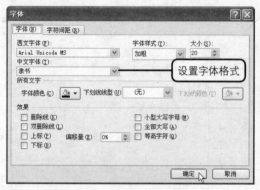

图 7-29 设置图表标题字体

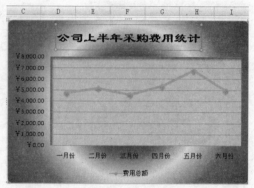

图 7-30 设置图表标题格式后的效果

问题 7-14: 除了使用"字体"对话框,还可以设置图表标题的格式吗?

可以。设置图表标题的字体格式和设置单元格中的字体格式一样,可以选中图表标题文本框,然后切换到"开始"选项卡,在"字体"组中对标题进行格式的设置。

Step 15 选中图表的图例并右击,在弹出的快捷菜单中选择"设置图例格式"命令,如图 7-31 所示。

Step 16 此时弹出"设置图例格式"对话框,在"图例选项"选项卡中选择"靠右"单选按钮,如图 7-32 所示。

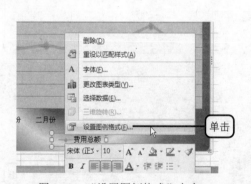

图 7-31 "设置图例格式"命令

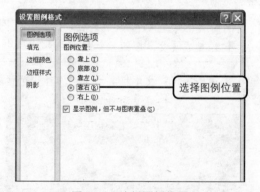

图 7-32 选择图例位置

问题 7-15: 如何设置图例与图表重叠?

如果希望图例不占用图表的位置,则可以将其设置为与图表重叠。打开"设置图例格式"对话框,并在"图例选项"选项卡中取消选择"显示图例,但不与图表重叠"复选框。

Step 17 单击"关闭"按钮后返回工作表中，此时可以看到图例已经在图表的右侧显示，效果如图 7-33 所示。

问题 7-16： 除了使用"设置图例格式"对话框还可以设置图例的位置吗？

可以。除了使用"设置图例格式"对话框设置图例的位置以外，还可以切换到"图表工具""布局"上下文选项卡，在"标签"组中单击"图例"按钮，然后在展开的下拉列表中即可选择图例需要显示的位置。

Step 18 选中图例文本框，并在"开始"选项卡的"字体"组中设置其字体为"华文中宋"、字号为"12"，设置字体格式后的效果如图 7-34 所示。

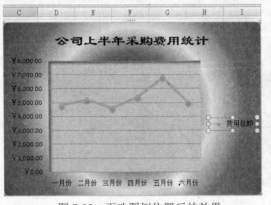

图 7-33　更改图例位置后的效果

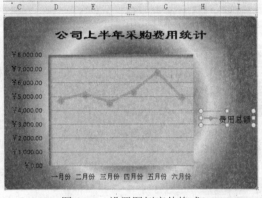

图 7-34　设置图例字体格式

Step 19 选中图表左侧的数字坐标轴并右击，然后在弹出的快捷菜单中选择"设置坐标轴格式"命令，如图 7-35 所示。

Step 20 此时弹出"设置坐标轴格式"对话框，单击"数字"标签切换到"数字"选项卡，可以在"类别"列表框中选择数字的类别，在此设置"小数位数"文本框中的值为"0"，如图 7-36 所示。

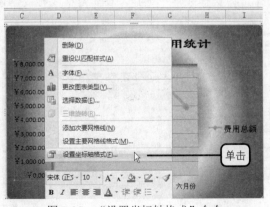

图 7-35　"设置坐标轴格式"命令

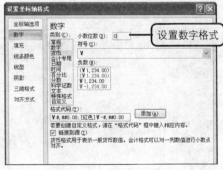

图 7-36　设置数字格式

Step 21 单击"关闭"按钮后返回工作表中可以看到，数字坐标轴中的数字已经应用了相应的设置，再将其字体格式设置为"幼圆"，字号设置为"11"。选中图表下方的横坐标轴并右击，然后在弹出的快捷菜单中选择"设置坐标轴格式"命令，如图7-37所示。

Step 22 此时弹出"设置坐标轴格式"对话框，单击"填充"标签切换到"填充"选项卡并选择"纯色填充"单选按钮，然后单击"颜色"按钮，并在展开的下拉列表框中选择"标准色"组中的"绿色"选项，如图7-38所示。

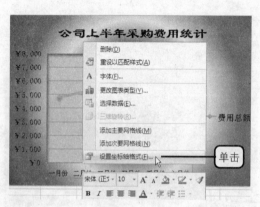

图7-37 "设置坐标轴格式"命令

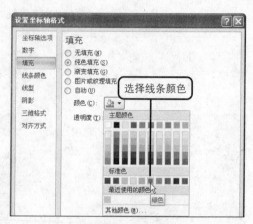

图7-38 设置坐标轴填充颜色

问题7-17： 除了使用纯色对坐标进行填充之外，还可以使用其他的进行填充吗？

可以。设置坐标轴的填充颜色和设置图表区、绘图区填充颜色一样，可以使用渐变填充、图片或纹理填充等方法。

Step 23 设置完毕之后单击"关闭"按钮返回工作表中，此时图表的坐标轴已经应用了所选择的填充颜色，再设置其字体格式为"微软雅黑"，字号为"9"，最后的效果如图7-39所示。

Step 24 选中绘图区中的网格线并右击，然后在弹出的快捷菜单中选择"设置网格线格式"命令，如图7-40所示。

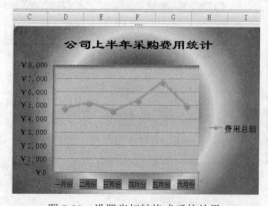

图7-39 设置坐标轴格式后的效果

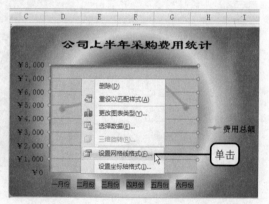

图7-40 "设置主要网格格式"命令

问题 7-18： 可以为坐标轴设置立体效果吗？

可以。如果为了使坐标轴具有立体效果，可以为其设置三维效果。首先选中坐标轴并打开 "设置坐标轴格式" 对话框，切换到 "三维格式" 选项卡，选择所需的三维样式即可。

Step 25 此时弹出 "设置主要网格线格式" 对话框，在 "线条颜色" 选项卡中选择 "实线" 单选按钮，然后单击 "颜色" 按钮并在展开的下拉列表框中选择所需的线条颜色，例如在此选择 "标准色" 组中的 "红色" 选项，如图 7-41 所示。

Step 26 单击 "线型" 标签切换到 "线型" 选项卡，然后在 "宽度" 文本框中设置所需宽度，例如在此设置其值为 "1.25 磅"，如图 7-42 所示。

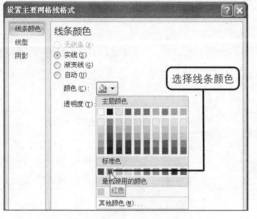

图 7-41　选择网格线颜色

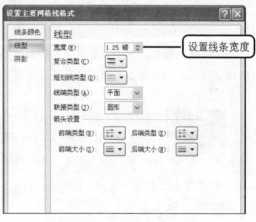

图 7-42　设置网格线线型宽度

问题 7-19： 如何设置网格线的透视度？

为网格线设置颜色之后，为了使图表更加美观和协调，还可以设置图表网格线的透视度。在 "设置主要网格线格式" 对话框的 "线条颜色" 选项卡中进行设置，设置了颜色之后如果需要降低透视度，向左拖动透明度滑块即可。

Step 27 单击 "阴影" 标签切换到 "阴影" 选项卡，单击 "预设" 按钮，并在展开的下拉列表中选择所需要的阴影样式，例如在此选择 "向下偏移" 选项，如图 7-43 所示。

Step 28 设置完毕之后单击 "关闭" 按钮返回工作表中，此时可以看到图表中的网格线已经应用了相应的设置，最后的效果如图 7-44 所示。

问题 7-20： 如何单独打印图表？

如果需要单独打印图表对象，首先选中工作表中的图表，然后单击 "快速访问" 工具栏中的 "快速打印" 按钮或者执行 "文件" 菜单中的 "打印" 命令即可。

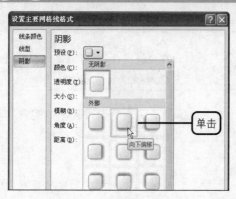

图 7-43　设置网格线阴影效果

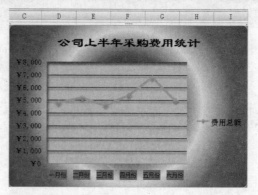

图 7-44　设置网格线格式后的效果

7.1.5　创建图表模板

如果用户制作了一个非常专业的图表，并设置了图表的格式，希望在以后的工作中能够继续使用这样的图表，那么可以将这个图表设置为模板，在以后进行套用。下面将介绍创建图表模板的方法，具体操作步骤如下：

原始文件： 实例文件\第 7 章\原始文件\创建图表模板.xlsx

最终文件： 实例文件\第 7 章\最终文件\公司上半年采购费用统计.crtx

Step 01　打开实例文件\第 7 章\原始文件\创建图表模板.xlsx 文件，并选中工作表中的图表切换到"图表工具""设计"上下文选项卡，然后在"类型"组中单击"另存为模板"按钮，如图 7-45 所示。

图 7-45　"另存为模板"命令

问题 7-21： 可以 Excel 图表中添加形状吗？

可以。如果需要在 Excel 图表中添加形状对象，则与在工作表添加形状的操作方法一样，可以直接在图表中进行绘制，并且可以为其设置形状格式，当拖动图表对其进行移动时图表中的对象将随之一起移动。

Step 02　此时弹出"保存图表模板"对话框，系统一般默认选择了保存模板的位置，则在"文件名"文本框中输入需要保存的名称，在此设置其保存的名称为"公司上半年采购费用统计"，最后单击"保存"按钮，如图 7-46 所示。

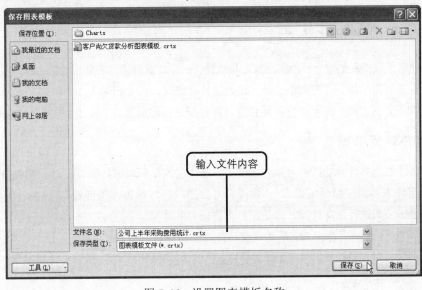

图 7-46 设置图表模板名称

Step 03 返回工作表中,在"图表工具""设计"上下文选项卡中单击"更改图表类型"按钮,如图 7-47 所示。

Step 04 此时弹出"更改图表类型"对话框,单击"模板"标签切换到"模板"选项卡,此时可以看到在右侧"我的模板"列表框中显示了保存的模板,鼠标在模板文件图标位置处时将显示该模板的名称,如图 7-48 所示。

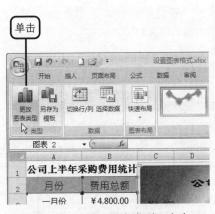

图 7-47 "更改图表类型"命令

图 7-48 查看保存的模板

问题 7-22: **如何设置默认图表?**

在打开"插入图表"对话框时,在其中将显示了一个默认的图表,如果需要将其更改则在"插入图表"对话框中选择一个需要作为默认图表的图表选项,然后单击"设置为默认图表"按钮即可。

7.2 数据分析工具

作为一种电子表格及数据分析的实用性工具软件，Excel 提供了许多分析数据、制作报表、数据运算、工程规划、财政预算等方面的工具，这些工具为统计人员在日常工作中带来了极大的方便。本节将介绍数据分析工具，主要内容包括合并计算数据、模拟运算表、Excel 的方案分析等。

7.2.1 合并计算数据

利用 Excel 的合并计算功能，可以将多个工作表中的数据同时进行计算汇总。在合并计算中，计算结果的工作表称为"目标工作表"，接受合并数据的区域称为"源区域"。合并计算数据有两种情况：一是按位置进行合并计算，二是按分类进行合并计算。

原始文件： 实例文件\第 7 章\原始文件\按位置合并计算.xlsx、按分类合并计算.xlsx

最终文件： 实例文件\第 7 章\最终文件\按位置合并计算.xlsx、按分类合并计算.xlsx

1. 按位置合并计算

按照位置进行合并计算数据时，要求在所有源区域中的数据被相同地排列，也就是每个工作表中的每一条记录名称和字段名称都在相同的位置。下面将介绍按位置进行合并计算，具体操作步骤如下：

Step 01 打开实例文件\第 7 章\原始文件\按位置合并计算.xlsx 文件，并选中"合计"工作表中的 B3：E7 单元格区域，然后单击"数据"标签切换到"数据"选项卡，然后在"数据工具"组中单击"合并计算"按钮，如图 7-49 所示。

Step 02 此时弹出"合并计算"对话框，在该对话框的"函数"列表框中默认显示为"求和"，则在"引用位置"文本框中输入所需要引用单元格的位置，在此单击其右侧的折叠按钮，如图 7-50 所示。

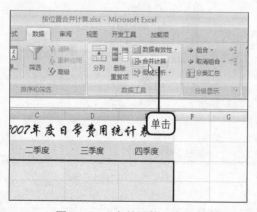

图 7-49 "合并计算"命令

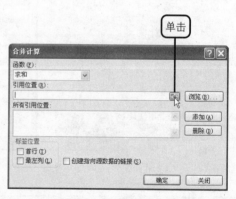

图 7-50 设置引用位置

问题 7-23： 打开"合并计算"对话框的快捷方式是什么？

除了单击"合并计算"按钮之外，用户还可以使用快捷方式打开"合并计算"对话框，则依次按钮键盘中的【Alt】、【A】和【N】键即可。

Excel 2007 的数据分析功能

7

6 据处理 公式和函数应用以及数

7 功能 Excel 2007 的数据分析

8 制作与美化幻灯片

9 PowerPoint 的高级应用

10 使用网络自动化办公

Step 03 此时切换到"行政部"工作表中选择所需要参加计算的单元格区域，选择 B3：E7 单元格区域，然后单击对话框中的折叠按钮，如图 7-51 所示。

Step 04 返回到"合并计算"对话框中，单击"添加"按钮，此时可以看到"所有引用位置"列表框中显示了所选择的引用位置，然后单击"引用位置"文本右侧的折叠按钮，如图 7-52 所示。

> **问题 7-24：** 除了设置函数为"求和"之外，还可以设置其他的函数吗？
>
> 可以。默认为求和是将用户所引用的单元格区域进行求和，当然也可以选择其他的函数，例如最大值、最小值、平均值、计数、方差等函数选项。

图 7-51　引用单元格

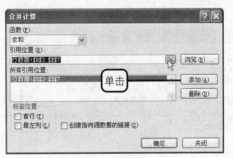

图 7-52　单击折叠按钮

Step 05 切换到"销售部"工作表中，并在其中选择所需要参加计算的单元格区域，然后单击对话框中的折叠按钮，如图 7-53 所示。

Step 06 返回到"合并计算"对话框中，再次单击"添加"按钮将其进行添加，然后单击"引用位置"文本框右侧的折叠按钮，如图 7-54 所示。

图 7-53　引用销售部单元格

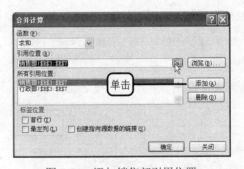

图 7-54　添加销售部引用位置

> **问题 7-25：** 如何删除添加错误的引用位置呢？
>
> 如果已经添加了引用错误的引用位置，则在"所有引用位置"列表框中选择需要删除的引用位置，然后再单击"删除"按钮。

快学好用

Step 07 同样的方法将"技术部"工作表相同位置的单元格区域进行添加,此时在"合并计算"对话框的"所有引用位置"列表框中可以看到显示了所有的引用位置,然后再单击"确定"按钮,如图7-55所示。

Step 08 经过前面的操作之后返回工作表中,此时可以看到在所选择的单元格区域中显示了按位置合并计算后的结果,如图7-56所示。

> **问题7-26:** 为什么按位置合并计算后的数据不正确呢?
>
> 按位置合并计算数据时,需要确定各数据在各工作表中的位置相同,否则引用相同位置数据进行计算时会出现合并计算的数据不正确。

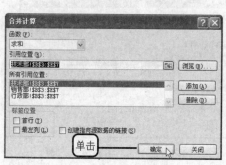

图7-55 添加多项引用位置

图7-56 合并计算后的效果

2. 按分类合并计算

如果每一个分店的商品种类不同,所放数据的位置也不相同的时候,同样可以利用合并计算来完成汇总,这就可以按照商品分类进行合并计算。下面将介绍按分类进行合并计算,具体操作步骤如下:

Step 01 打开实例文件\第7章\原始文件\按分类合并计算.xlsx文件并选中"合计"工作表中的A3:A7单元格区域,单击"数据"标签切换到"数据"选项卡,再单击"数据工具"组中的"合并计算"按钮,如图7-57所示。

Step 02 此时弹出"合并计算"对话框,单击"引用位置"文本框右侧的折叠按钮,如图7-58所示。

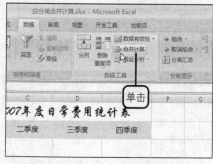

图7-57 选择"合并计算"命令

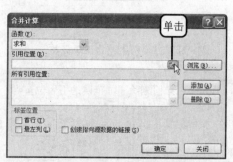

图7-58 设置第一个引用位置

问题 7-27:	进行合并计算时可以引用不同工作簿中的单元格吗?

可以。如果需要添加不同工作簿中的单元格,则单击"引用位置"文本框右侧的折叠按钮后直接切换到目标工作簿中,相同的方法选择所需要的引用位置。如果目标工作簿没有打开,则可以单击"浏览"按钮,在弹出的"浏览"对话框中选择目标工作簿。

Step 03 切换到"行政部"工作表中,并在其中选择所需要引用的单元格,例如在此选择 A3:E7 单元格区域,然后再单击对话框中的折叠按钮,如图 7-59 所示。

Step 04 返回"合并计算"对话框中,单击"添加"按钮,此时可以看到该引用位置已经添加到了"所有引用位置"列表框中,再次单击"引用位置"文本框右侧的折叠按钮,如图 7-60 所示。

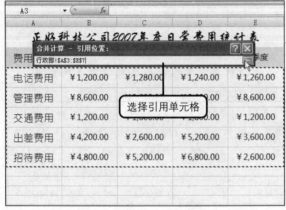

图 7-59　选择第一个引用单元格

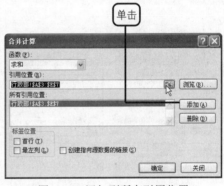

图 7-60　添加到所有引用位置

Step 05 切换到"销售部"工作表并在其中选择所需要的单元格区域,在此引用相同的 A3:E7 单元格区域并单击对话框中的折叠按钮,如图 7-61 所示。

Step 06 返回"合并计算"对话框中,单击"添加"按钮将其添加到"所有引用位置"列表框,并再次单击"引用位置"文本框右侧的折叠按钮,如图 7-62 所示。

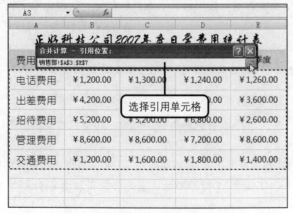

图 7-61　选择引用销售部单元格

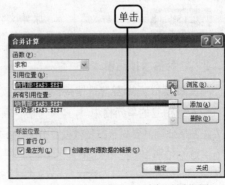

图 7-62　添加销售部到所有引用位置

Step 07 再运用相同的方法添加"技术部"工作表中的 A3：E7 单元格区域进行添加，在返回的"合并计算"对话框中再选择"最左列"复选框，使其自动以最左列的字段进行计算，然后单击"确定"按钮，如图 7-63 所示。

问题 7-28： 按分类合并计算应该如何输入源数据？

如果需要按位置合并计算单元格中的数据，那么在各工作表中输入源数据时需要确认首行中最左列的字段名称。需要确保首行或者最左列的字段相同，才能自动进行按分类合并计算。如果是首行字段相同，那么在"合并计算"对话框中应该选择"首行"复选框；反之如果是最左列的字段相同，则选择"最左列"复选框。

Step 08 经过前面的操作之后返回工作表中，此时可以看到在"合计"工作表的 A3：E7 单元格中显示了相应的结果，效果如图 7-64 所示。

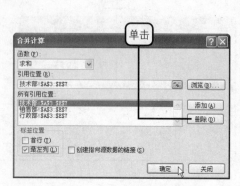

图 7-63　添加多项引用单元格　　　　图 7-64　合并计算后的效果

7.2.2　模拟运算表

在工作表中使用公式计算时，要测试公式中的一些值改变时对计算结果的影响，可以使用模拟计算，模拟运算是测试公式计算结果的一个简便方法。模拟运算表有两种类型：一种是单变模拟运算表，二是双变量模拟表。

原始文件：实例文件\第 7 章\原始文件\单变量模拟运算表.xlsx、双变量模拟运算表.xlsx

最终文件：实例文件\第 7 章\最终文件\单变量模拟运算表.xlsx、双变量模拟运算表.xlsx

1. 单变量模拟运算表

单变量模拟运算表就是使用同一个公式对整个单元格区域依次进行求解，然后再将这些结果依次输入到相应的单元格中。

假设某公司需要向银行贷款设立分公司，贷款利率为 6.8%，还款年限为 10 年，每月还款金额分别为 100 000 元、120 000 元、150 000 元、180 000 元、240 000 元，求此公司贷款金额分别为多少。

Excel 2007 的数据分析功能

7

6 据处理 公式和函数应用以及数

7 功能 Excel 2007 的数据分析

8 制作与美化幻灯片

9 PowerPoint 的高级应用

10 使用网络自动化办公

Step 01 打开实例文件\第 7 章\原始文件\单变量模拟运算表.xlsx 文件，并选中工作表中的 B5 单元格中，在其中输入所需要的计算公式，例如在此输入"=PV（B2/12,12*B3,A5），如图 7-65 所示。

Step 02 输入公式之后按【Enter】键，此时可以看到在目标单元格中显示了计算的结果。再选中 A5：B10 单元格区域，并切换到"数据"选项卡，在"数据工具"组中单击"假设分析"下拉列表中的"数据表"选项，如图 7-66 所示。

图 7-65　输入计算公式

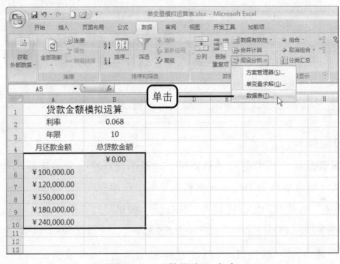

图 7-66　"数据表"命令

问题 7-29： **PV 函数的结构是什么？**

PV 函数的结构为：PV(rate,nper,pmt,fv,type)

PV 函数是返回投资的现值。现值为一系列未来付款的当前值的累积和。例如，借入方的借入款即为贷出方贷款的现值。

Rate 参数为各期利率。例如，如果按 10% 的年利率借入一笔贷款来购买汽车，并按月偿还贷款，则月利率为 10%/12（即 0.83%）。Nper 参数为总投资期，即该项投资的付款期总数。Pmt 参数为各期所应支付的金额，其数值在整个年金期间保持不变。Fv 参数为未来值，或在最后一次支付后希望得到的现金余额，如果省略 fv，则假设其值为零。Type 参数为数字 0 或 1，用以指定各期的付款时间是在期初还是期末。

Step 03 此时弹出"数据表"对话框，在"输入引用列的单元格"文本框中输入目标单元格的位置，在此输入"$A$5"，也可以单击该文本框右侧的折叠按钮并选择目标单元格，单击"确定"按钮，如图 7-67 所示。

Step 04 经过上一步的操作之后返回工作表中，此时可以看到在所选择的单元格区域中都显示了相应的值，如图 7-68 所示。

设置引用列的单元格

图 7-67　"数据表"对话框

图 7-68　计算后的结果

	A	B	C	D

问题 7-30： 为什么计算的结果为红色正数并且以括号显示？

由于还款是支出，所以此还款金额为负数，那么贷款金额为正数。此处的红色正数并且以括号显示则表示为负数，如果要更改其显示格式则打开"设置单元格格式"对话框，然后在"数字"选项卡中重新选择负数的数字格式即可。

2. 双变量模拟运算表

双变量模拟运算表是在公式中使用两个变量，这两个变量在公式里面使用两个空白单元格来表示，这两个单元格分别被称为引用行单元格和引用列单元格。

假设某公司因业务扩大需要向银行贷款 500000 元，如果还款年限分别为 5 年、8 年、10 年、12 年、15 年，利率分别为 4.00%、4.5%、5%、5.5% 和 6%，求各年限的月还款金额为多少。

Step 01 打开实例文件\第 7 章\原始文件\双变量模拟运算表.xlsx 文件，并选中工作表中的 B6 单元格，然后在其中输入所需要的计算公式，例如在此输入 "=PMT（B4/12,B3*12,-B2"，如图 7-69 所示。

Step 02 输入公式之后按【Enter】键，此时可以看到在目标单元格中显示了计算的结果。再选中 B6：G11 单元格区域，并切换到"数据"选项卡，在"数据工具"组中单击"假设分析"下拉列表中的"数据表"选项，如图 7-70 所示。

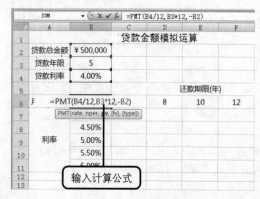

输入计算公式

图 7-69　输入计算公式

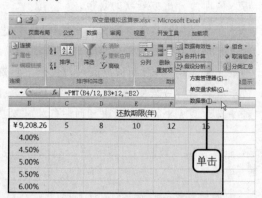

单击

图 7-70　选择"数据表"命令

Excel 2007 的数据分析功能

7

6 据处理 公式和函数应用以及数

7 功能 Excel 2007 的数据分析

8 制作与美化幻灯片

9 PowerPoint 的高级应用

10 使用网络自动化办公

问题 7-31：   PMT 函数的结构是什么？

PV 函数的结构为：PMT(rate,nper,pv,fv,type)

表示计算在固定利率下，贷款的等额分期偿还额。

Rate 表示各其利率，例如，当利率为 6％时，使用 6％/4 计算一个季度的还款额。Nper 表示总投资期，即该项投资的偿款期总数。Pv 表示从该项投资（或贷款）开始计算时已经入账的款项，或一第列未来付款当前值的累积和。Fv 表示未来值，或在最后一次付款后可以获得的现金余额，如果忽略则认为此值为 0。Type 表示逻辑值 0 或 1，用以指定付款时间在期初还是在期末，如果为 1 则付款在期初；如果为 0 或忽略，则付款在期末。

Step 03 弹出"数据表"对话框，首先在"输入引用行的单元格"和"输入引用列的单元格"文本框中分别输入"$B$3"、"$B$4"，也可以单击文本框右侧的折叠按钮引用目标单元格，最后单击"确定"按钮，如图 7-71 所示。

Step 04 经过上一步的操作之后返回工作表中，此时可以看到在所选择的单元格区域中都显示了相应的计算结果，如图 7-72 所示。

图 7-71　设置引用行和列的单元格

	A	B	C	D	E	F	G
				贷款金额模拟运算			
1							
2	贷款总金额	¥500,000					
3	贷款年限	5					
4	贷款利率	4.00%					
5					还款期限(年)		
6	月还款金额	¥9,208.26	5	8	10	12	15
7		4.00%	¥9,208	¥6,095	¥5,062	¥4,378	¥3,698
8		4.50%	¥9,322	¥6,212	¥5,182	¥4,500	¥3,825
9	利率	5.00%	¥9,436	¥6,330	¥5,303	¥4,624	¥3,954
10		5.50%	¥9,551	¥6,450	¥5,426	¥4,751	¥4,085
11		6.00%	¥9,666	¥6,571	¥5,551	¥4,879	¥4,219

B6　=PMT(B4/12,B3*12,-B2)

图 7-72　计算后的结果

问题 7-32：   计算的结果区域是一个整体表格吗？

是的。当单击 B6：G11 单元格区域中任意单元格，则都会在编辑中显示出"=TABLE (B3,B4)"，说明该区域是一个整体表格。因为在"数据表"对话框中设置的两个变量为可变单元格中 B3、B4，所以在编辑栏中显示为"=TABLE(B3,B4)"。

7.2.3 Excel 的方案分析

在 Microsoft Office Excel 2007 中，方案是假设分析的高级应用，方案的定义是将可以产生不同结果的数据值集合，作为一个方案保存。方案是一组可变单元格的输入数据，保存为一个集合。下面将介绍使用 Excel 方案分析的方法，具体操作步骤如下：

原始文件：实例文件\第 7 章\原始文件\ Excel 的方案分析.xlsx

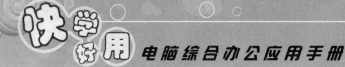
最终文件： 实例文件\第 7 章\最终文件\ Excel 的方案分析.xlsx

Step 01 打开实例文件\第 7 章\原始文件\ Excel 的方案分析.xlsx 文件，并单击"数据"标签切换到"数据"选项卡，然后在"数据工具"组中单击"假设分析"按钮，并在展开的下拉列表中选择"方案管理器"选项，如图 7-73 所示。

Step 02 此时弹出"方案管理器"对话框，在该对话框中单击"添加"按钮，如图 7-74 所示。

图 7-73　"方案管理器"命令　　　　　图 7-74　打开"编辑方案"对话框

问题 7-33： 有快捷方式打开"方案管理器"对话框吗？

有。除了单击"方案管理器"选项之外用户可以使用快捷键打开"方案管理器"对话框，则依次按键盘中的【Alt】、【A】、【W】和【S】键即可。

Step 03 此时弹出"编辑方案"对话框，在该对话框的"方案名"文本框中输入所需要的名称，例如在此输入"方案 1"文本，然后在"可变单元格"文本框中输入所需要的可变单元格区域位置，也可以单击其右侧的折叠按钮然后在工作表中进行选择，最后单击"确定"按钮，如图 7-75 所示。

Step 04 此时弹出"方案变量值"对话框，则输入可变单元格所对应的值，在此依次在文本框中输入 36、40、44、48、52、56、60、64，最后单击"确定"按钮，如图 7-76 所示。

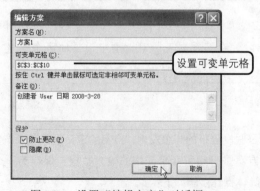
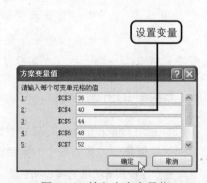

图 7-75　设置"编辑方案"对话框　　　　　图 7-76　输入方案变量值

问题 7-34: 什么是方案?

方案是指可在工作表模型中替换的一组命名输入值。

Step 05 返回到"方案管理器"对话框,可以看到所添加的方案名称已经显示在"方案"列表框中,在此单击"显示"按钮使添加的方案数据显示出来,如图 7-77 所示。

Step 06 经过上一步操作之后,此时可以看到工作表的相应单元格中已经显示了输入的变量值,如图 7-78 所示。

图 7-77 显示方案

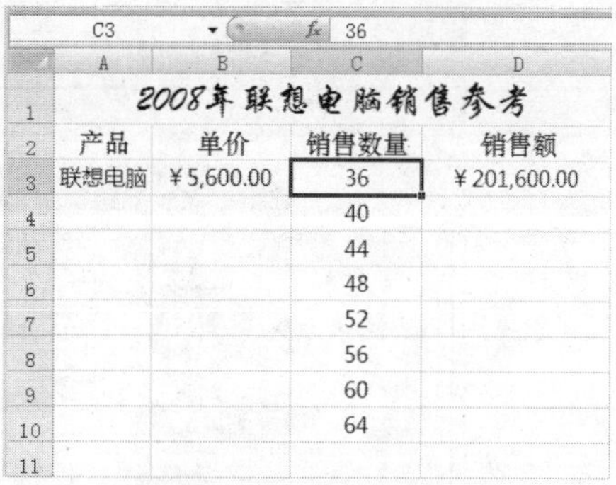

图 7-78 显示方案结果

问题 7-35: 如何添加和删除方案呢?

如果需要添加方案,则在"方案管理器"中继续单击"添加"按钮,再次执行添加方案的操作,添加的所有方案都将显示在"方案"列表框中。如果需要删除方案,则在"方案"列表框中选择需要删除的方案名称,然后单击"删除"按钮即可。

Step 07 还可以根据方案创建方案摘要,则在"方案管理器"对话框中单击"摘要"按钮,如图 7-79 所示。

Step 08 此时弹出"方案摘要"对话框,在"报表类型"选项组中选择"方案摘要"单选按钮,然后在"结果单元格"文本框中输入包括方案有效结果的单元格引用,最后单击"确定"按钮,如图 7-80 所示。

图 7-79 "方案摘要"命令

选择报表类型

图 7-80 创建方案摘要

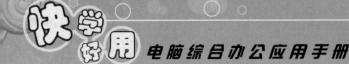

问题 7-36: 可以合并方案吗？

可以。如果需要合并方案，则在"方案管理器"对话框中单击"合并"按钮，然后在弹出的"合并方案"对话框中选择需要合并方案的工作表名称即可，单击"确定"按钮后返回到"方案管理器"对话框中，将可以看到所选择合并的方案名称。

Step 09 经过上一步的操作之后返回工作表中，此时可以看到新插入了名称为"方案摘要"的工作表，并在其中显示了创建的方案总结报告，效果如图 7-81 所示。

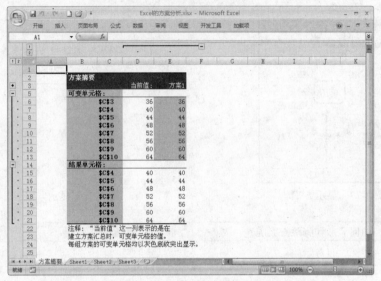

图 7-81　创建方案摘要的效果

Step 10 打开"方案摘要"对话框，并在该对话框中选择"方案数据透视表"单选按钮，单击"确定"按钮返回工作表中可以看到插入了名称为"方案数据透视表"，并在其中显示了方案的相关数据透视表，效果如图 7-82 所示。

图 7-82　创建方案数据透视表的效果

问题 7-37：	创建方案总结报告时可不可以不需要结果单元格？

可以。创建方案总结报告时不一定需要结果单元格，但是在创建方案数据透视表报告时就必须需要结果单元格。还可以为创建的方案数据透视表设置布局和样式，设置数据透视表布局和样式将在后面的章节进行介绍。

7.3　数据透视表与数据透视图

　　数据透视表是一种对大量数据进行快速汇总和建立交叉列表的交互式表格，可以转换行或列以显示源数据的不同汇总结果。数据透视图是另一种数据表现形式，与数据透视表的不同在于它可以选择适当的图表，并使用多种颜色来描述数据的特性。本节将介绍数据透视表与数据透视，主要内容包括数据透视表和数据透视图的创建与编辑。

7.3.1　创建数据透视表

　　数据透视表用于对多种来源的数据进行汇总和分析，其最大的特点是交互性，创建一个数据透视表后可以重新排列数据信息，还可以根据需要将数据分组等。下面将介绍创建数据透视表的方法，具体操作步骤如下：

原始文件：实例文件\第 7 章\原始文件\创建数据透视表.xlsx
最终文件：实例文件\第 7 章\最终文件\创建数据透视表.xlsx

Step 01 打开实例文件\第 7 章\原始文件\创建数据透视表.xlsx 文件，并单击"插入"标签切换到"插入"选项卡，然后在"表"组中单击"数据透视表"按钮，并在展开的下拉列表中选择"数据透视表"选项，如图 7-83 所示。

Step 02 此时弹出"创建数据透视表"对话框，在该对话框中选择要分析的数据以及数据透视表放置的位置，然后单击"确定"按钮，如图 7-84 所示。

图 7-83　"创建数据透视表"命令

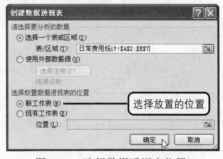

图 7-84　选择数据透视表位置

问题 7-38：	打开"创建数据透视表"对话框快捷方式是什么？

　　如果需要使用快捷方式打开"创建数据透视表"对话框，则依次按键盘中的【Alt】、【N】、【V】和【T】键即可。

Step 03 经过上一步的操作之后，此时可以看到新插入了 Sheet1 工作表，并在窗口右侧显示了"数据透视表字段列表"窗格，用户可以添加字段、创建布局和自定义数据透视表，如图 7-85 所示。

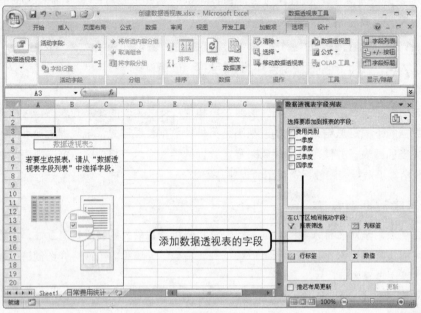

图 7-85　空的数据透视表效果

Step 04 在"数据透视表字段列表"窗格的"选择要添加到报表的字段"列表框中选择所有字段，此时可以看到数据透视表中显示了相应的数据，然后将该工作表重命名为"数据透视表"即可，如图 7-86 所示。

图 7-86　添加数据透视表字段

问题 7-39： **可以选择外部的数据创建数据透视表吗？**

可以。如果需要选择外部的数据创建数据透视表，则在"创建数据透视表"对话框中选择"使用外部数据源"单选按钮，然后单击"选择连接"按钮，并在弹出的"现有连接"对话框的"选择连接"列表框中选择所需要的连接即可。

7.3.2 编辑数据透视表

在编辑数据透视表的时候，用户可以根据需要对数据透视表的字段、布局和样式等进行编辑，通过编辑能够将数据透视表制作成与图表一样美观的效果。下面将介绍编辑数据透视表的方法，具体操作步骤如下：

原始文件： 实例文件\第 7 章\原始文件\编辑数据透视表.xlsx

最终文件： 实例文件\第 7 章\最终文件\编辑数据透视表.xlsx

Step 01 打开实例文件\第 7 章\原始文件\编辑数据透视表.xlsx 文件，并在"数据透视表"工作表的"数据透视表字段列表"窗格中单击"行标签"列表框中的"费用类别"选项，然后在展开的列表中选择"移动到报表筛选"选项，如图 7-87 所示。

Step 02 此时"费用类别"字段已经移动到了数据透视表页字段的位置，然后再选择"Σ数值"列表框中的"求和项：一季度"选项，并在弹出的列表中选择"移动到行标签"选项，如图 7-88 所示。

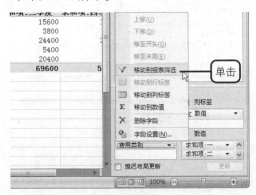
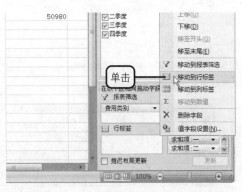

图 7-87　设置数据透视表页字段　　　　　图 7-88　设置数据透视表字段布局

问题 7-40： **如何更改"数据透视表字段列表"窗格的布局？**

如果想要更改"数据透视表字段列表"窗格的布局，则单击"数据透视表字段列表"窗格右上角的"字段节和区域节层叠"按钮，并在展开的下拉列表中选择所需要的样式即可，例如选择字段节和区域节并排、仅字段节、仅 2×2 区域节、仅 1×4 区域节。

Step 03 经过前面的操作之后，此时数据透视表的布局已经发生改变，在此单击"费用类别"右侧的下三角按钮，并在展开的下拉列表框中选择"电话费用"选项，然后单击"确定"按钮，如图 7-89 所示。

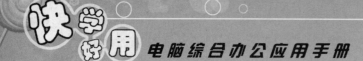

Step
04
经过上一步的操作之后，此时可以看到在数据透视表中只显示了"电话费用"的相关数据，如图7-90所示。

图7-89　筛选数据　　　　　　　　　　图7-90　筛选数据后的效果

Step
05
选中任意数据单元格并切换到"数据透视表工具""设计"上下文选项卡，然后单击"数据透视表样式"组中的快翻按钮，并在展开的库中选择"数据透视表样式深色5"选项，如图7-91所示。

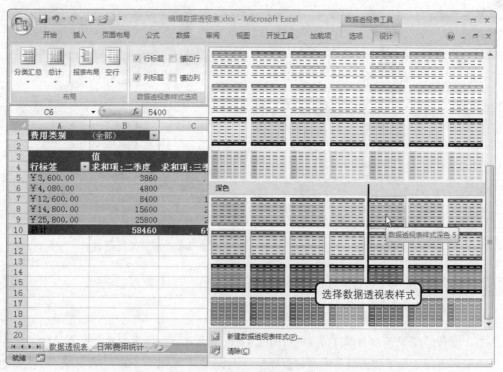

图7-91　选择数据透视表样式

Step
06
经过上一步的操作之后，此时数据透视表已经应用了相应的样式，然后切换到"开始"选项卡，设置所有数据字体为"幼圆"、字号为"14"，效果如图7-92所示。

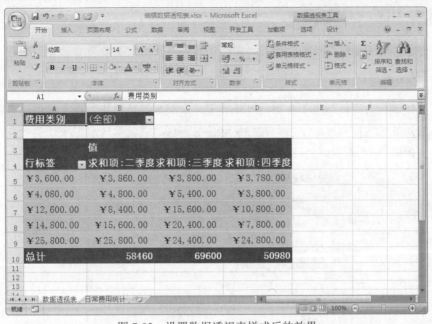

图 7-92　设置数据透视表样式后的效果

7.3.3　创建数据透视图

　　数据透视图是一种数据表现形式，与数据透视表不同的地方在于它可以选择适当的图形和多种色彩来描述数据的特性，能够更加形象化地体现出数据情况。下面将介绍创建数据透视图的方法，具体操作步骤如下：

　　原始文件：实例文件\第 7 章\原始文件\创建数据透视图.xlsx
　　最终文件：实例文件\第 7 章\最终文件\创建数据透视图.xlsx

Step 01　打开实例文件\第 7 章\原始文件\创建数据透视图.xlsx 文件，并在单击"插入"标签切换到"插入"选项卡，然后"表"组中选择"数据透视表"下拉列表中的"数据透视图"选项，如图 7-93 所示。

Step 02　此时弹出"创建数据透视表及数据透视图"对话框，在该对话框中选择要分析的数据以及数据透视图放置的位置，然后单击"确定"按钮，如图 7-94 所示。

图 7-93　"创建数据透视表及数据透视图"命令

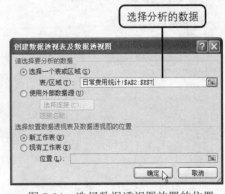

图 7-94　选择数据透视图放置的位置

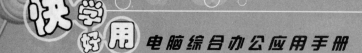

问题 7-41:	创建数据透视图之后可以为其设置格式吗？

可以。创建的数据透视图和创建的一般图表一样，用户可以为其设置格式，例如图表样式、图表区、绘图区、图例、坐标轴等。

Step 03 在"数据透视表字段列表"窗格的"选择要添加到报表的字段"列表框中选择需要的字段，例如在此选择所有的字段，即将所有的字段创建在数据透视图中以便对其数据进行分析，如图 7-95 所示。

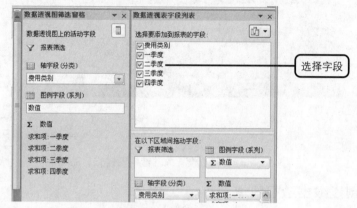

图 7-95　选择数据透视表字段

Step 04 经过上一上的操作之后，此时可以看到在数据透视表旁显示了创建的数据透视图，再将工作表名称更改为"数据透视图"。分别单击"数据透视图筛选窗格"和"数据透视表字段列表"窗中的"关闭"按钮关闭窗格，关闭窗格后的效果如图 7-96 所示。

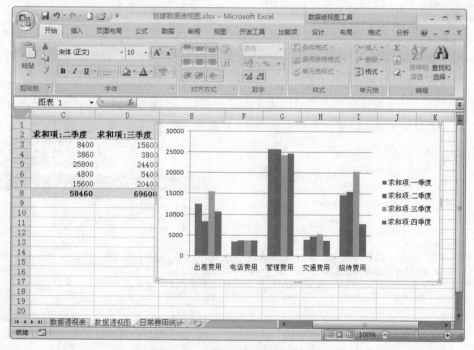

图 7-96　创建数据透视图的效果

问题 7-42: 除了使用对话框还有其他方法创建数据透视图吗?

有。除了使用"创建数据透视表及数据透视图"对话框以外,还可以通过数据透视表直接创建数据透视图。切换到"数据透视表工具""选项"上下文选项卡,单击"工具"组中的"数据透视图"按钮,然后在弹出的"插入图表"对话框中选择所需要的图表类型。

7.3.4 编辑数据透视图

在工作表中创建的数据透视图与创建的一般图表相似,用户可以对其进行图表效果的设置,例如设置数据透视图的布局、更改其图表类型的设置图表的数据标签等。下面将介绍编辑数据透视图的方法,具体操作步骤如下:

原始文件: 实例文件\第 7 章\原始文件\编辑数据透视图.xlsx
最终文件: 实例文件\第 7 章\最终文件\编辑数据透视图.xlsx

Step
01
打开实例文件\第 7 章\原始文件\编辑数据透视图.xlsx 文件,并选中"数据透视图"工作表中的数据透视图,然后切换到"数据透视图工具""设计"上下文选项卡,并单击"图表样式"组中的快翻按钮,然后在展开的库中选择所需要的样式,例如在此选择"样式 42"选项,如图 7-97 所示。

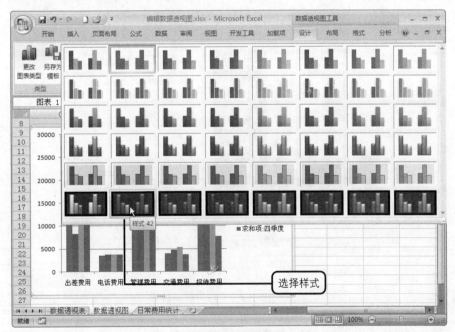

图 7-97 应用数据透视图样式

Step
02
此时数据透视图已经应用了相应的样式设置,然后再选中图表中的绘图区,并切换到"数据透视图工具""格式"上下文选项卡,然后单击"形状样式"组中的快翻按钮,并在展开的库中选择所需要的样式,例如在此选择"细微效果-强调颜色 3"选项,如图 7-98 所示。

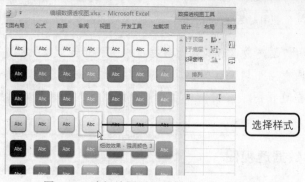

图 7-98 选择绘图区形状样式

问题 7-43： 可以为数据透视图添加标题吗？

可以。用户可以为数据透图添加标题，其方法和添加图表的标题一样。切换到"数据透视图工具""布局"上下文选项卡，然后单击"标签"组中的"图表标题"按钮，并在展开的下拉列表中选择图表的位置，然后再输入图表标题内容即可。

Step 03 用户还可以对图表中的数据进行筛选，则切换到"数据透视图工具""分析"上下文选项卡，并单击"显示/隐藏"组中的"数据透视图筛选"按钮。然后在弹出的窗格中单击"费用类别"列表框右侧的下三角按钮，并在展开的下拉列表框中取消"招待费用"选项的选择，再单击"确定"按钮，如图 7-99 所示。

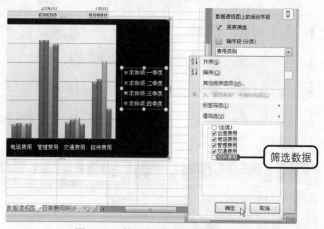

图 7-99 筛选数据透视图数据

问题 7-44： 如何显示快速"数据透视表字段列表"和"数据透视图筛选窗格"？

如果"数据透视表字段列表"和"数据透视图筛选窗格"已经隐藏，但是想要将其快速显示出来时，则在"数据透视图工具""分析"上下文选项卡下单击"显示/隐藏"组中的"字段列表"和"数据透视图筛选"按钮即可。

Step 04 经过上一步的操作之后，此时可以看到数据透视图中的数据已经发生变化，效果如图 7-100 所示。

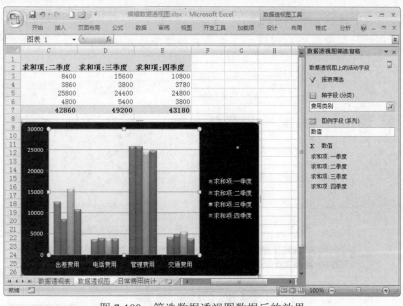

图 7-100　筛选数据透视图数据后的效果

7.4　实例提高：制作公司历年销售统计分析表

在公司的管理过程中，通常拥有一套完整的分析方案，而对公司历年销售统计的数据进行分析是必不可少的。公司的销售业绩直接决定着公司的盈利状况，为了使公司拥有更好的销售业绩，通过需要对公司历年的销售情况进行统计和分析，以便寻找最佳的销售方案。下面将结合本章所学习的知识制作公司历年销售统计分析表，具体操作步骤如下：

原始文件： 实例文件\第 7 章\原始文件\公司历年销售统计分析表.xlsx、图表背景.jpg
最终文件： 实例文件\第 7 章\最终文件\公司历年销售统计分析表.xlsx

Step 01 打开原始文件\公司历年销售统计分析表.xlsx 文件并选中工作表中的 A2：E8 单元格区域，然后切换到"插入"选项卡，单击"图表"组中的"柱形图"按钮，在展开的下拉列表中选择"三维簇状柱形图"选项，如图 7-101 所示。

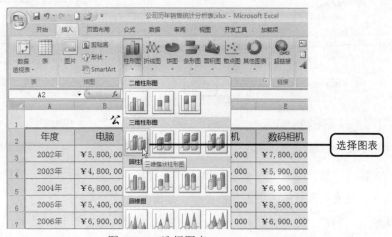

图 7-101　选择图表

Step 02 此时在工作表中显示了插入的图表，切换到"图表工具""设计"上下文选项卡，然后单击"图表样式"组中的快翻按钮，并在展开的库中选择"样式 26"选项，如图 7-102 所示。

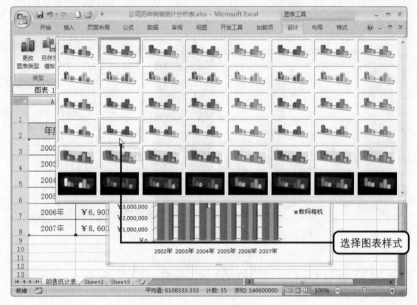

图 7-102　选择图表样式

Step 03 此时图表已经应用了相应的样式设置，在图表的图表区域中右击，并在弹出的快捷菜单中选择"设置图表区域格式"命令，如图 7-103 所示。

Step 04 此时弹出"设置图表区格式"对话框，在"填充"选项卡中选择"图片或纹理填充"单选按钮，然后单击"文件"按钮，如图 7-104 所示。

图 7-103　"设置图表区格式"命令

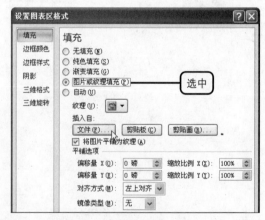

图 7-104　选择图表区填充效果

Step 05 此时弹出"插入图片"对话框，单击"查找范围"列表框右侧的下三角按钮，并在展开的下拉列表中选择所需要图片的路径，如图 7-105 所示。

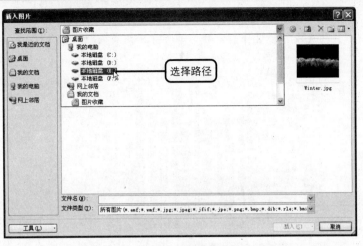

图 7-105　选择图片路径

Step 06 打开图片所在的文件夹并在其中选择所需要作为填充的图片，然后单击"插入"按钮，如图 7-106 所示。

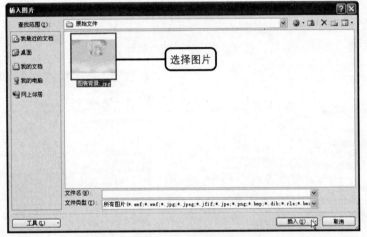

图 7-106　选择图片

Step 07 此时可以看到图表已经应用了所选择的图片作为填充，切换到"图表工具""设计"上下文选项卡，并单击"位置"组中的"移动图表"按钮，如图 7-107 所示。

Step 08 此时弹出"移动图表"对话框，选择"对象位于"单选按钮，并单击其右侧的下三角按钮，然后在展开的下拉列表选择 Sheet2 选项，如图 7-108 所示。

图 7-107　"移动图表"命令

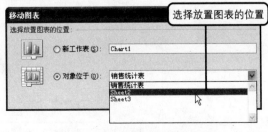

图 7-108　选择图表放置的位置

Step 09 单击"确定"按钮后切换到了 Sheet2 工作表中，可以看到图表已经显示在了该工作表中。调整该图表的大小并将工作表重命名为"分析图表"，如图7-109所示。

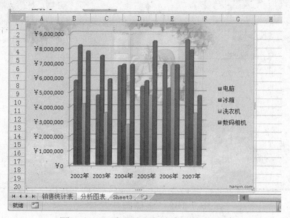

图 7-109 应用图片填充后的效果

Step 10 切换到"销售统计表"工作表中，并在"插入"选项卡的"表"组中选择"数据透视表"下拉列表中的"数据透视表"选项，如图7-110所示。

Step 11 弹出"创建数据透视表"对话框，在该对话框中选择需要分析的数据区域以及放置数据透视表的位置，单击"确定"按钮，如图7-111所示。

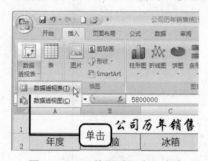

图 7-110 "数据透视表"命令

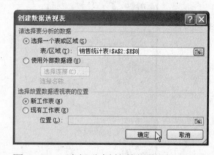

图 7-111 选择分析的数据和放置位置

Step 12 此时在新工作表中可以看到显示的空白数据透视表，然后在"数据透视表字段列表"窗格的"选择要添加到报表的字段"列表框中选择所有选项，如图7-112所示。

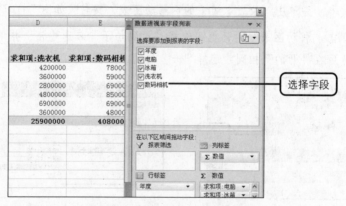

图 7-112 添加字段

Step 13 选中数据透视表中的任意数据单元格，并切换到"数据透视表工具""设计"上下文选项卡，然后单击"数据透视表样式"组中的快翻按钮，再在展开的库中选择"数据透视表样式深色 20"选项，如图 7-113 所示。

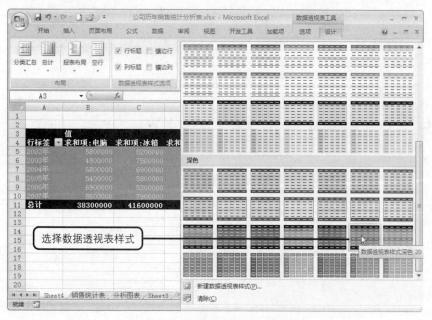

图 7-113　选择数据透视表样式

Step 14 经过上一步的操作之后，此时可以看到该数据透视表已经应用了相应的样式设置，将该工作重命名为"数据透视表"，并设置数据透视表中的字体为"幼圆"、字号为"14"，最后调整各单元格的行高与列宽，设置完毕之后的效果如图 7-114 所示。

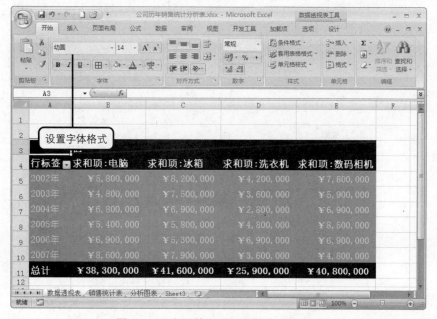

图 7-114　应用数据透视表样式后的效果

Chapter
08

制作与美化幻灯片

PowerPoint 2007 也是 Microsoft Office 家族中重要的组件之一，应用于产品演示、广告宣传、会议流程、销售简报、业绩报告、电子教学等诸多方面。通过使用 PowerPoint，用户可以轻松地制作出内容丰富、外观绚丽、动感十足的演示文稿。本章将介绍制作与美化幻灯片，主要内容包括 PowerPoint 2007 的基本操作、在幻灯片中创建表格、使用图片美化幻灯片、在幻灯片中插入对象等内容。最后再结合本章学习的知识点，制作实例——员工培训课程演示文稿。

8.1 PowerPoint 2007 的基本操作

PowerPoint 主要用来创建演示文稿。演示文稿由一系列的幻灯片组成，幻灯片描述演示文稿的主要内容。用户如果想要制作生动美观的演示文稿，需要了解 PowerPoint 2007 的基本操作，才能制作漂亮的幻灯片。本节将介绍 PowerPoint 2007 的基本操作，主要包括创建和保存演示文稿、打开和关闭演示文稿、编排演示文稿等内容。

8.1.1 创建和保存演示文稿

PowerPoint 2007 为用户提供了多种演示文稿模板，但有时用户需要按自己的需要制作演示文稿，创建个性化的文稿内容。下面将分别介绍创建空白演示文稿和根据模板创建演示文稿的操作方法，具体操作方法如下：

最终文件：实例文件\第 8 章\最终文件\创建和保存演示文稿.pptx

Step
01
双击桌面上的 PowerPoint 2007 图标或者执行"开始"菜单中的命令启动 PowerPoint 2007，此时可以看到 PowerPoint 2007 工作界面，包括标题栏、功能区、工作区、幻灯片窗格、状态栏等，如图 8-1 所示。

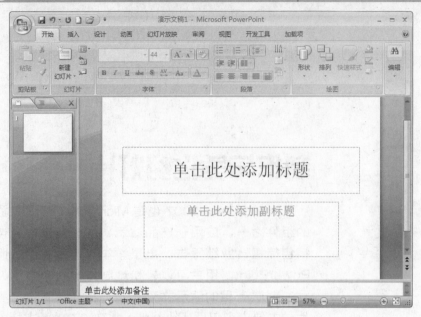

图 8-1　启动 PowerPoint 2007

Step
02
单击窗口左上角的 Office 按钮，并展开的"文件"菜单中单击"新建"命令打开"新建
演示文稿"对话框，如图 8-2 所示。

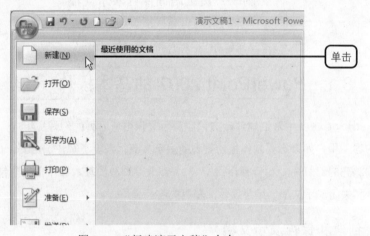

图 8-2　"新建演示文稿"命令

问题 8-1：	有快捷方式打开"新建演示文稿"对话框吗？

除了执行"文件"菜单中的"新建"命令打开"新建演示文稿"对话框以外，还可以使
用快捷方式，则依次按键盘中的【Alt】、【F】和【N】键即可。

Step
03
此时弹出"新建演示文稿"对话框，在该对话框中选择"空白文档和最近使用的文档"
列表框中的"空白演示文稿"选项，然后再单击"创建"按钮即可创建空白演示文稿，
如图 8-3 所示。

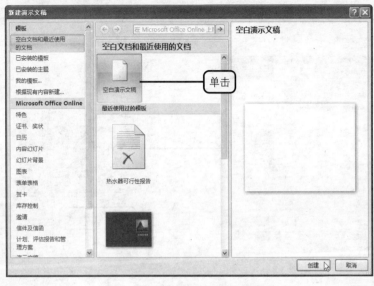

图 8-3 选择新建演示文稿的类型

> **问题 8-2:** 除使用"新建演示文稿"对话框之外还可以新建演示文稿吗?
>
> 可以。用户除了使用"新建演示文稿"对话框新建演示文稿之外,还可以按键盘中的快捷键【Ctrl+N】或者单击"快速访问"工具栏中的"新建"按钮。

Step 04 经过上一步的操作之后,此时可以看到系统自动新建了一个空白演示文稿,效果如图 8-4 所示。

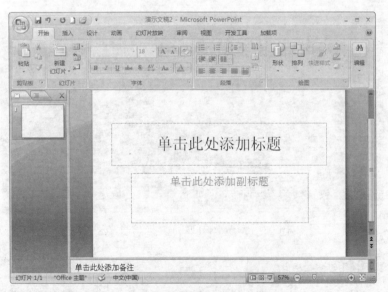

图 8-4 新建空白演示文稿的效果

Step 05 如果需要根据模板创建演示文稿,打开"新建演示文稿"对话框,在"模板"列表框中选择"已安装的模板"选项,再在右侧的列表框中选择所需要的模板样式,例如在此选择"现代型相册"选项,然后单击"创建"按钮,如图 8-5 所示。

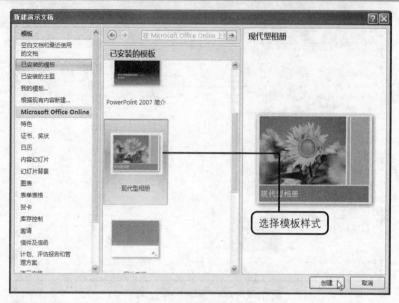

图 8-5　选择演示文稿模板样式

Step 06 经过上一步的操作之后，此时可以看到系统自动新建的演示文稿，并且应用了所选择样式的模板，效果如图 8-6 所示。

图 8-6　根据模板创建演示文稿的效果

问题 8-3:	如何使用在线模板?

Microsoft Office 提供了多种在线可以使用的模板，可以从中进行选择并使用。则在"新建演示文稿"对话框和"Microsoft Office Online"列表框中选择所需要的选项，系统将会对在线的相应模板进行自动搜索，经过一段时间的搜索之后将在右侧的列表框中显示相应的模样样式，在其中选择所需要的样式即可。

6 公式和函数应用以及数据处理

7 Excel 2007 的数据分析功能

8 制作与美化幻灯片

9 PowerPoint 的高级应用

10 使用网络自动化办公

Step 07　将演示文稿制作完毕之后，如果需要将其进行保存则首先单击 Office 按钮，并在展开的"文件"菜单中单击"保存"命令或者"另存为"命令打开"另存为"对话框，如图 8-7 所示。

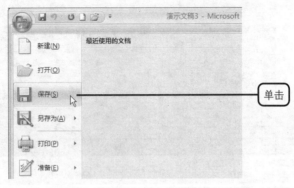

图 8-7　"另存为"命令

Step 08　此时弹出"另存为"对话框，选择演示文稿需要保存的路径并打开需要保存的文件夹，然后在"文件名"文本框中输入所需要的文件名称，例如在此输入"创建和保存演示文稿"文本，单击"保存"按钮，如图 8-8 所示。

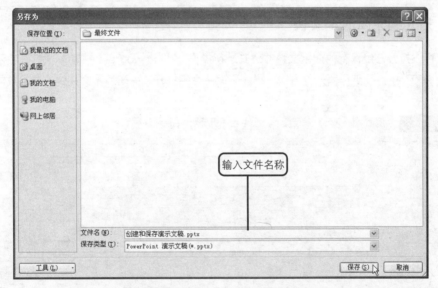

图 8-8　选择演示文稿保存位置

问题 8-4：　打开"另存为"对话框的快捷键是什么？

如果用户想要使用快捷键打开"另存为"对话框，则按键盘中的快捷键【Ctrl+S】即可，用户还可以单击"快速访问"工具栏中的"保存"按钮。

Step 09　经过上一步的操作之后返回演示文稿中，此时可以看到在演示文稿窗口的标题栏中已经应用了设置的文件名称，如图 8-9 所示。

图 8-9　保存演示文稿后的效果

问题 8-5：　可以幻灯片中插入什么对象？

在创建了演示文稿之后，用户需要对其进行编辑，则在幻灯片中插入所需要的内容对象，例如输入文本、插入图片、艺术字、形状、声音、影片等。

8.1.2　打开和关闭演示文稿

用户可以打开已经保存的演示文稿并对其进行操作，在 PowerPoint 2007 中打开演示文稿与在 Excel 2007 中打开工作簿文件方法一样。下面将介绍打开和关闭演示文稿的方法，具体操作步骤如下：

原始文件：实例文件\第 8 章\原始文件\打开和关闭演示文稿.pptx

Step 01　如果需要打开计算机中已经保存的演示文稿，首先单击 Office 按钮，并在展开的"文件"菜单中单击"打开"命令，如图 8-10 所示。

图 8-10　"打开"命令

Step 02　弹出"打开"对话框，在该对话框中选择文件的路径并打开文件所在的文件夹，然后选择需要的打开文件，再单击"打开"按钮，如图 8-11 所示。

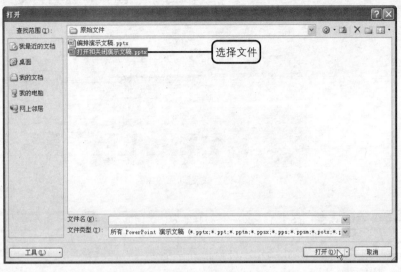

图 8-11　选择需要打开的文件

问题 8-6：	除了单击"打开"命令还有其他方式打开"打开"对话框吗？

除了单击"打开"命令还有其他方式打开"打开"对话框以外，还可以按键盘中的快捷键【Ctrl+O】或者单击"快速访问"工具栏中的"打开"按钮。

Step 03 经过上一步的操作之后，此时可以看到所选择的演示文稿文件已经打开，效果如图 8-12 所示。

图 8-12　打开演示文稿后的效果

Step 04 如果需要关闭当前的演示文稿文件，则在演示文稿窗口的标题栏任意位置处右击，然后在弹出的快捷菜单中选择"关闭"命令即关闭该文件，如图 8-13 所示。

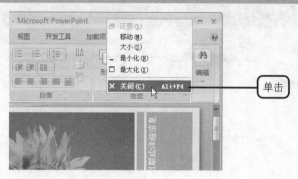

图 8-13　关闭演示文稿

问题 8-7：　除了在标题栏中执行操作之外，还有其他方法关闭演示文稿吗？

有。除了在标题栏中执行操作之外，用户还可以单击"文件"菜单中的"关闭"命令或者按键盘中的快捷键【Alt+F4】关闭当前演示文稿。

8.1.3　编排演示文稿

为了制作某个演示文稿而在其中插入了多张幻灯片之后，用户可以根据实际需要编排演示文稿，可以根据公众的不同而随意调整幻灯片在演示文稿中的位置等。下面将介绍编排演示文稿的方法，具体操作步骤如下：

原始文件：实例文件\第 8 章\原始文件\编排演示文稿.pptx
最终文件：实例文件\第 8 章\最终文件\编排演示文稿.pptx

方法一：使用拖动更改幻灯片的位置

Step 01 打开实例文件\第 8 章\原始文件\编排演示文稿.pptx 文件，如果需要调整演示文稿中幻灯片的顺序，选中需要调整的幻灯片进行拖动即可。例如在此选中"幻灯片"窗格中第 3 张幻灯片并按住鼠标不放，再向上拖动至第 2 张的位置处，如图 8-14 所示。

Step 02 拖至目标位置后释放鼠标，此时在"幻灯片"窗格中可以看到所选择的幻灯片的已经移动到了目标位置，原来的第 2 张幻灯片在第 3 张幻灯片的位置处显示，效果如图 8-15 所示。

图 8-14　调整幻灯片的位置

图 8-15　调整幻灯片位置后的效果

问题 8-8： 如何使用拖动复制幻灯片？

如果需要复制演示文稿中的幻灯片，则与复制文档中的文本以及工作表中的单元格一样，在拖动幻灯片的同时按住键盘中的【Ctrl】键。

方法二：使用剪切和粘贴更改幻灯片的位置

Step 01 除了使用拖动的方法用户还可以使用剪切和粘贴的方法，例如在此选中演示文稿"幻灯片"窗格中的第 6 张幻灯片并右击，在弹出的快捷菜单中选择"剪切"命令，如图 8-16 所示。

Step 02 在"幻灯片"窗格中再选中需要放置所剪切幻灯片位置处的幻灯片，例如在此选中第 4 张幻灯片并右击，在弹出的快捷菜单中选择"粘贴"命令，如图 8-17 所示。

图 8-16　剪切幻灯片

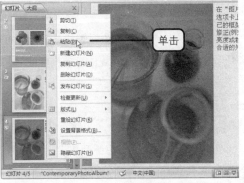
图 8-17　粘贴幻灯片

问题 8-9： 剪切和粘贴幻灯片的快捷键是什么？

除了使用快捷菜单中的命令之外还可以使用快捷剪切和粘贴幻灯片，剪切的快捷键为【Ctrl+X】、粘贴的快捷键为【Ctrl+V】。

Step 03 经过前面的操作之后，此时在"幻灯片"窗格中可以看到幻灯片的顺序已经应用了相应的调整，最后的效果如图 8-18 所示。

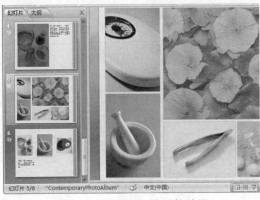
图 8-18　粘贴幻灯片后的效果

8.2　在幻灯片中创建表格

表格具有条理清楚、对比强烈的特点，在幻灯片中使用表格可以使演示文稿更加清晰明确，从而达到更好的宣传效果。在插入了表格之后，用户可以在表格中输入所需要的数据，并且还可以为表格设置相应的格式，以便达到美观的效果。本节介绍在幻灯片中创建表格，主要包括插入表格、编辑表格、设置表格格式等内容。

8.2.1　插入表格

如果想要在幻灯片中使用表格来说明数据，首先需要插入表格。在幻灯片中插入的表格的方法有多种，用户可以插入已有的表格，也可以自行绘制表格。下面将介绍插入表格的方法，具体操作步骤如下：

原始文件： 实例文件\第 8 章\原始文件\插入表格.pptx
最终文件： 实例文件\第 8 章\最终文件\插入表格.pptx

方法一：使用包含表格版式中的"插入表格"按钮

Step 01 打开实例文件\第 8 章\原始文件\插入表格.pptx 文件，并在"开始"选项卡的"幻灯片"组中单击"新建幻灯片"按钮，并在展开的库中选择所需要插入的幻灯片样式，例如在此选择"标题和内容"选项，如图 8-19 所示。

Step 02 此时可以看到在所选择幻灯片的下方插入了"标题和内容"版式的幻灯片，再单击幻灯片中的"插入表格"按钮，如图 8-20 所示。

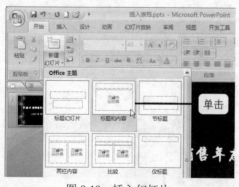

图 8-19　插入幻灯片

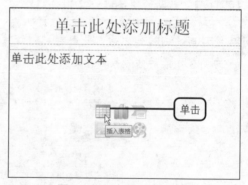

图 8-20　"插入表格"命令

Step 03 此时弹出"插入表格"对话框，在该对话框分别设置表格的列数和行数，例如分别在"列数"和"行数"文本框中输入数字"5"，然后单击"确定"按钮，如图 8-21 所示。

图 8-21 设置表格的列数和行数

Step 04 经过上一步的操作之后，此时可以看到在幻灯片中插入了表格，并且表格尺寸为设置的列数和行列大小，如图 8-22 所示。

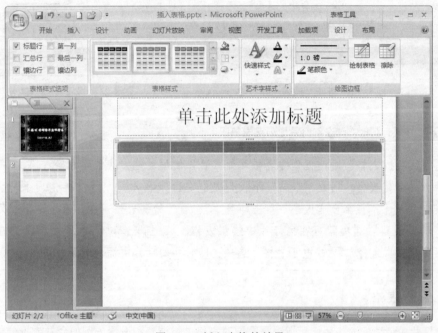

图 8-22 插入表格的效果

问题 8-12： **如何更改表格的整体大小？**

在幻灯片中插入表格之后，如果需要更改表格整体大小，首先选中表格将指针移至表格的右下角，当指针变成双向箭头形状时按住鼠标左键不放并进行拖动，拖至目标大小后再释放鼠标即可更改表格的整体大小。

方法二：使用"插入"选项卡

Step 01 在"插入"选项卡下插入表格，则首先单击"插入"标签切换到"插入"选项卡，然后在"表格"组中单击"表格"按钮，并在展开的下拉列表中选择"插入表格"选项，如图 8-23 所示。

Step 02 此时弹出"插入表格"对话框，在该对话框中直接设置表格的尺寸，例如在该对话框的"列数"和"行数"文本框中输入数字"5"，然后单击"确定"按钮，如图 8-24 所示。

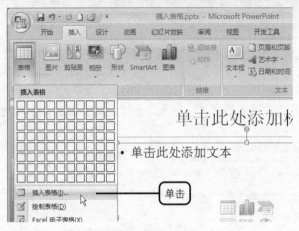

图 8-23　选择"插入表格"命令　　　　图 8-24　设置"插入表格"对话框

| 问题 8-13: | 还有其他方法在幻灯片中创建表格吗？ |

除了通过"插入表格"对话框创建表格之外，可以使用其他方法创建表格：1、使用拖动鼠标的方法创建表格，则在"表格"下拉列表中将指针指向第 1 个方格，向下拖动鼠标选择表格的尺寸，拖至合适大小后单击即可。2、自行绘制表格，在"表格"下拉列表中选择"绘制表格"选项即可在幻灯片中绘制表格。3、插入 Excel 电子表格，则在"表格"下拉列表中选择"Excel 电子表格"选项，即可在幻灯片中插入电子表格。

8.2.2　编辑表格

在幻灯片中创建好表格后，可以根据需要对表格进行调整和设置，例如合并或拆分单元格、增加或删除行与列、调整列宽与行高等。下面将介绍编辑表格的方法，具体操作步骤如下：

原始文件: 实例文件\第 8 章\原始文件\编辑表格.pptx
最终文件: 实例文件\第 8 章\最终文件\编辑表格.pptx

Step 01　打开实例文件\第 8 章\原始文件\编辑表格.pptx 文件，选择演示文稿中的第 2 张幻灯片并单击标题占位符，再在其中输入表格标题，例如在此输入"正好公司 2007 年度销售统计表"文本，然后在表格中输入所需要的数据，如图 8-25 所示。

Step 02　将光标定于表格最后一行的任意单元格中，然后单击"表格工具""布局"标签切换到"表格工具""布局"上下文选项卡，在"行和列"组中单击"在下方插入"按钮，如图 8-26 所示。

| 问题 8-14: | 除了单击"在下方插入"按钮还有其他方法插入行单元格吗？ |

除了单击"在下方插入"按钮插入行单元格之外，还可以将光标定位在表格的最后一个单元格中，然后按键盘中的【Tab】键在表格末尾插入一行单元格。

图 8-25 输入表格数据

图 8-26 插入行单元格命令

Step 03 此时可以看到在光标定位的单元格下方插入了一行单元格，再输入所需要的表格数据。然后将指针移至表格右下角控制点上，当指针变成双向箭头形状时按住鼠标左键不放并进行拖动，如图 8-27 所示。

Step 04 拖至目标大小后释放鼠标，此时可以看到表格的整体大小已经发生了改变，效果如图 8-28 所示。

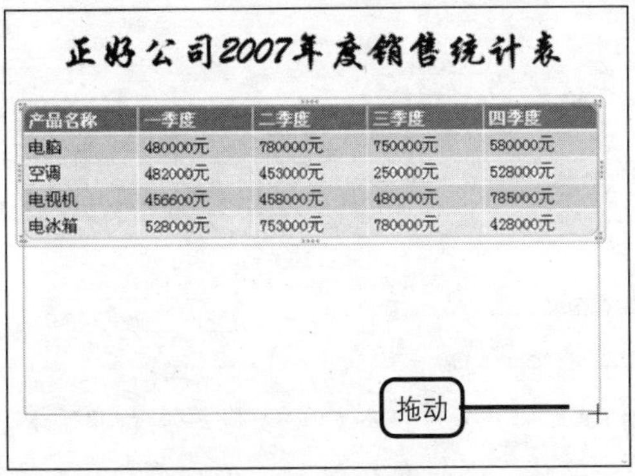

图 8-27 调整表格大小

图 8-28 调整表格大小后的效果

问题 8-15： 如何精确调整表格的大小？

如果想要精确调整表格的大小，首先选中表格并单击"表格工具""布局"标签切换到"表格工具""布局"上下文选项卡，然后在"表格尺寸"组中的"高度"和"宽度"文本框进行精确的设置。

Step 05 不仅可以调整表格的整体大小，同样可以调整单元格的行高和列宽，例如在此将指针移至表格第 1 列单元格的右侧框线位置处，当指针变成双向箭头形状时再按住鼠标左键并进行拖动，如图 8-29 所示。

Step 06 拖至目标位置后释放鼠标，此时第 1 单元格的列宽已经发生改变。同样的方法继续调整其单元格的列宽，最后效果如图 8-30 所示。如果需要调整单元格的行高，其操作方法与调整列宽相似，将指针移至单元格行高框处进行拖动。

正好公司2007年度销售统计表				
产品名称	一季度	二季度	三季度	四季度
电脑	480000元	780000元	750000元	580000元
空调	482000元	453000元	250000元	528000元
电视机	456600元	458000元	480000元	785000元
电冰箱	528000元	753000元	780000元	428000元

图 8-29 调整单元格列宽

正好公司2007年度销售统计表				
产品名称	一季度	二季度	三季度	四季度
电脑	480000元	780000元	750000元	580000元
空调	482000元	453000元	250000元	528000元
电视机	456600元	458000元	480000元	785000元
电冰箱	528000元	753000元	780000元	428000元

图 8-30 调整单元格列宽后的效果

问题 8-16： 如果精确调整单元格的行高或列宽？

如果想要精确调整表格单元格的行高或列宽，首先将光标定位于需要调整的行或列的任意单元格中，或者选中需要调整的行或列单元格，然后切换到"表格工具""布局"上下文选项卡，在"单元格大小"组中的"表格行高度"和"表格列宽度"文本框进行精确的设置。

8.2.3 设置表格格式

在幻灯片中创建了表格并将内容等编辑完毕之后，还可以为表格设置格式，以达到更加美观的效果，例如应用表格样式、表格效果、应用艺术字样式等。下面将介绍设置表格格式的方法，具体操作步骤如下：

原始文件： 实例文件＼第8章＼原始文件＼设置表格格式.pptx
最终文件： 实例文件＼第8章＼最终文件＼设置表格格式.pptx

Step 01 打开实例文件＼第8章＼原始文件＼设置表格格式.pptx 文件，并选中表格第1行单元格，然后在"开始"选项卡的"字体"组中单击"字体"下三角按钮，并在展开的下拉列表框中选择"微软雅黑"选项，如图 8-31 所示。

Step 02 单击"字号"下三角按钮，并在展开的下拉列表框中选择所需要的字号，例如在此选择"20"选项，如图 8-32 所示。

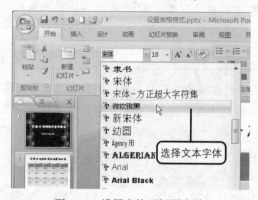

图 8-31 设置表格列标题字体

图 8-32 设置表格列标题字号

6
据处理
公式和函数应用以及数

7
功能
Excel 2007 的数据分析

8
制作与美化幻灯片

9
PowerPoint 的高级应用

10
使用网络自动化办公

> **问题 8-17：** 除了在"字体"组中还可以设置表格内容的字体格式吗？
>
> 可以。除了在"开始"选项卡的"字体"组中设置字体格式还可以使用"字体"对话框设置文本的字体格式，首先选中需要设置字体格式的单元格并右击，然后在弹出的快捷菜单中选择"字体"命令打开"字体"对话框，在"字体"选项卡中进行设置。

Step 03 选中整个表格并单击"表格工具""布局"标签切换到"表格工具""布局"上下文选项卡，然后在"对齐方式"组中单击"居中"和"垂直居中"按钮，如图 8-33 所示。

Step 04 单击"表格工具""设计"标签切换到"表格工具""设计"上下文选项卡，然后单击"表格样式"组中的快翻按钮，并在展开的库中选择所需要的表格样式，例如在此选择"中度样式 4-强调 5"选项，如图 8-34 所示。

图 8-33　设置表格内容对齐方式

图 8-34　应用表格样式

> **问题 8-18：** 设置文本居中的快捷键是什么？
>
> 如果要设置文本为居中对齐，则选中设置对齐的单元格之后按键盘中的快捷键【Ctrl+E】即可。

Step 05 经过前面的操作之后，此时可以看到幻灯片中的表格已经应用了相应的样式设置，效果如图 8-35 所示。

Step 06 选中表格第 1 行单元格，并在"表格工具""设计"上下文选项卡的"表格样式"组中单击"底纹"下三角按钮，并在展开的下拉列表中选择"标准色"组中的"浅绿"选项，如图 8-36 所示。

> **问题 8-19：** 可以为单元格设置其他底纹效果吗？
>
> 可以。除了使用纯色进行填充以外还可以使用图片、渐变、纹理等作为单元格的填充。例如使用图片进行填充则在"底纹"下拉列表中选择"图片"选项，然后在"插入图片"对话框中选择图片。

图 8-35　应用表格样式后的效果　　　　图 8-36　选择单元格填充颜色

Step 07 在"表格工具""设计"上下文选项卡的"艺术字样式"组中单击"快速样式"按钮，并在展开的库中选择所需要的样式，例如在此选择"填充-元，轮廓-强调文字颜色 2"选项，如图 8-37 所示。

Step 08 选中表格的其他内容并单击"艺术字样式"组中的"快速样式"按钮，然后在展开的库中选择所需要的艺术字样式，例如在此选择"渐变填充-强调文字颜色 4，映像"选项，如图 8-38 所示。

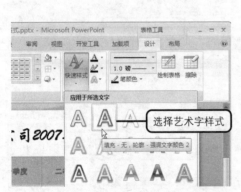

图 8-37　选择列标题艺术字效果

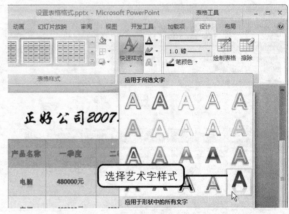

图 8-38　选择内容艺术字效果

问题 8-20:	如何设置艺术字效果？

如果要设置艺术字效果，则首先选中需要设置效果的艺术字，然后在"艺术字样式"组中单击"文本效果"按钮，并在展开的下拉列表中选择需要应用的效果。

Step 09 此时可以看到表格中的文字已经应用了相应的艺术字设置，再选中表格并在"表格工具""设计"上下文选项卡的"表格样式"组中单击"效果"按钮，然后在展开的下拉列表中选择"单元格凹凸效果"选项，并在展开的库中选择所需要的样式，例如在此选择"艺术装饰"选项，如图 8-39 所示。

Step 10 经过前面的操作之后，此时可以看到表格已经应用了相应的格式设置，最后的效果如图 8-40 所示。

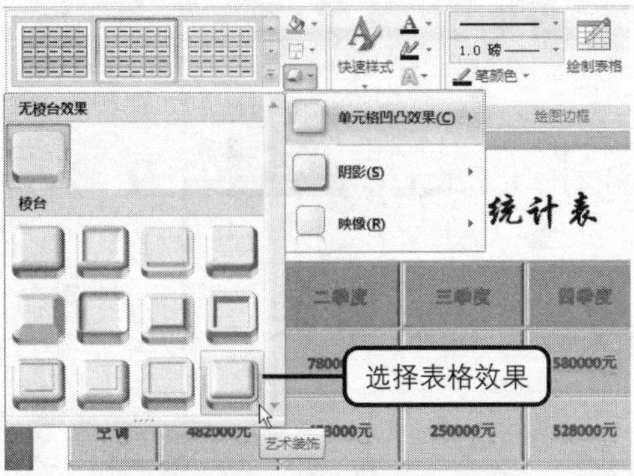

图 8-39　选择表格效果

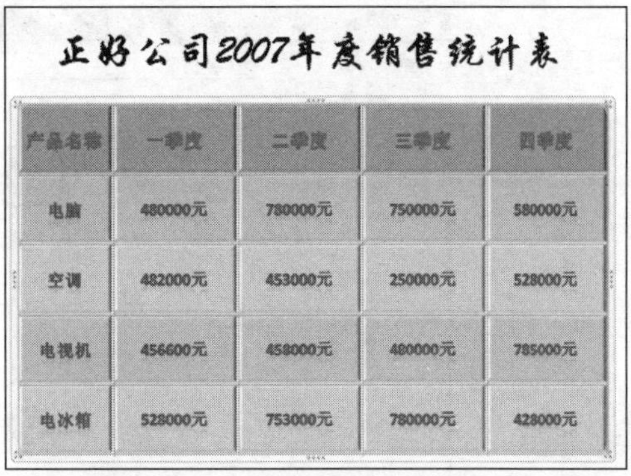

正好公司2007年度销售统计表

产品名称	一季度	二季度	三季度	四季度
电脑	480000元	780000元	750000元	580000元
空调	482000元	453000元	250000元	528000元
电视机	456600元	458000元	480000元	785000元
电冰箱	528000元	753000元	780000元	428000元

图 8-40　设置表格格式后的效果

问题 8-21：　如何绘制和擦除边框？

如果需要在表格中绘制边框，则在“表格工具”“设计”上下文选项卡的“绘图边框”组中单击“绘制表格”按钮，当指针呈笔的形状时在表格中进行绘制。如果需要删除边框则在“绘图边框”组中单击“擦除”按钮，当指针呈橡皮擦形状时单击需要擦除的边框。

8.3　使用图片美化幻灯片

用户还可以插入图片、艺术字等来美化幻灯片，为了使其更适合演示文稿还需要对图片进行处理，例如显示实际需要改变图片的大小和位置、改变图片的高度和对比度以及重新给图片着色等。本节将介绍使图片美化幻灯片，主要内容包括插入图片、设置图片格式、插入艺术字等。

8.3.1　插入图片

如果想要使用图片对幻灯片进行美化，首先需要在幻灯片中插入图片，在幻灯片中插入图片的方法与在 Excel、Word 中插入图片的方法相似。下面将介绍插入图片的方法，具体操作步骤如下：

原始文件：实例文件\第 8 章\原始文件\插入图片.pptx、风景.jpg

最终文件：实例文件\第 8 章\最终文件\插入图片.pptx

Step 01 打开实例文件\第 8 章\原始文件\插入图片.pptx 文件，并选中演示文稿中的第 3 张幻灯片，然后单击“插入”标签切换到“插入”选项卡，在“插图”组中单击“图片”按钮，如图 8–41 所示。

图 8-41　“插入图片”命令

Step 02 此时弹出了“插入图片”对话框，则首先单击“查找范围”列表框右侧的下三角按钮，然后在展开的下拉列表中选择所需要的图片所在的路径，如图 8–42 所示。

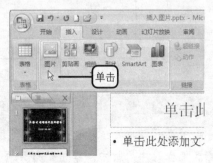

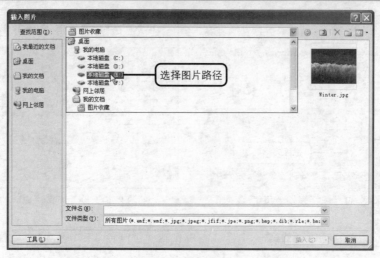

图 8-42　选择图片路径

问题 8-22：　除了单击"图片"按钮还有其他方法打开"插入图片"对话框吗？

除了单击"图片"按钮之外用户还可以使用快捷键打开"插入图片"对话框，则依次按键盘中的【Alt】、【N】和【P】键即可。

Step 03　打开图片所在的文件夹并在其中选中所需要的图片，然后单击"插入"按钮，如图 8-43 所示。

图 8-43　选择图片

问题 8-23：　除了使用"插入"选项卡还有其他方法插入图片吗？

除了使用"插入"选项卡还可以使用带有图片的版式插入图片，和插入表格一样首先选择带有图片的版式，单击幻灯片页面中的"插入来文件中的图片"按钮打开"插入图片"对话框，然后在该对话框选择所需要的图片。

Step 04 经过前面的操作之后，此时可以看到在幻灯片中显示了所插入的图片，效果如图 8-44 所示。

图 8-44　插入图片后的效果

8.3.2　设置图片格式

为了使图片在幻灯片中更加协调，达到美观的效果，还需要为插入的图片进行格式的设置，例如调整图片的大小和位置、应用图片样式等。下面将介绍设置图片格式的方法，具体操作步骤如下：

原始文件：实例文件\第 8 章\原始文件\设置图片格式.pptx
最终文件：实例文件\第 8 章\最终文件\设置图片格式.pptx

Step 01 打开实例文件\第 8 章\原始文件\设置图片格式.pptx 文件，并选中第三张中的图片，再将指针移至图片的右下角，当指针变成双向箭头形状时按住鼠标左键不放并进行拖动，如图 8-45 所示。

Step 02 拖至目标大小后释放鼠标，将指针移至图片的上方，当指针变成十字箭头形状时按住鼠标并进行拖动，如图 8-46 所示。

图 8-45　更改图片大小

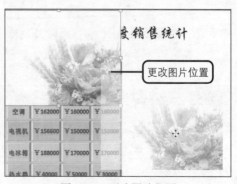

图 8-46　更改图片位置

问题8-24： 如何精确调整图片的大小呢？

如果需要精确调整图片的大小，首先选中图片并单击"图片工具""格式"标签切换到"图片工具""格式"上下文选项卡，然后在"大小"组中的"高度"和"宽度"文本框中输入精确的值即可精确设置图片的大小。

Step 03 拖动目标位置后释放鼠标，此时可以看到经过前面两步的操作之后，图片的大小和位置已经发生变化，效果如图8-47所示。

Step 04 选中幻灯片中的图片并单击"图片工具""格式"标签切换到"图片工具""格式"上下文选项卡，然后在"大小"组中单击"裁剪"按钮应用裁剪工具，如图8-48所示。

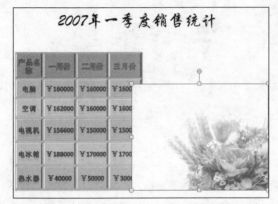

图8-47 更改图片大小和位置后的效果

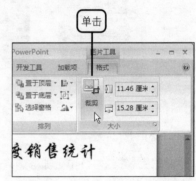

图8-48 单击"裁剪"按钮

问题8-25： 调整图片的大小和位置之后，还可以更改图片吗？

可以。如果已经为图片调整好大小和位置之后想要更改图片，首先选中图片然后切换到"图片工具""格式"上下文选项卡，并在"调整"组中单击"更改图片"按钮，然后在弹出的"插入图片"对话框中选择所需要的图片。

Step 05 此时鼠标指针呈裁剪的形状并且图片的周围出现了裁剪控制点，首先将指针移至图片左侧的控制点上，当指针发生变化时按住鼠标左键不放并进行拖动即可裁剪，如图8-49所示。

Step 06 拖至目标位置后释放鼠标，此时可以看到拖动鼠标裁剪时经过的图片部分已经被裁剪掉，裁剪图片之后的效果如图8-50所示。

问题8-26： 如何为图片添加边框？

如果需要为图片添加边框，首先选中需要添加边框的图片并切换到"图片工具""格式"上下文选项卡，然后在"图片样式"组中单击"图片边框"按钮，再在展开的下拉列表框中选择所需要的边框颜色即可。

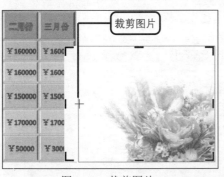

图 8-49 裁剪图片

图 8-50 裁剪图片后的效果

Step 07 选中图片并在"图片工具""格式"上下文选项卡，然后在"调整"组中单击"重新着色"按钮，再在展开的库中选择"浅色变体"组中的"强调文字颜色 6 浅色"选项，如图 8-51 所示。

Step 08 在"图片工具""格式"上下文选项卡的"调整"组中单击"对比度"按钮并在展开的下拉列表中选择所需要的对比度，例如在此选择"+10％"选项，如图 8-52 所示。

问题 8-27： 如何调整图片的亮度？

如果需要调整图片的亮度则首先选中需要调整亮度的图片，并在"图片工具""格式"上下文选项卡的"调整"组中单击"亮度"按钮，并在展开的下拉列表中选择所需要的亮度选项。

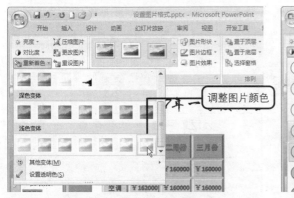

图 8-51 选择图片颜色

图 8-52 调整图片对比度

Step 09 在"图片工具""格式"上下文选项卡单击"图片样式"组中的快翻按钮，并在展开的库中选择所需要的图片样式，例如在此选择"映像圆角矩形"选项，如图 8-53 所示。

问题 8-28： 除了在"图片工具""格式"上下文选项卡之外，还可以在其他地方设置图片格式吗？

除了在"图片工具""格式"上下文选项卡设置图片格式之外，还可以通过对话框进行设置。首先选中需要设置格式的图片并右击，然后在弹出的快捷菜单中选择"设置图片格式"命令，在弹出的"设置图片格式"对话框进行相应的格式设置，例如图片的颜色、亮度、对比度、填充颜色、阴影、三维效果等。

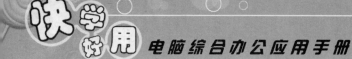

Step 10 经过前面的操作之后，此时可以看到幻灯片中所选择的图片已经应用了相应的格式设置，效果如图 8-54 所示。

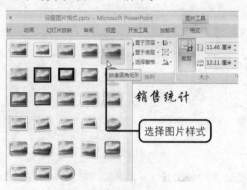

图 8-53　选择图片样式

图 8-54　设置图片样式后的效果

8.3.3　插入艺术字

不仅可以在幻灯片中插入图片进行美化，还可以在幻灯片中插入艺术字，与插入图片一样，用户可以为插入的艺术字设置格式，使其达到美观的效果。下面将介绍插入艺术字的方法，具体操作步骤如下：

原始文件： 实例文件\第 8 章\原始文件\插入艺术字.pptx
最终文件： 实例文件\第 8 章\最终文件\插入艺术字.pptx

Step 01 打开实例文件\第 8 章\原始文件\插入艺术字.pptx 文件，并单击"插入"标签切换到"插入"选项卡，然后在"文本"组中单击"艺术字"按钮，并在展开的库中选择所需要的艺术字样式，例如在此选择"填充–强调文字颜色 6 渐变轮廓–强调文字颜色 6"选项，如图 8-55 所示。

Step 02 经过上一步的操作之后，此时可以看到幻灯片中显示了艺术字提示文本框，并且出现了"绘图工具""格式"上下文选项卡，如图 8-56 所示。

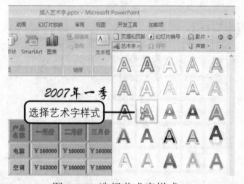

图 8-55　选择艺术字样式

图 8-56　插入艺术字的效果

问题 8-29：　在幻灯片中插入艺术字之后可以更改其样式吗？

可以。在幻灯片中插入艺术字之后，如果想要更改艺术字的样式，首先选中艺术字并切换到"绘图工具""格式"上下文选项卡，然后在"艺术字样式"组中单击"快速样式"按钮，并在展开的库中选择所需要的样式。

Step 03 删除艺术字提示文本框中提示文本，并在其中输入所需要的艺术字内容，例如在此输入"再接再厉"文本。然后切换到"开始"选项卡，并在"字体"组中单击"字体"下三角按钮，再在展开的下拉列表中选择"隶书"选项，如图 8-57 所示。

Step 04 此时可以看到艺术字已经应用了相应的字体设置，再将光标移至艺术字文本框的边框位置处，当指针变成十字箭头形状时按住鼠标左键不放并进行拖动，拖至目标位置后释放鼠标，如图 8-58 所示。

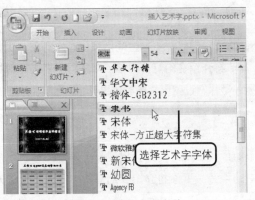

图 8-57　选择艺术字字体

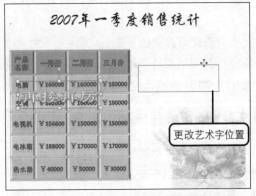

图 8-58　更改艺术字位置

问题 8-30： 可以使用对话框设置艺术字字体格式吗？

可以。不仅可以在"开始"选项卡下设置艺术字的字体格式，还可以选中艺术字文本并右击，然后在弹出的快捷菜单中选择"字体"命令，在弹出的"字体"对话框的"字体"选项卡中对字体进行格式设置。

Step 05 在"开始"选项卡的"字体"组中再单击"字号"下三角按钮，并在展开的下拉列表中选择所需要的字号，例如在此选择"66"选项，如图 8-59 所示。

Step 06 经过前面的操作之后，此时可以看到艺术字已经应用了相应的格式设置，效果如图 8-60 所示。

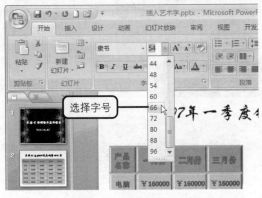

图 8-59　选择艺术字字号

图 8-60　设置艺术字格式后的效果

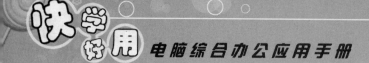
问题 8-31:	如何在幻灯片中设置艺术字的形状效果？

选中艺术字并切换到"绘图工具""格式"上下文选项卡，在"艺术字样式"组中单击"形状效果"按钮，并在展开的下拉列表中选择所需要的效果选项，再在其展开的库中选择效果样式。

8.4 在幻灯片中插入对象

除了在幻灯片中插入图片、艺术字等对象以外，为了使幻灯片更加生动活泼、有声有色，更具感染力，还可以在幻灯片中插入声音、影片对象。本节将介绍在幻灯片中插入对象，主要内容包括在幻灯片中插入声音、设置声音效果、在幻灯片中插入影片、设置影片播放效果等。

8.4.1 在幻灯片中插入声音

用户可以在演示文稿中添加各种声音文件，添加声音后幻灯片上会出现一个声音图标，用户可以插入文件中的声音，也可以插入剪辑管理器中的声音。下面将介绍在幻灯片中插入声音的方法，具体操作步骤如下：

原始文件：实例文件\第 8 章\原始文件\在幻灯片中插入声音.pptx、太湖美.mp3、
J0214098.WAV

最终文件：实例文件\第 8 章\最终文件\在幻灯片中插入声音.pptx

方法一：插入文件中的声音

Step 01 打开实例文件\第 8 章\原始文件\在幻灯片中插入声音.pptx 文件，并在"插入"选项卡的"剪辑剪辑"组中单击"声音"下三角按钮，并在展开的下拉列表中选择"文件中的声音"选项，如图 8-61 所示。

图 8-61 "插入声音"命令

Step 02 此时弹出"插入声音"对话框，单击"查找范围"列表框右侧的下三角按钮，并在展开的下拉列表中选择声音的路径，如图 8-62 所示。

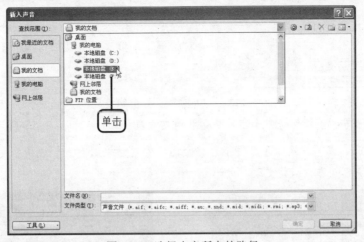

图 8-62　选择声音所在的路径

Step 03 打开声音所在的文件夹并在其中选中选择插入的声音，然后单击"确定"按钮即可，如图 8-63 所示。

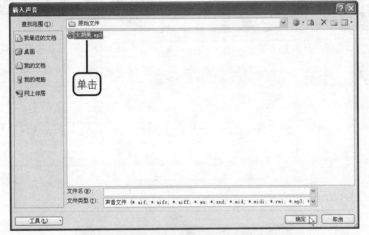

图 8-63　选择需要插入的声音

Step 04 此时弹出 Microsoft Office PowerPoint 提示对话框，用户可以选择声音播放的时间，在此单击"自动"按钮，如图 8-64 所示。

图 8-64　选择播放声音的时间

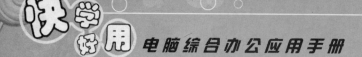

问题 8-32：　打开"插入声音"对话框的快捷方式是什么？

如果想要使用快捷方式打开"插入声音"对话框，则依次按键盘中的【Alt】、【N】、【O】
和【F】键即可。

Step 05 经过前面的操作之后，此时在幻灯片中显示了一个声音图标。选中该声音图标并将指针
移至图标上方，当指针变成十字箭头形状时按住鼠标拖动，如图 8-65 所示。

Step 06 拖至目标位置后释放鼠标，再将指针移至图标的对角控制点上，当指针变成双向箭头形
状时按住鼠标并进行拖动更改其大小，如图 8-66 所示。

图 8-65　声音图标的位置

图 8-66　更改声音图标的大小

问题 8-33：　选择"自动"和"在单击时"播放有何区别？

在插入声音后弹出的提示对话框中，如果单击"自动"按钮，那么在放映幻灯片时插入
的声音将自动开始播放；如果单击"在单击时"按钮，那么需要在放映幻灯片时单击鼠
标才能播放声音。

Step 07 拖至目标大小后释放鼠标，此时可以看到声音图标的大小和位置都已经发生了改变，效
果如图 8-67 所示。

图 8-67　插入声音后的效果

问题 8-34：　可以精确设置声音图标的大小吗？

可以。如果想要精确设置声音图标的大小，那么首先选中声音图标并单击"声音工具"
"选项"标签切换到"声音工具""选项"上下文选项卡，然后在"大小"组中的"高
度"和"宽度"文本框中进行设置，具体操作步骤将在后面的步骤介绍。

方法二：插入剪辑管理器中的声音

Step 01 在"插入"选项卡的"媒体剪辑"组中再单击"声音"下三角按钮，然后在展开的下拉列表中选择"剪辑管理器中的声音"选项，如图 8-68 所示。

Step 02 此时在窗口右侧出现了"剪贴画"任务窗格，并在该窗格中显示相应的声音。首先将指针该声音选项的上方，然后单击声音选项右侧出现的下三角按钮，并在展开的列表中选择"预览/属性"选项，如图 8-69 所示。

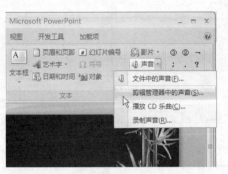

图 8-68　"剪辑管理器中的声音"命令

图 8-69　"预览/属性"命令

问题 8-35： 可以指定搜索声音文件吗？

可以。和搜索剪贴画的方法一样，用户可以在"剪贴画"窗格的"搜索文字"文本框中输入关键词，并且选择结果类型为"声音"类型，再单击"搜索"按钮可搜索到相关的声音文件。

Step 03 此时弹出"预览/属性"对话框用户将可以听到该声音的效果，并且在其中具有一组控制按钮，分别为播放、暂停和停止，例如在此单击"暂停"按钮，如图 8-70 所示。

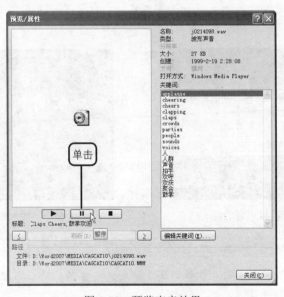

图 8-70　预览声音效果

Step 04 此时声音已经暂停播放，单击"播放"按钮继续试听。预览完毕之后，单击"关闭"按钮关闭对话框，如图 8-71 所示。

图 8-71 关闭"预览/属性"对话框

问题 8-36： 除了文件中和剪辑管理器中的声音，还可以插入其他声音吗？

除了文件中和剪辑管理器中的声音，还可以插入 CD 中的音乐，也可以自行录制声音。当使用插入 CD 中的音乐时，在放映幻灯片时需要将 CD 插入到计算机的光驱中。

Step 05 在窗格中单击需要插入的声音文件，此时弹出 Microsoft Office PowerPoint 提示对话框，在此单击"在单击时"按钮，如图 8-72 所示。

Step 06 经过前面的操作之后，此时可以看到在幻灯片中显示了一个声音图标，用户同样可以调整其大小和位置，效果如图 8-73 所示。

图 8-72 选择播放声音的时间

图 8-73 插入声音后的效果

问题 8-37： 如何删除插入的声音文件呢？

如果需要删除在幻灯片中插入的声音文件，则选择声音图标然后按键盘中的【Delete】键进行删除。

8.4.2 设置声音效果

在幻灯片中添加好声音之后，用户可以调整声音文件的设置一些声音效果，例如设置其开始播放的时间、播放时的音量等。下面将介绍设置声音效果的方法，具体操作步骤如下：

原始文件： 实例文件\第8章\原始文件\设置声音效果.pptx

最终文件： 实例文件\第8章\最终文件\设置声音效果.pptx

Step 01 打开实例文件\第8章\原始文件\设置声音效果.pptx文件，并在"声音工具""选项"上下文选项卡的"声音选项"组中，选择"放映时隐藏"和"循环播放，直到停止"复选框，如图8-74所示。

Step 02 在"声音选项"组中再单击"幻灯片放映音量"按钮，并在展开的下拉列表中选择"高"选项，如图8-75所示。

图8-74 设置声音选项

图8-75 设置声音播放时的音量

问题 8-38： 还可以在其他地方设置声音选项吗？

可以。用户还可以单击"声音选项"组中的对话框启动器按钮，然后在弹出的"声音选项"对话框中对声音的播放效果进行设置。

Step 03 在"声音工具""选项"上下文选项卡的"大小"组中，设置声音图标的高度和宽度为"2厘米"，如图8-76所示。

Step 04 经过前面的操作之后，声音已经应用了相应的播放效果的设置，并且声音图标的大小已经发生变化，如图8-77所示。

图8-76 设置声音图标的大小

图8-77 设置声音格式后的效果

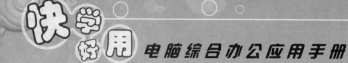
问题 8-39: **可以为声音图标设置样式或格式吗？**

可以。声音图标是以图片的形式插入在幻灯片中，可以和设置图片一样可以为其应用研究图片样式、调整其效果、更改其排列顺序以及大小等。

Step 05 将声音播放效果设置完毕之后，可以对设置的播放效果进行预览，则在"声音工具""选项"上下文选项卡的"播放"组中单击"预览"按钮即可预览其效果，如图 8-78 所示。

图 8-78　预览声音效果

问题 8-40: **在幻灯片中已经插入了 CD 乐曲，为何在预览时听不到声音？**

如果已经在幻灯片中插入了 CD 乐曲，如果想要预览其声音效果，则需要将 CD 插入到光驱中再单击"预览"按钮，否则将听不到声音。因为通过播放 CD 向演示文稿中添加音乐的过程中，音乐文件并不会包含到幻灯片中。

8.4.3　在幻灯片中插入影片

在 PowerPoint 2007 中，用户可以在幻灯片中添加多种格式的影片文件，添加影片后幻灯片上会出现一个以图片的片头图像显示的图标。下面将介绍在幻灯片中插入影片的方法，具体操作步骤如下：

原始文件：实例文件\第 8 章\原始文件\在幻灯片中插入影片.pptx、香港.wmv、J0234687.GIF
最终文件：实例文件\第 8 章\最终文件\在幻灯片中插入影片.pptx
方法一：插入文件中的影片

Step 01 打开实例文件\第 8 章\原始文件\在幻灯片中插入影片.pptx 文件，并在"插入"选项卡的"媒体剪辑"组中单击"影片"下三角按钮，然后在展开的下拉列表中选择"文件中的影片"选项，如图 8-79 所示。

图 8-79　"插入影片"命令

Step 02 此时弹出"插入影片"对话框，在该对话框中选择影片所在的路径并打开需要影片所在的文件夹，然后在其中选择所需要插入的影片，最后单击"确定"按钮，如图 8-80 所示。

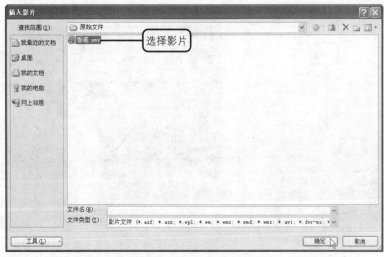

图 8-80　选择影片

Step 03 此时弹出 Microsoft Office PowerPoint 提示对话框，用户可以选择影片播放的时间，在此单击"在单击时"按钮，即在单击鼠标时才播放影片，如图 8-81 所示。

Step 04 经过前面的操作之后，此时可以看到在幻灯片中显示了一个影片图标，用户同样可以更改其大小和位置，如图 8-82 所示。

图 8-81　选择影片播放的时间

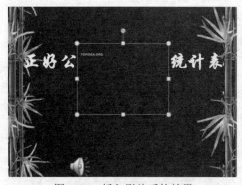

图 8-82　插入影片后的效果

问题 8-41： 如何设置影片图标的格式？

在幻灯片中显示的影片图片和插入的图片一样，用户可以直接更改其大小和位置，也可以为其应用图片样式。

方法二：插入剪辑管理器的影片

Step 01 按键盘中的【Delete】键删除插入的影片图标，然后在"插入"选项卡的"媒体剪辑"组中单击"影片"下三角按钮，并在展开的下拉列表中选择"剪辑管理器中的影片"选项，如图 8-83 所示。

Step 02 此时出现了"剪贴画"任务窗格，并在其中显示了相应的影片。首先将指针移到影片选项的上方，并单击其右侧出现的下三角按钮，然后在其展开的列表中选择"预览/属性"选项，如图8-84所示。

图8-83　选择"剪辑管理器中的影片"命令　　　　图8-84　"预览/属性"命令

Step 03 此时弹出"预览/属性"对话框，在该对话框中显示了关于影片的相关信息，例如影片的名称、类型、大小、创建日期等，并且可以预览到影片的效果，预览完毕之后单击"关闭"按钮，如图8-85所示。

Step 04 在"剪贴画"任务窗格中单击影片即可插入影片，比如在此单击预览的影片，此时可以看到在幻灯片中显示了插入的影片，如图8-86所示。

图8-85　预览影片效果　　　　　　　　图8-86　插入影片后的效果

8.4.4　设置影片播放效果

在幻灯片中添加了影片之后，如设置声音播放效果一样，用户还可以对影片播放选项进行设置，例如设置影片是否以全屏大小播放。下面将介绍设置影片播放效果的方法，具体操作步骤如下：

原始文件：实例文件\第8章\原始文件\设置影片播放效果.pptx

最终文件： 实例文件\第 8 章\最终文件\设置影片播放效果.pptx

Step 01 打开实例文件\第 8 章\原始文件\设置影片播放效果.pptx 文件，并将指针移至幻灯片中影片图标的右下角，当指针变成双向箭头形状时按住鼠标左键不放并进行拖动，如图 8-87 所示。

Step 02 切换到"影片工具""选项"上下文选项卡，在"大小"组中精确设置影片图标的大小，例如在此设置其高度为"8 厘米"、宽度为"10.67 厘米"，如图 8-88 所示。

图 8-87 调整影片图标的大小

图 8-88 精确设置影片图标大小

Step 03 在"影片选项"组中选择"循环播放，直到停止"和"影片播完返回开头"复选框，如图 8-89 所示。

Step 04 用户还可以设置影片图标的叠放次序，则在"影片选项""选项"上下文选项卡的"排列"组中单击"置于底层"按钮，如图 8-90 所示。在下拉列表中选择"置于底层"选项。

图 8-89 设置影片选项

图 8-90 设置影片排列方式

问题 8-42： 可以使用对话框对影片选项进行设置吗？

可以。用户也可以在"影片工具""选项"上下文选项卡单击"影片选项"组中的对话框启动按钮，然后在弹出的"影片选项"对话框中进行影片选项的设置。

Step 05 在"影片选项""选项"上下文选项的"播放"组中单击"预览"按钮，如图 8-91 所示。

Step 06 经过上一步的操作之后，此时可以看到插入到幻灯片中的影片已经开始播放，用户可以预览到其播放效果，如图 8-92 所示。

图 8-91　预览命令

图 8-92　预览影片的效果

8.5　实例提高：制作员工培训课程演示文稿

在科技发达的当今时代，很多学校都运用了多媒体教学，使教学过程更加生动从而达到更好的教学效果。在公司的管理过程中，经常也会采用多媒体进行会议以及为员工开展多媒体培训。由此可见，演示文稿在教学、展示、研究等方面有着非常重要的作用。下面将结合本章所学习的知识点，制作员工培训课程演示文稿，具体操作步骤如下：

原始文件：实例文件\第 8 章\原始文件\员工培训课程演示文稿.pptx、玫瑰.jpg

最终文件：实例文件\第 8 章\最终文件\员工培训课程演示文稿.pptx

Step 01 打开实例文件\第 8 章\原始文件\员工培训课程演示文稿.pptx 文件，并单击"插入"标签切换到"插入"选项卡再单击"表格"按钮，然后将指针指向第 1 个方格位图并向下拖动鼠标选择表格尺寸大小，如图 8-93 所示。

Step 02 拖至合适尺寸后单击，此时在第 2 张幻灯片中插入了表格。将指针移至表格中间的框线处，当指针变成双向箭头形状时拖动鼠标更改列宽，如图 8-94 所示。

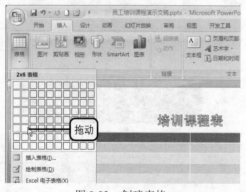

图 8-93　创建表格

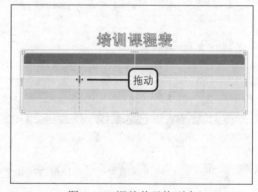

图 8-94　调整单元格列宽

Step 03 将光标置于表格的最后一行单元格中，然后切换到"表格工具""布局"上下文选项卡，然后在"行和列"组中单击"在下方插入"按钮插入一行单元格，如图 8-95 所示。

Step 04 经过上一步的操作之后，已经在表格的最后插入了一行单元格，接着在表格各单元格中输入所需要的数据，例如在此输入星期以及课程名称等相关数据，输入完毕之后的效果如图 8-96 所示。

图 8-95 插入行单元格

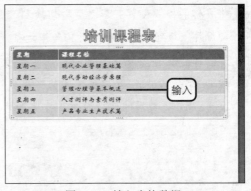

图 8-96 输入表格数据

Step 05 选中表格的第 1 行单元格，然后切换到"开始"选项卡，并在"字体"组中设置其字体为"华文新魏"、字号为"28"、字形为"加粗"，设置格式之后的效果如图 8-97 所示。

Step 06 选中表格的其中内容单元格，然后在"开始"选项卡的"字体"组中设置其字体为"微软雅黑"、字号为"20"，效果如图 8-98 所示。

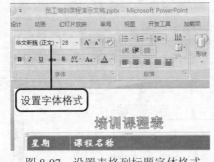

图 8-97 设置表格列标题字体格式

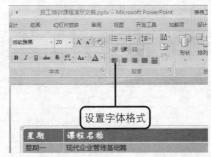

图 8-98 设置表格内容字体格式

Step 07 选中整个表格并切换到"表格工具""设计"上下文选项卡，并单击"表格样式"组中的快翻按钮，然后在展开的库中选择所需的样式，例如在此选择"浅色样式 2-强调 2"选项，如图 8-99 所示。

Step 08 切换到"表格工具""布局"上下文选项卡，并单击"对齐方式"组中的"居中"和"垂直居中"按钮，如图 8-100 所示。

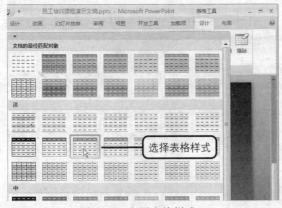

图 8-99 应用表格样式

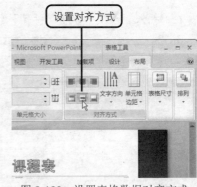

图 8-100 设置表格数据对齐方式

Step 09　将表格的格式设置完毕之后再切换到"开始"选项卡，并在"幻灯片"组中单击"新建幻灯片"按钮，然后在展开的库中选择"节标题"选项，如图 8-101 所示。

Step 10　在其中输入所需要的文本，并将上方文本框中的文本格式进行设置，字体为"华文新魏"、字号为"36"、字体方式为"居中"、字形为"加粗"，将下方文本框中文本字号更改为"54"，最后的效果如图 8-102 所示。

图 8-101　新建幻灯片　　　　　　　　　　图 8-102　设置幻灯片内容

Step 11　继续添加幻灯片并设置其他课程，然后在最后 1 张幻灯片中单击"艺术字"按钮，并在展开的库中选择"填充-强调文字颜色1，塑料棱台，映像"选项，如图 8-103 所示。

Step 12　删除艺术字提示文本框中的文本，并在其中输入"谢谢！"文本，并调整其在幻灯片中的位置，如图 8-104 所示。

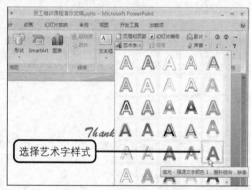
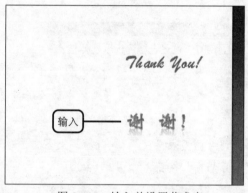

图 8-103　选择艺术字　　　　　　　　　　图 8-104　输入并设置艺术字

Step 13　在"插入"选项卡单击"插图"组中的"图片"按钮，如图 8-105 所示。

图 8-105　"插入图片"命令

Step 14 此时弹出"插入图片"对话框，首先在该对话框中打开图片所在文件夹并在其中选择需要插入的图片，然后单击"插入"按钮，如图 8-106 所示。

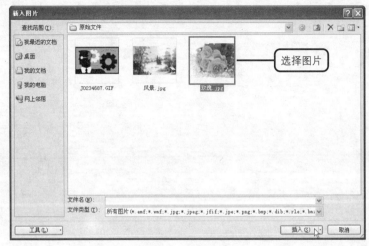

图 8-106　选择图片

Step 15 经过前面的操作之后此时图片已经插入到幻灯片中，再拖动鼠标调整图片的大小和位置即可，最后的效果如图 8-107 所示。

图 8-107　设置图片格式

Chapter

09

PowerPoint 的高级应用

为了使幻灯片在放映时更富有效果显得绘声绘色，用户可以为其添加动画，还可以创建交互式的演示文稿，实现幻灯片在放映过程中的跳转。对于制作完成的演示文稿，用户可以根据需要设置方式。通过自定义放映功能，对演示文稿中需要放映的幻灯片进行选择，将其设置为自定义放映的幻灯片。本章将介绍演示文稿的高级应用，主要包括设置背景和使用配色方案、使用和修改母版、为幻灯片添加动画、创建交互式演示文稿、演示文稿的放映与发布等内容。最后将结合本章所学习的知识点，制作实例——公司员工招聘程序流程。

9.1 设置背景和使用配色方案

在制作演示文稿的过程中，常常需要将其制作色彩丰富并且背景画面美观，这将需要为幻灯片添加背景颜色。PowerPoint 2007 为用户提供了背景和配色方案的功能，以便对幻灯片的设置达到更好的效果。本节将介绍设置背景和使用配色方案，主要包括为幻灯片设置背景、使用标准配色方案、复制幻灯片的配色方案等内容。

9.1.1 为幻灯片设置背景

在 PowerPoint 2007 中，为用户提供了专门为幻灯片设置背景效果的功能，用户可以为其添加图案、纹理、图片或背景颜色来对其进行设置。下面将介绍为幻灯片设置背景的方法，具体操作步骤如下：

原始文件： 实例文件\第 9 章\原始文件\人气春装品牌.pptx、背景.jpg
最终文件： 实例文件\第 9 章\最终文件\为幻灯片设置背景.pptx

Step 01 打开实例文件\第 9 章\原始文件\人气春装品牌.pptx 文件，选中第 1 张幻灯片并单击"设计"标签切换到"设计"选项卡，在"背景"组中单击"背景样式"按钮，再在展开库中选择"设置背景格式"选项，如图 9-1 所示。

Step 02 弹出"设置背景格式"对话框，在"填充"选项卡中单击"颜色"按钮，并在展开的下拉列表中选择"红色，强调文字颜色 2，淡色 60%"选项，如图 9-2 所示。

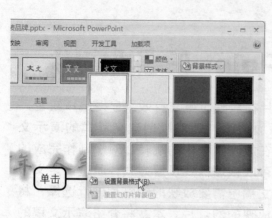

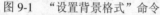

图 9-1 "设置背景格式"命令

图 9-2 选择背景颜色

问题 9-1:	如果在"颜色"下拉列表框没有合适颜色怎么办?

在设置幻灯片背景时,如果在"设置背景格式"对话框的"颜色"下拉列表中没有合适的颜色,则可以单击"其他颜色"选项打开"颜色"对话框,然后在"标准"选项卡中对颜色进行选择,或者切换到"自定义"选项卡对颜色进行设置。

Step 03 经过上一步的操作之后单击"关闭"按钮返回到幻灯片中,此时可以看到第 1 张幻灯片已经应用了所选择颜色作为背景进行填充,效果如图 9-3 所示。

Step 04 选择演示文稿中的第 2 张幻灯片并打开"设置背景格式"对话框,在"填充"选项卡中选择"图片或纹理填充"单选按钮,然后单击"纹理"按钮并在展开的库中选择所需要的样式,例如在此选择"羊皮纸"选项,如图 9-4 所示。

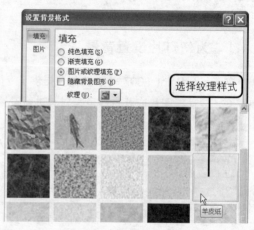

图 9-3 应用纯色背景后的效果

图 9-4 选择纹理样式

PowerPoint 的高级应用 **9**

6 据处理 公式和函数应用以及数

7 功能 Excel 2007 的数据分析

8 制作与美化幻灯片

9 PowerPoint的高级应用

10 使用网络自动化办公

问题 9-2: 如何将设置的填充背景应用到所有的幻灯片？

如果想要将设置的填充背景应用到所有的幻灯片，则在"设置背景格式"对话框中设置好幻灯片的背景之后，再单击"全部应用"按钮。

Step 05 单击"关闭"按钮后返回幻灯片中，此时可以看到第 2 张幻灯片已经应用所选择的纹理样式作为背景填充，效果如图 9-5 所示。

Step 06 选中演示文稿中的第 3 张和第 4 张幻灯片，并打开"设置背景格式"对话框，在"填充"选项卡中选择"图片或纹理填充"单选按钮，然后单击"文件"按钮，如图 9-6 所示。

图 9-5 设置纹理填充后的效果图

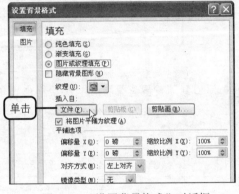

图 9-6 "设置背景格式"对话框

问题 9-3: 除了使用纯色、图片和纹理进行填充之外，还可以使用其他填充吗？

可以。除了使用纯色、图片和纹理进行填充之外，还可以使用渐变填充、剪贴画填充等。如果使用渐变填充，则在"设置背景格式"对话框中选择"渐变填充"单选按钮，然后选择所需要的渐变效果即可；如果需要使用剪贴画进行填充，则在"设置背景格式"对话框的"填充"选项卡中选择"图片或纹理填充"单选按钮，单击"剪贴画"按钮打开"选择图片"对话框，然后在其中选择所需要的剪贴画。

Step 07 此时弹出"插入图片"对话框，在该对话框中选择图片所在的路径并打开图片所在的文件夹，然后在其中选择需要作为背景中插入的图片，最后单击"插入"按钮，如图 9-7 所示。

问题 9-4: 为幻灯片设置背景之后，可以进行更改或删除吗？

可以。为幻灯片设置背景之后，用户可以对其进行更改或删除。如果需要更改背景则直接再次执行设置背景的操作步骤；如果需要删除背景，则在"设计"选项卡的"背景"组中单击"背景样式"按钮，并在展开的库中选择"重置幻灯片背景"选项。

图 9-7　选择图片

Step 08 返回到"设置背景格式"对话框中再单击"关闭"按钮，此时返回幻灯片中可以看到演示文稿中选择的两张幻灯片，已经应用了所选择的图片作为背景进行填充，效果如图 9-8 所示。

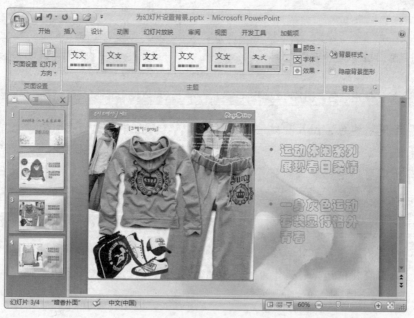

图 9-8　选择图片填充后的效果

9.1.2　运用主题样式

在制作演示文稿的幻灯片时，可以根据不同的配色方案，PowerPoint 2007 提供的主要样式是各种不同的幻灯片配色方案，用户只需选择所需要的主题样式可以对幻灯片进行效果设置。下面将介绍运用主题样式的方法，具体操作步骤如下：

6
据处理
公式和函数应用以及数

7
功能
Excel 2007 的数据分析

8
制作与美化幻灯片

9
PowerPoint 的高级应用

10
使用网络自动化办公

原始文件：实例文件\第 9 章\原始文件\人气春装品牌.pptx
最终文件：实例文件\第 9 章\最终文件\运用主题样式.pptx

Step 01 打开实例文件\第 9 章\原始文件\人气春装品牌.pptx 文件，并单击"设计"标签切换到
"设计"选项卡，单击"主题"组中的快翻按钮，然后在展开的库中选择所需要的主题
样式，例如在此选择"平衡"选项，如图 9-9 所示。

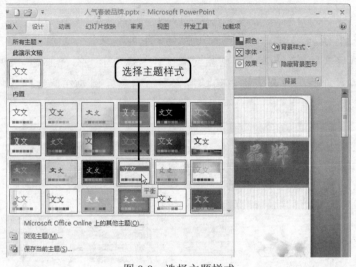

图 9-9 选择主题样式

Step 02 经过上一步的操作之后，此时可以看到该演示文稿中的幻灯片已经应用了该主题样式，
效果如图 9-10 所示。

图 9-10 应用主题样式后的效果

问题 9-5： **除了使用内建的主题之外，还可以使用其他主题吗？**

如果在"主题"展开的库中没有适合的主题样式，用户还可以使用在线的主题样式。单
击"主题"组中的快翻按钮并在展开的库中选择"Microsoft Office Online 上的其他主题"
选项，然后在弹出的 IE 浏览器中选择所需要的主题样式，使用此种方法需要计算机与网
相络连接。

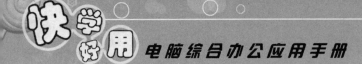

9.1.3　修改和自定义主题方案

如果用户需要使用自行设置的主题样式，则可以对其进行自定义。对于套用了主题样式的幻灯片，如果对其效果不满意，也可以对其主题颜色或字体效果进行修改。下面将介绍修改和自定义主题方案的方法，具体操作步骤如下：

原始文件：实例文件\第 9 章\原始文件\人气春装品牌.pptx
最终文件：实例文件\第 9 章\最终文件\修改和自定义主题方案.pptx

Step 01 打开实例文件\第 9 章\原始文件\人气春装品牌.pptx 文件，并选中演示文稿中的第 1 张幻灯片，然后单击"设计"标签切换到"设计"选项卡，在"主题"组中单击"颜色"按钮，并在展开的下拉列表框中选择所需要的颜色，例如在此选择"华丽"选项，如图 9-11 所示。

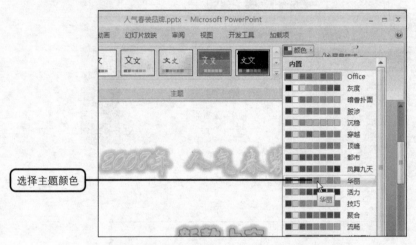

图 9-11　选择主题颜色

Step 02 此时可以看到幻灯片已经应用了相应的主题颜色，在"主题"组中单击"字体"右侧的下三角按钮，并在展开的下拉列表框中选择所需要的字体，例如在此选择"夏至"选项，如图 9-12 所示。

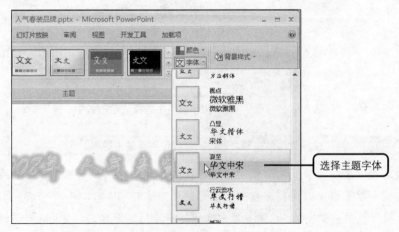

图 9-12　选择主题字体

> **问题 9-6:** 如何自定义主题字体？
>
> 在"主题"组中单击"字体"按钮后，如果在展开的下拉列表框中没有所需要的字体样
> 式，则可以选择"新建主题字体"选项，然后在弹出的"新建主题字体"对话框中对所
> 需要的字体样式进行设置，例如新建主题字体的字体、名称等。

Step 03 选中幻灯片中的标题文本，然后在出现的浮动工具栏中单击"字体"下三角按钮，并在
展开的下拉列表框中选择所需要的字体，例如在此选择"华文新魏"选项，用户也可以
在"开始"选项卡的"字体"组中进行设置，如图 9-13 所示。

> **问题 9-7:** 在选中文本时没有出现浮动工具栏怎么办？
>
> 如果在选中文本时没有出现浮动工具栏，则打开"PowerPoint 选项"对话框，并在"常
> 用"选项卡的"PowerPoint 首选使用选项"选项组中选择"选择时显示浮动工具栏"复
> 选框。

Step 04 将主题修改完毕之后还需要对其进行保存以便下次使用，单击"主题"组中的快翻按
钮，并在展开的库中选择"保存当前主题"选项，如图 9-14 所示。

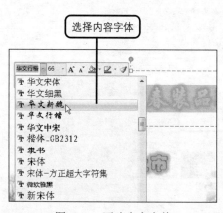

图 9-13　更改内容字体

图 9-14　"保存当前主题"命令

Step 05 此时弹出"保存当前主题"对话框，则在"文件名"文本框中输入所需要的文件名
称，例如在此设置其文件名为"新建主题.thmx"，然后单击"保存"按钮，如图 9-15
所示。

> **问题 9-8:** 如何删除自定义的主题方案？
>
> 如果想要删除自定义的主题方案，则单击"主题"组中的快翻按钮，然后在展开的库中
> 的"自定义"组中右击需要删除的主题方案，并在弹出的快捷菜单中单击"删除"命令
> 即可。

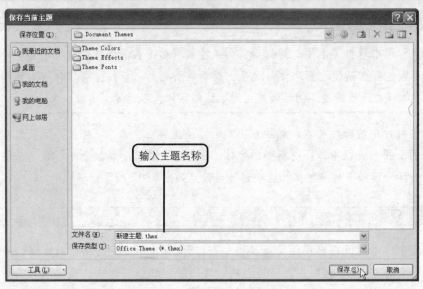

图 9-15　设置主题保存的名称

Step 06 经过前面的操作之后返回幻灯片中，此时再次单击"主题"组中的快翻按钮，在展开的库中可以看到自定义设置的主题方案已经保存到了该项库中，将指针指向"自定义"组中的选项时，可以看到显示了保存的文件名称，效果如图 9-16 所示。

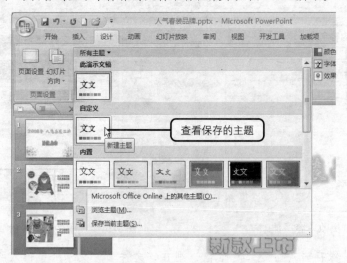

图 9-16　查看保存的主题

9.2　使用和修改母版

　　为了使演示文稿的幻灯片有一个统一的外观，常常会使用母版。母版实际上是一种特殊的幻灯片，用于设置演示文稿中每张幻灯片的预设格式，用户可以使用母版制作统计的外观，也可以对其进行修改。本节将介绍使用和修改母版，主要包括在幻灯片母版中插入形状和在幻灯片母版中插入页眉页脚等内容。

9.2.1 在幻灯片母版中插入对象

如果希望在每一张幻灯片中都显示某一对象，例如图片、形状、文本等，那么可以切换到幻灯片母版视图中进行添加，即可在每一张幻灯片中显示出来。下面将介绍在幻灯片母版中插入对象的方法，具体操作步骤如下：

原始文件： 实例文件\第 9 章\原始文件\在幻灯片母版中插入对象.pptx

最终文件： 实例文件\第 9 章\最终文件\在幻灯片母版中插入对象.pptx

Step 01 打开实例文件\第 9 章\原始文件\在幻灯片母版中插入对象.pptx 文件，并单击"视图"标签切换到"视图"选项卡，然后在"演示文稿视图"组中单击"幻灯片母版"按钮，如图 9-17 所示。

图 9-17 切换到幻灯片母版视图

Step 02 经过上一步的操作之后，此时已经切换到了幻灯片母版视图中，用户可以在其中对需要在所有幻灯片中显示的对象进行编辑，效果如图 9-18 所示。

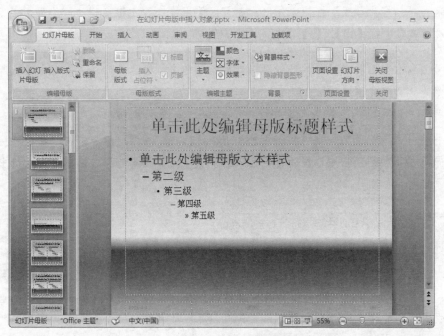

图 9-18 幻灯片母版视图的效果

问题 9-9: 在 PowerPoint 2007 中包含哪几种视图?

在 PowerPoint 2007 中包含普通视图、幻灯片浏览视图、幻灯片视图、大纲视图和备注页视图,最常用的是普通视图。

Step 03 在主题幻灯片母版中删除编辑母版标题文本框,然后单击"插入"标签切换到"插入"选项卡,然后在"文本"组中单击"文本框"按钮,并在展开的下拉列表中选择"横排文本框"选项,如图 9-19 所示。

Step 04 此时鼠标指针变成了十字形状,则在主题幻灯片母版中的合适位置处按住鼠标左键不放并进行拖动进行绘制,如图 9-20 所示。

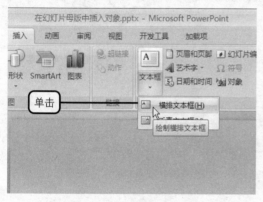

图 9-19 插入横排文本框

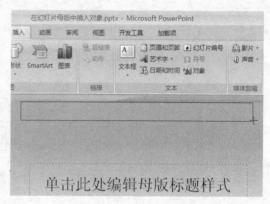

图 9-20 绘制文本框

问题 9-10: 除了单击"幻灯片母版"按钮之外,还有快捷方式可以进行切换吗?

除了单击"幻灯片母版"按钮之外用户还可以使用快捷方式切换到幻灯片母版视图中,则依次按键盘中的【Alt】、【W】和【M】键即可。

Step 05 拖至目标位置后释放鼠标,此时可以看到绘制的文本框,然后在文本框中输入所需要的内容,例如在此输入"正好科技公司 2008 年人力资源规划"文本。然后切换到"开始"选项卡,设置其字号为"14"、字形为"加粗",如图 9-21 所示。

Step 06 单击"插入"标签切换到"插入"选项卡,然后在"插图"组中单击"形状"按钮,并在展开的下拉列表框中选择所需要插入的形状,例如在此选择"基本形状"组中的"心形"图标,如图 9-22 所示。

问题 9-11: 在幻灯片母版中可以进行哪些设置?

在幻灯片母版中,可以对所需要在所有幻灯片中显示的对象进行设置,使其具有统一的风格,可以在其中输入文本、插入文本框、形状、SmartArt 图形、图表、表格、图片、剪贴画、艺术字等对象,并且可以为其设置格式。在主题母版幻灯片中进行设置,则将在所有版式的幻灯片中进行显示;如果在其他幻灯片母版中进行设置,则只在相同版式的幻灯片中显示对象。

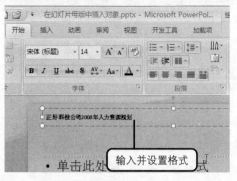

图 9-21　设置文本字体格式

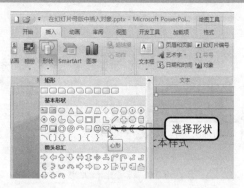

图 9-22　插入形状

Step 07 此时鼠标指针呈十字形状，则在主题幻灯片母版中的合适位置处按住鼠标左键拖动进行绘制，拖至目标大小后释放鼠标，如图 9-23 所示。

Step 08 此时可以看到绘制的心形形状并将其选中，然后单击"绘图工具""格式"标签切换到"绘图工具""格式"上下文选项卡，再单击"形状样式"组中的快翻按钮，并在展开的库中选择所需要的样式，例如在此选择"强烈效果-强调颜色 2"选项，如图 9-24 所示。

图 9-23　绘制形状

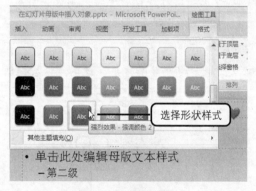

图 9-24　应用形状样式

问题 9-12：　**在幻灯片母版视图中插入形状之后可以为其设置格式吗？**

可以。在幻灯片母版视图中插入形状之后可以为其设置格式，例如为形状设置旋转效果、更改叠放次序、设置对齐方式、组合图形、设置形状效果、大小等，在幻灯片母版的操作方法和在幻灯片的普通视图中操作方法相同。

Step 09 此时可以看到所选择的形状已经应用了相应的样式设置，然后在"绘图工具""格式"上下文选项卡的"大小"组中，再对形状的大小进行精确的设置，例如在此设置其高度和宽度都为"1 厘米"，如图 9-25 所示。

Step 10 经过上一步的操作之后，此时形状的大小已经应用了精确的设置。在文本框中输入所需要的文本，并将形状拖至绘制的文本框中再调整形状与文本的位置，最后的效果如图 9-26 所示。

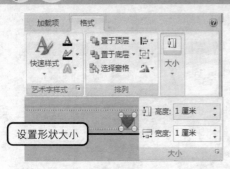

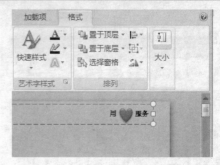

图 9-25　设置形状大小　　　　　　　　　图 9-26　输入文本并调整形状位置

问题 9-13： 如何在图形中添加文本呢？

在幻灯片母版视图中进行设置时，如果需要在图形中添加文本，则选中需要添加文本的图形并右击，然后在弹出的快捷菜单中选择"编辑文字"命令，再在其中输入所需要的文本，同样可以为添加的文本设置格式。

Step 11 选择主题幻灯片母版中的文本框和心形形状，在"绘图工具""格式"上下文选项卡的"排列"组中单击"组合"按钮，然后在展开的下拉列表中选择"组合"选项，如图 9-27 所示。

Step 12 经过上一步的操作之后，此时可以看到所需要的对象已经组合成为一个整体。如果需要退出幻灯片母版视图，可在"幻灯片母版"选项卡的"关闭"组中单击"关闭母版视图"按钮，如图 9-28 所示。

图 9-27　选择"组合"命令　　　　　　　图 9-28　退出幻灯片母版视图

问题 9-14： 除了单击"关闭母版视图"按钮之外还有其他方法退出幻灯片母版视图吗？

有。除了单击"关闭母版视图"按钮之外，用户还可以在窗口下方单击"显示比例"左侧的"普通视图"按钮即可退出幻灯片母版视图并进入普通视图中。

Step 13 经过前面的操作之后返回普通视图中，此时可以看到在所有幻灯片的顶端都显示相同的对象，效果如图 9-29 所示。

图 9-29　在幻灯片母版中插入对象后的效果

| 问题 9-15: | 如何对幻灯片母版设置的对象进行修改？ |

在幻灯片母版进行设置之后返回普通视图中，如果发现内容有错误或者其他情况需要进行修改，则必须再次切换到幻灯片母版视图中，才能对其中的对象进行修改。

9.2.2　在幻灯片母版中插入页眉页脚

页眉和页脚包含页眉和页脚文本、幻灯片号码或页码以及日期，一般出现在幻灯片、备注或讲义的顶端或底端，用户可以在演示文稿的页脚中放置公司名称或标记等。下面将介绍在幻灯片中插入页眉和页脚的方法，具体操作步骤如下：

原始文件：实例文件\第9章\原始文件\在幻灯片母版中插入页眉页脚.pptx
最终文件：实例文件\第9章\最终文件\在幻灯片母版中插入页眉页脚.pptx

Step 01　打开实例文件\第9章\原始文件\在幻灯片母版中插入页眉页脚.pptx 文件，并单击"视图"标签切换到"视图"选项卡，然后在"演示文稿视图"组中单击"幻灯片母版"按钮切换到幻灯片母版视图中，如图 9-30 所示。

Step 02　单击"插入"标签切换到"插入"选项卡，然后在"文本"组中单击"页眉和页脚"按钮，如图 9-31 所示。

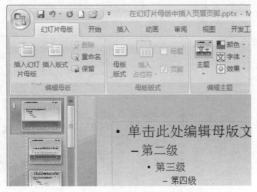

图 9-30　切换到幻灯片母版视图

图 9-31　"页眉和页脚"命令

问题 9-16: 如何在幻灯片母版中插入 Microsoft Office Excel 图表对象？

如果要插入 Microsoft Office Excel 图表对象，则在"插入"选项卡单击"文本"组中的"对象"按钮，然后在"对象"对话框的"对象类型"列表框中选择"Microsoft Office Excel 图表"选项即可。

Step 03 此时弹出"页眉和页脚"对话框，在"幻灯片"选项卡 "幻灯片包含内容"选项组中，选择"幻灯片编号"和"标题幻灯片中不显示"复选框，即除了第 1 张幻灯片之外都显示幻灯片编号，如图 9-32 所示。

Step 04 选择"页脚"复选框，并在下方的页脚文本框中输入所需要的页脚内容，例如在此输入"正好科技重点业务策略"文本，如图 9-33 所示，然后单击"全部应用"按钮应用到所有的幻灯片。

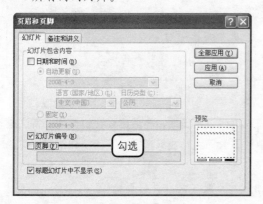

图 9-32　设置幻灯片编号

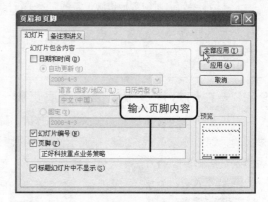

图 9-33　设置页脚

问题 9-17: 除了设置幻灯片编号和页脚之外，还可以在幻灯片中显示什么？

在"页眉和页脚"对话框中，用户不仅可以选择显示幻灯片编号和页脚，还可以显示日期和时间。在"幻灯片包含内容"选项组中选择"日期和时间"复选框，然后在下方可以选择"自动更新"或者"固定"单选按钮，如果选择"自动更新"单选按钮则插入的日期将自动更新，如果选择"固定"单选按钮则插入的日期不会随时期的变化而改变。

Step 05 经过上一步的操作之后，此时可以看到再幻灯片母版式的下方显示了页脚内容以及设置的幻灯片编号，如图 9-34 所示。

图 9-35　设置页脚字体格式

Step 06 选中幻灯片母版中的页脚文本框和幻灯片编号文本框，然后切换到"开始"选项卡，并在"字体"组中设置其字体为"微软雅黑"、字号为"12"、字体颜色为"黑色"，如图 9–35 所示。

问题 9-18： 除了单击"页眉和页脚"按钮之外还有方法打开"页眉和页脚"对话框吗？

有。在"插入"选项卡下的"文本"组中除了单击"页眉和页脚"按钮之外，还可以单击"幻灯片编号"按钮也可打开"页眉和页脚"对话框。

Step 07 经过前面的操作之后退出幻灯片母版视图返回普通视图中，此时可以看到除了第 1 张标题幻灯片之外，在其他幻灯片的底端都显示了设置页脚内容和幻灯片编号，效果如图 9–36 所示。

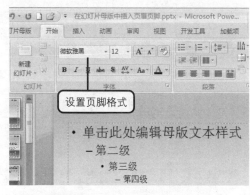

图 9-34　插入页脚后的效果

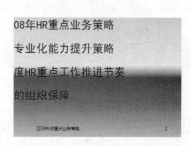

图 9-36　设置页脚格式后的效果

问题 9-19： 还可以在其他视图中插入页眉和页脚吗？

对页眉和页脚的设置不仅可以在幻灯片母版视图中进行，用户可以在任何视图中进行设置。

9.3　为幻灯片添加动画

　　为幻灯片添加动画效果就是要在放映幻灯片时幻灯片中的各个对象并不是一次全部显示，而按照设置的顺序以动画的方式依次显示。在设置幻灯片的动画效果时，用户可以使用自定义动画，对幻灯片中的不同对象分别进行进入、退出或强调等动画效果的设置。本节将介绍为幻灯片添加动画，主要内容包括设置对象的进入、退出和强调效果。

9.3.1　设置对象的进入效果

　　用户可以为幻灯片自定义设置动画效果，如为幻灯片中的对象设置进入时的动画效果。对象的进入效果是指设置幻灯片放映过程中对象进入放映界面时的动画效果。下面将介绍设置对象的进入效果的方法，具体操作步骤如下：

原始文件：实例文件\第9章\原始文件\人气春装品牌.pptx

最终文件：实例文件\第9章\最终文件\设置对象的进入效果.pptx

Step 01 打开实例文件\第9章\原始文件\人气春装品牌.pptx 文件，并单击"动画"标签切换到
"动画"选项卡，然后在"动画"组中单击"自定义动画"按钮，如图9-37所示。

Step 02 此时弹出"自定义动画"任务窗格，选择第1张幻灯片中的标题文本框，在任务窗格中
单击"添加效果"按钮，并在其展开的下拉列表中选择"进入"选项，再在其级联菜单
中选择所需要的动画效果，例如在此选择"切入"选项，如图9-38所示。

图9-37 "自定义动画"命令

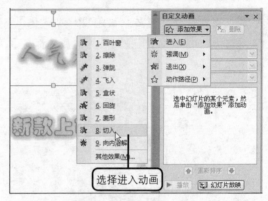

图9-38 选择对象进入动画

问题 9-20： 除了单击"自定义动画"按钮之外，有快捷方式打开"自定义动画"窗格吗？

有。除了单击"自定义动画"按钮之外，用户还可以使用快捷方式打开"自定义动画"
窗格，则依次按下键盘中的【Alt】、【A】和【C】键即可。

Step 03 此时在"自定义动画"任务窗格的列表中可以看到设置的效果选项，单击"方向"列表
框右侧的下三角按钮，并在展开的下拉列表中选择动画进入所需要的方向，例如在此选
择"自顶部"选项，如图9-39所示。

Step 04 单击"速度"列表框右侧的下三角按钮，并在展开的下拉列表中选择动画进入所需要的
速度，例如在此选择"中速"选项，如图9-40所示。

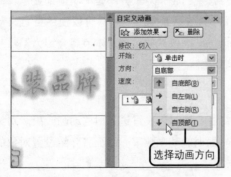

图9-39 选择动画进入方向

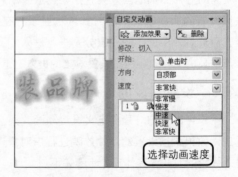

图9-40 选择动画速度

PowerPoint 的高级应用

9

6
数据处理
公式和函数应用以及数

7
功能
Excel 2007 的数据分析

8
制作与美化幻灯片

9
PowerPoint 的高级应用

10
使用网络自动化办公

问题 9-21: 如果在"进入"展开的级联菜单中没有所需要的效果怎么办？

如果在"进入"展开的级联菜单中没有所需要的效果则可以选择"其他效果"选项，然后在弹出的"添加进入效果"对话框中进行选择即可，设置退出、强调效果方法一样。

Step 05 选中第 1 张幻灯片中的副标题文本框并单击"自定义动画"任务窗格中的"添加效果"按钮，然后在展开的下拉列表中选择"进入"选项，再在其级联菜单中选择所需要的进入动画效果即可，例如在此选择"向内溶解"选项，如图 9-41 所示。

Step 06 在任务窗格单击"开始"列表框右侧的下三角按钮，并在展开的下拉列表中选择所需要的开始时间，例如在此选择"之后"选项，即表示在前一个动画效果结束后直接开始执行第二个对象的效果，如图 9-42 所示。

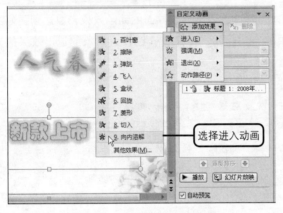

图 9-41　选择动画进入效果

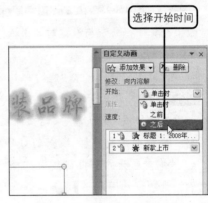

图 9-42　选择动画开始时间

问题 9-22: 可以为对象设置多种不同的动画效果吗？

可以。幻灯片中的每一个对象都可以设置多种不同的动画效果，用户可以重复设置的步骤，为其添加多种动画效果。

Step 07 单击"速度"列表框右侧的下三角按钮，并在展开的下拉列表中选择 "中速"选项，再运用同样的方法为其他幻灯片中的对象设置动画效果，如图 9-43 所示。

Step 08 将对象的动画效果设置完毕之后，还可以对设置的动画效果进行预览，例如在此单击"自定义动画"任务窗格中的"播放"按钮或者在"动画"选项卡下的"预览"组中单击"预览"按钮，如图 9-44 所示。

问题 9-23: 除了单击"播放"按钮之外还可以使用其他方法预览动画效果吗？

除了单击"播放"按钮预览动画效果之外，还可以在"自定义动画"任务窗格中单击"幻灯片放映"按钮，即切换到幻灯片放映视图中并且可以预览动画的效果，还可以在"动画"选项卡的"预览"组中单击"预览"按钮。

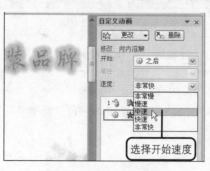

图 9-43　选择动画速度

图 9-44　预览动画效果

9.3.2　设置对象的退出效果

对于幻灯片中的对象内容，用户同样可以为其设置退出放映界面的动画效果，以达到更好的视觉效果，其操行方法与设置对象进入效果的方法相同。下面将介绍设置对象的退出效果的方法，具体操作步骤如下：

原始文件： 实例文件\第 9 章\原始文件\人气春装品牌.pptx

最终文件： 实例文件\第 9 章\最终文件\设置对象的退出效果.pptx

Step 01 打开实例文件\第 9 章\原始文件\人气春装品牌.pptx 文件并打开"自定义动画"任务窗格，选择演示文稿第 1 张幻灯片中的标题文本框，然后单击窗格中的"添加效果"按钮，并在展开的下拉列表中选择"退出"选项，再在其展开的级联菜单中选择"百叶窗"选项，如图 9-45 所示。

Step 02 设置好标题文本框的退出效果之后，在"自定义动画"任务窗格中单击"速度"列表框右侧的下三角按钮，并在展开的下拉列表中选择所需要的速度选项，例如在此选择"中速"选项，如图 9-46 所示。

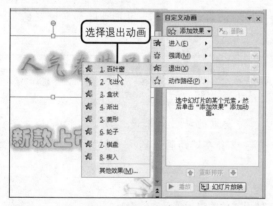

图 9-45　选择退出动画效果

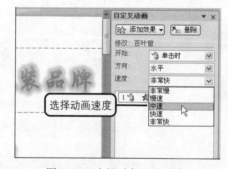

图 9-46　选择对象退出速度

问题 9-24： 如何删除设置的动画效果？

为对象设置了动画效果之后，如果想要将其进行删除，则在"自定义动画"任务窗格中选择需要删除的动画的选项，然后在该窗格中单击"删除"按钮即可。

Step 03 选择副标题文本框，并单击"自定义动画"任务窗格中的"添加效果"按钮，然后在展开的下拉列表中选择"退出"选项，再在其展开的级联菜单中选择"其他效果"选项，如图 9-47 所示。

Step 04 此时弹出"添加退出效果"对话框，在该对话框中选择所需要的退出动画效果，例如在此选择"温和型"组中的"回旋"选项，选择好动画效果之后单击"确定"按钮，如图 9-48 所示。

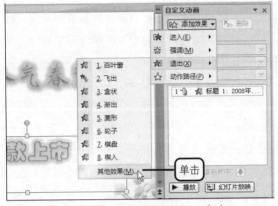

图 9-47 "添加退出效果"命令

图 9-48 选择退出动画

> **问题 9-25：** 如何设置回旋动画效果？
>
> 如果需要对动画效果进行详细设置，则在"自定义动画"任务窗格中单击设置了回旋动画选项右侧的下三角按钮，并在展开的下拉列表框中选择"效果选项"选项并弹出"回旋"对话框，在该对话框的"效果"选项卡中可以对其效果进行设置。

Step 05 在"自定义动画"任务窗格的中单击"开始"列表框右侧的下三角按钮，并在展开的下拉列表框中选择"之后"选项，再设置其动画速度为"中速"，设置完毕之后的效果如图 9-49 所示。

Step 06 将动画设置完毕之后，在"动画"选项卡的"预览"组中单击"预览"按钮，此时用户可以看到设置的动画效果，如图 9-50 所示。

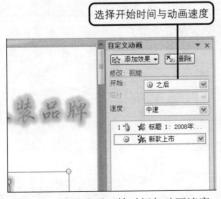

图 9-49 设置动画开始时间与动画速度

图 9-50 对象退出时的动画效果

问题 9-26:	如何设置多张幻灯片的切换效果呢?

如果需要设置幻灯片之间的切换效果,则在"动画"选项卡的"切换到此幻灯片"组中单击"切换方案"按钮,并在展开的库中选择所需的切换样式,例如淡出和溶解、擦除、推进和覆盖、条纹和横纹、随机等组中的样式。

9.3.3 设置对象的强调效果

用户不仅可以设置幻灯片中对象的进入和退出时的效果,还可以对其中需要突出强调的对象内容设置强调效果来增强对象的表现力度,与设置对象的进入和退出效果操作方法相似。下面将介绍设置对象的强调效果,具体操作步骤如下:

原始文件:实例文件\第 9 章\原始文件\人气春装品牌.pptx

最终文件:实例文件\第 9 章\最终文件\设置对象的强调效果.pptx

Step 01 打开实例文件\第 9 章\原始文件\人气春装品牌.pptx 文件,在演示文稿的第 2 张幻灯片中选择图片,再在"自定义动画"任务窗格中单击"添加效果"按钮,并在展开的下拉列表中选择"强调"选项,再在其展开的级联菜单中选择"放大/缩小"选项,如图 9-51 所示。

Step 02 选择幻灯片中的文本框并单击"自定义动画"任务窗格中"添加效果"按钮,然后在展开的下拉列表中选择"强调"选项,再在其展开的级联菜单中选择所需要的效果,例如在此选择"更改字号"选项,如图 9-52 所示。

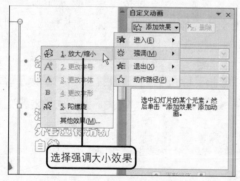

图 9-51 选择对象强调大小效果

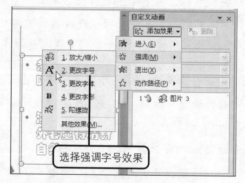

图 9-52 选择对象强调字号效果

Step 03 在"自定义动画"任务窗格中单击"开始"列表框右侧的下三角按钮,并在展开的下拉列表中选择该动画执行的时间,例如在此选择"之后"选项,即在前一个对象的动画效果结束后直接执行该动画,如图 9-53 所示。

Step 04 经过前面的操作之后,再单击"自定义动画"任务窗格中的"播放"按钮或者单击"动画"选项卡的"预览"组中的"预览"按钮,此时在幻灯片窗格可以看到设置的强调动画的效果,如图 9-54 所示。

PowerPoint 的高级应用 **9**

6 据处理 公式和函数应用以及数

7 功能 Excel 2007 的数据分析

8 制作与美化幻灯片

9 PowerPoint 的高级应用

10 使用网络自动化办公

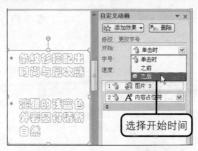

图 9-53 选择动画开始时间

图 9-54 预览动画的退出效果

问题 9-27: 如何关闭"自定义动画"任务窗格？

如果想要关闭"自定义动画"任务窗格，则直接单击该任务窗格右上角的"关闭"按钮或者在"动画"选项卡的"动画"组中单击"自定义动画"按钮即可。

9.4 创建交互式演示文稿

创建交互式演示文稿可以实现放映时从幻灯片中某一位置，跳转到其他位置或者打开某个程序。在 PowerPoint 中可以通过创建超链接和动作按钮来完成，超链接是从一个幻灯片到另一个幻灯片、自定义放映、网页或文件的连接。本节将介绍创建交互式演示文稿，主要包括设置超级链接和插入动作按钮等内容。

9.4.1 设置超链接

在演示文稿中用户可以给任何文本或其他对象添加超链接，使单击该对象或者将鼠标指针置于该对象上时能够直接链接到其他位置，还可以创建到其他应用程序或者另一个演示文稿的超链接。下面将介绍设置超链接的方法，具体操作步骤如下：

原始文件： 实例文件\第 9 章\原始文件\设置超链接.pptx
最终文件： 实例文件\第 9 章\最终文件\设置超链接.pptx

Step 01 打开实例文件\第 9 章\原始文件\设置超链接.pptx 文件，并选中第 3 张幻灯片中的"全体员工"文本，然后单击"插入"标签切换到"插入"选项卡，单击"链接"组中的"超链接"按钮，如图 9-55 所示。

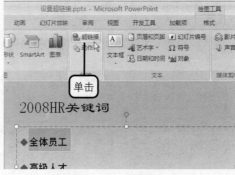

图 9-55 插入"超链接"命令

Step 02 弹出"插入超链接"对话框,首先在"链接到"列表框中选择"本文档中的位置"选项,再选择"请选择文档中的位置"列表框中的"4.重点业务策略"选项,最后单击"确定"按钮,如图9-56所示。

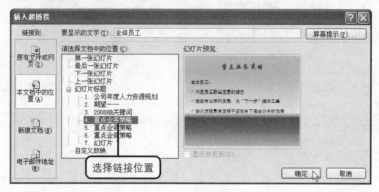

图9-56 选择链接位置

问题9-28: 有快捷方式打开"插入超链接"对话框?

有。用户除了单击"超链接"按钮之外,还可以使用快捷方式打开"插入超链接"对话框。一是选择需要插入超链接的文本之后依次按键盘中的【Alt】、【N】和【I】键即可,二是选中文本之后按键盘中的快捷键【Ctrl+K】即可打开对话框。

Step 03 经过上一步的操作之后返回幻灯片中,此时可以看到所选择的文本已经插入了超链接,添加超链接的文本颜色为蓝色并且带有下画线,如图9-57所示。

问题9-29: 有快捷菜单打开"插入超链接"对话框吗?

有。如果想要使用快捷菜单打开"插入超链接"对话框,则选中需要插入链接的文本之后并右击,然后在弹出的快捷菜单中选择"超链接"命令即可。

Step 04 再运用同样的方法继续为"高级人才"、"研发人员"添加超链接,将"高级人才"链接到第5张幻灯片、"研发人员"链接到第6张幻灯片,添加完毕之后的效果如图9-58所示。

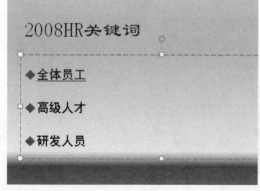

图9-57 插入超链接后的效果

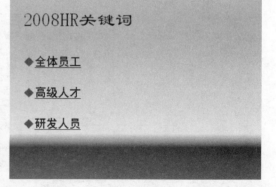

图9-58 设置超链接完毕后的效果

Step 05 为幻灯片添加超链接之后还可以对其进行使用而查看链接的效果，则单击窗口下方"显示比例"左侧的"幻灯片放映"按钮进入幻灯片放映视图。将指针指向添加了超链接的对象，当指针变成手的形状时单击鼠标，如图 9-59 所示。

Step 06 经过上一步的操作之后，此时可以看到系统自动跳转到了链接的幻灯片位置处，效果如图 9-60 所示。

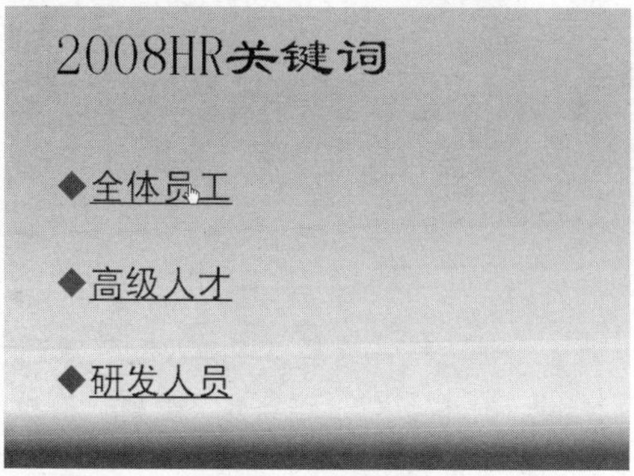

图 9-59　使用超链接 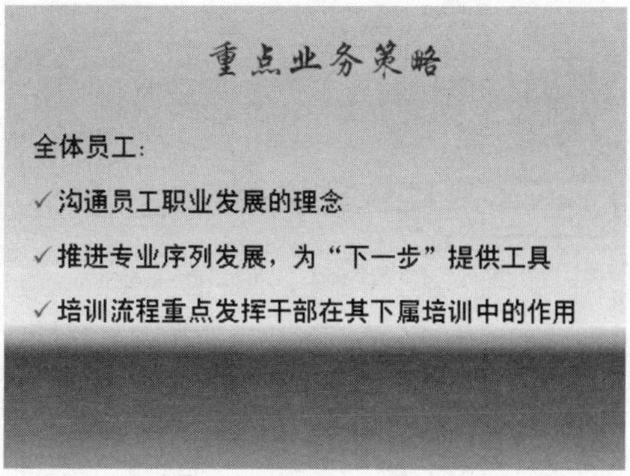　　　　　　图 9-60　使用超链接的效果

问题 9-30：　如果删除插入的超链接呢？

删除超链接的方法有两种：一是选择需要删除的超链接文本并右击，然后在弹出的快捷菜单中选择"取消超链接"命令即可。二是选择需要删除的超链接文本并打开"编辑超链接"对话框，然后在该对话框中单击"删除链接"按钮即可。

9.4.2　插入动作按钮

在 PowerPoint 2007 中提供一组已有的动作按钮，用户可以在幻灯片中进行添加，以便在放映过程中跳转到其他幻灯片、文件和 Web 页等。下面将介绍插入动作按钮的方法，具体操作步骤如下：

原始文件：实例文件\第 9 章\原始文件\插入动作按钮.pptx
最终文件：实例文件\第 9 章\最终文件\插入动作按钮.pptx

Step 01 打开实例文件\第 9 章\原始文件\插入动作按钮.pptx 文件并选择第 2 张幻灯片，在"插入"选项卡的"插图"组中单击"形状"按钮，再在展开的下拉列表框中选择"动作按钮"组中的"后退或前一项"图标，如图 9-61 所示。

Step 02 此时鼠标指针呈十字形状，则在第 2 张幻灯片的左下角合适位置处按住鼠标左键不放并进行拖动，如图 9-62 所示。

问题 9-31：　绘制的动作按钮可以进行格式设置吗？

可以。在绘制了动作按钮并设置超链接之后，用户可以对其进行格式的设置。则选中绘制的动作按钮，并切换到"绘图工具""格式"上下文选项卡，用户可以对动作按钮进行相应的格式设置，例如设置动作按钮的形状样式、大小、位置等。

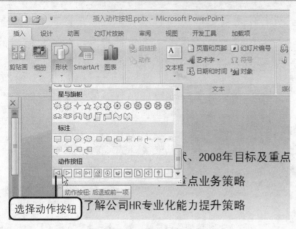

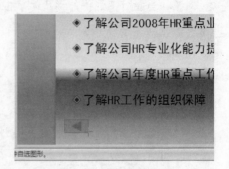

图 9-61 选择动作按钮　　　　　　　图 9-62 绘制动作按钮

Step 03 拖至目标位置后释放鼠标，此时弹出"动作设置"对话框，选择"超链接到"单选按钮，在此可以选择超链接到的位置，用户可以指定单击该按钮链接到某个位置，例如在此保持默认的链接到上一张幻灯片，单击"确定"按钮，如图9-63所示。

Step 04 在"插入"选项卡的"插图"组中单击"形状"按钮，并在展开的下拉列表框中选择所需要的形状，例如在此选择"动作按钮"组中的"前进或下一项"图标，如图9-64所示。

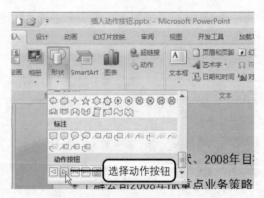

图 9-63 选择超链接到的位置　　　　图 9-64 选择动作按钮

问题 9-32： 如何更改动作按钮链接的位置？

如果需要更改动作按钮链接的位置，则选择需要更改链接的动作按钮并右击，然后在弹出的快捷菜单中选择"编辑超链接"命令，在弹出的"动作设置"对话框中更改链接的位置即可。

Step 05 同样的方法继续绘制动作按钮，并拖至目标大小后释放鼠标。此时弹出"动作设置"对话框，在此保持其默认的"链接到下一张幻灯片"，最后单击"确定"按钮，如图9-65所示。

Step 06 选中绘制的两个动作按钮并切换到"绘图工具""格式"上下文选项卡，然后单击"形状样式"组中的快翻按钮，并在展开的库中选择所需要的样式即，例如在此选择"强烈效果-强调颜色 5"选项，如图 9-66 所示。

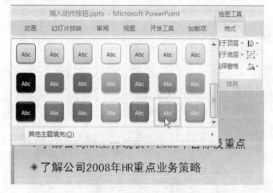

图 9-65　选择超链接到的位置　　　　　图 9-66　设置动作按钮形状样式

问题 9-33： 如何设置使用动作按钮时的声音？

如果要设置使用动作按钮时发出的声音效果，则打开"动作设置"对话框，在该对话框中选择"播放声音"复选框，再单击其列表框右侧的下三角按钮，在展开的下拉列表框中选择所需要的声音效果。

Step 07 在"大小"组中设置动作按钮的大小，在此设置其高度为"1 厘米"、宽度为"2 厘米"，如图 9-67 所示，最后再将两个动作按钮复制到第 3 至 6 张幻灯片中。

Step 08 在最后一张幻灯片中绘制一个圆角矩形并在其中添加"返回"文本，设置形状样式为"强烈效果-深色 1"、字体为艺术字库中的"填充-白色，投影"样式，然后为其设置超链接至第 1 张幻灯片，如图 9-68 所示。

图 9-67　设置动作按钮大小　　　　　图 9-68　绘制形状并设置格式

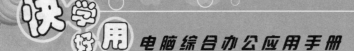

问题 9-34： 如果为图形添加超链接？

为图形添加超链接的方法和为文本对象添加超链接的方法一样，选择需要添加超链接的图形，并在"插入"选项卡中单击"超链接"按钮即可打开"插入超链接"对话框，然后在其中设置其链接的位置即可。

Step 09 单击窗口下方的"幻灯片放映"按钮切换到幻灯片放映视图中，将指针指向下一项按钮时指针变成了手的形状，则单击鼠标跳转至下一张幻灯片中，如图 9-69 所示。

Step 10 在最后一张幻灯片中，指向"返回"按钮时指向变成了手的形状，则单击鼠标返回到第 1 张幻灯片中，如图 9-70 所示。

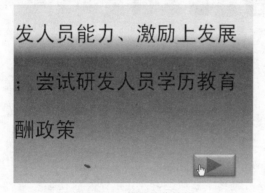

图 9-69　使用动作按钮

图 9-70　使用交互式按钮

问题 9-35： 在幻灯片放映视图中如何快速退出幻灯片放映？

在幻灯片放映视图中，如果不需要观看幻灯片的放映效果而需要退出时，按键盘中的【Esc】键快速退出幻灯片放映视图。

9.5　演示文稿的放映与发布

　　用户可以根据需要设置放映方式，通过自定义放映功能将演示文稿中需要放映的幻灯片进行选择，设置为自定义放映的幻灯片。制作完成的演示文稿常常为了便于使用可以将其发布为网页，使用浏览器打开并查看演示文稿内容。本节将介绍演示文稿的放映与发布，主要包括设置放映方式、自定义放映、将演示文稿发布为网页等内容。

9.5.1　设置放映方式

　　制作演示文稿是为了方便观看者的使用，目的是为了演示和放映，在 PowerPoint 2007 中幻灯片的放映有三种不同的方式，可以满足不同的用户在不同场合的使用。下面将介绍设置放映方式的方法，具体操作步骤如下：

　　`原始文件：`实例文件\第 9 章\原始文件\设置放映方式.pptx
　　`最终文件：`实例文件\第 9 章\最终文件\设置放映方式.pptx

Step 01　打开实例文件\第9章\原始文件\设置放映方式.pptx 文件，并切换到"幻灯片放映"选项卡，在"设置"组中单击"设置幻灯片放映"按钮，如图9-71所示。

Step 02　此时弹出"设置放映方式"对话框，在该对话框的"放映类型"选项组中用户可以所需要的放映方式，例如在此选择"演讲者放映"单选按钮，如图9-72所示。

图9-71　"设置放映方式"命令

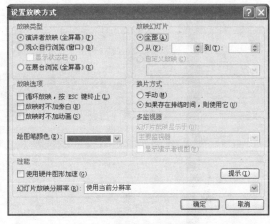

图9-72　选择放映类型

Step 03　在"放映选项"选项组中再选择"循环放映，按【ESC】键终止"复选框，在"换片方式"选项组中选择"手动"单选按钮，最后单击"确定"按钮，如图9-73所示。

Step 04　经过前面的操作之后返回到幻灯片中，单击"幻灯片放映"按钮进入幻灯片放映视图，此时可以看到演示者放映方式的放映效果，如图9-74所示。

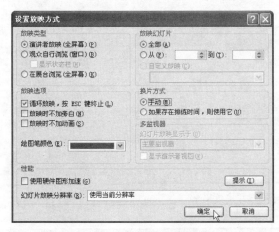

图9-73　设置放映选项

图9-74　幻灯片放映效果

问题 9-36：　幻灯片的放映方式有几种？

幻灯片的放映方式有三种，分别是演讲者放映、观众自行浏览以及在展台浏览，其中演讲者放映方式为最常用，用户可以根据实际需要进行选择。

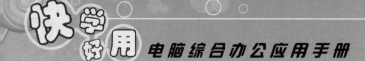
Step 05 如果选择"观众自行浏览"单选按钮，则演示文稿会显示在一个小型的窗口中，用户可以通过拖动窗口右侧的滚动条来实现观看其他幻灯片的放映效果，如图 9-75 所示。

图 9-75　观众自行浏览方式效果

Step 06 如果用户选择的"在展台浏览"单选按钮，则演示文稿为自动放映状态，大多数的控制命令都不可用，并且在每次放映完毕后会自动重新播放，如图 9-76 所示。

图 9-76　展台浏览方式效果

问题 9-37：	快速进入幻灯片放映视图的快捷键是什么？

如果想要快速切换至幻灯片的放映视图中，则按键盘中的【F5】键即可。

9.5.2　自定义放映

　　针对不同的场合和观众群，用户还可以为演示文稿进行进一步的设置，这就需要将放映的幻灯片内容进行设置或幻灯片的放映顺序进行调整。下面将介绍自定义放映的方法，具体化操作步骤如下：

PowerPoint 的高级应用

9

6 据 处 理 公式和函数应用以及数

7 功 能 Excel 2007 的数据分析

8 制作与美化幻灯片

9 PowerPoint 的高级应用

10 使用网络自动化办公

原始文件：实例文件\第 9 章\原始文件\自定义放映.pptx
最终文件：实例文件\第 9 章\最终文件\自定义放映.pptx

Step 01 打开实例文件\第 9 章\原始文件\自定义放映.pptx 文件，在"幻灯片放映"选项卡的"开始放映幻灯片"组中单击"自定义幻灯片放映"按钮，然后在展开的下拉列表中选择"自定义放映"选项，如图 9-77 所示。

Step 02 弹出"自定义放映"对话框，在此单击"新建"按钮，如图 9-78 所示。

图 9-77 "自定义放映"命令

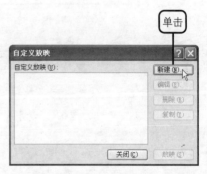

图 9-78 "定义自定义放映"对话框

问题 9-38： 可否添加多个自定义放映？

可以。在"自定义放映"对话框中单击"新建"按钮创建自定义放映，设置完毕之后将返回"自定义放映"对话框，如果需要再次添加自定义放映则再次单击"新建"按钮即可。

Step 03 弹出"定义自定义放映"对话框，在该对话框左侧的"在演示文稿中的幻灯片"列表框中选择第 1 张幻灯片，然后单击"添加"按钮，如图 9-79 所示。

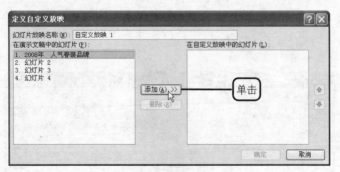

图 9-79 添加自定义放映的幻灯片

Step 04 经过上一步的操作之后，此时所选择的幻灯片已经添加到了右侧的"在自定义放映中的幻灯片"列表框中。选中左侧列表框中的第 2 张和第 4 张幻灯片，再单击"添加"按钮，如图 9-80 所示。

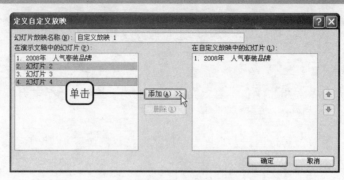

图 9-80　添加自定义放映的幻灯片

> **问题 9-39：** 如何设置自定义幻灯片放映的名称？
>
> 幻灯片放映的名称默认为自定义放映 1、自定义放映 2……，如果需要设置其名称，则在"定义自定义放映"对话框的"幻灯片放映名称"文本框中直接进行更改即可。

Step 05 在右侧的"在自定义放映的幻灯片"列表框中选择"幻灯片 4"选项，然后单击"向上"按钮向上移一位，如图 9-81 所示。

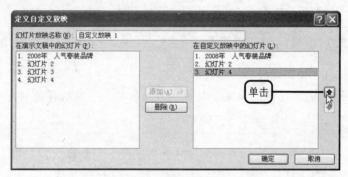

图 9-81　调整幻灯片位置

Step 06 经过上一步的操作之后，此时所选择的幻灯片已经向上移了一位，设置完毕之后单击"确定"按钮，如图 9-82 所示。

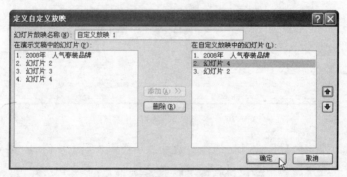

图 9-82　调整幻灯片位置后的效果

PowerPoint 的高级应用

9

6
据处理
公式和函数应用以及数

7
功能
Excel 2007 的数据分析

8
制作与美化幻灯片

9
PowerPoint 的高级应用

10
使用网络自动化办公

问题 9-40: 如果删除添加的自定义放映的幻灯片？

如果需要删除添加的自定义放映的幻灯片，则在"定义自定义放映"对话框的"在自定义放映中的幻灯片"列表框中选择需要删除的幻灯片，然后单击"删除"按钮。

Step 07 单击"确定"按钮后返回"自定义放映"对话框，在该对话框中的"自定义放映"列表框中显示了新建的自定义放映名称，新建的所有自定义放映名称都将显示在其中，在此单击"放映"按钮，如图 9-83 所示。

Step 08 经过前面的操作之后，此时系统自动进入了幻灯片的放映视图，并且对自定义放映的幻灯片进行放映，效果如图 9-84 所示。

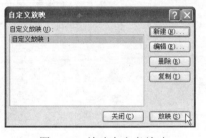

图 9-83　放映自定义放映

图 9-84　自定义放映幻灯片的效果

问题 9-41: 如何对自定义放映进行编辑？

对于用户设置的自定义放映可以对其进行编辑，如果需要编辑则在"自定义放映"对话框中选择需要编辑的自定义放映名称，单击"编辑"按钮。如果需要复制则单击"复制"按钮，需要需要删除则单击"删除"按钮即可。

9.5.3　将演示文稿发布为网页

在 PowerPoint 2007 中，用户可以直接将制作完毕后的演示文稿以网页的格式进行保存，那么用户在没有安装 Office 2007 的情况下也可以对其中的内容进行查看和使用。下面将介绍将演示文稿发布为网页的方法，具体操作步骤如下：

原始文件: 实例文件\第 9 章\原始文件\将演示文稿发布为网页.pptx
最终文件: 实例文件\第 9 章\最终文件\将演示文稿发布为网页.htm

Step 01 打开实例文件\第 9 章\原始文件\将演示文稿发布为网页.pptx 文件，打开"另存为"对话框并选择文件保存的位置，然后设置保存类型为"网页"，单击"发布"按钮即可，如图 9-85 所示。

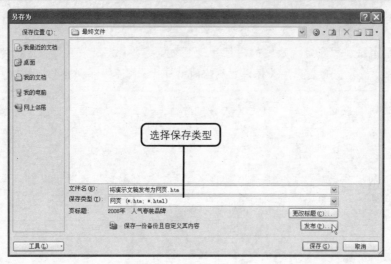

图9-85 "另存为"对话框

弹出"发布为网页"对话框，在"发布内容"选项组中选择"整个演示文稿"单选按钮，用户也可以设置发布内容从某张幻灯片到某张幻灯片，再单击"Web选项"按钮，如图9-86所示。

弹出"Web选项"对话框，在该对话框的"常规"选项卡中设置其颜色外观为"演示颜色（强调文字颜色）"，并选择"浏览时显示屏幻灯片动画"复选框，然后单击"确定"按钮，如图9-87所示。用户也可以切换到"文件"、"图片"、"编码"、"字体"等选项卡中，对其他选项进行设置。

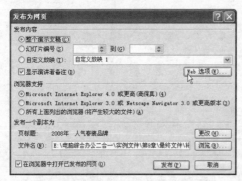

图9-86 "发布为网页"对话框

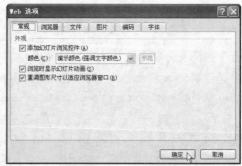

图9-87 设置Web选项

问题9-42： 如何只发布自定义放映的幻灯片？

如果想要只发布自定义放映的幻灯片，则在"发布为网页"对话框中选择"自定义放映"单选按钮，然后在其下拉列表中选择需要发布的自定义放映选项即可。

返回"发布为网页"对话框中单击"更改"按钮，此时弹出"设置页标题"对话框，在该对话框的"页标题"文本框中输入"春装展示"文本，然再单击"确定"按钮，如图9-88所示。

> **问题 9-43：** 如何将演示文稿发布为 Word 文档？
>
> 如果将演示文稿发布为 Word 文档，则单击 Office 按钮并在"文件"菜单中选择"发布"命令，然后在其级联菜单中选择"使用 Microsoft Office Word 创建讲义"命令即可。

Step 05 此时返回"发布为网页"对话框中，可以看到页标题已经更改，并确保选择"在浏览器中打开已发布的网页"复选框，然后再单击"发布"按钮，如图 9-89 所示。

图 9-88　更改页标题

图 9-89　发布演示文稿

Step 06 经过前面的操作之后，此时系统自动启动了 IE 浏览器，并在其中显示了发布演示文稿的内容，效果如图 9-90 所示。

图 9-90　在浏览器中打开演示文稿的效果

> **问题 9-44：** 还有其中方法将演示文稿保存为网页格式吗？
>
> 有。除了将演示文稿发布为网页之外，用户还可以直接将演示文稿保存为网页。则在"另存为"对话框中选择保存类型为"网页"之后直接单击"保存"按钮。

9.6 实例提高：制作员工招聘工作标准流程

在公司的管理过程中，对公司员工招聘的程序流程将是非常重要的。人力资源管理部门需要严格按照公司的招聘程序或流程实行招聘工作，才能为公司招聘到与岗位相符合的优秀员工，尽量做到人事相匹、人适其事、事得其人、人尽其才、才尽其用。下面将结合本章所学习的知识点制作公司员工招聘程序流程，具体操作步骤如下：

原始文件： 实例文件\第9章\原始文件\员工招聘工作标准流程.pptx、员工招聘工作标准流程.htm

最终文件： 实例文件\第9章\最终文件\员工招聘工作标准流程.pptx

Step 01 打开实例文件\第9章\原始文件\员工招聘工作标准流程.pptx 文件，切换到"设计"选项卡，单击"主题"组中的快翻按钮，然后在展开的库中选择所需要的主题样式，例如在此选择"华丽"选项，如图 9-91 所示。

Step 02 单击"动画"标签切换到"动画"选项卡，然后在"动画"组中单击"自定义动画"按钮，如图 9-92 所示。

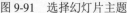

图 9-91 选择幻灯片主题

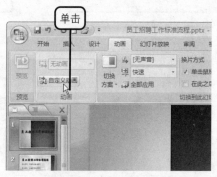

图 9-92 "自定义动画"命令

Step 03 弹出"自定义动画"任务窗格，选中第 2 张幻灯片中的内容文本框，并单击窗格中的"添加效果"按钮，在展开的下拉列表中选择"进入"选项，并选择其级联菜单中的"飞入"选项，如图 9-93 所示。

Step 04 在窗格中单击"速度"列表框右侧的下三角按钮，并在展开的下拉列表框中选择"中速"选项，如图 9-94 所示。

图 9-93 选择进入动画效果

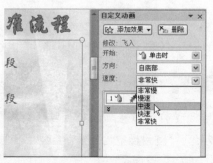

图 9-94 设置动画进入速度

Step 05 运用同样的方法，将第 3 张至 6 张中的内容文本框中设置为相同的动画效果，然后选择第 2 张幻灯片中的"第一阶段：确定人员需求阶段"文本，在"插入"选项卡单击"链接"组中的"超链接"按钮，如图 9-95 所示。

Step 06 此时弹出"插入超链接"对话框，在该对话框中的"链接到"列表框中选择"本文档中的位置"选项，在"请选择文档中的位置"列表框中选择链接到第 3 张幻灯片，单击"确定"按钮，如图 9-96 所示。

图 9-95 "插入超链接"命令

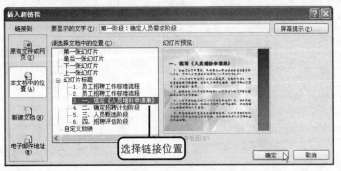

图 9-96 选择链接位置

Step 07 同样的方法分别将该文本框中的"第二阶段"、"第三阶段"、"第四阶段"段落超链接到第 4 张、第 5 张、第 6 张幻灯片。在"绘图工具""格式"上下文选项卡单击"形状样式"组中的快翻按钮，并在展开的库中选择"强烈效果-强调颜色 2"选项，如图 9-97 所示。

Step 08 经过前面的操作之后，此时可以看到该文本框中的内容都设置了超链接，并应用所选择的形状样式，效果如图 9-98 所示。

图 9-97 选择形状样式

图 9-98 设置形状样式后的效果

Step 09 单击"幻灯片放映"标签切换到"幻灯片放映"选项卡，单击"开始放映幻灯片"组中的"从头开始"按钮，如图 9-99 所示。

Step 10 此时已经切换到了幻灯片放映视图中，在第 2 张幻灯片中指向设置了超链接的文本时指针变成了手的形状，单击即可进行跳转，如图 9-100 所示。

图 9-99　选择放映幻灯片方式

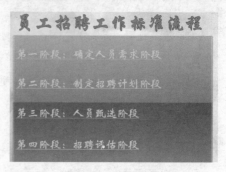

图 9-100　使用超链接

Step 11 此时可以看到已经跳转到了所设置的链接位置，在幻灯片的任意位置处右击，在弹出的快捷菜单中选择"结束放映"命令即可退出，如图 9-101 所示。

Step 12 此时已经退出幻灯片放映，再单击 Office 按钮，并在展开的"文件"菜单中选择"另存为"命令，如图 9-102 所示。

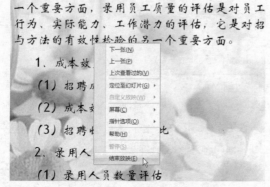

图 9-101　退出幻灯片放映视图

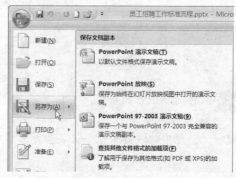

图 9-102　选择"另存为"命令

Step 13 弹出"另存为"对话框，首先选择保存的位置再单击"保存类型"列表框右侧的下三角按钮，并在展开的下拉列表框中选择"网页"选项，如图 9-103 所示。

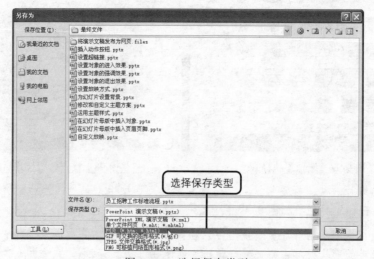

图 9-103　选择保存类型

Step 14 设置好保存的类型之后，单击该对话框中出现的"更改标题"按钮，如图 9-104 所示。

图 9-104 "另存为"对话框

Step 15 弹出"设置页标题"对话框，首先在该对话框的"页标题"文本框中输入"员工招聘工作标准流程"文本，单击"确定"按钮，如图 9-105 所示。

Step 16 经过上一步的操作之后返回到"另存为"对话框，此时可以看到网页标题已经更改，最后单击"保存"按钮即可进行保存，如图 9-106 所示。

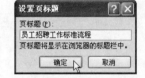

图 9-105 设置页标题名称

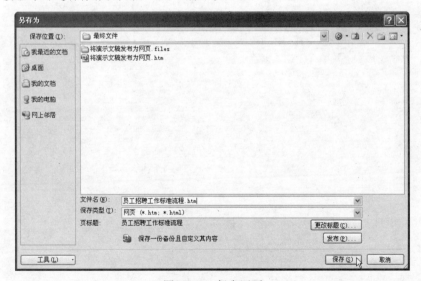

图 9-106 保存网页

Chapter
10

使用网络自动化办公

现今社会竞争日益激烈，提高工作效率、使自己的工作事半功倍已成为大家最为关心的问题，办公自动化也已成为当前企业提高效率的一个重要措施。使用网络主要起到内部资源共享和内外信息传递的作用。在日常工作过程中，借助网络来提高工作效率已是鲜为人知的事情，例如使用网络收发电子邮件、打印文档等。本章将介绍使用网络自动化办公，主要内容包括局域网的应用、电子邮件的使用、Outlook Express 的使用、安装和使用网络打印机等内容。

10.1 使用局域网共享文档

局域网（Local Area Network， LAN）是在小型计算机（电子计算机俗称电脑）与微型机上大量推广使用之后逐步发展起来的一种使用范围最广泛的网络。指在某一区域内由多台计算机互连成的计算机组。它一般用于短距离的计算机之间数据、信息的传递，属于一个部门或一个单位组建的小范围网络，其成本低、应用广、组网方便、使用灵活，深受用户欢迎，是目前计算机网络发展中最活跃的分支。

共享文档和文件夹是指将计算机中某个文件夹设置为共享，并将所需要共享的文档放在该文件夹中，使局域网中的其他用户可以对该文件夹中的文档进行查看并使用，下面将介绍在计算中设置共享文档和文件夹的方法，操作步骤如下：

原始文件：实例文件\第 10 章\原始文件\ 2008 年春装展示 .pptx
最终文件：实例文件\第 10 章\最终文件\销售部共享文件夹

Step
01 确定要建立共享文件夹的位置，即打开计算机中放置共享文件夹的硬盘或者文件夹，然后新建一个文件夹并将其重新命名，例如在此将其重命名为"销售部共享文件夹"，再选择该文件夹并右击，并在弹出的快捷菜单中单击"共享和安全"命令，如图 10-1 所示。

问题 10-1: 除了单击"共享和安全"命令还有其他方法打开共享文件夹属性对话框吗？

在设置共享文件夹的共享和安全时，除了单击快捷菜单中"共享和安全"命令之外，还可以单击"属性"命令也可以打开该文件夹属性对话框。

电脑综合办公应用手册

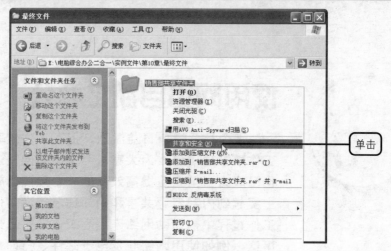

图 10-1　选择"共享和安全"命令

Step **02**　弹出"销售部共享文件夹 属性"对话框，在"网络共享和安全"选项组中选择"在网络上共享这个文件夹"和"允许网络用户更改我的文件"复选框，然后单击"确定"按钮，如图 10-2 所示。

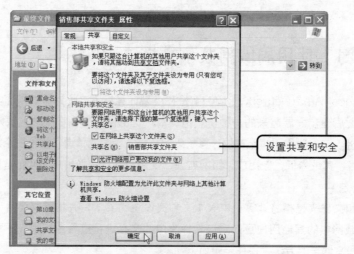

图 10-2　设置文件夹网络共享和安全

Step **03**　经过上一步的操作之后返回原文件夹中，此时可以看到设置的文件夹已经呈共享状态，此时该局域网内的用户即可对该文件夹进行访问，将实例文件\第 10 章\原始文件\2008 年春装展示.pptx 文件复制到该共享文件夹中，如图 10-3 所示。

问题 10-2：　如何快速设置文件夹为共享？

如果需要快速设置已有文件夹为共享，则找到目标文件夹的路径并选择文件夹，然后在窗口左侧的"文件和文件夹任务"选项组中单击"共享此文件夹"文字链接打开该文件夹的属性对话框，在弹出的对话框中进行设置即可。

Step 04 关闭该共享文件窗口并双击桌面上的"网上上邻居"图标，此时在"网上邻居"窗口左侧的"网络任务"窗格中，单击"查看工作组计算机"文字链接查看工作组中的用户，如图 10-4 所示。

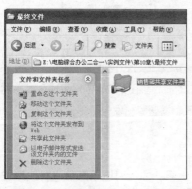

图 10-3 创建共享文件夹的效果

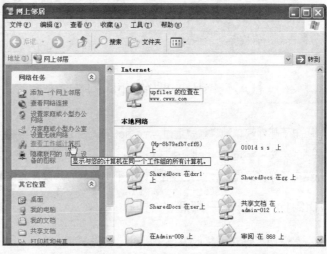

图 10-4 查看工作组中的计算机

Step 05 经过上一步的操作之后，此时在窗口中可以看到该工作组中的计算名称，如果需要访问计算机则选中计算机名称并右击，然后在弹出的快捷菜单中选择"打开"命令或者双击该计算机图标即可，如图 10-5 所示。

Step 06 此时在窗口中可以看到该计算机中的所有共享文件夹，在此双击"销售部共享文件夹"图标将其打开，可以看到在该文件中共享的文件，如图 10-6 所示。局域网内的其他用户也可以通过网上邻居查看到该共享文件，方便了企业中同事之间的文件传输工作。

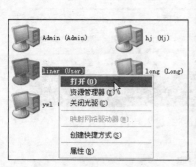

图 10-5 访问工作组中用户

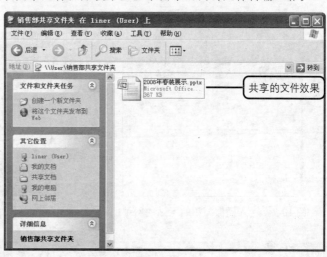

图 10-6 查看共享的文件效果

问题 10-3: 如何更改或删除文件夹访问权限？

在共享文件夹属性对话框的"网络共享和安全"选项组中，如果取消选择"在网络上共享这个文件夹"复选框即可删除文件夹的共享，其他用户无法访问该文件夹；如果取消选择"允许网络用户更改我的文件"复选框，则其他用户可以访问该文件夹而无法更改其中文件的内容。

10.2 电子邮件的使用

电子邮件简单地说就是通过 Internet 来邮寄的信件，具有寄信成本低、投递速度快的特点。电子邮件的英文名字是 E-mail，由信箱名称、电子邮件地址的专用标识符、信箱所在的位置组成。本节将介绍电子邮件的使用，主要包括申请电子邮箱的方法以及如何收取、发送和转发电子邮件等内容。

10.2.1 申请电子邮箱的方法

如果想要通过网络收发电子邮件，首先要拥有自己的电子邮箱，才能对电子邮件进行收取或发送，用户可以到提供邮箱的网站去申请，例如网易、新浪、雅虎等，都是根据填写资料等向导完成。下面将介绍申请电子邮箱的方法，具体操作步骤如下：

Step 01 双击桌面上的 IE 图标进入 IE 浏览器，在打开的网页浏览器窗口的地址栏中输入所需要的网页地址，例如在此输入"www.163.com"，该网址为进入网易网站首页的地址，如图 10-7 所示。

Step 02 输入正确的网址之后按【Enter】键，此时可以看到已经打开该网页，在网页浏览器窗口中显示该网站的相关信息，在此单击"登录"按钮右侧的"免费邮"文字链接，如图 10-8 所示。

图 10-7 输入提供邮箱的网站的网址

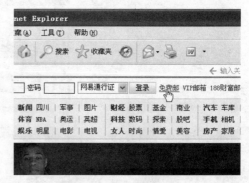

图 10-8 进入申请邮件主页

问题 10-4: 除了双击桌面上的 IE 图标还有方法打开网页浏览器吗？

除了双击桌面上的 IE 图标还可以单击快速启动栏中的 IE 图标打开网页浏览器，如果在快速启动栏中没有该图标，则可以将桌面中的图标拖至该快速启动栏中。

Step 03 此时进入了网易免费邮箱登录的主页面，用户如果已经拥有网易的电子邮件地址，则可以直接输入用户名以及密码进行登录，在此单击下方的"注册 3G 网易免费邮箱"按钮，如图 10-9 所示。

Step 04 经过前面的操作之后，进入了网易通行证页面，则需要对注册的用户名、安全信息等进行设置。在此单击"通行证用户名"文本框并在其中输入所需要的用户名称，例如在此输入"scdxr912"，单击"登录密码"文本框，此时可以看到在"通行证用户名"文本框下方提示该用户名已经被注册，如图 10-10 所示。

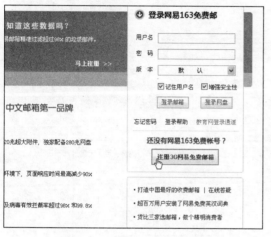

图 10-9　选择注册 3G 免费邮

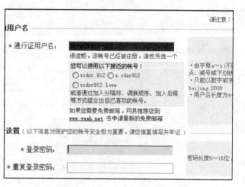

图 10-10　输入用户名

问题 10-5： 如果快速进入网易通行证页面？

如果需要快速进入网易通行证页面，则打开网易主页，并在窗口中单击最左侧的"注册"文字链接即可。

Step 05 删除"通行证用户名"文本框中的内容，并重新对通行证用户名进行设置，例如在此输入"scdxr3271"，此时提示该用户名可以使用。然后设置"登录密码"和"重复登录密码"为"scdxr123456789"，设置"密码保护问题"和"您和答案"分别为"我妈妈的生日？"、"1 月 16 日"，如图 10-11 所示。

Step 06 填写用户个人资料，例如在此设置"出生日期"为"1985 年 10 月 25 日"，选择"性别"为"女"，再在"输入右图中的文字"文本框输入相应的文字，如果该图片中的文字看不清楚则单击其右侧的"换一张图片"按钮进行更换，最后选择"我已看过并同意《网易服务条款》"复选框并单击"注册账号"按钮，如图 10-12 所示。

问题 10-6： 如何查看《网易服务条款》？

如果需要查看《网易服务条款》，则在网易通行证页面的下方单击《网易服务条款》文字链接，即可打开相应的浏览器窗口并显示条款内容。

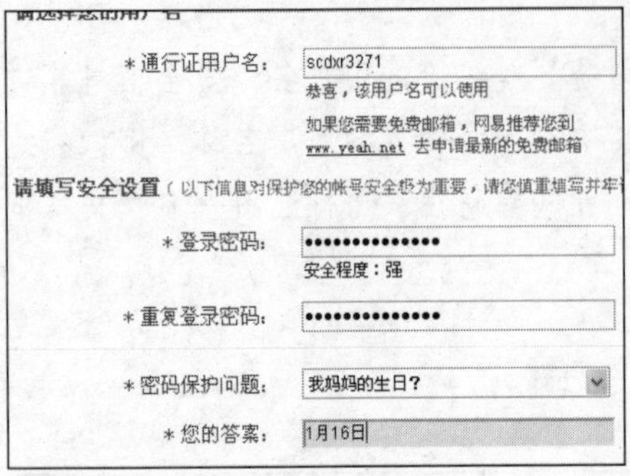

* 您的答案： 1月16日   字占两位，用于修复帐号密码

* 出生日期： 1985 年 10 ▼ 月 25 ▼ 日   用于修复帐号密码，请填写您的真

* 性别： ○ 男 ◉ 女

真实姓名： [　　　　　　　　]

保密邮箱： [　　　　　　　　]   · 奖励：验证保密邮箱，直取精美
     · 填写、验证保密邮箱，通行证安
     · 推荐使用网易126邮箱或 VIP邮箱

* 输入右图中的文字： [油周　　] 油居   [换一张图片]

* ☑ 我已看过并同意《网易服务条款》

[注册帐号 🖑]

About NetEase · 公司简介 · 联系方法 · 招聘信息 · 客户服务 · 相关法律 · 网络营销
© 1997-2008 网易公司

图 10-11 输入用户名及密码 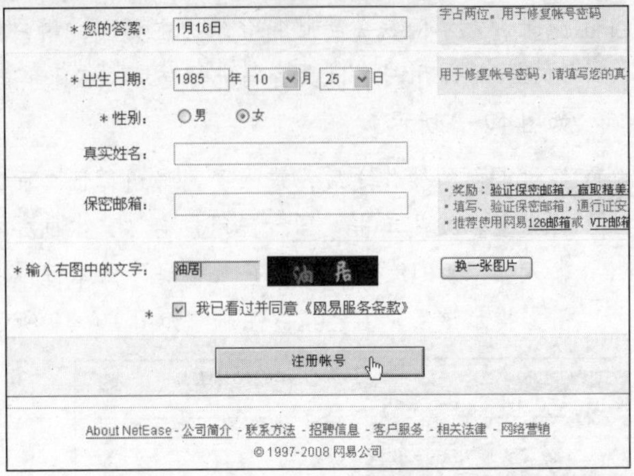   图 10-12 填写个人资料

Step 07 经过前面的操作之后进入了申请成功的页面，在页面中显示该邮箱已经被激活成功以及该免费邮箱地址，单击右侧的"进入3G免费邮箱"按钮，如图10-13所示。

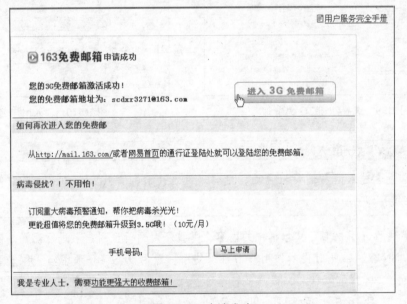

图 10-13 申请成功

问题 10-7： 如何收藏网页？

如果需要收藏网页，则在网页打开之后单击菜单栏中的"收藏"菜单，在展开的菜单中选择"添加到收藏夹"命令，然后在弹出的"添加到收藏夹"对话框中单击"确定"按钮。

Step 08 此时进入了该邮箱中，可以看到登录邮箱的界面，在其中显示登录的用户名、未读邮件、收件箱、草稿箱等信息，如图10-14所示。

使用网络自动化办公 **10**

6 据处理 公式和函数应用以及数

7 功能 Excel 2007 的数据分析

8 制作与美化幻灯片

9 PowerPoint 的高级应用

10 使用网络自动化办公

图 10-14　进入邮箱后的界面

10.2.2　使用 Web 收发电子邮件

当拥有了属于自己的邮箱地址之后，用户就可以对自己的账户进行管理了，例如收取电子邮件、发送电子邮件和转发电子邮件等。下面将介绍收取、发送和转发电子邮件地址的方法，具体操作步骤如下：

Step 01 输入网址打开网易主页，并在网易浏览器窗口的"用户名"和"密码"文本框中输入用户通行证信息，例此分别输入"scdxr32171"和"scdxr123456789"，单击右侧的"登录"按钮，如图 10-15 所示。

Step 02 此时进入了网易通行证登录成功页面中，可以看到在"我的邮箱"板块中显示了"未读邮件：1 封"的信息以及积分分数等，在此单击板块中的"进入我的邮箱"文字链接，如图 10-16 所示。

图 10-15　输入登录邮箱信息

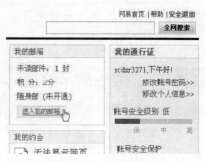

图 10-16　选择进行邮箱

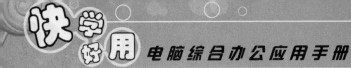

问题 10-8: 如何更改账号密码和个人信息？

如果想要更改用户的账号密码或个人信息，则进入网易通行证登录成功页面之后，在"我的通行证"板块中单击"修改账号密码"或"修改个人信息"文字链接，然后在弹出的网易通行证页面中重新设置密码或个人信息即可。

Step 03 此时进入了免费邮箱的页面中，用户在此可以对自己的邮件进行管理，在此可以看到收件箱中有 1 封邮件，例如在此首先单击窗口左侧的"收件箱（1）"文字链接，如图 10-17 所示。

Step 04 此时进入了收件箱中，该网页将显示收件箱中所有的邮件，在右侧可以看到邮件的状态，例如收到邮件的日期、时间、发件人、邮件主题等，当指向发件人地址或主题信息时指针变成了手的形状，单击可以查看详细内容，如图 10-18 所示。

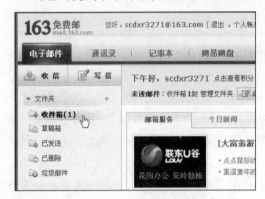

图 10-17　打开收件箱

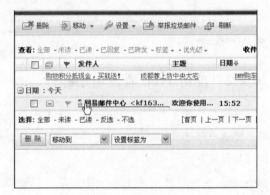

图 10-18　打开未读邮件

问题 10-9: 如何删除收件箱中不需要的邮件？

如果需要删除邮件，则打开收件箱之后，选择需要删除邮件前面的复选框，当邮件为选择状态时单击窗口上方的"删除"按钮即可。

Step 05 经过前面的操作之后，此时可以看到在网易电子邮箱页面中显示了该邮件的内容以及发件人地址、发送时间等信息，如图 10-19 所示。

Step 06 如果需要撰写信件以便发送，则在网易电子邮箱页面中单击"写信"按钮即可，如图 10-20 所示。

问题 10-10: 如果快速回复信件？

在收到电子邮件之后如果想要快速回复，则在邮件打开的状态下单击页面中的"回复"按钮可以对该发件人进行回复。

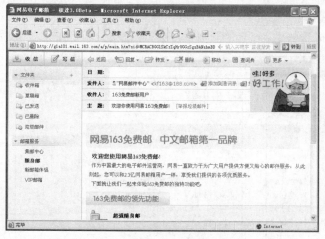

图 10-19　查看邮件内容

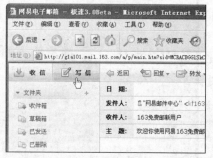

图 10-20　单击"信件"按钮

Step 07 此时页面变成了撰写信件的格式，在"收件人"文本框中输入收件人电子邮件地址，例如在此输入"scdxr912@163.com"，在下方的撰写信件内容区域中输入所需要的内容，如图 10-21 所示。如果有需要以附件形式发送的文件，还可以单击"主题"文本框下方"添加附件"按钮，再选择文件的路径即可。

Step 08 在撰写信件区域的下方单击"发送选项"文字链接，此时可以对发送选项进行设置，例如在此选择"保存到[已发送]"选项，将信件内容撰写完毕之后即可发送邮件了，则在此单击"发送"按钮，如图 10-22 所示。

图 10-21　撰写信件内容

图 10-22　发送邮件

Step 09 经过一段时间之后在页面中可以看到提示信息，提示邮件已发送成功，根据各邮件内容的大小不同所发送的时间则不同，如图 10-23 所示。

问题 10-11：　"发送选项"组中的各选项有何作用？

在"发送选项"选项组中，如果选择"保存到[已发送]"选项，则在发送邮件的同时将邮件保存到"已发送"信箱中；如果选择"紧急"选项，则邮件将以最快的速度进行发送；如果选择"已读回执"选项，那么收件人在读取信件后将自动收到回执信息；如果选择"定时发信"选项，则可以设置定时发送的日期和时间，系统将在设置的时间自动发送该信件。

Step 10 单击左侧的"已发送"文字链接，此时打开了已发送信箱，可以看到其中有一封已发送的邮件。指向该邮件的主题信息时指针变成手的形状则单击鼠标，如图10-24所示。

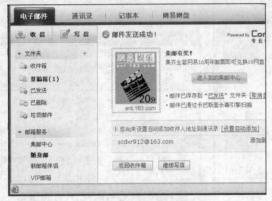

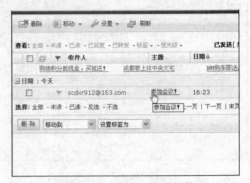

图10-23　邮件发送成功　　　　　　　图10-24　读取已发送邮件

问题 10-12：　可以设置邮件内容格式吗？

可以。用户在拟定邮件区域中对邮件进行编辑时，可以设置其格式，例如设置其字体大小、字形、字体下画线、字体颜色等，还可以在其中插入图片、表情以及设置信纸。如果需要选择信纸样式，则单击编辑区域右侧的"信纸"按钮，然后在其下拉列表框中选择所需要的信纸样式即可。

Step 11 此时已经打开已发送的该邮件，用户在其中可以看到发送该邮件的日期、时间以及收件人等信息，如果需要转发该邮件则单击"转发"按钮，如图10-25所示。

图10-25　转发邮件

Step 12 经过前面的操作之后进入了撰写邮件页面，可以看到已发送邮件内容已经显示在邮件撰写区域中，用户可以对该内容进行编辑，然后再输入收件人电子邮件地址，例如在"收件人"文本框中输入"happydxr123@163.com"并单击"发送"按钮，如图10-26所示。

问题 10-13：　请问可以对哪些信箱的邮件进行转发？

如果用户需要将已有的邮件进行转发，则收件箱、已发送信箱中的邮件都可以进行转发，还可以将保存到草稿箱的邮件进行发送。

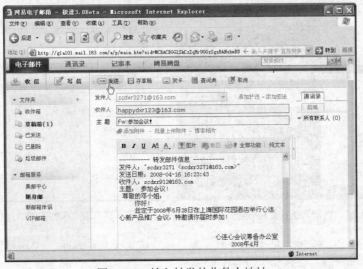

图 10-26　输入转发的收件人地址

10.2.3　Outlook Express 简介

　　Outlook Express 是 Microsoft（微软）自带的一种电子邮件，简称为 OE，是微软公司出品的一款电子邮件客户端，也是一个基于 NNTP 协议的 Usenet 客户端。微软将这个软件与操作系统以及 Internet Explorer 网页浏览器捆绑在一起，Office 软件内的 Outlook 与 Outlook Express 是两个完全不同的软件平台。Internet Explorer 是安装微软操作系统时自带，而 Outlook 是在安装 Office 软件时自带。

10.2.4　配置 Outlook Express 邮件账号

　　在启动 Outlook Express 之后，如果是第一次使用就会弹出"Internet 连接向导"对话框，用户需要根据向导配置 Outlook Express 邮件账号，才能使用 Outlook Express 管理邮件。下面将介绍配置 Outlook Express 邮件账号的方法，具体操作步骤如下：

Step 01 单击"开始"按钮，并在展开的"开始"菜单中选择"程序"命令，然后再在其展开的级联菜单中选择 Outlook Express 命令即可启动 Outlook Express 程序，如图 10-27 所示。

Step 02 此时弹出"Internet 连接向导"对话框，在"您的姓名"界面的"显示名"文本框中输入所需要设置的用户名，例如在此输入"scdxr3271"，输入完毕后单击"下一步"按钮，如图 10-28 所示。

问题 10-14:	在启动 Outlook Express 程序之后没有出现"Internet 连接向导"对话框怎么办？

　　如果计算机中的 Outlook Express 已经设置了用户信息，那么在启动该程序之后将自动进入该用户的信箱，则不会弹出"Internet 连接向导"对话框。

图 10-27　启动 Outlook Express

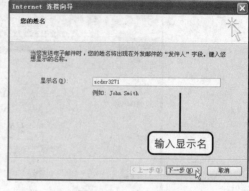

输入显示名

图 10-28　输入显示名

Step 03 此时切换到了"Internet 电子邮件"界面，则在"电子邮件地址"文本框中输入用户的电子邮件地址，例如在此输入"scdxr3271@163.com"，输入完毕后单击"下一步"按钮，如图 10-29 所示。

Step 04 在"电子邮件服务器名"界面的"我的邮件接收服务器是"下拉列表框中选择接收邮件所使用的服务器类型。然后在"接收邮件（POP3，IMAP 或 HTTP）服务器"文本框中输入接收邮件用的服务器地址，在"发送邮件服务器（SMTP）"文本框中输入发送邮件所使用的服务器地址，输入完毕后单击"下一步"按钮，如图 10-30 所示。

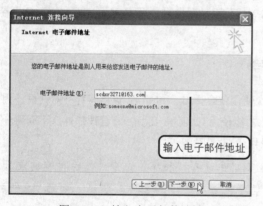

输入电子邮件地址

图 10-29　输入电子邮件地址

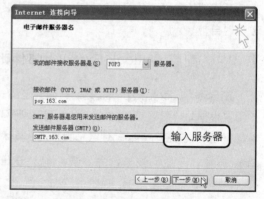

输入服务器

图 10-30　输入电子邮件服务器

问题 10-15：　**如何添加 Outlook Express 账户？**

如果计算机中的 Outlook Express 已经设置了账户，则每次启动该程序时是进入其他用户的信箱。想要添加 Outlook Express 账户，则在启动了该程序之后单击"工具"菜单，并在展开的"工具"菜单中选择"账户"命令。在打开的"Internet 连接向导"对话框中单击"添加"按钮，再在展开的列表中选择"邮件"选项。

Step 05 此时进入了"Internet Mail 登录"界面，首先在"账户名"文本框中输入注册的账号，例如在此输入"scdxr3271"。然后在"密码"文本框中输入对应的密码，例如在此输入该账户的密码"scdxr123456789"，输入完毕之后再单击"下一步"按钮，如图 10-31 所示。

Step 06 经过前面的操作之后进入了"祝贺您"界面，提示用户已经成功完成了连接向导，单击 "完成"按钮，如图 10-32 所示。

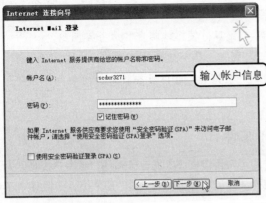

图 10-31 输入账户名和密码

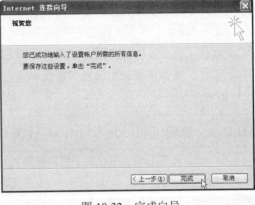

图 10-32 完成向导

问题 10-16: "记住密码"和"使用安全密码验证登录（SPA）"复选框有何作用？

如果用户选择"记住密码"复选框，那么以后每次使用 Outlook Express 就不用再次输入密码。 "使用安全密码验证登录 (SPA)"复选框，这项可以根据网站邮箱提供的相关设置信息决定是否选择。例如使用 Outlook Express 登录网易的邮箱，就不用选择该复选框。

Step 07 经过前面的操作之后，此时可以看到完成向导后的 Outlook Express 的界面，如图 10-33 所示。

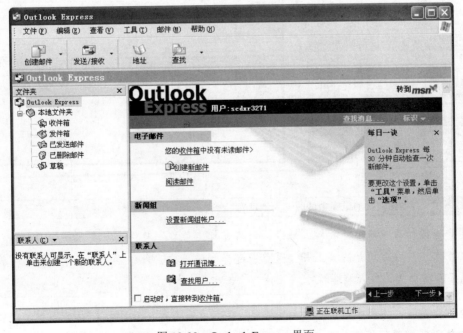

图 10-33 Outlook Express 界面

在 Outlook Express 界面工具栏中常用按钮的功能如下：

创建邮件：单击该按钮可以快速打开"新邮件"窗口，即可在其中对邮件进行编辑。

发送/接收：单击该按钮将弹出 Outlook Express 窗口，使本地邮件和服务器同步。

地址：单击该按钮将弹出"通讯录—主标识"窗口，即可查看通讯簿中的用户信息。

查找：单击该按钮将弹出"查找邮件"窗口，在其中可以设置查找邮件的条件，以便对邮件进行查找。

10.2.5 使用 Outlook Express 收发电子邮件

在 Outlook Express 中设置了用户信息之后，即可使用该程序收发电子邮件。当用户接收到大量邮件时，还可以使用 Outlook Express 来管理邮件。下面将介绍使用 Outlook Express 收发电子邮件的方法，具体操作步骤如下：

Step 01 为 Outlook Express 配置了用户信息之后再启动 Outlook Express，并在工具栏中单击"创建邮件"按钮，如图 10-34 所示。

Step 02 此时弹出"新邮件"窗口，与在 IE 浏览器中的网易页面一样，用户可以在其中撰写电子邮件内容，首先在"收件人"文本框中输入收件人的电子邮件地址，例如在此输入"scdxr912@163.com"，如图 10-35 所示。

图 10-34 创建新邮件   图 10-35 输入收件人地址

如果需要添加通讯簿中的收件人地址，则将光标定位在"收件人"文本框中并单击"工具"菜单，然后在展开的"工具"菜单中选择"通讯簿"命令，在打开"通讯簿"窗口中选择所需要的收件人地址即可。

Step 03 在"主题"文本框中输入邮件主题信息，例如在此输入"公司会议"，在下方的编辑区域中输入所需要的邮件内容，输入完毕之后发送该邮件，则单击工具栏中的"发送"按钮即可，如图 10-36 所示。

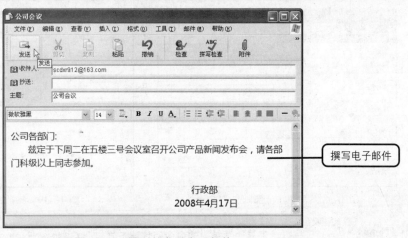

图 10-36　撰写并发送电子邮件

Step 04 此时电子邮件已经发送，则单击窗口左侧"文件夹"列表中的"发件箱"，此时可以看到在窗口右侧显示了发送邮件的相关信息，如图 10-37 所示。

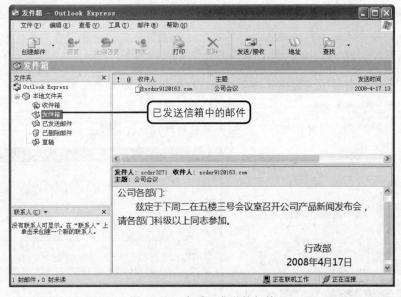

图 10-37　查看已发送的邮件

问题 10-19：　"新邮件"窗口中的"抄送"有何作用？

"新邮件"窗口中的"抄送"是指在发送该邮件的同时，在"抄送"文本框中输入抄送人的电子邮件地址，那么收件人和抄送人将同时收到该邮件。

Step 05 单击"工具"菜单，并在展开的"工具"菜单中选择"发送和接收"命令，再在其展开的级联菜单中选择"接收全部邮件"命令，如图 10-38 所示。

Step 06 此时弹出 Outlook Express 对话框，在其中可以看到正在验证身份并显示接收邮件的进度，如图 10-39 所示。

图 10-38　"收件全部邮件"命令

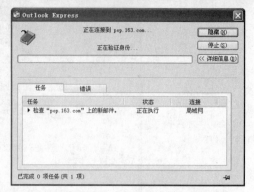

图 10-39　接收邮件状态

问题 10-20:　除了执行"工具"菜单中的命令有快速方式打开 Outlook Express 对话框吗？

如果想要接收电子邮件，除了执行"工具"菜单中的命令，还可以单击工具栏中的"发送/接收"按钮快速打开 Outlook Express 对话框。

Step 07　经过片刻的接收之后，此时可以看到 Outlook Express 窗口中显示了接收到的邮件，并显示了邮件的发件人、主题、接收时间等信息，如果需要打开邮件则在列表框中双击需要打开的邮件，如图 10-40 所示。

Step 08　此时弹出以邮件的主题为标题的新的窗口，在新窗口中显示了邮件的收件人、发送的日期和时间、收件人地址、主题以及电子邮件内容，效果如图 10-41 所示，用户可以使用工具栏中的答复、转发、打印、删除等按钮对邮件进行处理。

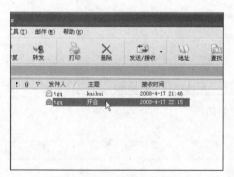

图 10-40　打开收到的邮件

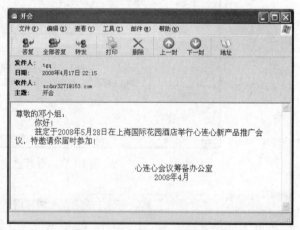

图 10-41　打开邮件后的效果

问题 10-21:　如果在通讯簿中添加联系人？

如果想要在通讯簿中添加联系人，则打开"通讯簿"窗口，再在窗口左侧选择需要添加联系人的文件夹并单击工具栏中的"新建"按钮，然后在展开的下拉列表中选择"新建联系人"选项，此时弹出"属性"对话框，在其中输入联系的信息即可，也可以右击文件夹使用快捷菜单打开"属性"对话框。

使用网络自动化办公 **10**

6 公式和函数应用以及数据处理

7 Excel 2007 的数据分析功能

8 制作与美化幻灯片

9 PowerPoint 的高级应用

10 使用网络自动化办公

10.3 使用网络下载资源

在网络资源中包括了很多可以下载的资源，无论是下载最新的电影、音乐还是工作资料，都可以通过网络下载的方式将其保存到自己的计算机中，以方便用户使用。在对网络资源进行下载时，除了可以直接使用 IE 中的保存功能外，还可以运用多种网络文件下载工具，以达到高速下载资源的目的。

10.3.1 使用 IE 下载

网络资源是利用计算机系统通过通信设备传播和网络软件管理的信息资源，用户使用浏览器浏览界面事实上也是在使用网络资源。在使用浏览器浏览网站时，一般都会发现有"下载"板块。下面将介绍使用 IE 下载资料的方法，操作步骤如下：

Step 01 打开 IE 浏览器并在地址栏中输入网址"www.baidu.com"，并按键盘中的【Enter】键。在打开的百度页面的搜索文本框中输入想要搜索的关键字，例如在此输入"迅雷"文本，然后单击"百度一下"按钮，如图 10-42 所示。

图 10-42 输入关键字

Step 02 在搜索之后的页面中显示了相关的结果，当指向搜索结果文字链接处时指针呈手的形状，需要查看详细信息则单击鼠标，如图 10-43 所示。

> **问题 10-22：** 在百度网页中搜索资源时可以对类型进行选择吗？
>
> 可以。在百度网页中搜索资源时，用户可以对类型进行选择，例如选择新闻、贴吧、图片等，选择资源类型后输入关键文字，最后单击"百度一下"按钮可以从所选择的类型中搜索相关的资源。

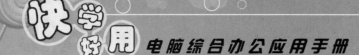

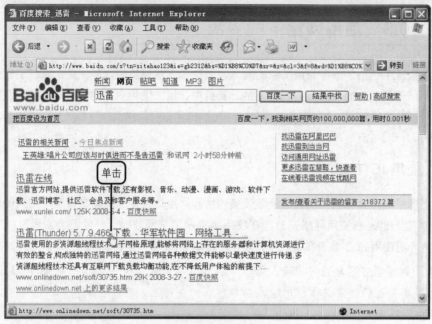

图 10-43　选择需要的文字链接

Step 03 经过上一步的操作之后打开了新的页面，并在其中显示了链接内容的详细信息，并且出现了下载板块，如图 10-44 所示。

图 10-44　软件的详细信息

Step 04 向下拖动右侧的垂直滚动条，在页面下方显示了该软件的各地下载列表，选择离自己最近的下载地址，在此右击对应的文字链接，并在弹出的快捷菜单中选择"目标另存为"命令，如图 10-45 所示。

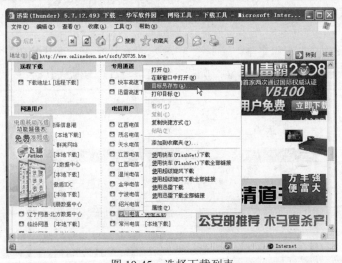

图 10-45 选择下载列表

Step 05 此时弹出"另存为"对话框，在该对话框中用户需要选择下载资源保存的位置以及文件名称，然后再单击"保存"按钮，如图 10-46 所示。

图 10-46 选择保存位置

Step 06 经过上一步的操作之后，此时已经开始对资源进行下载，并且显示了下载的进度，如图 10-47 所示。

Step 07 下载完毕之后用户可以对下载的资源进行操作，在"下载完毕"窗口中单击"打开"按钮可打开该资源，在此单击"打开文件夹"按钮，如图 10-48 所示。

图 10-47 显示下载进度

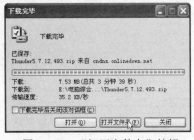

图 10-48 "打开文件夹"按钮

问题 10-23： 为什么下载完毕之后，"下载完毕"窗口自动消失了？

资源下载完毕之后，"下载完毕"窗口自动消失了是因为在"下载完毕"窗口中选择了"下载完毕后关闭该对话框"复选框，所以下载完毕之后会自动关闭。

Step 08 经过上一步的操作之后，此时系统打开了下载资源所在的文件夹，并在其中显示了下载的资源，如图 10-49 所示。

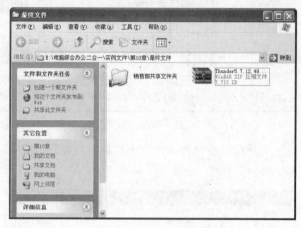

图 10-49　查看下载的软件

10.3.2　安装并使用迅雷

"迅雷"是一款下载工具，它能成倍的提高下载的速度，在稳定性和下载速度方面，比传统的 IE 或访问 FPT 服务器下载有了更大的提高，在使用性能上，迅雷对于其他的下载工具也有很强的互补性。下面将介绍安装并使用迅雷的方法，操作步骤如下：

Step 01 双击文件夹中的 Thunder5.7.12.493.zip 图标，在弹出的窗口中再双击 Thunder5.7.12.493.zip 图标启动安装向导，如图 10-50 所示。

Step 02 弹出"安装-迅雷 5"窗口，进入了"欢迎使用 迅雷 5 安装向导"界面，单击"下一步"按钮，如图 10-51 所示。

图 10-50　启动迅雷安装向导

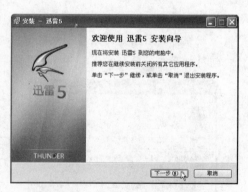

图 10-51　单击"下一步"按钮

Step 03 进入到"许可协议"界面,在其中选择"我同意此协议"单选按钮,然后单击"下一步"按钮,如图 10-52 所示。

Step 04 在"选择附加任务"界面中,可以选择需要安装的附加组件,在此选择"桌面和快捷栏上创建一个图标"复选框,然后单击"下一步"按钮,如图 10-53 所示。

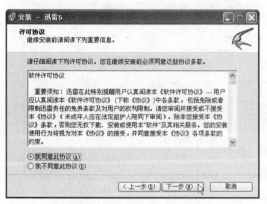

图 10-52 接受许可协议

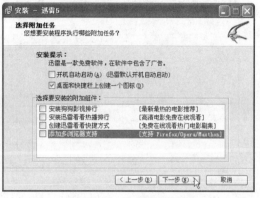

图 10-53 选择附加任务

问题 10-24: **如何选择安装附加组件?**

在"选择附加任务"界面的"选择要安装的附加组件"列表框中选择需要安装的组件即可,选择复选框为选择安装,取消复选框的选择则反之。

Step 05 在"免费 Google Toolbar for Internet Explorer"界面中,可以选择是否安装 Google 工具栏,在此选择"不安装 Google 工具栏"单选按钮,再单击"下一步"按钮,如图 10-54 所示。

Step 06 在"选择目标位置"界面中,可以单击"浏览"按钮选择需要放置目标的位置,然后单击"下一步"按钮,如图 10-55 所示。

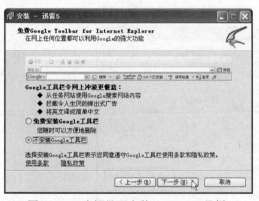

图 10-54 选择是否安装 Google 工具栏

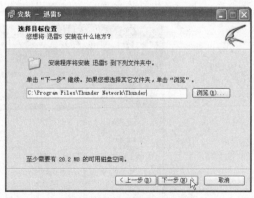

图 10-55 选择目标位置

Step 07 在"准备安装"界面中,显示了设置的目标位置,在此单击"安装"按钮,如图 10-56 所示。

Step 08 经过前面的操作之后,此时已经开始对迅雷进行安装,并显示了安装的进度,如图 10-57 所示。

问题 10-25: 在"准备安装"界面中如何更改目标位置?

在"准备安装"界面中如果想要更改目标位置,可单击"上一步"按钮返回到"选择目标位置"界面进行选择。

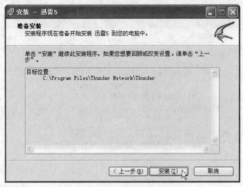

图 10-56　准备安装

图 10-57　显示安装进度

Step 09　在"迅雷 5 安装向导完成"界面中,选择"查看更新信息"、"启动迅雷"复选框,单击"完成"按钮,可启动迅雷软件并查看更新的信息,如图 10-58 所示。

图 10-58　完成安装向导

Step 10　经过上一步的操作之后,此时弹出的迅雷操作窗口,迅雷窗口如图 10-59 所示。

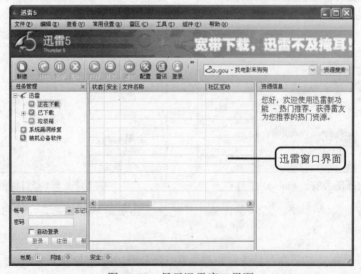

图 10-59　显示迅雷窗口界面

问题 10-26： 如何快速搜索其他的资源？

在弹出搜索的目标资源的新窗口时，如果需要快速搜索其他的资源，则在该窗口上方的"狗狗搜索"文本框中输入所需要的关键字，再单击"狗狗搜索"按钮。

Step 11 在迅雷窗口的"资源搜索"文本框中输入所需要的关键字，例如在此输入"暴风影音"文本，然后单击"资源搜索"按钮，如图 10-60 所示。

Step 12 此时弹出了新的窗口，并在其中显示了搜索到的相关链接，在此直接单击需要下载的链接，如图 10-61 所示。

图 10-60　搜索资源　　　　　　　图 10-61　选择资源文字链接

Step 13 经过前面的操作之后，弹出了下载链接的窗口，在该窗口中单击左上角的"点击下载"文字链接，如图 10-62 所示。

图 10-62　单击下载资源

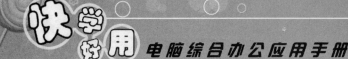

Step 14 弹出"建立新的下载任务"对话框，在该对话框中用户可以设置存储分类、存储目标等，设置完毕之后单击"确定"按钮，如图10-63所示。

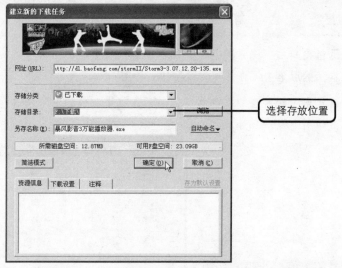

图 10-63　选择资源存储目录

Step 15 经过前面的操作之后，此时可以看到在迅雷窗口中显示了正在下载的详细信息，例如文件名称、文件大小、速度等，如图 10-64 所示。下载完毕之后，打开设置的存储目录文件可看到下载的资源。

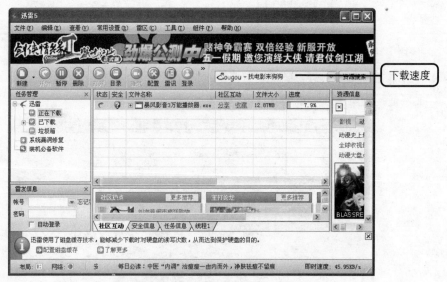

图 10-64　显示资源下载进度

10.4　实例提高：发送公司新产品宣传画册

　　在公司的日常办公中，为了提高工作效率经常会使用网络对信息进行传输。例如当客户需要了解公司的产品、宣传方案、研发配置等等，如果每次为客户亲自送去，将浪费很多的时间，使客户不能第一时间了解到情况，而使用网络通过电子邮件的形式进行发送，将大大方便了与客户之间的联系。下面将结合前面介绍的知识点，发送公司新产品的宣传画册，具体操作步骤如下：

原始文件： 实例文件\第10章\原始文件\公司新产品宣传画册.pptx

Step 01 输入网址打开网易主页，并在网易浏览器窗口的"用户名"和"密码"文本框中输入用户通行证信息，在此分别输入"scdxr32171"和"scdxr123456789"，然后单击右侧的"登录"按钮，如图10-65所示。

Step 02 进入了网易通行证登录成功页面中，在"我的邮箱"板块中显示了"未读邮件：0封"信息以及积分分数等相关信息，在此单击板块中的"进入我的邮箱"文字链接，如图10-66所示。

图 10-65　登录邮箱

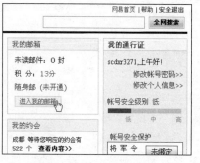

图 10-66　选择进入邮箱

Step 03 进入了免费邮箱的页面中，可以对自己的邮件进行管理，在此单击窗口中的"写信"按钮，如图10-67所示。

Step 04 此时出现的编辑邮件区域，则在"收件人"和"主题"文本框中分别输入"scdxr912@163.com"、"宣传画册"，并单击"添加附件"按钮，如图10-68所示。

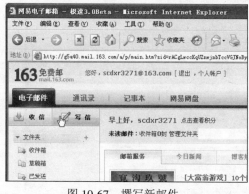

图 10-67　撰写新邮件

图 10-68　设置"邮件"对话框

Step 05 弹出"选择文件"对话框，在该对话框中单击"查找范围"列表框右侧的下三角按钮，并在展开的下拉列表框中选择文件所在的路径，如图10-69所示。

Step 06 打开文件所在的文件并选择需要作为附件发送的文件，然后单击"打开"按钮，如图10-70所示。

电脑综合办公应用手册

图 10-69　选择文件路径　　　　　　　　　　图 10-70　选择文件

Step 07 此时页面的"主题"文本框下方可以看到
添加的附件，单击右侧的"信纸"按钮，
并在展开的库中选择"解语之花"样式，
如图 10-71 所示。

图 10-71　选择信件

Step 08 经过前面的操作之后，此时可以看到已经
应用了所选择的信纸样式，并在信纸中出
现了写信的称谓以及问候语，如图 10-72 所示。

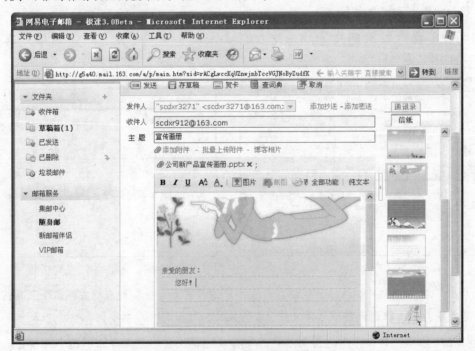

图 10-72　使用信纸的效果

使用网络自动化办公 **10**

6 据 公式和函数应用以及数
处 理

7 功 Excel 2007 的数据分析
能

8 制作与美化幻灯片

9 PowerPoint 的高级应用

10 使用网络自动化办公

Step
09　删除原有的称谓，并设置字号为"小"，然后在邮件编辑区域即信纸中输入所需要的邮件内容，输入完毕之后单击"发送选项"文字链接，并选择"保存到[已发送]"复选框，最后单击"发送"按钮，如图10-73所示。

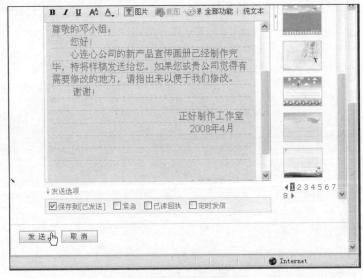

图 10-73　撰写并发送邮件

Step
10　经过上一步的操作之后，邮件自动开始发送并提示用户邮件发送成功。再单击窗口左侧的"已发送"文字链接，此时可以看到在右侧的列表框中显示了已发送的邮件，效果如图10-74所示。

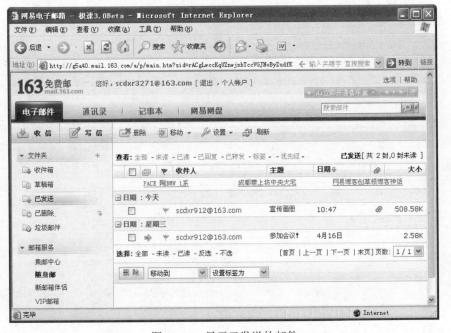

图 10-74　显示已发送的邮件

Chapter 11

办公硬件设备的使用

作为一名办公室人员，熟练地使用扫描仪、刻录机、打印机、传真机和复印机是非常重要的。在日常的办公中，这些设备也是必不可少的，只有熟练使用常用的办公硬件设备，才能使工作效率得到提高。本章主要介绍打印机和复印机的使用，使用户能够熟练的使用这些设备处理日常的办公事务。

11.1　打印机的使用

打印机也是办公设备中不可缺少的一个重要部分，打印机作为计算机重要的输出设备已被广大用户接收，已成为办公自动化系统的一个重要设备。作为一名办公室人员，熟练地使用打印机是非常重要的，因为在处理日常事务时，随时都可能涉及把用户电脑的资料或文件打印出来发给其他人审阅。用户可以使用本地打印机，也可以安装网络打印机，本节将介绍打印机的使用方法。

11.1.1　安装和使用网络打印机

网络打印机具有快速输出、低廉的耗材成本的功能，可以使用户摆脱网线的牵绊，带来全新体验，网络打印机的无线打印是企业办公的最佳选择。下面将介绍安装网络打印机的方法，具体操作步骤如下：

原始文件：实例文件\第11章\原始文件\消费部员工工作手册.docx

Step 01　单击"开始"按钮，并在展开的"开始"菜单中选择"设置"命令，然后在其展开的级联菜单中选择"打印机和传真"命令，如图11-1所示。

Step 02　此时打开了"打印机和传真"窗口，则在该窗口左侧的"打印机任务"选项组中单击"添加打印机"文字链接，如图11-2所示。

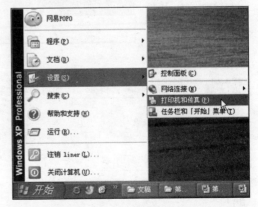

图11-1　"打印机和传真"命令

问题 11-1: 还有其他方法打开"打印机和传真"窗口吗？

有。打开"网上邻居"窗口，然后在该窗口左侧的"其他位置"选项组中单击"打印机和传真"文字链接，即可打开"打印机和传真"窗口。

图 11-2 "添加打印机"链接

Step 03 此时弹出打开"添加打印机向导"对话框，在"欢迎使用添加打印机向导"的页面中单击"下一步"按钮进入添加页面，如图 11-3 所示。

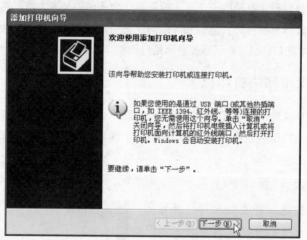

图 11-3 进入打印机安装向导

问题 11-2: 有快捷方式打开"添加打印机向导"对话框吗？

有。除了单击"添加打印机"文字链接之外还可以使用快捷方式打开"添加打印机向导"对话框，则首先在"打印机和传真"窗口中任意空白位置右击，然后在弹出的快捷菜单中选择"添加打印机"命令即可。

Step 04 此时进入"本地或网络打印机"页面中，选择"网络打印机或连接到其他计算机的打印机"单选按钮，然后单击"下一步"按钮，如图 11-4 所示。

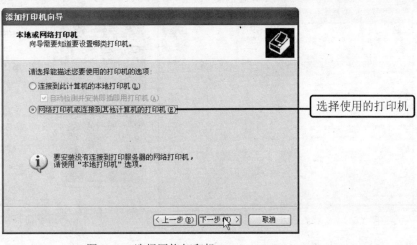

图 11-4 选择网络打印机

Step 05 此时进入了"指定打印机"页面中，用户需要输入打印机所在的 IP 地址和打印机名称，在此选择"连接到这台打印机"单选按钮，然后在"名称"文本框中输入 IP 地址，例如在此输入"\\192.168.1.110\"，再选择下方出现的在该 IP 上的打印机名称，然后单击"下一步"按钮，如图 11-5 所示。

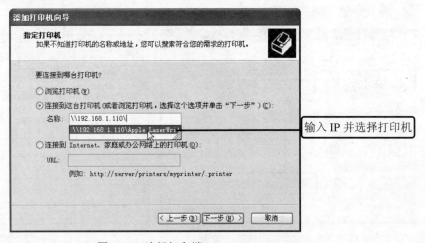

图 11-5 选择打印端口

Step 06 此时切换到了"默认打印机"页面中，在此页面用户可以选择是否希望将这台打印机设置为默认打印机，最后单击"下一步"按钮，如图 11-6 所示。

问题 11-3:	如何安装光盘中的打印机驱动？

如果需要安装光盘中的打印机驱动，则在安装打印机软件的页面中单击"从磁盘安装"按钮，再在弹出的"从磁盘安装"对话框中选择驱动的路径即可。

Step 07 此时进入了"正在完成添加打印向导"页面中，在其中显示了打印机的名称、默认值等信息，在此单击"完成"按钮即可，如图 11-7 所示。

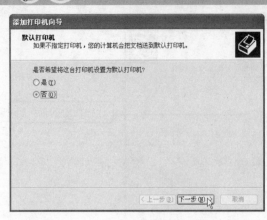

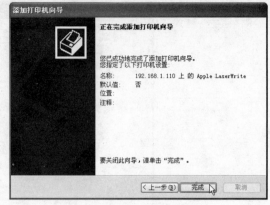

图 11-6　选择打印机厂商和打印机名称　　　图 11-7　完成打印机安装向导

Step 08 经过前面的操作之后已经完成了网络打印机的安装，此时在"打印机和传真"窗口中可以看到添加的网络打印机名称，将指针指向该打印机名称时，可以看到该打印机的地址，如图 11-8 所示。用户可以运用同样的方法，同时添加多个网络打印机。

Step 09 打开实例文件\第 10 章\原始文件\消费部员工工作手册.docx 文件，并单击 Office 按钮，然后在展开的"文件"菜单中选择"打印"命令，再在其展开的级联菜单中选择"打印"命令，如图 11-9 所示。

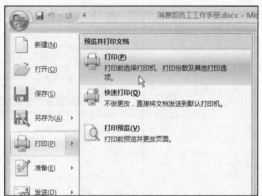

图 11-8　添加网络打印机后的效果　　　　图 11-9　"打印"命令

Step 10 此时弹出"打印"对话框，在"打印机"选项组中单击"名称"列表框右侧的下三角按钮，在展开的下拉列表框中显示了连接到本台计算机的所有打印机名称，包括了安装的网络打印机，网络打印机名称前显示有"\\"符号以及打印机地址，在此直接选择需要使用的网络打印机，如图 11-10 所示。

问题 11-4：　如何更改默认打印机？

如果需要更改默认的打印机，则需要打开"打印机和传真"窗口，然后在该窗口中选择需要设置为默认打印机的打印机名称并右击，在其弹出的快捷菜单中选择"设为默认打印机"命令，即可设置该打印机为默认打印机。

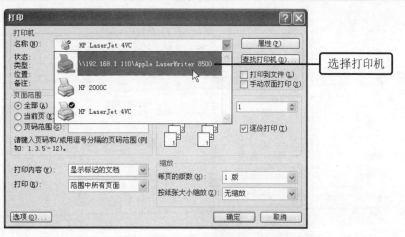

图 11-10　选择需要使用的打印机

Step
11
此时在"名称"列表框中显示了选择的网络打印机名称，此时即可使用该网络打印机打印该文档，则单击对话框中的"确定"按钮即可，如图 11-11 所示。

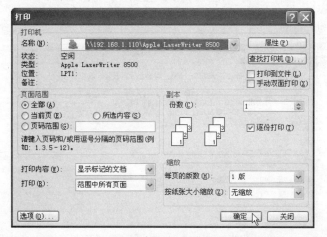

图 11-11　打印文档

问题 11-5:	自检正常，但不能连机打印怎么办？

自检正常说明打印机工作正常，插拔检查打印机数据线是否松动或使用一根能正常工作的数据线，首先试机，如果工作正常则更换一根数据线即可。

11.1.2　共享本地打印机

　　用户使用打印机安装光盘再根据向导添加本地打印机，其方法和安装网络打印机相似。对于安装的本地打印机，用户可以对其进行相应的设置，例如更改打印机是否共享等。将本地打印机设置为共享，可以使局域网中其他用户使用添加网络打印机的方法使用该打印机。下面将介绍设置共享打印机的方法，具体操作如下：

Step
01
打开"打印机和传真"窗口并选择需要更改共享的本地打印机，例如在此选择本地打印机 HP 2000C 并右击，然后在弹出的快捷菜单选择"共享"命令，如图 11-12 所示。

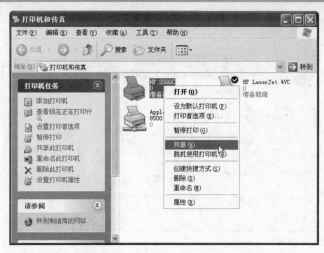

图 11-12 选择"共享"命令

Step 02 此时弹出该打印机的属性对话框,在"共享"选项卡中选择"共享这台打印机"单选按钮,则设置该打印机为共享,单击"确定"按钮,如图 11-13 所示。将本地打印机设置为共享之后,其他用户同样可以通过安装网络打印机的方法,使用该台本地打印机。

图 11-13 打印机属性对话框

问题 11-6: 除了单击"共享"命令还有方法打开打印机的属性对话框吗?

除了在快捷菜单中单击"共享"命令之外,还可以单击"属性"命令打开打印机的属性对话框。

Step 03 经过前面的操作之后,此时可以看到所选择的打印机已经共享,共享打印机之后效果如图 11-14 所示。

图 11-14　选择共享打印机后的效果

问题 11-7：	共享和不共享打印有何区别？

在添加打印向导的打印机共享页面中，如果选择"不共享这台打印机"单选按钮则其他用户不能访问此打印机；如果选择"共享这台打印机"单选按钮则其他用户可以使用该打印机。

11.1.3　激活打印机窗口

不管是网络打印机还是本地打印机，用户都可以通过打印管理器查看和控制文档的打印。用户想要使用打印管理器控制文档的打印工作，首先需要激活打印机窗口。下面将介绍激活打印机窗口的方法，具体操作步骤如下：

Step 01 打开"控制面板"窗口，并在该窗口中双击"打印机和传真"图标，如图 11-15 所示。

图 11-15　双击"打印机和传真"图标

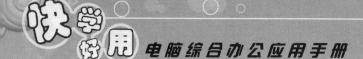

Step 02 此时弹出的"打印机和传真"窗口，在其中选择本次打印所使用的打印机并双击其图标可打开打印管理器窗口，如图11-16所示。

问题 11-8： 还有其他方法打开打印管理器窗口吗？

除了在"打印机和传真"窗口中双击"打印机和传真"图标之外，用户还可以在任务栏右侧双击打印机图标打开打印管理器窗口。

图 11-16　双击本次打印所使用的打印机

问题 11-9： 打印的字模糊不清，调整间距调杆，出现色带把打印纸蹭破怎么办？

如果打印的字模糊不清则检查色带是否需要更换；如果打印头距离印字辊太近则需要调整间距调杆。如果出现色带把打印纸蹭破，则检查打印头的出针口被油污堵塞。如果是则首先关机，并将打印头从打印机上卸下，用无水酒精浸泡打印针的出针口的纤维丝、蜡油堵塞杂物，然后用无水酒精清洗，晾干后装上即可。如果发现打印针陷入针孔较深，就应该考虑换针。

Step 03 此时弹出的打印管理器窗口，如果正在执行打印文件的操作，则在其中显示了打印文档的名称、状态、所有者、进度、页数、大小和开始时间等信息，如图11-17所示。

图 11-17　打印管理器窗口

11.1.4　暂停打印任务

如果打印过程中出现了某些意外情况，例如打印纸用完或没有放好，这个时候就可以把打印任务暂停，待放好打印纸后再恢复打印任务。下面将介绍暂停打印任务的方法，具体操作步骤如下：

运用前面介绍过的方法打开打印管理器窗口，并在其中的列表框中选中需要停止打开的文档并右击，然后在弹出的快捷菜单中选择"暂停"命令，如图 11-18 所示。如果需要继续打印，则在弹出的快捷菜单中选择"继续"命令。

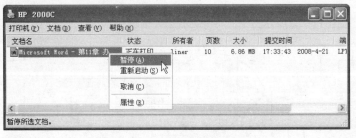

图 11-18　暂停打印文档命令

> **问题 11-10：**　除了使用快捷菜单还有方法暂停打印吗？
>
> 在文档的打印过程中，如果需要暂停打印文档除了使用快捷菜单之外，还可以单击"打印机"菜单，然后在展开的菜单中选择"暂停打印"命令。

11.1.5　清除打印文档

在日常办公中，当用户刚刚将某个文档发送到打印机进行打印之后，可能会发现该文档还有需要修改的地方，从而想要取消本次的文档打印。下面将介绍取消打印文档的方法，具体操作步骤如下：

运用同样的方法打开打印管理器窗口，并在窗口中选择需要取消打印的文档并右击，在弹出的快捷菜单中选择"取消"命令，如图 11-19 所示。

> **问题 11-11：**　如何取消打印列表中的所有打印作业？
>
> 如果想取消打印列表中的所有打印作业，则可以单击"打印机"菜单，然后在展开的菜单中选择"取消所有文档"命令，也可以使用快捷菜单中的命令进行操作。

图 11-19　取消打印文档

11.2 复印机的使用

在实际工作中，复印机给用户带来不可忽视的效用。例如公司在日常的会议中，会议内容通常涉及大量的资料，为了确保参会人员都有一份资料，用打印机打印出需要的文档后，而采用继续打印功能则在费用上就显得浪费了，此时就需要把打印出来的资料复印多份给参加会议的人员。本节以佳能 PIXMA MP830 复印机为例，介绍复印机的使用。

11.2.1 复印机外观及功能介绍

复印机外观如图 11-20 所示，下面将介绍各部件的功能。

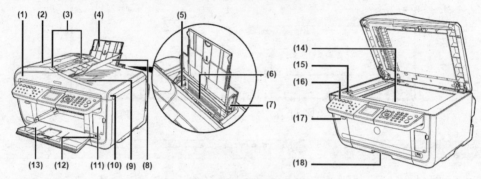

图 11-20　复印机外观

（1）ADF(自动输稿器)：自动扫描装入文档托盘的文档。

（2）输稿器盖：清除被卡住的文档时打开此盖。

（3）文档导片：调整导片使其适合文档宽度。

（4）靠纸架：支撑托盘上装入的纸张。装入纸张之前，将手指伸入圆孔，向外拉出扩展架直至其不能再拉出。

（5）纸张导片：装入纸张时，确保纸张的左边缘刚好接触到纸张导片。

（6）自动供纸器：打印前在此处装入纸张。纸张自动送入，每次一张。

（7）靠纸架导片：将纸张右侧对齐靠纸架导片。

（8）文档托盘：打开此托盘以装入文档。装入后，将每次送入一页文档。将文档要扫描的一面向上装入。

（9）文档输入出槽：从文档托盘扫描的文档输送至此。

（10）文档盖板：将文档放到稿台玻璃上时，打开此盖板。

（11）卡版槽盖：打开卡片槽以插入存储卡。

（12）直接打印端口：用于兼容 PictBridge 或佳能"直接连接数码照相机打开（Bubble Jirect）"的数码照相机或便携式数码摄像机直接打印。

（13）出纸托盘：在复印或打印前按"打开"按钮打开此托盘。但是，即使此托盘关闭，在复印或打印开始时也会自动打开，不使用时请关闭此托盘。

（14）稿台玻璃：用于放置要处理的文档。

（15）扫描仪锁定开关：用于在运输本机时，锁定位于稿台玻璃下方的内置荧光灯（扫描灯管），确保在开启本机之前解除锁定。

（16）操作面板：用于更改设置或操作本机。

（17）"打开"按钮：按此按钮打开出纸托盘。

（18）纸盒：在此装入常用的纸张。纸张自动送入，每次一张。照片贴纸和 2.13×3.39/54.0×86.0mm 的纸张不能装入纸盒子。

11.2.2 复印机操作面板简介

在复印文档的时候，用户主要靠对操作面板进行操作来复印出不同效果，所以熟练掌握操作面板上的键是非常重要的。图 11-21 所示为操作面外观板，下面将详细介绍操作面板各按键功能。

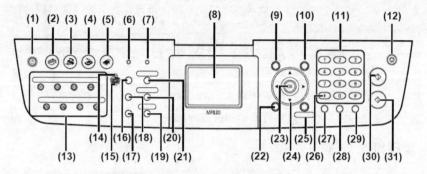

图 11-21 复印机操作面板外观

（1）电源：开启或关闭本机。开启本机前，请确保文档盖板处于关闭状态。

（2）复印：将本机切换至复印模式。本机开启此指示灯闪烁。

（3）传真：将本机切换至传真模式。

（4）扫描：将本机切换至扫描模式。将本机连接到计算机时可以使用此按钮。

（5）存储卡：将本机切换至存储卡模式。

（6）使用中/内存指示灯：在使用电话线时闪烁。在本机内存中存有文档时亮起。

（7）警告指示灯：出现错误，或者纸张或墨水用完时，此指示灯亮起或闪烁橙色。

（8）LCD（液晶显示屏）：显示信息、菜单选项和操作状态。

（9）菜单：用于显示菜单。

（10）纸张/设置：用于配置页尺寸、介质类型和图像修正设置。

（11）数字键：输入数值，例如份数，也可输入传真/电话号码和字符。

（12）停止/重置：取消操作。如果在打印时按此按钮，本机将中止打印。

（13）单触式快速拨号键：按此键拨打预先注册了的传真/电话号码号码或群组。

（14）自动供纸器指示灯：选择自动供纸器时此指示灯亮起。

（15）纸盒指示灯：选择纸盒时此指示灯亮起。

（16）供纸转换：选择纸张来源。按此切换开关可以在自动供纸器和纸盒之间切换纸张来源。

（17）照片索引页：将本机切换至照片索引页模式。

（18）放大/缩小：设置复印时的放大或缩小比例。

（19）搜索：以拍摄日期作为搜索关键字在存储卡中查找目标照片。

（20）双面复印：指定<双面复印>的设置。

（21）传真质量：设置要发送传真的分辨率。

（22）返回：可以返回上一屏幕。

（23）OK：确认在菜单或设置项目中的选择。排除打印故障或清除卡纸后将本机恢复至正常工作状态。送出存留在自动输入稿器中的文档。

（24）[▲] [▼] [◀] [▶]：滚动菜单选项以及增加或减少份数。当液晶显示屏上显示[▲]、[▼]、[◀]、[▶]时，可以使用这些按钮。同时[◀]可取消已输入的字符，[▶]输入字符时在字符间加入空格。

（25）剪裁：用于裁切显示的照片。

（26）音频：暂时切换到音频拨号，也可在输入字符时更改模式。

（27）重拨/暂停：重拨上一次使用数字键拨打的号码，也可在拨号或注册号码时在号码之间或之后输入暂停符。

（28）编码拨号：按此键和一个两位数编码拨打预先注册了的传真/电话号码或群组。

（29）挂机：接通或挂断电话线路。

（30）黑白：启动黑白复印、扫描或传真。

（31）彩色：启动彩色复印、照片打印、扫描或传真。

11.2.3　复印纸张处理

可以从两个地方将纸张装入本机：后部的自动供纸器和前部的纸盒。要更改纸张来源，按"供纸转换"按钮，即可将在操作面板上提示所选供纸器。

1．在自动供纸器中装入打印介质

Step 01 在装入纸张前，首先需要平整纸张的四角，如图 11-22 所示。

问题 11-12：　复印机显示 F1-06 代码是怎么回事？

造成这个故障的主要原因：错位轴表面光洁度不够引起的，或是错位轴的传动部分的传感器不良引起的。解决此问题的方法：若是由于表面光洁度不够引起的，这时只需在错位轴表面涂抹一些润滑油即可。如果做了上述问题还是依然存在，那就应是传动部分的传感器可能有问题，这时需要你将复印机的右边的外壳取下，取下后可以看见一个传动部分在机器的正中间，这个部分就是控制错位轴的电机，在将其取下后可以发现上面有个传感器，这时有两个方法，如果机器没有安装打印组件，可以将传感器取下，如果安装了的，就取下检测它是否有问题，如果有问题将其更换，此问题解决。

Step 02 打开靠纸架，然后拉出靠纸架扩展架以支撑纸张，并按"打开"按钮打开出纸托盘，完全拉出出纸托盘扩展架之后按 "供纸转换"按钮，使自动供纸器指示灯（A）亮起，如图 11-23 所示。

问题 11-13：　如何快速清除设置的文件复印选项？

如果需要快捷清除对文件复印选项，则可以按操作面板中的"CA"按钮（全机清除键）。

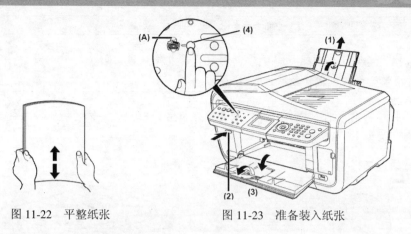

<table>
<tr><td>图 11-22　平整纸张</td><td>图 11-23　准备装入纸张</td></tr>
</table>

Step 03 将纸张打印面向上装入自动供纸器，使纸叠对齐靠纸架右侧的靠纸架导片，再捏住纸张导片并将其滑动到紧靠纸叠的左侧，如图 11-24 所示。注意不要使装入的纸张超出装入限量标记。

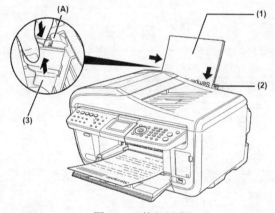

图 11-24　装入纸张

2. 在纸盒中装入打印介质

Step 01 在装入纸张前，首先需要平整纸张的四角，如图 11-25 所示。

Step 02 从本机中拉出纸盒，如图 11-26 所示。

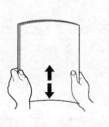

<table>
<tr><td>图 11-25　平整纸张</td><td>图 11-26　准备装入纸张</td></tr>
</table>

问题 11-14： 在复印的过程中出现输稿器卡纸怎么办？

如果在复印的过程中出现输稿器卡纸，则需要打开输稿器上的进纸处的盖子，然后将复印的文件沿着卡纸的方向轻轻取出即可。

Step 03 将纸张打印面向下装入纸盒，并将纸叠紧靠纸盒的右侧，再滑动纸张导片使其适合装入的纸叠，如图 11-27 所示。

Step 04 将纸盒插回本机中，使纸盒完全推回本机，如图 11-28 所示。

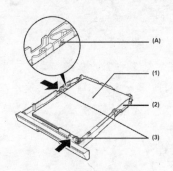

图 11-27 装入纸张

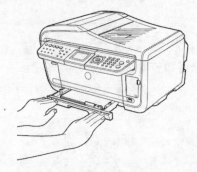

图 11-28 将纸盒插回本机

问题 11-15： 在复印的过程中出现不进纸原因有哪些？

在复印的过程中出现不进纸原因有复印纸放入过多、异物堵塞、复印纸潮湿、墨水用完等情况。

Step 05 按"打开"按钮打开出纸托盘，完全拉出出纸托盘扩展架，再按"供纸转换"按钮，使纸盒指示灯亮起，如图 11-29 所示。

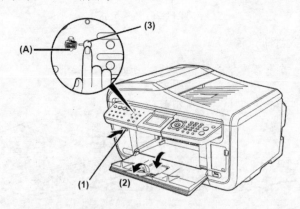

图 11-29 准备出纸托盘

11.2.4 使用复印机复印文档

在了解复印机的操作面板之后，用户可使用复印机来复印所需要的文档了。用户复制文档时可以使用稿台玻璃和自动输入稿器。下面将分别介绍这两种复印文档的方法，操作步骤如下：

1. 使用稿台玻璃复印文档

Step 01 抬起文档盖板将文档正面向下旋转在稿台玻璃上,并将文档的左上角与稿台玻璃左上角的对准标记对齐,如图 11-30 所示。

Step 02 放置好文档之后,再轻轻盖上文档盖板,如图 11-31 所示。再使用操作面板中的按钮,执行复制的操作即可。

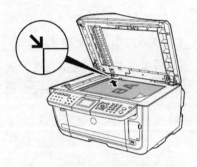

图 11-30　抬起文档盖板　　　　　图 11-31　关上文档盖板

问题 11-16: 当纸盒和库存中都没有所需要的纸张时怎么办?

在复印文件时,如果纸盒和库存中都没有所需要的纸张时,可以使用更改复印比例的方法来复印文件。例如没有 A4 纸张时,可以适当缩小复印比例,如由原来的 100% 更改为 95%,然后使用 16K 的纸张复印出来,在应急时将得到比较好的复印效果。

---

2. 使用自动输稿器复印

Step 01 从稿台玻璃中取出所有文档,并打开文档托盘,如图 11-32 所示。

Step 02 将文档装入自动输稿器中,并以文档的正面朝上,如图 11-33 所示。

(1)

图 11-32　打开文档托盘　　　　　图 11-33　将文档装入输稿器

问题 11-17: 在复制文件时复印机乱走纸怎么办?

当复印到某一页时突然空走一段纸,然后又自动接着复印下去。这往往是复印机使用时间久和纸张检测开关触点由于磨损和进入灰尘而产生接触不良,导致复印机做出错误的判断的原因。解决方法:首先拆开复印机,找到纸张检测开关并用酒精仔细清理干净,即可恢复正常。

Step 03 调整文档导片使其适合文档宽宽，如图 11-34 所示。然后在操作面板中，再执行复印的操作。

问题 11-18： 当需要复印的份数输入错误时，如果清除？

如果复印的份数输入出错，可按下操作面板中的 "C" 键取消输入的复印份数。

---

3. 进行复印设置

进行彩色或黑白复印时，可调整打印分辨率和浓度，也可更改缩小或放大设置。

按下电源开启本机，在操作面板中按 "复印" 按钮并装入纸张，在确保选择正确的纸张来源时，将文档放到稿台玻璃上或自动输入稿器中，再根据需要调整文档设置，如图 11-35 所示。

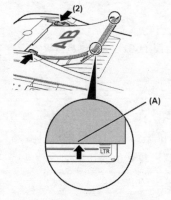

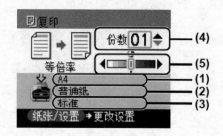

图 11-34　调整文档导片　　　　　图 11-35　进行复印

问题 11-19： 在复印文件时一次进多页纸的原因有哪些？

在复印文件时一次进多页纸的原因有复印纸的位置放置不正确、复印纸的表面卷曲、静电感应的影响和调节杆的位置不正确。

11.2.5　复印机的维护

在日常工作中，用户还需要对复印机进行日常维护，才能使复印机能够正常使用。例如当用户的复印机墨水使用完毕之后，复印机将提示更改墨盒的情况，此时需要对其进行更改才正常使用；复印机的打印头也需要经常进行护理。

1. 更换墨盒

下面介绍更换墨盒的方法，操作步骤如下：

Step 01 在日常工作中使用复印机时，难免会遇到更换墨水盒的情况。首先确保本机已开启，再抬起扫描组件（打印机机盖），直到其锁定到位，如图 11-36 所示。如果出纸托盘未自动打开，则按 "打开" 按钮将其打开。

Step 02 打开内盖，如图 11-37 所示。

问题 11-20： 在复印文件时，复印出来的字迹不清晰怎么办？

这种问题在平时使用打印机中非常的常见，一般来说这种情况主要和硬件的故障有关，遇到这种问题一般都应当注意打印机或复印机的一些关键部位。例如以喷墨打印机为例，遇到打印品颜色模糊、字体不清晰的情况，可以将故障锁定在喷头，先对打印头进行机器自动清洗，如果没有成功可以用柔软的吸水性较强的纸擦拭靠近打印头的地方；如果上面的方法仍然不能解决的话，就只有重新安装打印机的驱动程序了。

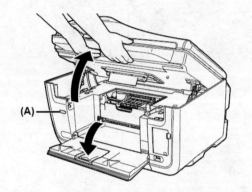

图 11-36　打开打印机机盖

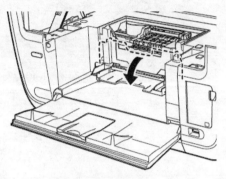

图 11-37　打开内盖

Step 03 推动手柄，并取出墨水盒，如图 11-38 所示。

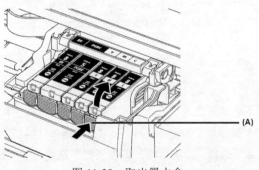

图 11-38　取出墨水盒

Step 04 从包装中取出新墨水盒，然后沿箭头方向拉出橙色胶囊，以便使保护薄膜从气孔上剥离。然后完全取下薄膜，从墨水盒底部取下橙色保护盖并将其丢弃。取下时需要小心拿着保护盖，以防墨水弄脏水指，取消保护盖后丢弃即可，如图 11-39 所示。

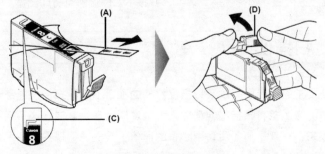

图 11-39　取出新墨水盒

Step 05 将墨水盒安装到打印头中，按住墨水盒上的⊙标记，直至墨水盒锁定到位，并且其指示灯亮起红色，如图11-40所示。

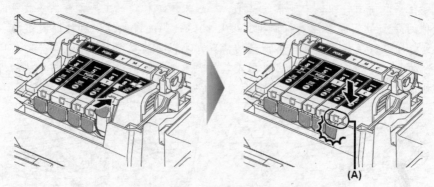

图11-40　安装墨水盒到打印头

Step 06 经过前面的操作之后，关闭内盖以及打印机机盖即可，如图11-41所示。

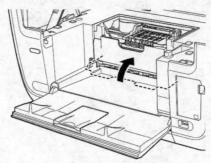

图11-41　关闭打印机机盖

2. 维护打印头

清洗打印头：首先按下电源开启本机，再按"菜单"按钮，并使用"◀"或"▶"选择"维护/设置"选项，然后按OK键即可。再使用"◀"或"▶"选择"维护"选项，然后按下OK键。根据需要使用"▲"或"▲"选择"清洗"或"深度清洗"选项，然后按下OK键，最后再使用"▲"或"▲"选择"是"选项，并按OK键即可。

自动对齐打印头：在开机状态下首先进入菜单，并使用"◀"或"▶"选择"维护/设置"选项，然后按下OK键即可。再使用"◀"或"▶"选择"维护"选项并按OK键。接着使用"▲"或"▲"选择"自动打印头对齐"选项度按OK键。在自动供纸器中装入两张A4或Letter尺寸的普通纸，再使用"▲"或"▲"选择"是"选项，并按下OK键即可打印图案。

11.3　扫描仪

随着人们对办公要求的逐步提高以及扫描仪价格的不断下降，扫描仪的身影也越来越多地出现在各级用户的身边。为了能将扫描仪的潜能更大地发挥出来，掌握一些扫描技巧还是很有必要的。传真机自诞生以来，一直是商务活动中必备的通信工具之一。现在很多多功能的打印机都具备打印、复印、扫描和传真功能。

顾名思义，扫描仪就是将照片、书籍上的文字或图片获取下来，以图片文件的形式保存在计算机里的一种设备。大部分的扫描仪都需要使用一块 SCSI 卡，将其连接到计算机上，也有一些是连接在计算机的并口上。

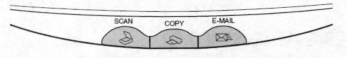

图 11-41　扫描仪按钮

SCAN 按钮：按下该按钮，扫描仪即可扫描该文件，扫描影像将出现在 Photo Base 窗口中。

COPY：按下该按钮，扫描仪即可扫描该文件，并打印扫描影像。

E-MAIL：按下该按钮，扫描仪即可扫描该文件，出现"电子邮件程序的设备"对话框，从列表中选择一个选项，然后单击"确定"按钮。电子邮件软件开启，扫描影像将被附加在一个新信息窗口中，输入收件人地址和主题，写入信息，进行各项的设置，然后发送信息。

11.4　实例提高：打印公司产品参展手册

在企业的日常工作中，为了公司产品的参展活动取得圆满成功，制作产品的参展方案或手册是非常必要的，只有在准备充分的情况下活动才能顺利地开展，尤其是为了将公司研发的新产品推销出去。制作好公司产品参展手册之后，还需要将文件打印出来，以便对其进行查看或使用。下面将结合本章所学的知识点，打印公司产品参展手册，具体操作步骤如下：

原始文件：第 11 章\原始文件\公司产品参展手册.pptx

Step 01　打开实例文件\第 11 章\原始文件\公司产品参展手册.pptx 文件，并单击 Office 按钮，然后在展开的"文件"菜单中选择"打印"命令，再在展开的级联菜单中选择"打印"选项，如图 11-42 所示。

Step 02　此时弹出"打印"对话框，在该对话框的"打印机"选项组中单击"名称"列表框中右侧的下三角按钮，并在展开的下拉列表框中选择所需要使用的打印机，如图 11-43 所示。

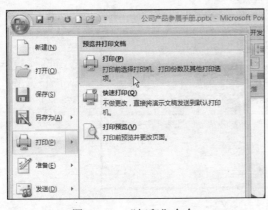

图 11-42　"打印"命令

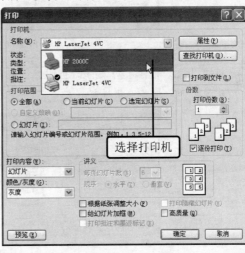

图 11-43　选择打印机

Step 03 选择好使用的打印机之后，再设置打印的范围和打印的份数，例如在此设置打印的份数为"2"，然后单击"确定"按钮，如图11-44所示。

Step 04 打印机已经开始准备工作，如果需要对打印进行设置，则在任务栏右侧双击打印机图标打开打印管理器窗口，如图11-45所示。

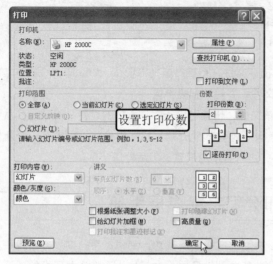

图 11-44 设置打印份数

图 11-45 打开打印管理器窗口

Step 05 在打印管理器窗口中显示了正在打印的文件的打印信息，再次执行打印文件的操作，则其打印信息也列表在了该列表框中。如果需要暂停打印文件，则选择需要暂停打印的文件选项并右击，然后在弹出的快捷菜单中选择"暂停"命令，如图11-46所示。

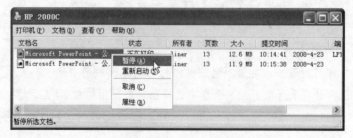

图 11-46 暂停打印文件

Step 06 打印机已经暂停了对文件的打印，如果需要继续打印，则选择该文件选项并右击，然后在弹出的快捷菜单中选择"继续"命令，如图11-47所示。

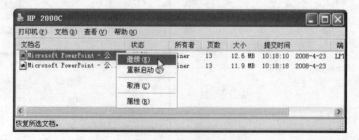

图 11-47 继续打印文件

Step 07 文件已经继续开始打印，如果发现文件还存在错误需要取消文档的打印，则单击"打印机"菜单，并在展开的菜单中选择"取消所有文档"命令，也可以通过快捷菜单执行此操作，如图 11-48 所示。

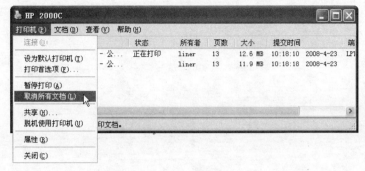

图 11-48　取消所有文档的打印

电脑系统安全与维护

计算机安全是指计算机系统的硬件、软件、实体及相关文件资源的安全，即计算机信息系统资源和信息资源不受自然和人为有害因素的威胁和危害。随着计算机应用的普及和网络技术的广泛应用，各种病毒和黑客的出现使计算机的安全防护成为日益重要的问题。因此，对计算机的维护和安全管理就显得尤为重要了。本章将介绍电脑系统安全与维护，主要内容包括 Windows XP 磁盘管理与维护、病毒防护、优化大师等。

12.1　Windows XP 磁盘管理与维护

电脑在运行的过程中不停地对硬盘进行读/写操作，在系统使用了一段时间之后，会产生大量的垃圾，因此为了保证电脑系统的正常运行并提高系统性能，用户需要经常对硬盘进行维护和整理。可以在 Windows XP 操作系统中集成了一些磁盘维护工具，可以对硬盘进行碎片整理、磁盘清理和磁盘检测等操作。

12.1.1　磁盘属性

在"我的电脑"窗口中，用户可以随时查看磁盘驱动器的属性。通过属性可以得知磁盘空间的大小、可用空间、卷标信息和磁盘工具等信息。下面将介绍查看磁盘属性的方法，具体操作步骤如下：

Step 01 在桌面上双击"我的电脑"图标打开"我的电脑"窗口，在该窗口中选择某一驱动器并右击，例如在此右击 F 盘，然后在弹出的快捷菜单中选择"属性"命令，如图 12-1 所示。

Step 02 此时弹出的"本地磁盘（F:）属性"对话框，在该对话框中可以查看到该驱动器的详细信息，例如："文件系统"为"FAT32"格式，本磁盘的"已用空间"和"可用空间"大小等，如图 12-2 所示。

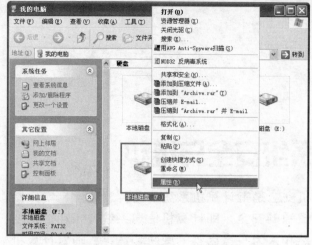

图 12-1 选择"属性"命令

图 12-2 查看磁盘属性

问题 12-1： 除了使用快捷菜单还有方法打开磁盘的属性对话框吗？

如果想要查看某一驱动器的属性，除了使用快捷菜单以外还可以使用"文件"菜单。则在"我的电脑"窗口中选择需要查看的驱动器，然后单击"文件"菜单，并在展开的"文件"菜单中选择"属性"命令即可。

12.1.2 磁盘格式化

磁盘格式化有多种情况：如果没有安装操行系统，则可以进入 DOS 系统或者使用系统安装光盘对磁盘进行格式化；如果已经安装了操作系统，则可以直接打开"我的电脑"窗口执行格式化操作或者使用系统安装光盘对磁盘进行格式化。

当用户新装了操作系统或当磁盘出现问题的时候就需要对磁盘进行格式化。下面将介绍在安装了操作系统的情况下格式化磁盘的方法，具体操作步骤如下：

Step 01 打开"我的电脑"窗口，在窗口中选择需要格式化的驱动器并右击，例如在此右击 F 盘，从弹出的快捷菜单中选择"格式化"命令，打开"格式化 本地磁盘（F:）"对话框，如图 12-3 所示。

Step 02 此时弹出的"格式化 本地磁盘（F:）"对话框，在其中单击"文件系统"下三角按钮并在从其展开的下拉列表框中选择文件系统，然后在"格式化选项"区域中选择"快速格式化"复选框，最后单击"开始"按钮，如图 12-4 所示。

问题 12-2： 磁盘格式化之后，还能找回其中的原文件吗？

不能。磁盘格式化之后，将磁盘中原来的文件全部删除从计算机中删除了，不能再找回来，所以用户在格式化磁盘的时候，一定要将所需要的文件复制出来进行备份。

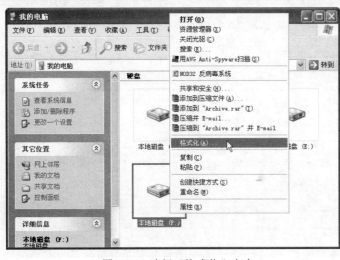

图 12-3　选择"格式化"命令　　　　　　　　图 12-4　格式化 F 盘

12.1.3　检查磁盘

由于用户有时候不正常关机或是系统的错误，磁盘上的文件可能会出现一些的错误，此时磁盘就会降低运行的效率，所有应该不定期的对磁盘进行检查。下面将介绍检查磁盘的方法，操作步骤如下：

Step 01 运用前面介绍过的方法打开"本地磁盘（F:）属性"对话框，并在其中单击"工具"标签切换到"工具"选项卡，单击"开始检查"按钮打开"检查磁盘 本地磁盘（F:）"对话框，如图 12-5 所示。

Step 02 此时弹出的"检查磁盘 本地磁盘（F:）"对话框，如果想自动修复文件系统错误，则选择"自动修复文件系统错误"复选框；如果怀疑磁盘出现了坏扇区，请选择"扫描并试图恢复坏扇区"复选框，选择完毕后再单击"开始"按钮，如图 12-6 所示。

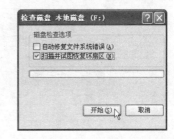

图 12-5　单击"开始检查"按钮　　　　　　　图 12-6　单击"开始"按钮

当硬盘出现意外错误时，如果选择"扫描并试图恢复坏扇区"复选框，可扫描并发现问题所在，但将花费大量的读/写时间来扫描硬盘。

12.1.4 磁盘碎片整理

用户在使用电脑一段时间之后，可能会发现电脑运行速度越来越慢，此时很大的一个可能性就是磁盘产生了一定量的磁盘碎片，导致系统速度变慢，这时就需要对磁盘进行碎片整理。下面将介绍磁盘碎片整理的方法，具体操作步骤如下：

Step 01 执行"开始"→"所有程序"→"附件"→"系统工具"→"磁盘碎片整理程序"命令打开"磁盘碎片整理程序"窗口，然后在弹出的窗口中选择要进行操作的磁盘分区，例如在此选择"C 盘"，中部将显示磁盘分区的情况。在进行碎片整理之前，单击"分析"按钮对磁盘分区进行一次分析，如图 12-7 所示。

Step 02 在分析之后将弹出"磁盘碎片整理程序"对话框，在此单击"查看报告"按钮，如图 12-8 所示。

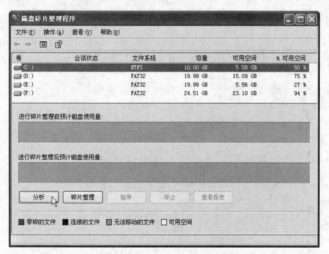

图 11-7 单击"分析"按钮

图 11-8 单击"查看报告"按钮

不能。在对磁盘碎片整理时，不可以同时选择多个磁盘。用户可以将一个磁盘碎片整理完毕之后，再对其他磁盘碎片进行整理。

Step 03 弹出"分析报告"对话框，可以看到整个磁盘分区的碎片状况，如果要开始整理，则直接单击"碎片整理"按钮，如图 12-9 所示。

Step 04 弹出"磁盘碎片整理程序"窗口，在其中可以看到已经开始对本地磁盘 C 进行碎片整理，如图 12-10 所示。

图 12-9　查看分析报告

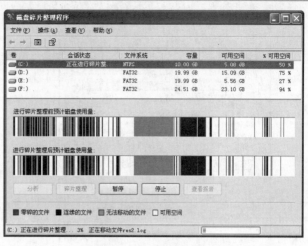

图 12-10　碎片整理中

问题 12-5：　在对磁盘碎片整理时，如何暂停对磁盘碎片的整理？

在对磁盘碎片整理时，如果想要暂停对磁盘碎片的整理，在 "磁盘碎片整理程序" 窗口
中单击 "暂停" 按钮，如果需要停止整理则单击 "停止" 按钮。

12.1.5　碎片清理

　　电脑在使用了一段时间后，系统会产生大量的垃圾，用户可以通过磁盘清理工具来清理垃
圾，释放垃圾所占的空间。下面将介绍碎片清理的方法，具体操作步骤如下：

Step 01　执行 "开始" → "所有程序" → "附件" → "系统空间" → "磁盘清理" 命令，弹出
"选择驱动器" 对话框，用户可以在 "驱动器" 下拉列表框中选择要清理的驱动器，然
后单击 "确定" 按钮，如图 12-11 所示。

Step 02　弹出的 "磁盘清理" 对话框，在其中可以看到正在计算 C 盘上可以释放空间的多少，如
图 12-12 所示。

图 12-11　选择要清理的驱动器

图 12-12　正在计算可释放的空间大小

Step 03　弹出的 "(C:) 的磁盘清理" 对话框，一般来说在 "要删除的文件" 列表框中选择所有选
项，当然也可以根据需要进行选择，最后单击 "确定" 按钮，如图 12-13 所示。

Step 04　弹出 "(C:) 的磁盘清理" 提示对话框，提示用户是否确信要执行这项操作，单击 "是"
按钮，如图 12-14 所示。

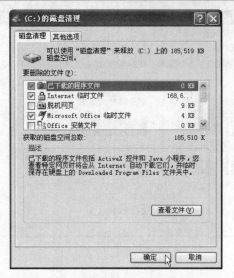

图 12-13 选择要清理的文件

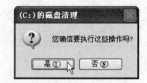

图 12-14 单击"是"按钮

问题 12-6: 如何查看已下载的程序文件?

如果想要查看已下载的程序文件信息,则可以在"(C:)的磁盘清理"对话框中单击"查看文件"按钮,可以在弹出的新窗口中查看到文件的相关信息。

Step 05 弹出"磁盘清理"对话框,在其中可以看到正在清理驱动器的进度,如图 12-15 所示。

Step 06 在"(C:)的磁盘清理"对话框中单击"其他选项"标签切换到"其他选项"选项卡,用户可以选择删除不需要使用的 Windows 组件、不用的程序或过时的还原点来进一步释放空间,清理完毕后单击"确定"按钮,如图 12-16 所示。

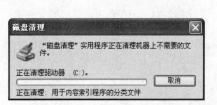

图 12-15 正在清理驱动器

图 12-16 进一步释放空间

电脑系统安全与维护 **12**

8
制作与美化幻灯片

9
PowerPoint 的高级应用

10
使用网络自动化办公

11
办公硬件设备的使用

12
电脑系统安全与维护

12.2 病毒防护

随着计算机及计算机网络的发展，人们的日常工作变得越来越方便了，但伴随而来的计算机病毒传播问题越来越引起人们的关注。随着因特网的流行，有些计算机病毒借助网络爆发流行，如特洛伊病毒、"传奇终结者变种 AUH（Trojan.PSW.LMir.auh）"病毒、"调用门 Rootkit（Rootkit.CallGate.a）"病毒等，它们与以往的计算机病毒相比具有一些新的特点，给广大计算机用户带来了极大的损失。

12.2.1 计算机病毒防范

计算机病毒防范，是指通过建立合理的计算机病毒防范体系和制度，及时发现计算机病毒侵入，并采取有效的手段阻止计算机病毒的传播和破坏，恢复受影响的计算机系统和数据。

计算机病毒利用读/写文件能进行感染，利用驻留内存、截取中断向量等方式能进行传染和破坏。预防计算机病毒就是要监视、跟踪系统内类似的操作，提供对系统的保护，最大限度地避免各种计算机病毒的传染破坏。

老一代的防杀计算机病毒软件只能对计算机系统提供有限的保护，只能识别出已知的计算机病毒。新一代的防杀计算机病毒软件则不仅能识别出已知的计算机病毒，在计算机病毒运行之前发出警报，还能屏蔽掉计算机病毒程序的传染功能和破坏功能，使受感染的程序可以继续运行（即所谓的带毒运行），同时还能利用计算机病毒的行为特征，防范未知计算机病毒的侵扰和破坏。另外，新一代的防杀计算机病毒软件还能实现超前防御，将系统中可能被计算机病毒利用的资源都加以保护，不给计算机病毒可乘之机。防御是对付计算机病毒的积极而又有效的措施，比等待计算机病毒出现之后再去扫描和清除更有效地保护计算机系统。

12.2.2 计算机病毒发作时的表现

计算机病毒发作时常有以下表现现象：

（1）出现提示性的对话框。最常见的是出现提示性的对话框，提示一些不相干的语句，例如打开感染了宏病毒的 Word 文档，如果满足了发作条件的话，它就会弹出对话框显示"这个世界太黑暗了!"，并且要求你输入"太正确了"后单击"确定"按钮。

（2）发出一段的音乐。恶作剧式的计算机病毒，最著名的是国外的"杨基"计算机病毒（Yangkee）和中国的"浏阳河"计算机病毒。"杨基"计算机病毒发作是利用计算机内置的扬声器演奏《杨基》音乐，而"浏阳河"计算机病毒更厉害，当系统日期为 9 月 9 日时演奏歌曲《浏阳河》，而当系统日期为 12 月 26 日时则演奏《东方红》的旋律。这类计算机病毒大多属于"良性"计算机病毒，只是在发作时发出音乐和占用处理器资源。

（3）产生特定的图像。另一类恶作剧式的计算机病毒，例如小球计算机病毒，发作时会从屏幕上方不断掉落下小球图形。单纯地产生图像的计算机病毒大多也是"良性"计算机病毒，只是在发作时破坏用户的显示界面，干扰用户的正常工作。

（4）硬盘灯不断闪烁。 硬盘灯闪烁说明有硬盘读/写操作。当对硬盘有持续大量的操作时，硬盘的灯就会不断闪烁，例如格式化或者写入很大的文件。有时候对某个硬盘扇区或文件反复读取的情况下也会造成硬盘灯不断闪烁。有的计算机病毒会在发作的时候对硬盘进行格式化，或者写入许多垃圾文件，或反复读取某个文件，导致硬盘上的数据遭到损失。具有这类发作现象的计算机病毒大多是"恶性"计算机病毒。

（5）进行游戏算法。有些恶作剧式的计算机病毒发作时采取某些算法简单的游戏来中断用户的工作，一定要玩赢了才让用户继续他的工作。例如曾经流行一时的"台湾一号"宏病毒，在系统日期为 13 日时发作，弹出对话框，要求用户做算术题。这类计算机病毒一般是属于"良性"计算机病毒，但也有那种用户输了后进行破坏的"恶性"计算机病毒。

（6）Windows 桌面图标发生变化。这一般也是恶作剧式的计算机病毒发作时的表现现象。把Windows 默认的图标改成其他样式的图标，或者将其他应用程序、快捷方式的图标改成 Windows默认图标样式，起到迷惑用户的作用。

（7）计算机突然死机或重启。有些计算机病毒程序兼容性上存在问题，代码没有经过严格测试，在发作时会造成意想不到情况；或者是计算机病毒在 Autoexec.bat 文件中添加了一句：Format c：之类的语句，需要系统重启后才能实施破坏的。

（8）自动发送电子函件。大多数电子函件计算机病毒都采用自动发送电子函件的方法作为传播的手段，也有的电子函件计算机病毒在某一特定时刻向同一个邮件服务器发送大量无用的信件，以达到阻塞该邮件服务器的正常服务功能。

（9）鼠标自己在动。没有对计算机进行任何操作，也没有运行任何演示程序、屏幕保护程序等，而屏幕上的鼠标自己在动，应用程序自己在运行，有受到遥控的现象。大多数情况下是计算机系统受到了黑客程序的控制，从广义上说这也是计算机病毒发作的一种现象。 需要指出的是，有些是计算机病毒发作的明显现象，例如提示一些不相干的话、播放音乐或者显示特定的图像等。有些现象则很难直接判定是计算机病毒的表现现象，例如硬盘灯不断闪烁，当同时运行多个内存占用大的应用程序，例如 3D MAX、Adobe Premiere 等，而计算机本身性能又相对较弱的情况下，在启动和切换应用程序的时候也会使硬盘不停地工作，硬盘灯不断闪烁。

12.2.3 计算机病毒发作后的表现

通常情况下，计算机病毒发作都会给计算机系统带来破坏性的后果，那种只是恶作剧式的"良性"计算机病毒只是计算机病毒家族中的很小一部分。大多数计算机病毒都是属于"恶性"计算机病毒。"恶性"计算机病毒发作后往往会带来很大的损失，以下列举了一些恶性计算机病毒发作后所造成的后果：

1. 硬盘无法启动，数据丢失

计算机病毒破坏了硬盘的引导扇区后，就无法从硬盘启动计算机系统了。有些计算机病毒修改了硬盘的关键内容（如文件分配表，根目录区等），使得原先保存在硬盘上的数据几乎完全丢失。

2．系统文件丢失或被破坏

通常系统文件是不会被删除或修改的，除非对计算机操作系统进行了升级。但是某些计算机病毒发作时删除了系统文件，或者破坏了系统文件，使得以后无法正常启动计算机系统，通常容易受攻击的为系统文件 Command.com，Emm386.exe，Win.com，Kernel.exe，User.exe 等。

3．文件目录发生混乱

目录发生混乱有两种情况。一种就是确实将目录结构破坏，将目录扇区作为普通扇区，填写一些无意义的数据，再也无法恢复。另一种情况将真正的目录区转移到硬盘的其他扇区中，只要内存中存在该计算机病毒，它能够将正确的目录扇区读出，并在应用程序需要访问该目录的时候提供正确的目录项，使得从表面上看来与正常情况没有两样。但是一旦内存中没有该计算机病毒，那么通常的目录访问方式将无法访问到原先的目录扇区。这种破坏还是能够被恢复的。

4．部分文档丢失或被破坏

类似系统文件的丢失或被破坏，有些计算机病毒在发作时会删除或破坏硬盘上的文档，造成数据丢失。

5．部分文档自动加密码

还有些计算机病毒利用加密算法，将加密密钥保存在计算机病毒程序体内或其他隐蔽的地方，而被感染的文件被加密，如果内存中驻留有这种计算机病毒，那么在系统访问被感染的文件时它自动将文档解密，使得用户察觉不到。一旦这种计算机病毒被清除，那么被加密的文档就很难被恢复了。

6．修改 Autoexec.bat 文件，增加 Format C：一项，导致计算机重新启动时格式化硬盘

在计算机系统稳定工作后，一般很少会有用户去注意 Autoexec.bat 文件的变化，但是这个文件在每次系统重新启动的时候都会被自动运行，计算机病毒修改这个文件从而达到破坏系统的目的。

7．使部分可软件升级主板的 BIOS 程序混乱，主板被破坏

类似 CIH 计算机病毒发作后的现象，系统主板上的 BIOS 被计算机病毒改写、破坏，使得系统主板无法正常工作，从而使计算机系统报废。

8．网络瘫痪，无法提供正常的服务

由上所述，用户可以了解到防杀计算机病毒软件必须要实时化，在计算机病毒进入系统时要立即报警并清除，这样才能确保系统安全，待计算机病毒发作后再去杀毒，实际上已经为时已晚。

12.2.4　安装及启用防火墙

防火墙就像一面墙一样隔绝了网络与外部世界，充当了两者之间的防护卫士。它可以用来限制那些从用户的家庭或小型办公网络进入 Internet 以及从 Internet 进入到用户的家庭或小型办公网络的信息，从而保证网络的安全。下面将介绍安装和启用防火墙的方法，具体操作步骤如下：

Step 01 打开"控制面板"窗口，并在窗口中双击"网络连接"图标，如图 12-17 所示。

图 12-17　双击"网络连接"图标

Step 02　弹出"网络连接"窗口，在该窗口中选择"本地连接"图标并右击，在弹出的快捷菜单中选择"属性"命令，如图 12-18 所示。

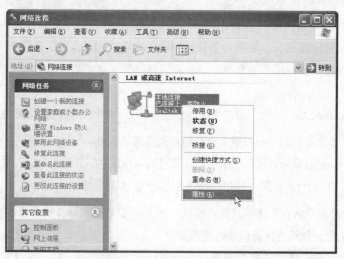

图 12-18　选择"属性"命令

Step 03　弹出"本地连接 属性"对话框，在该对话框中单击"高级"标签切换到"高级"选项卡，然后单击"Windows 防火墙"选项组中的"设置"按钮，如图 12-19 所示。

Step 04　弹出"Windows 防火墙"对话框，在该对话框的"常规"选项卡中选择"启用（推荐）"单选按钮，然后单击"确定"按钮启动 Internet 连接防火墙，设置如图 12-20 所示。

问题 12-7：　Windows XP 系统可以使用除了内建 Windows XP 网络连机防火墙以外的防火墙吗？

可以。想要在防火墙中使用不同功能的 Windows XP 使用者，可以使用其他厂牌的硬件或软件防火墙。

电脑系统安全与维护 **12**

8 制作与美化幻灯片

9 PowerPoint 的高级应用

10 使用网络自动化办公

11 办公硬件设备的使用

12 电脑系统安全与维护

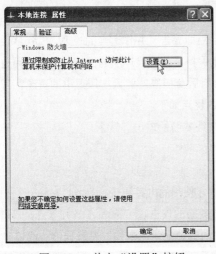

图 12-19 单击"设置"按钮

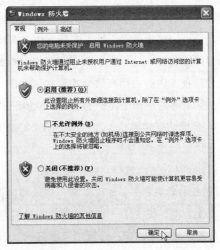

图 12-20 单击"启用（推荐）"单选按钮

问题 12-8：	网络连机防火墙无法防范的项目为何？

Windows XP 中的网络连机防火墙无法防范透过电子邮件散播的病毒，如特洛伊病毒，这种病毒会伪装成有用或善意的软件，诱使用户将其开启或下载。防火墙无法杜绝垃圾邮件或快显式广告。防火墙无法防范对较不安全的无线网络进行存取。然而，防火墙有助于保护用户网络上计算机的安全，即使入侵者取得用户网络的存取权，也无法存取用户的个人计算机。

12.2.5　几种常见的杀毒软件

在日常工作中，了解几种常用的杀毒软件是非常必要的。如果不经常对自己的计算机进行杀毒，很可能导致计算机内重要文件的丢失，下面就介绍目前比较常用的杀毒软件。

1．卡巴斯基

Kaspersky（卡巴斯基）杀毒软件源于俄罗斯，是世界上最优秀、最顶级的网络杀毒软件之一，查杀病毒性能远高于同类产品。Kaspersky 杀毒软件具有超强的中心管理和杀毒能力，能真正实现带毒杀毒。卡巴斯基®反病毒 7.0 单机版基于最新的技术为计算机提供了传统的反病毒保护，使用户可以放心无忧的使用计算机来工作、交流、上网冲浪和在线游戏。

产品亮点：采用三种保护技术防御新的和未知的威胁。

(1)每小时自动更新数据库。

(2)预先行为分析。

(3)正在进行的行为分析，新增防御病毒、木马和蠕虫；防御间谍软件和广告程序；实时扫描邮件、网络通信和文件中的病毒；使用 ICQ 和其他 IM 客户端时防御病毒；防御所有类型的键盘记录器。

2．Norton Antivirus（诺顿杀毒）

Norton AntiVirus 是一套强而有力的防毒软件，它可帮助用户监测上万种已知和未知的病毒，并且每当开机时自动防护便会常驻在 SystemTray，当用户从磁盘、网路上、E-mail 中开启档案时便会自动监测档案的安全性，若档案内含有病毒，便会立即警告，并作适当的处理。Symantec 最新推出的 Norton AntiVirus 防病毒软件 2008，此版本保持了上一代产品的优势，资源占用也得到极大的改善，内存占用有效地控制在了 10 – 15M，全新后台扫描功能只占用很小的资源，可以在扫描的同时不影响您做自己的事情。Norton Antivirus 的优点如下。

(1)全面防御偷渡式下载和僵尸网络等新型混合式在线威胁的攻击。

①浏览器主动防护。

②SONAR 主动式行为防护技术。

(2)占用资源更少，速度更快，启动和浏览速度更快，使用的内存更少。

①更智能，更主动——有效防御复杂的混合型网络威胁的攻击。

a.浏览器主动防护：修复所有已知的 IE 弱点，主动封锁全新、未知的恶意程序。能监测及拦截难以监测、针对浏览器弱点进行入侵的混淆式偷渡式（drive-by download）下载和僵尸网络的攻击，保护您的个人信息不丢失。

b.SONAR 主动式行为防护技术可以在传统以特征为基础的病毒库辨认出来，早一步监测到新型的间谍程序及病毒。

c.安装拦截程序能在恶意插件尝试进入系统、开始安装前即进行拦截。

②更安全，更简单——内核级 Rootkit 防护，自动处理安全风险。

a.网络监测功能提供局域网上所有装置的监测。

b.核心模式的 Rootkit 防护，能够抵挡那些使用 Rootkit 来常驻在操作系统最深层、以企图逃避安全软件监测的隐藏威胁。

c.自动处理安全风险，不需要使用者判断。然而想要控制更多安全设定使用者也可以设定诺顿防病毒在监测到这些危险项目时警示他们。

d.易于安装。

③更轻巧，更敏捷——大幅提升产品效能，减少您等待的时间。

启动和浏览速度更快，使用的内存更少，包括开机时间、扫描时间、安装及用户界面（启动主页面）响应时间。

④更安静、更贴心——后台静默运行，单键技术支持为您提供更贴心的服务。

a.全新智能技术保证程序在后台运行，不会打扰您的工作和娱乐。

b.增强 LiveUpdate 体验，自动在后台更新特征/病毒定义库及软件补丁程序。

c.增强网络病毒防护，包括高级启发式技术，可以在新的及未知威胁尝试通过网络进行通信时监测并纠正。

d.单键技术支持能通过在线即时交谈和产品内建的电子邮件提供快速免费的在线技术支持。

3．江民杀毒王 KV 2007

江民杀毒软件 KV2007 可有效地清除 20 多万种的已知计算机病毒、蠕虫、木马、黑客程序、网页病毒、邮件病毒、脚本病毒等，全方位主动防御未知病毒，新增流氓软件清理功能。KV2007新推出第三代 BOOTSCAN 系统启动前杀毒功能，支持全中文菜单式操作，使用更方便，杀毒更彻底。新增可升级光盘启动杀毒功能，可在系统瘫痪状态下从光盘启动计算机并升级病毒库进行杀毒。江民杀毒软件 KV2007 具有反黑客、反木马、漏洞扫描、垃圾邮件识别、硬盘数据恢复、网银网游密码保护、IE 助手、系统诊断、文件粉碎、可疑文件强力删除、反网络钓鱼等十二大功能，为保护互联网时代的电脑安全提供了完整的解决方案。新品具有以下八大新技术：

(1)新一代智能分级高速杀毒引擎。

江民杀毒软件 KV2007 新增新一代智能分级高速杀毒引擎，可对目前互联网盛行的病毒、木马、流氓软件、广告软件等进行分类查杀，新智能分类引擎杀毒速度更快，运行更稳定，效率更高。智能分级高速杀毒引擎是由江民科技自主研发的全新杀毒引擎，该引擎将杀毒软件核心组件和病毒库等模块进行重新规划细分，每一个模块都可独立维护和升级，大大增强了软件的稳定性能和下载速度，是对杀毒引擎的一次创新性改革。

(2)新一代未知病毒主动防御系统。

增强未知病毒主动防御系统综合了病毒共同特征，基于病毒行为检测和处理病毒。可检测绝大部分未知病毒和可疑程序，并支持手工添加样本库和黑白名单。

(3)新一代流氓软件清除。

江民杀毒软件 KV2007 新增了流氓软件清除功能，借助该功能用户可以完全、干净地卸载"流氓软件"，彻底告别"流氓软件"骚扰。

(4)新一代 BootScan 系统启动前杀毒。

BootScan 系统启动前杀毒是江民杀毒软件首创的新型杀毒技术，早在江民杀毒软件 KV2006 中就已经得到应用并受到广大计算机用户的广泛好评，新一代 BootScan 系统启动前杀毒新增了全中文菜单式操作界面功能更强大，操作更简便了。

(5)新一代系统级行为监控。

江民杀毒软件 KV2007 全新推出系统级行为监控，从注册表、系统进程、内存、网络等多方面对各种操作行为进行主动防御并报警，全方位保护系统安全。

(6)自升级光盘启动杀毒。

江民杀毒软件 KV2007 安装光盘从光驱启动计算机，启动计算机后杀毒软件会主动调用硬盘或 U 盘上最新病毒库对计算机进行全盘杀毒。

(7)新一代安全助手。

江民杀毒软件 KV2007 安全助手具有反 IE 劫持、禁止弹出广告、清除上网痕迹以及插件管理等功能，这样许多上网时常用的问题都可迎刃而解了。

(8)新一代文件粉碎功能和重启删除功能。

江民杀毒软件 KV2007 新增文件粉碎功能，对需要彻底清除的文件进行不可恢复式粉碎，保护机密信息不外泄。

针对目前许多病毒文件采用了进程保护技术，正常模式下很难手工删除，江民杀毒软件 KV2007 在右键菜单中新增了重启删除可疑文件功能，重启删除正常模式下无法删除的可疑文件，方便高级用户手工清除病毒。

针对目前一些 ROOTKIT 类可以隐藏进程和注册表键值的疑难病毒，江民杀毒软件 KV2007 新增了"进程查看器"和"查找被病毒隐藏的文件"以及"查找被病毒隐藏的注册表项"的新功能，配合使用这三项功能，ROOTKIT 类病毒将原形毕露，轻松解决。

4. 金山毒霸 2008 杀毒套装

金山毒霸 2008 采用"病毒库 + 主动防御 + 互联网可信认证"为一体的三维互联网防御体系，杀毒更快更准更彻底！

金山毒霸 2008 技术亮点主要在于：

(1)三维互联网防御体系——响应更快、查杀更彻底。

所谓三维互联网防御体系即在传统病毒库、主动防御的基础上，引用了全新的"互联网可信认证"技术，搭建起了一个以病毒库为根基，以主动防御为先锋，以互联网可信认证为核心的立体化互联网木马病毒防御体系。在这个安全防御体系中，每一部分都不是独立的，而是相互依存的互补关系或者说"接力"关系。

(2)一对一全面安全诊断——为电脑定期做体检。

金山毒霸 2008 集成了金山系统清理专家，通过金山清理专家组件中，可给系统进行健康指数的"打分"。这个独特的功能板块可以为用户系统进行包括是否存在恶意软件、系统漏洞、病毒、可疑文件、未知文件、启动项过多、BHO 等以及是否存在系统盘空间异常紧张和杀毒软件安装状态异常等可能影响系统安全因素的全面检测，从而实现真正意义上的"一对一安全诊断"。

(3)抢杀技术——彻底查杀顽固病毒。

专门针对那些随系统启动而自动加载的顽固病毒而开发，金山毒霸 2008 的"抢杀技术"即在用户计算机感染病毒后，金山毒霸 2008 检测到病毒，但常规方法清除失败，此时会触发抢杀引擎，要求系统重启。在重启的过程中，直接将这个已经被检测到的顽固病毒清除掉。对用户来说，只是系统重启了一次。重启的过程也和平常计算机开机完全一致，用户感觉不到任何异常。金山毒霸 2008 的抢杀技术首先是有明确的靶标文件，而一般采用的开机扫描杀毒软件没有靶标，会明显延长了用户的开机时间。

（4）网页防挂马。

用户在上网浏览网页时，金山毒霸 2008 的网页实时监控功能可以有效监控网页中可能隐含的恶意脚本、病毒或其他有害插件，并且会自动将其全部进行拦截在您浏览网页的时候，网页防挂马将监控网页行为并阻止通过网页漏洞下载的木马程序威胁您的系统安全。

（5）全面兼容 Windows Vista。

金山毒霸 2008 针对 Vista 系统进行了紧密兼容和全面优化，在 Vista 系统下，金山毒霸 2008 的查毒速度有很大的提高，实时监控以及防火墙的运行也更加稳定，同时减少了对 CPU 和内存等系统资源的占用，为广大 Vista 用户提供更好的安全保护和使用体验。

（6）主动实时升级。

解决了防毒最关键的"及时性"问题。主动实时升级每天自动帮助用户及时更新病毒库，让您的计算机能防范最新的病毒和木马等威胁。一旦重大病毒爆发，确保用户及时获得最新的病毒特征库，第一时间保障用户计算机的安全。

（7）主动漏洞修补。

确保用户的操作系统随时保持最安全状态，避免利用该漏洞的病毒侵入系统。该功能可扫描操作系统及各种应用软件的漏洞，根据微软等每月发布的补丁，第一时间提供最新漏洞库，通过自动升级后自动帮助用户打上新发布的补丁。

（8）黑客防火墙。

黑客防火墙即金山网镖，作为个人网络防火墙，根据个人上网的不同需要，设定安全级别，有效的提供网络流量监控、网络状态监控、IP 规则编辑、应用程序访问网络权限控制，黑客、木马攻击拦截和监测等功能。系统中一旦有木马、黑客或间谍程序访问网络，及时拦截该程序对外的通信访问，然后对内存中的进程进行自动查杀，保护用户网络通信的安全。这对防御盗取用户信息的木马、黑客程序特别有效。

5．瑞星杀毒软件 2008 版

瑞星杀毒软件 2008 版是基于新一代虚拟机脱壳引擎、采用三层主动防御策略开发的新一代信息安全产品。

瑞星 08 独创的"账号保险柜"基于"主动防御"构架开发，可保护上百种流行软件的账号，包括 70 多款热门网游、30 多种股票、网上银行类软件，QQ、MSN 等常用聊天工具及下载软件等。

同时，瑞星 08 采用"木马强杀"、"病毒 DNA 识别"、"主动防御"、"恶意行为检测"等大量核心技术，可有效查杀目前各种加壳、混合型及家族式木马病毒共约 70 万种。瑞星 08 的优点如下。

（1）账号保险柜，阻止病毒侵害重要程序，预防盗号。

（2）系统加固，强力抵御恶意程序、木马等对系统的侵害。

（3）增强自我保护，使病毒无法破坏瑞星产品本身。

（4）应用程序访问限制，加固重要服务程序。

（5）防止指定程序被未知程序启动，使病毒无法破坏。

（6）恶意行为检测，可用来发现未知病毒。

（7）隐藏进程检测，检测"任务管理器"中无法查看的进程。

（8）优化后的病毒库，升级速度更快。

（9）全新架构的引擎，资源占用更少，查杀病毒速度更快。

（10）支持全系列主流 Windows 系统。

（11）安全工具集成平台，提供各类安全工具和专杀工具。

12.3　优化大师

Windows 优化大师是一款功能强大的系统辅助软件，它提供了全面有效且简便安全的系统检测、系统优化、系统清理、系统维护四大功能模块以及数个附加的工具软件。使用 Windows 优化大师，能够有效地帮助用户了解自己的计算机软硬件信息；简化操作系统设置步骤；提升计算机运行效率；清理系统运行时产生的垃圾；修复系统故障及安全漏洞；维护系统的正常运转。

12.3.1　Windows 优化大师简介

从桌面到网络，从注册表清理到垃圾文件扫除，从黑客搜索到系统检测，Windows 优化大师都给用户比较全面的解决方案。Windows 优化大师同时还适用于 Windows98/Me/2000/XP/2003/Vista 操作系统平台，能够为用户的系统提供全面有效、简便安全的系统信息检测；系统清理和维护；系统性能优化手段，让用户的计算机系统始终保持在最佳状态。

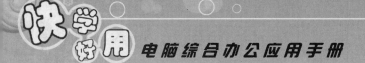
Windows 优化大师目前同时适用于 Windows98/Me/2000/XP/2003/Vista，Windows 优化大师运行时将自动检测用户的操作系统，并根据用户不同的操作系统向用户提供不同的功能模块、选项以及界面。

Windows 优化大师主要的功能如下：

（1）系统信息。在系统信息中，Windows 优化大师可以检测系统的一些硬件和软件信息，例如 CPU 信息、内存信息等。在更多信息里面，Windows 优化大师提供了系统的详细信息（包括核心、内存、硬盘、网络、Internet、多媒体和其他设备等）。

（2）磁盘缓存。提供磁盘最小缓存、磁盘最大缓存以及缓冲区读/写单元大小优化；缩短【Ctrl+Alt+Del】组合键关闭无响应程序的等待时间；优化页面、DMA 通道的缓冲区、堆栈和断点值；缩短应用程序出错的等待响应时间；优化队列缓冲区；优化虚拟内存；协调虚拟机工作；快速关机；内存整理等。

（3）菜单速度。优化开始菜单和菜单运行的速度；加速 Windows 刷新率；关闭菜单动画效果；关闭"开始菜单"动画提示等功能。

（4）文件系统。优化文件系统类型；CDROM 的缓存文件和预读文件优化；优化交换文件和多媒体应用程序；加速软驱的读写速度等。

（5）网络优化。主要针对 Windows 的各种网络参数进行优化，同时提供了快猫加鞭（自动优化）和域名解析的功能。

（6）系统安全。功能主要有防止匿名用户【Esc】键登录；开机自动进入屏幕保护；每次退出系统时自动清除历史记录；启用 Word 97 宏病毒保护；禁止光盘自动运行；黑客和病毒程序扫描和免疫等。另外，还提供了开始菜单；应用程序以及更多设置给那些需要更高级安全功能的用户。进程管理可以查看系统进程、进程加载的模块（DLL 动态连接库）以及优先级等，并且可以终止选择的进程等。

（7）注册表。清理注册表中的冗余信息和对注册表的错误进行修复。

（8）文件清理。主要功能是：根据文件扩展名列表清理硬盘；清理失效的快捷方式；清理零字节文件；清理 Windows 产生的各种临时文件。

（9）开机优化。主要功能是优化开机速度和管理开机自启动程序。

（10）个性化设置和其他优化。包括右键设置、桌面设置、DirectX 设置和其他设置功能。其他优化中还可以进行系统文件备份。

Windows 优化大师 V7.81 Build 8.408 更新说明：

（1）添加在线升级模块，便于用户及时方便的升级优化大师程序到最新版本。

（2）驱动程序备份模块更新，全面改进 Windows 2000/XP/2003/Vista 下驱动程序备份引擎。

（3）CPU 检测的改进。

①增加对 Intel 45nm 核心检测的支持。

②增加对 SSE4、DEP 等 CPU 特性的检测，同时调整 CPU 特性的分类。

（4）历史痕迹清理的改进。

①增加对傲游浏览器、Kugoo、KMPlayer、MyIE2 的支持。

电脑系统安全与维护 **12**

8 制作与美化幻灯片

9 PowerPoint 的高级应用

10 使用网络自动化办公

11 办公硬件设备的使用

12 电脑系统安全与维护

②改进对暴风影音和 UltraEdit 的清理功能。

（5）系统漏洞扫描的更新。

①增加对 Visio、.Net Framework、DirectX 等软件配合补丁的支持。

②新增 28 个微软最新发布的操作系统补丁。

（6）一些细小的调整和改进。

(1)修改文件加密中对于部分文件无效的错误。

(2)调整备份恢复模块。

(3)调整硬盘检测模块。

12.3.2　Windows 优化大师的安装

在使用优化大师之前，首先要在计算机中安装好该软件。用户可以从网上下载一个最新版本的 Windows 优化大师安装文件，当安装文件下载完毕后才可以使用该软件优化系统。下面将介绍安装该优化大师的过程，具体操作步骤如下：

原始文件：实例文件\第 12 章\原始文件\WoptiFree.exe

Step 01 打开实例文件\第 12 章\原始文件文件夹，并双击从网上下载的 Windows 优化大师安装软件，即双击 WoptiFree.exe 图标打开优化大师安装向导，然后在该窗口中单击"继续"按钮，如图 12-21 所示。

Step 02 在安装向导的"许可协议"页面中选择 "我接受协议"单选按钮，然后单击"继续"按钮，如图 12-22 所示。

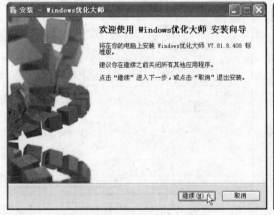

图 12-21　单击"继续"按钮

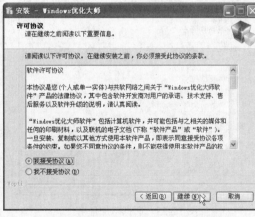

图 12-22　选择"我接受协议"单选按钮

Step 03 弹出"选择目标位置"页面，在位置文本框中显示了目标路径，用户也可以单击"浏览"按钮选择一个存放程序文件的目标文件夹，然后单击"继续"按钮，如图 12-23 所示。

Step 04 弹出"选择开始菜单文件夹"页面，在文本框中显示了默认的文件夹名称，用户也可以单击"浏览"按钮进行选择，最后单击"继续"按钮，如图 12-24 所示。

图 12-23 选择目标位置

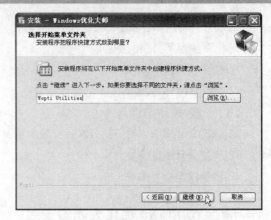
图 12-24 选择开始菜单文件夹

问题 12-9: 如何更改目标位置?

如果需要更改目标位置,则在安装向导"选择目标位置"页面中单击"浏览"按钮,然后在弹出的"浏览文件夹"对话框中选择所需要的目标位置。

Step 05 出现"选择附加任务"页面,在其中选择"创建桌面图标"复选框,则在桌面中显示 Windows 优化大师图标,然后单击"继续"按钮,如图 12-25 所示。

Step 06 弹出"准备安装"页面,在其中显示了选择的目标位置、开始菜单文件夹以及附加任务,确认设置之后单击"继续"按钮,如图 12-26 所示。

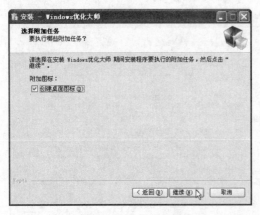
图 12-25 选择附加任务

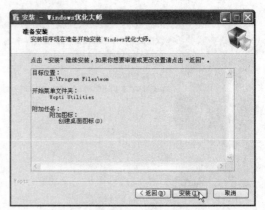
图 12-26 准备安装

问题 12-10: 在安装向导中如何更改前面的设置?

在 Windows 优化大师的安装过程中,如果更改前面的设置,则单击"返回"按钮直到退回到需要的位置,再进行相应的设置。

Step 07 经过前面的操作之后,此时系统已经开始对优化大师进行安装,弹出了"正在安装"页面,在该页面中显示了安装的进度,如图 12-27 所示。

Step 08 安装之后弹出了"精品软件推荐"页面，在其中显示了推荐安排的软件，如果需要安装则选择需要安装公司的选项，在此清除所有的选项即表示不再继续安装推荐的软件，单击"继续"按钮，如图 12-28 所示。

图 12-27　显示安装进度

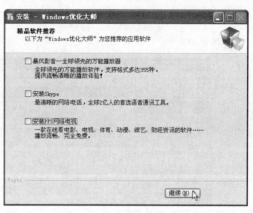

图 12-28　取消选择新品软件推荐选项

问题 12-11:	如何安装精品软件推荐中的软件？

在 Windows 优化大师的安装过程的"精品软件推荐"页面中，如果需要安装推荐的软件，则在该页面中选择所需要安装的软件选项，然后单击"继续"按钮，再根据向导进行安装。

Step 09 经过前面的操作之后弹出了"完成优化大师 安装向导"界面，表示已经安装完成，用户还可以选择是否运用该优化大师以及访问该官方网站，然后单击"完成"按钮，如图 12-29 所示。

图 12-29　完成优化大师的安装

12.3.3　Windows 优化大师的使用

安装好优化大师之后，接下来就是可以使用优化大师来优化自己的计算机了。下面将介绍使用优化大师的方法，具体操作步骤如下：

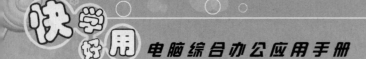

1. 系统检测

Step 01 双击桌面上的 Windows 优化大师图标启动该软件，然后在左侧的列表框中选择"系统检测"选项，再选择其子列表中的"处理器与主板"选项，在其右侧列表框中选择需要检测的选项，例如在此选择"中央处理器"选项，然后单击"自动优化"按钮，如图 12-30 所示。

图 12-30　选择系统检测选项

Step 02 此时弹出"自动优化向导"对话框，在其中单击"下一步"按钮，如图 12-31 所示。

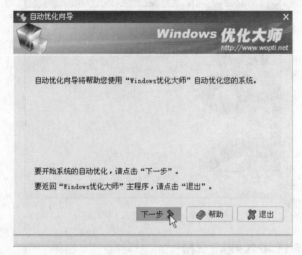

图 12-31　"自动优化向导"对话框

电脑系统安全与维护 **12**

8 制作与美化幻灯片

9 PowerPoint 的高级应用

10 使用网络自动化办公

11 办公硬件设备的使用

12 电脑系统安全与维护

问题 12-12： 计算机关机时间明显变长，怎么回事？

首先在排除因安装杀毒软件并开启了"关机时扫描软盘"或其他偶然性因素，例如某些进程不能正常结束等，并是在安装 Windows 优化大师之后出现的问题，确保没有选择"系统性能优化"→"磁盘缓存优化"中的"Windows 关机时自动清理页面文件"选项。此选项对于提高计算机安全性以及小幅提高计算机性能(对于大内存用户影响微乎其微)有帮助，但却对于使用小内存(如内存为 128MB 和 256MB)并同时运行多个消耗内存资源大户的用户来说，将明显增加关机时间。

Step 03 在下一步的页面中，用户可以选择自动优化系统时选择 Internet 接入的方式，例如在此保护默认设置，然后单击"下一步"按钮，如图 12-32 所示。

Step 04 在选择方案进行优化的页面中单击"下一步"按钮，如图 12-33 所示。

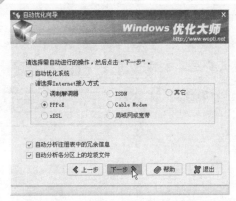

图 12-32　选择 Internet 接入方式

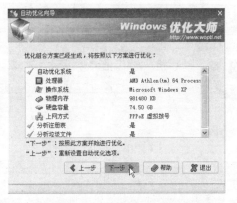

图 12-33　单击"下一步"按钮

问题 12-13： 使用 Windows 优化大师后，Windows 9x 系统开机后总会自动打开资源管理器，为什么？

如果关机时没有关闭资源管理器窗口，并于"文件夹选项"的查看标签页选择了"登录时还原上一个文件夹窗口"选项，则这种情况会经常发生，但如果不是这种情况，确认 Windows 优化大师的"桌面菜单优化"选项中没有选择"启动系统时为 Explorer 和桌面创建独立的进程"复选框。

Step 05 此时弹出 Windows 优化大师提示对话框，提示用户是否需要注册表备份，在此单击"确定"按钮，如图 12-34 所示。

图 12-34　单击"确定"按钮

问题 12-14： 硬盘健康状况出现报警，怎么办？

Windows 优化大师对于健康状况报警是根据读取的当前值、阀值等计算出来的，在 V7.71 Build 7.416 版中，存在一处计算公式的错误，已经修正了此问题，建议立即下载最新版本，然后覆盖安装后，再次检查。

Step 06 经过前面的操作之后，此时可以看到正在优化系统，并显示优化的进度，如图 12-35 所示。

Step 07 系统自动对各分区中的垃圾文件分析扫描完毕之后，此时可以看到扫描到的垃圾文件的项数，在此单击"下一步"按钮，如图 12-36 所示。

图 12-35　显示正在优化进度　　　　图 12-36　分析扫描完毕

Step 08 此时弹出 Windows 优化大师提示对话框，提示用户是否要删除扫描到的垃圾文件，单击"确定"按钮，如图 12-37 所示。

图 12-37　单击"确定"按钮

问题 12-15：　　由于未安装显卡驱动，进入 Windows 优化大师后界面显示不完整，怎么办？

如果使用的是 Windows 优化大师 V6.9 以后的版本，请将鼠标移动到 Windows 优化大师标题栏、主界面左侧的功能分类列表或系统信息检测显示的内容上。然后按以下快捷键操作：【l】为主界面左移；【r】为右移；【u】为上移；【d】为下移。

Step 09 此时可以看到正在分析注册表中的冗余信息，并显示了分析的进度，如图 12-38 所示。

Step 10 经过一段时间的分析之后，此时可以看到分析中发现的冗余信息项数，在此单击"下一步"按钮，如图 12-39 所示。在弹出的提示对话框中，再次单击"确定"按钮，用户也可运用同样的方法，对其他项目进行检测。

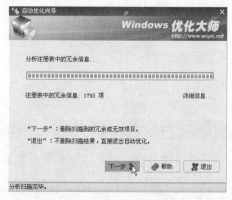

图 12-38　显示分析冗余信息进度　　　　图 12-39　进行下一步操作

问题 12-16: 什么是 Windows 优化大师的注册申请码？

简体中文共享版用户在 Windows 优化大师的注册认证窗口中输入注册姓名后单击"立即申请"按钮即可看到您的注册申请码，繁体中文正式版无此项目。

2. 系统优化

Step 01 在打开的 Windows 优化大师窗口中，选择"系统优化"列表框中的"桌面菜单优化"选项，并单击"优化"按钮，如图 12-40 所示。

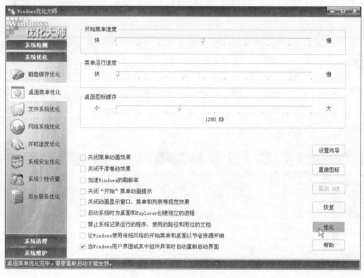

图 12-40　优化桌面菜单

Step 02 此时系统已经开始对桌面菜单进行优化，优化完毕之后的效果如图 12-41 所示。用户也可以运用同样的方法，对"系统优化"列表框中的其他选项进行优化，例如磁盘、文件、网络、开机速度等。

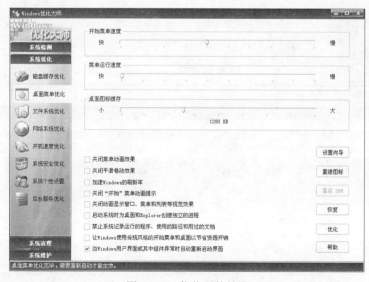

图 12-41　优化后的效果

问题 12-17: 在安装了 Windows 优化大师后重新启动操作系统为什么出现蓝屏死机?

此问题仅出现在极少数 Windows 9X 用户中。其原因是因为用户的硬盘不支持 SMART 技术，而 Windows 优化大师试图使用该技术来管理用户的硬盘(由于 Windows 2000/XP/2003 自身已支持该技术管理，故 Windows 2000/XP/2003 不会出现此问题)。解决的办法是删除 Windows 目录下 SYSTEM\IOSUBSYS 子目录下的 Smartvsd.vxd 文件，删除此文件后除了检测不到部分更细节的硬盘数据，不会影响 Windows 优化大师的正常使用。Windows 优化大师与 Roxio 存在冲突，原因是 Roxio 的驱动对 SCSI 指令集进行了过滤，该驱动在过滤过程中存在 Bug，造成蓝屏。

3. 系统清理

Step 01 在 Windows 优化大师窗口中切换到"系统清理"选项卡，并在其中选择"注册信息清理"选项，用户还可以在右侧的"请选择要扫描的项目"列表框中选择相应的选项，然后单击"扫描"按钮，如图 12-42 所示。

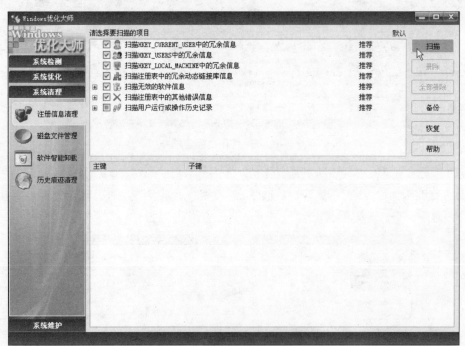

图 12-42 选择注册信息清理

Step 02 经过上一步的操作之后，此时系统已经开始对注册表信息进行清理，效果如图 12-43 所示。

图 12-43　显示清理垃圾文件的进度

问题 12-18：　**系统配置比 Windows 优化大师提供的对比系统要好，为什么显卡测试评分这么低？**

Windows 优化大师目前的系统性能测试（显卡测试）模块尚不能反映所有显卡的真实 3D 性能，可能对于部分显卡存在测试结果误差。建议用户遇到该问题时，使用专业的显卡测试软件（例如：3DMark）进行测试。

Step 03 经过扫描之后，此时可以看到在下方的列表框中显示了扫描到的垃圾文件信息以及在状态栏中显示了共分析扫描到的注册表信息项目数，单击"全部清除"按钮，如图 12-44 所示。

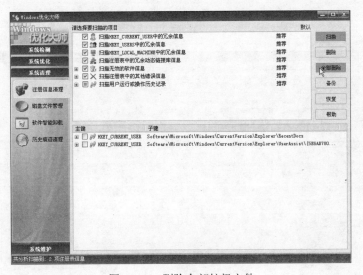

图 12-44　删除全部垃圾文件

Step 04 此时弹出 Windows 优化大师提示对话框，提示是否需要备份注册表信息，在此单击"是"按钮，如图 12-45 所示。

图 12-45　单击"是"按钮

Step 05　经过系统备份之后弹出 Windows 优化大师提示对话框，提示是否删除所有扫描到的注册信息，在此单击"确定"按钮，如图 12-46 所示。

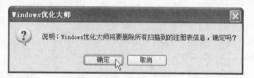

图 12-46　单击"确定"按钮

Step 06　经过前面的操作之后，此时返回到 Windows 优化大师窗口中，可以看到列表框中的垃圾文件已经被清除，效果如图 12-47 所示。用户也可以运用同样的方法，对其他选项进行清理，例如磁盘文件。

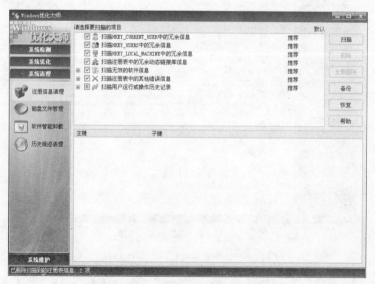

图 12-47　注册信息清后的效果

> **问题 12-19：** 为什么使用 Windows 优化大师优化系统后，现在每次进入 Windows 都会打开 C 盘？
>
> Windows 9X 用户选择了桌面菜单优化的"启动系统时为桌面和 Explorer 创建独立的进程"复选框后会出现该现象，不选择该选项重新优化一次。

4．系统维护

Step 01 用户还可以对系统进行维护，在 Windows 优化大师窗口的"系统维护"选项卡中，选择"系统磁盘医生"选项，然后在右侧"请选择检查的分区"列表框中选择需要检查的分区，例如在此选择 C 盘，然后单击"检查"按钮，如图 12-48 所示。

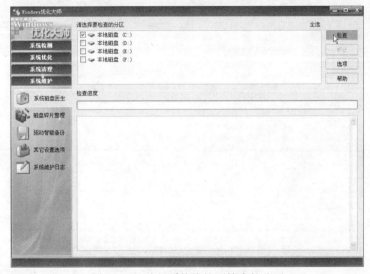

图 12-48　选择系统维护要检查的分区

Step 02 此时系统已经开始对 C 盘进行检查，并在下方显示了检查的进度以及检查到的相应信息，如图 12-49 所示。

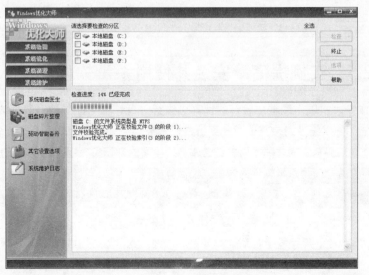

图 12-49　显示检查速度

问题 12-20：　　使用 Windows 优化大师怎么把 Win2000 的图标换成和 XP 一样的图标？

XP 变脸王能帮助用户给 WinXP 换壳，能让 WinXP 变得绚丽多彩，极富个人魅力。拥有比 XP 自身更多更强大的界面定制功能，能彻底改变 WinXP 界面内的各个元素，如系统图标、鼠标指针、桌面壁纸、浏览器、登录画面、开机画面、应用程序、文件夹等外观，并且还附带了大量的桌面素材，轻松打造一个属于自己的 Windows。

Step 03 经过一段时间的检查之后，此时可以看到在窗口中显示检查完成，并显示了所有的检查结果，效果如图 12-50 所示。用户也可以运用同样的方法，对其他选项进行系统维护。

图 12-50　检查完成后的效果

问题 12-21：　　在进行了后台服务优化后，发现用户切换失效，如何解决？

进入后台服务优化，首先将 Terminal Services 和 Fast User Switching Compatibility 服务改为自动，并启动服务即可。

12.5　实例提高：安装并使用杀毒软件

在日常工作中，如果不经常对自己的计算机进行杀毒，很可能导致计算机内重要文件的丢失，造成不可估计的损失。如果需要对计算机进行杀毒，则需要在计算机中安装杀毒软件，用户可以在网上下载或购买杀毒软件。下面将结合本章所学习的知识点，以卡巴斯基反病毒软件 7.0 版为例，进行讲解安装并使用杀毒软件的方法，使计算机得到保护，具体操作步骤如下：

原始文件： 实例文件\第 12 章\原始文件\kav7.0.1.325sch.exe

Step 01 打开实例文件\第 12 章\原始文件文件夹，并双击 kav7.0.1.325sch.exe 图标打开卡巴斯基反病毒软件 7.0 安装向导，然后单击“下一步”按钮，如图 12-51 所示。

Step 02 在“最终用户许可协议”页面中选择“我接受许可协议条款”单选按钮，并单击“下一步”按钮，如图 12-52 所示。

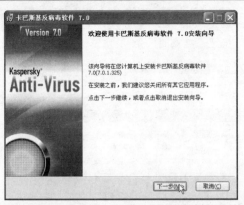

图 12-51　进入杀毒软件安装向导

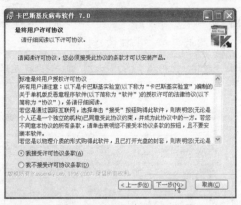

图 12-52　接受许可协议条款

Step 03 弹出"安装类型"页面，在该页面中用户可以选择安装的类型，例如"快速安装"、"自定义安装"，在此单击"快速安装"图标，如图 12-53 所示。

Step 04 弹出"准备安装"页面，此时单击"安装"按钮，如图 12-54 所示。

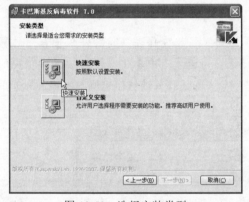

图 12-53　选择安装类型

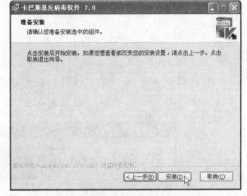

图 12-54　准备安装软件

Step 05 此时系统已经自动开始安装卡巴斯基反病毒软件 7.0，并在其中显示了安装的进度，如图 12-55 所示。

Step 06 安装完毕之后，此时弹出"安装完成"页面，显示已经成功安装完成，再单击"下一步"按钮进入初始安装向导，如图 12-56 所示。

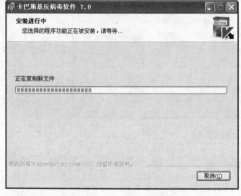

图 12-55　显示安装的进度

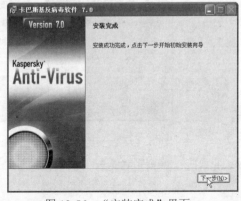

图 12-56　"安装完成"界面

Step 07 弹出了"安装向导：卡巴斯基反病毒软件"窗口，用户可以选择激活的选项，在此选择"稍后激活"单选按钮，然后单击"下一步"按钮，如图12-57所示。

Step 08 弹出"正在完成安装"页面，在此用户可以选择是否重启计算机，然后单击"完成"按钮，如图12-58所示。

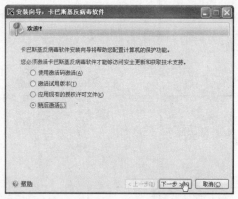

图 12-57 单击"下一步"按钮

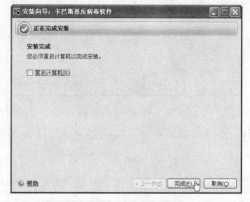

图 12-58 软件安装完成

Step 09 杀毒软件安装完毕之后可以对其进行使用了，用户可以先保存其他文件以便重启计算机。然后启动卡巴斯基反病毒软件，并在"保护"选项卡中单击"更新数据库"中的"数据库严重过期"文字链接，如图12-59所示。如果计算连接了网络，在日后的使用过程中该软件将自动升级病毒数据库。

图 12-59 更新病毒数据库

Step 10 此时可以看到正在运行下载数据进行升级，在此单击"更新正在运行"组中的"详细设置"文字链接，如图12-60所示。

图 12-60 选择操作详细信息窗口

Step 11 弹出了新的窗口，并在其中显示了已下载的文件以及下载的进度等相关的信息，如图 12-61 所示，用户可以直接单击"关闭"按钮关闭该窗口。

图 12-61 查看详细信息

Step 12 在"卡巴斯基反病毒软件 7.0"窗口中切换到"扫描"选项卡，并在"扫描"列表框中选择 F 磁盘，然后单击"启动扫描"文字链接，如图 12-62 所示。

图 12-62　启动扫描

Step 13 经过上一步的操作之后，此时该软件已经自动开始对 F 盘进行扫描，如图 12-63 所示。用户也可以单击窗口下方的"设置"按钮，对该软件的相关操作进行设置。

图 12-63　正在扫描的效果

Step
14　经过一定时间的扫描之后，此时已经对 F 盘扫描完毕，可以看到其状态，如图 12-64 所示。同样的方法，用户可以对其他分区进行扫描。

图 12-64　扫描结束后的效果

资深培训老师倾情打造
功能讲解与实例应用完美结合

读 者 意 见 反 馈 表

亲爱的读者：

感谢您对中国铁道出版社的支持，您的建议是我们不断改进工作的信息来源，您的需求是我们不断开拓创新的基础。为了更好地服务读者，出版更多的精品图书，希望您能在百忙之中抽出时间填写这份意见反馈表发给我们。随书纸制表格请在填好后剪下寄到：北京市宣武区右安门西街 8 号中国铁道出版社计算机图书中心 917 室 郑双 收（邮编：100054）。或者采用传真（010-63549458）方式发送。此外，读者也可以直接通过电子邮件把意见反馈给我们，E-mail 地址是：f105888339@163.com。我们将选出意见中肯的热心读者，赠送本社的其他图书作为奖励。同时，我们将充分考虑您的意见和建议，并尽可能地给您满意的答复。谢谢！

所购书名：_____

个人资料：

姓名：_____ 性别：_____ 年龄：_____ 文化程度：_____

职业：_____ 电话：_____ E-mail：_____

通信地址：_____ 邮编：_____

您是如何得知本书的：

□书店宣传 □网络宣传 □展会促销 □出版社图书目录 □老师指定 □杂志、报纸等的介绍 □别人推荐
□其他（请指明）_____

您从何处得到本书的：

□书店 □邮购 □商场、超市等卖场 □图书销售的网站 □培训学校 □其他

影响您购买本书的因素（可多选）：

□内容实用 □价格合理 □装帧设计精美 □带多媒体教学光盘 □优惠促销 □书评广告 □出版社知名度
□作者名气 □工作、生活和学习的需要 □其他

您对本书封面设计的满意程度：

□很满意 □比较满意 □一般 □不满意 □改进建议

您对本书的总体满意程度：

从文字的角度 □很满意 □比较满意 □一般 □不满意
从技术的角度 □很满意 □比较满意 □一般 □不满意

您希望书中图的比例是多少：

□少量的图片辅以大量的文字 □图文比例相当 □大量的图片辅以少量的文字

您希望本书的定价是多少：

本书最令您满意的是：

1.

2.

您在使用本书时遇到哪些困难：

1.

2.

您希望本书在哪些方面进行改进：

1.

2.

您需要购买哪些方面的图书？对我社现有图书有什么好的建议？

您更喜欢阅读哪些类型和层次的计算机书籍（可多选）？

□入门类 □精通类 □综合类 □问答类 □图解类 □查询手册类 □实例教程类

您在学习计算机的过程中有什么困难？

您的其他要求：